U0561689

如何独立思考

跨越认知陷阱 建立科学思维

The Skeptics' Guide to the Universe

[美]史蒂文·诺韦拉
（Steven Novella）

[美]鲍勃·诺韦拉
（Bob Novella）

[美]卡拉·圣玛丽亚
（Cara Santa Maria）

[美]杰伊·诺韦拉
（Jay Novella）

[美]埃文·伯恩斯坦
（Evan Bernstein）

著

文辉 译　汪冰 校译

中信出版集团 | 北京

图书在版编目（CIP）数据

如何独立思考 /（美）史蒂文 · 诺韦拉等著；文辉译. -- 北京：中信出版社, 2020.12（2021.12 重印）

书名原文: The Skeptics' Guide to the Universe

ISBN 978-7-5217-1596-5

Ⅰ. ①如… Ⅱ. ①史… ②文… Ⅲ. ①思维形式－通俗读物 Ⅳ. ①B804-49

中国版本图书馆 CIP 数据核字（2020）第 034450 号

如何独立思考

著　　者：[美] 史蒂文 · 诺韦拉 [美] 鲍勃 · 诺韦拉 [美] 卡拉 · 圣玛丽亚 [美] 杰伊 · 诺韦拉 [美] 埃文 · 伯恩斯坦
译　　者：文　辉
校　　译：汪　冰
出版发行：中信出版集团股份有限公司
　　　　（北京市朝阳区惠新东街甲 4 号富盛大厦 2 座　邮编　100029）
承 印 者：天津丰富彩艺印刷有限公司

开　　本：787mm × 1092mm　1/16　　印　　张：30.75　　字　　数：500 千字
版　　次：2020 年 12 月第 1 版　　印　　次：2021 年 12 月第 4 次印刷
京权图字：01-2019-4396
书　　号：ISBN 978-7-5217-1596-5
定　　价：88.00 元

谨献给挚友佩里·迪安杰利斯，
一位备受推崇的怀疑论者

推荐序

后真相时代的真相探究指南

汪 冰

北京大学精神卫生学博士，心理工作者，书评人

2016年，“后真相”（post-truth）一词被牛津词典选为年度词汇，该词典给出的解释是“比起陈述客观事实，诉诸情感及个人信仰更能左右社会舆论”。如果说以前是“事实胜于雄辩”，那么现在是“雄辩胜于事实”。更让人担心的是，很多“雄辩”乔装改扮成了“事实”，假消息防不胜防。再加上，新兴媒介冲击之下，严肃媒体失势失声，随着新闻看门人一同消失的，还有对基本事实的深入调查和检核。在这个众说纷纭的时代，“失实”与“片面”已成了常态，偏激驱走了客观，情绪代替了逻辑。同时，一只看不见的大手也更青睐故事而非真相，因为前者不仅情绪化，而且容易编造和售卖，这只大手名叫资本，不停地增殖是它的本性。

曾经，人类因无知而无助；如今，我们因深陷信息洪流而无所适从。“什么是真？什么是假？我能相信什么？我又该如何判断？”正是应了那句话，自由与焦虑、选择与责任从来都是一个硬币的两面。当不用再听命于他人的时候，我们可能会更加不知所措；拥有了对信息的选择权，甄别真伪也就成了无法回避的个人责任。从如何处理孩子发热，到投资、买房、规划人生，搜索引擎只能提供信息，却无法帮你抉择。如果你希望做出更明智的选择，如果你拒绝受人愚弄，一心想弄清真相，那么你手里的这本书应该能帮上忙。当然，作者并

不会告诉你该相信些什么，该怀疑些什么，他们关心的是一个更根本的命题：你要如何判断该相信什么，该怀疑什么。如果我能给这本书起一个更容易理解的名字，那会是“万物评判指南”。

在这个新产品和新理论层出不穷的时代，这种判断力堪称一种基本的生存能力，它与我们的生活息息相关。比如，某广告中写道：“国外专业机构研究证明，本品中含有的……可以显著延缓衰老！”这句话其实埋藏了很多疑点。首先，所谓国外研究机构究竟是什么样的存在，是有公信力的研究所，还是厂商自建的实验室？（有无利益瓜葛？）其次，这个结论是基于动物实验还是人体实验？（对小鼠有效不等于对人有效。）研究中的样本量有多大？（十几个人吃了有效不等于对所有人有效。）这个结果是否发表在经同行评议的期刊上，或者是否被其他独立实验重复过？（其他专业人士认可吗？被其他人验证过吗？）衰老延缓的测量指标是什么？（比如，是实验样本自觉变年轻了还是关键生理指标出现了逆转？是脸部皱纹减少了还是认知功能改善了？对了，比起认知功能，有人可能更关心前者。）还有，所谓“显著延缓衰老”有多明显？（比如，有的产品售价几万元，效果仅相当于每天多睡十分钟。）该产品中有效成分的含量是多少，多大剂量才能产生显著效果？（需要每次吃一公斤，一天吃三次吗？）除了延缓衰老，还有潜在副作用吗？（比如，过量会导致猝死，若果真如此，那确实是成功地阻止了衰老。）当然还有最重要的一点是，它的适用人群是谁？（所有人都能吃吗？）

上面这些疑问只是书中“评判问题清单”中的一部分。你可以边读这本书，边打开你的购物车，估计里面经得起这样“拷问”的产品屈指可数。这本书的疗效之一就是瓦解非理性消费冲动，同时减少后悔次数。不过，作者最大的心愿并非教人鉴别虚假宣传，他们更希望帮助读者培养“科学怀疑论者”的思维习惯。科学怀疑论者不是事事质疑的愤世嫉俗者，他们只是用遵循科学、符合逻辑的方式来检验那些靠经验得出来的结论。为了完成这一使命，作者精心准备了一个科学方法论的工具箱，里面摆放了一套解剖迷思的手术工具，而第一个躺在手术台上的人你再熟悉不过了，那就是你本人。

在人人忙于“认知升级”的时代，我们努力学习和积累各种知识和技能，却甚少有机会停下来想想这些工具的使用者——我们——的大脑究竟可能会有什么偏差。此书的第一次手术就是从暴露我们大脑的局限性开始的。物理学家理查德·费曼说过："我们喜欢说外在的世界是真实的，或者我们能够测量的东西是真实的；如果你思考得再久一点就会发现，所谓唯一真实的不过是你所感觉到的、测量出的和你感知一切的方式；外部世界很容易沦为大脑的幻觉。"从这个角度来说，我们永远弄不清楚大脑之外的世界究竟是什么样子的，因为我们一直要通过大脑这个"滤镜"来感受、观察和理解外部环境。如果不知道这个滤镜的局限，我们就会做出明明是眼镜上有土却去擦窗户的蠢事。

有个笑话说，如果酒吧里坐在你对面的人不够美，那可能是因为酒吧还没有打烊或者你喝得还不够多。人类的大脑很容易受到各种因素的影响，而我们一生都活在由大脑加工的"后真相"中，或者也可以称其为"脑真相"。人与人最大的区别不在于"脑真相"的差异，而在于是否质疑过自己的"脑真相"，或是笃信其为唯一真理，将其奉为行动圭臬。"脑真相"的特点是不关心"精确"，只关注"生存"；不注重"客观"，只看重"验证"。比如，你可以试着调查一下周围家庭中夫妻二人各自承担了多少份额（百分之几）的家务，记住一定要对夫妻二人分别问询，一个很可能的结果是：两个人的份额相加后会超过100%。这并不奇怪，因为很多人都认为自己做了更多家务。

我们的大脑一直在为证明某些论点而努力搜集证据，这些论点包括但不限于："你怎么那么可爱！"（恋爱时。）"你怎么那么可恶！"（结婚后。）"我是对的！"（或你是错的！）"你不像我爱你那么爱我！"稍稍留心就会发现，书中所说的这种"确认性偏差"几乎无处不在，用观点的筛子筛选证据，最终无论你如何看待这个世界，都能证明自己是对的。我们并不想看到世界的全貌，我们只想通过一面镜子照见自己的聪明睿智。至于那些对自己观点不利的证据呢？我们还有一个终极大招——"总有刁民想害朕"的阴谋论，正如书中所说的，一旦我们通过阴谋论的有色眼镜来看这个世界，就会发现正常的举证原则和逻辑推理都不再适用："你不是在质疑举证，你是在迫害！"从此，我们无须在事实和逻辑上打败对方，只需要麻利地将整个棋盘掀翻在地，同时顺势高喊一声："小人无节，此事有诈！"

上述种种只是书中一隅，作者一遍遍地提醒我们，作为一名科学怀疑论者，最应该首先怀疑的就是自己，我们的认知偏差（软件）和神经系统（硬件）都会漏洞百出。不过，此书并不只是让我们反躬自省，作者还提供了众多有趣的“病案”供我们诊断和解剖，从捉鬼专家到反疫苗运动，还有热门的转基因迷思等等。作者像一位充满幽默感又循循善诱的上级大夫，手把手地带领读者用工具箱里的各种手术工具层层剥开表象，让你在不知不觉中医术见长。当然，如果一位实习医生对上级大夫只有服从而没有质疑，那么高明的老师也不会满意。当你能用科学怀疑论的方法来质疑此书中你不赞同的内容时，相信作者脸上会露出更加欣慰的笑容。不过，科学怀疑论并不是攻击他人的工具，现在的网络上“杠精”并不少见，那是为了攻击而质疑，为了反对而反对，而科学怀疑论者是为了真相而质疑，为了探究而提问。如果说“杠精”是自鸣得意，那么科学怀疑论者则满怀谦卑：“我并不比你知道更多，我只想和你一起探究真相。”

面对茫茫宇宙，我们都渺小而无知，唯一的区别只有是否自知，可惜的是，最需要这本书的人也许最不可能拿起它。感谢打开这本书的你，因为你也是科学怀疑精神涟漪的又一个波源。它不只是科学的思维方式，更是一种人生态度——承认无知，万事存疑，尊重异见，永远好奇。有的真相也许永远不可知晓，但是对它的探究能给我们短暂的人生以意义；也许宇宙并不关心人类的答案，但是我们乐在其中。

目 录

工具三：科学与伪科学

工具四：警世故事

第二部分
冒险之旅

第三部分
科学怀疑论与大众传媒

第四部分
血淋淋的伪科学

第五部分
改变自己，改变世界

前　言

有人预言，如果有谁真的找到了宇宙万物存在的意义和理由，那它们转眼就会消失得无影无踪，取而代之的则是另一个更加神秘莫测的世界。但是也有人说，这一切早就发生了。

—— 道格拉斯 · 亚当斯

斯波克[①]居然也撒谎!

斯波克的扮演者名叫伦纳德 · 尼莫伊，主持过一档电视节目——《探寻》（*In Search of*）。虽然该节目很受欢迎，但内容却不怎么靠谱。撒谎的也并非只有尼莫伊一个人——那些媒体、记者、商界人士、政客和销售人员，以及我认识的几乎每一个成年人都会撒谎，当然也包括那些权威人士。有些人是故意撒谎，有些人则是出于好意而隐瞒真相。但在大多数情况下，人们撒谎仅仅是因为他们搞错了，或者被误导了，再或者干脆就是自欺欺人。他们自以为洞悉了真相，其实不过是在转述别人的谎言。

小时候，我们都会对大人说的话深信不疑。成年人的知识阅历远非儿童可比，因此无论谈到什么话题，小孩子总会把大人的话奉为真理。长大后，我们发现大人也不是每次都能达成一致意见。由此可见，他们之中必然有些人错了。尽管我们不会像以往那样盲目地遵从权威，但最终还是会仰仗别人的意见。专家、领袖、宗教人士、社会名流以及那些面对镜头侃侃而谈的人，都是我们依

① 斯波克是美国科幻剧《星际迷航》的主角之一，是瓦肯星人与地球人结合的后代，担任星际战舰上的大副及科学官。——译者注

赖的对象。如果没有合适的对象，那就依靠常识。

科学也是一种权威。我年轻时对任何科学事物都极其迷恋。科学家那里总有最有趣的故事：数百万年前，恐龙拖着庞大的身躯缓步前进；人类的远祖逐渐学会把石头一点一点打磨成工具；数十亿年前，宇宙中诞生了太阳、地球和月亮；一个小小的细胞最终演化成复杂的人体；简单原始的生命，最后慢慢进化成今天五彩斑斓的世界。

我和我的兄弟们绝不会放过任何观看科学纪录片的机会。我们一直认为，纪录片比情景喜剧或无病呻吟的表演要好看得多。但是，其中部分影片在今天看来却是宣扬伪科学的，或者干脆就是伪纪录片。伦纳德·尼莫伊就是这样的例子。1977—1982 年，他是当时颇受欢迎的电视节目《探寻》的主持人。

每集节目中他都会讲一个故事，比如科学家发现“纳斯卡线条”（秘鲁纳斯卡荒原戈壁滩上遗留下来的神秘图案）是外星人的杰作，或者他们即将在尼斯湖发现某个巨大的生物。这些貌似板上钉钉的说法，让人不得不相信这世上确实存在第六感、亚特兰蒂斯[①]和大脚怪（至少当时我是这么认为的）。和其他纪录片主持人一样，尼莫伊会在节目中展示各种证据，或采访各类专家。总之，他说什么，我们就信什么。

与此同时，大人却教导我们要虔诚地信奉天主。那时还是小孩子的我既是进化论的拥趸，又对亚当和夏娃深信不疑。现在回想起来，我仍会觉得不可思议。在当时的我看来，亚伯拉罕、玛利亚和约瑟夫[②]都是历史上真实存在的人物，他们就如同乔治·华盛顿的丰功伟绩一样不容置疑。在教会里忠于信仰绝对是一种美德。因此，只要你虔信便是善人。

当时供人们高谈阔论的种种奇妙话题，现在看来都不算什么了，不管是进化论、《创世记》[③]还是尼斯湖水怪，或者是别的什么东西。因为许多说法自相矛盾，到头来我们还是得去伪存真。进化论的主张和《创世记》中的描述背道而驰，不可能同时正确。也就是说，我们得学会质疑。我们必须学会辨别哪些

---

① 亚特兰蒂斯首次记载于古希腊哲学家柏拉图的《对话录》中，传说是直布罗陀附近的大西洋海域的岛国。亚特兰蒂斯属于古代高度发达的文明，但毁于史前洪水。至今人们依旧对其是否存在过争论不止。—— 译者注

② 这几人均为《圣经》中的人物。——译者注

③《创世记》是基督教《圣经》的开篇之作（第一卷），介绍了宇宙和人类的起源。—— 译者注

说法是可信的，哪些是不可信的。

这便是“科学怀疑论”的精髓：我们如何判断哪些可信，哪些又该存疑？

“我们如何获知真相？”如果哪天你学会这么提问了，那么就意味着你开始慢慢背离原先的各种观点。我们该怎么确定地球上是不是有外星人？怎样才能确定在某个穴位扎上一针就能恢复健康？这些质疑不见得都会有答案，因为有些人对科学视而不见，他们宁愿相信存在外星人或神迹。也有人会不断提出质疑。这个过程永远不会结束——正如这是一条走不完的路。

关键的问题是：你能够走多远，你将去往何方？虽然这是一次独自一人的探险之旅，但我们并非孤独前行。随着社交网络的不断扩展，我们会与越来越多的人分享自己对知识的探索和理解。整个人类社会就是最大的社交圈子。作为自然界的物种，我们从未停止对外界的探索。我们一直试图分辨哪些说法是可信的，哪些知识是可靠的。

这是一趟跌宕起伏的旅程，个中曲折既让人兴奋不已，也不免令人心惊肉跳。有时候，你会发现你特别中意某个说法，这个说法甚至值得你坚决捍卫，但仔细推敲后，却发现它根本站不住脚。归根结底，这是一趟“自我发现”之旅，而我希望本书能够成为你的“旅途指南”。本书会告诉你，大脑在许多情况下常常容易犯错，它偏爱简单明了、让人安心的解释，而且我们的记忆其实也是一团糟，我们的思维中也存在许多先入为主的偏见。

你还能从中了解社会现存的很多问题，以及科学、教育和新闻媒体领域的不足之处。这个世界充斥着虚假信息、偏见、流言、欺诈和错误认识——虽然听上去令人不安，但这就是事实。没有所谓成年人，每个人都只是懵懂少年。没有绝对的权威，也没有人掌握着终极秘密；既不存在所谓的神祇，也没有谁能够提供确凿无疑的答案——就算是谷歌也不能。

和前人一样，我们正在努力适应这个纷繁复杂的世界。

对人类这一境况的深刻理解也许会让你变得愤世嫉俗，从而彻底陷入知识无用论。但这其实是另一种偏见，这种论调将我们与混乱的状况隔离开。这种心态几乎一文不值——它仅仅是怀疑和否认一切，却无法帮个人和社会解决问题。科学怀疑论则完全超越了单纯愤世嫉俗的心态：怀疑只是开始，却远非结束。即便不存在终极奥义（所谓“绝对真理”），我们也得努力探索世界的秘密。

只要结论足够可靠，我们就应该暂时把它奉为“真理”，并当作我们的行动指南。例如，我们向冥王星发射探测器，并收到探测器传回的图像。精彩的图片向我们展示了一个人类此前从未涉足的神秘地带。假如我们对宇宙的认识错得离谱，那么探索冥王星的努力就不可能成功，我们也不会有机会通过图片“看”到这个遥远的冰封世界。

因此，我们不能轻信那些众口相传的故事、传统思想和人生信仰。无论是信口开河，还是有理有据，无论是魅力非凡的人物，还是我们本身的记忆，都不见得那么可靠。相反，对任何自称是真知灼见的说法，我们都应该做一个评估。这个过程必须谨慎小心，切勿操之过急。在评估过程中，科学扮演了重要角色——它会一步步检验我们对真相的认识，并用最客观的数据来说话。当然，科学检验不见得都井井有条，难免不尽完美，但它毕竟是一个有序的过程。至少它有“自我纠错”的能力，能让我们越来越逼近真相。从本质上说，科学就是一个尽力求真的过程。

科学也离不开逻辑和哲学。简言之，逻辑和哲学教会我们缜密的思维方式，至少保证能自圆其说。这绝不是个轻松的差事，它包括合理的推断、细致入微的系统观察、记录统计所有数据（不能凭个人喜好而有所取舍），以及准备推翻先前的结论等。如果能做到这些，我们才算是真正“上路”了。科学、哲学、人类心理学，甚至各种认知缺陷和偏差，都是科学怀疑论者用来判断观点（尤其是他们自己的观点）正确与否的手段。

在观看了系列纪录片《宇宙》（*Cosmos*）之后，我便向成为彻底的科学怀疑论者迈进了一大步。这部纪录片是卡尔·萨根[①]与别人合作编写并亲自主持拍摄的。这大概是我第一次意识到科学纪录片还能这么拍：不但让人们“知其然”，还告诉人们如何“知其所以然”。人们过去是怎么认为的，而新的发现又如何改变了人们的想法，萨根都在纪录片中做了详细说明。在其中一集的某个片段中，他还专门对外星人到访过地球的所谓“证据”提出质疑。他的话让我大开眼界。正是从那一刻起，我才真正成为科学怀疑论的拥趸。荧屏上的这位著名科学家正侃侃而谈。他谨慎地使用各种逻辑和证据，以证明那些关于 UFO（不明飞行

---

① 卡尔·萨根是美国宇宙学家、天文学家，但其最广为人知的身份是全球最成功的科普作家之一，主要作品有《宇宙》《魔鬼出没的世界》等。—— 译者注

物）的报道其实并不怎么靠谱——实际上，它们都是无稽之谈。那些关于外星人造访的纪录片（包括《探寻》节目当中的某些内容）不仅观点错误，而且让人不知所云。我感觉我被骗了。

那种纪录片根本算不上科学。用卡尔·萨根的话来说，它只能算“拙劣的模仿”，只能说是伪科学。想想看，其他那些形形色色的猎奇说法，恐怕也都像UFO一样不靠谱吧？于是，多米诺骨牌的第一块被推倒了。

接触到所谓神创论[①]之后，我越发坚定了对科学怀疑论的信仰。神创论否定进化学说，这让我十分震惊。在那时，生物进化是我最痴迷的科学话题之一。我读了不少关于进化论的书和文章。无数事实都能证明，生命是逐步进化而来的。对此我再熟悉不过了。

如今，我还是会读到或听到有人否认这些事实。他们根本不承认生命是进化而来的，或至少不承认进化过程像科学家所说的那样。每每如此，我便不由得放缓脚步，审视再三，就好像在高速公路上目击了一场可怕的事故。鼓吹神创论的声音参差不齐，有些一看就是愚昧之言，也有些言论似乎颇有见地。但不管怎样，这些说法都有漏洞。我想尽可能地知道它们到底错在哪里。起初我天真地以为，如果我能向神创论的拥趸指出其逻辑上的缺陷或者推论前提的事实性错误，那么我就能说服他们放弃这套理论（如果私底下正好遇到他们，我就会这么干）。虽然并非完全不可能，但事实上，这远比我想象的要困难得多。

未来充满未知，还有一些我不知道的原委。我上了大学，并选择了理科专业。我孜孜不倦地探索未来，同时也很快放弃了原先的一些信仰。我很自然地成了怀疑论的践行者。时至今日，已经过了30多年。

知识是如何被掌握的，认知又是如何发生偏差的，这便是我毕生研究的课题。我很享受这一科学研究过程和研究成果，也乐于想方设法向别人解释这一切。许多志同道合的同人正在积极推广科学怀疑论这一思维方式，对此我也一直义无反顾。

佩里·迪安杰利斯是我的好友，他也同样是一个科学怀疑论者。有一天，他偶然发现美国有大大小小几十个主张科学怀疑论的社团，但在我们的家乡康

① 神创论是一种反对生物进化论的唯心学说。它认为生物界的所有物种（包括人类）以及天体和大地，都是由上帝创造出来的。世界上的万物一经创造，就不再发生变化。——译者注

涅狄格州，一个都没有。于是他提议，我们应该成立一个类似的组织。对此我毫不犹豫表示赞成。

我们共同的朋友埃文·伯恩斯坦，以及我的两位兄弟鲍勃和杰伊相继加入了这个小团体。想当年，正是这两位陪着我一起观看电视节目《探寻》。早年我们互相支持，逐渐从对事物不加分辨，到学会用怀疑的哲学看待世界。我还记得（哪怕我的记忆不够完美，但还是可以记下来一些）有一天我告诉鲍勃，我不再相信这世界存在所谓“第六感”[①]（ESP）。他开始显得很震惊，但我只花了半个小时，就让他明白了对第六感的所谓“证明”其实漏洞百出。

1996年，我们五人共同发起成立了“新英格兰科学怀疑论者协会”（New England Skeptical Society）。我们制作了一份刊物，并在当地开办讲座，也算是乐在其中。要不是我们几个都是上班族，我们本该投入更多精力。但无论如何，我们还是尽量开展实地调查，参加UFO爱好者的聚会，并针锋相对地驳斥各种支持伪科学的言论。那几年正是我们“扎扎实实打基础”的时候，也借此机会认识了更多科学家、哲学家、魔术师和其他主张理性怀疑的人士。

再后来，社交媒体开始强势登场。早在2005年，那时播客还是一个新潮的东西，我就想到利用它每周做一期关于科学和批判性思维的广播节目。节目定名为“怀疑论者的宇宙指南”（*The Skeptics' Guide to the Universe*），这一灵感来自我们都喜欢读的《银河系漫游指南》系列丛书。到我动笔写作本书的时候，节目依然有很高的人气。

在制作节目的过程中，我们还结识了丽贝卡·沃森，她连续9年都和我一起主持这档节目。2007年，我们的朋友佩里死于硬皮病的并发症。2015年，我们迎来了卡拉·圣玛丽亚，她也成了“捣蛋鬼”[②]（我们对自己人的称呼）中的一员。

在每周的节目中，我们五个人试图为这个越发不可理喻的世界找到一些解释。互联网和社交媒体像是一把双刃剑，既有助于向更为广泛的群体传授科学和理性思维，也史无前例地助长了虚假信息的泛滥。

---

① 第六感即“超感官知觉”，指不凭借感官信息而对外界事物获得知觉经验的现象，包括我们熟知的“灵感”和“心灵感应”。——译者注

② 原文为Skeptical Rogue，即怀疑一切的捣蛋鬼。——译者注

过去 20 年，我们无时无刻不在捍卫科学和理性，但随之而来的风险也似乎越来越大。医学是我的老本行，但现在越来越多的所谓“替代疗法”混进了医学领域，它们其实都是伪科学。真正的科学进程正在遭到挑战。有许多人不干别的，就只会全盘否定那些历尽艰辛才取得的科学发现。真相和事实反倒因为需要费力去了解，而成了烫手山芋，被人随意丢弃。有人说，现在的人们已经抛弃了“启蒙运动”带来的理性思维，反倒宁愿龟缩在“回音室”（echo chamber）[①] 里，彼此只交流他们愿意听到的（或至少是相似的）观点。这个说法还是很有道理的。

对科学的挑战也许会永无止境，世世代代进行下去。

如同身处道格拉斯·亚当斯所说的那个世界，我们编撰了这本指南来帮助你、指导你。在你成为科学怀疑论者的过程中，这本指南将会十分有用。周围的一切都有可能是传言和谎言，并会想方设法让你误入歧途。蒙昧、阴谋论、反智主义和对科学常识的否定，这些糟粕到今天也依然颇有市场。

我们不得不与头脑中那些骇人的思想做斗争，这一点毫无疑问——不过如今我们站在巨人的肩膀上。历史上，有许多睿智的头脑通过他们的缜密思维，试图证明什么是真相的本质，以及我们能在多大程度上理解它。有不少强大的工具能帮助我们，如科学和哲学。我们不仅“知其然”，我们现在还知道如何能够“知其所以然”。

好了，别紧张。在独立思考的同时，你得学会质疑身边的一切，这非但一点儿也不枯燥，还能让你的内心强大起来。让我们一起开始吧！

---

① 原指“录音时为制造回声效果而建立的密室”，现在多比喻“人们往往只愿意承认或接受与自己相同或相近的观点”，又称“回音室效应”。——译者注

第一部分
核心理念

（最终找到的）真相也许令人困惑，要理解它得花上不少工夫。它可能完全违背我们的直觉，也可能跟人们的固有观念截然不同。我们越希望它是真的，往往它偏偏就不是。我们希望的结果不见得就是事情的真相。

——卡尔·萨根

出发去任何一个地方旅行之前，工具肯定不能少——我们得带上必要的工具，装上一罐营养果仁，穿上一件合适的外套，再套上一双舒服的鞋。通过阅读这一部分，你会领取到一路上所必需的成套工具（就像系上了一条时髦的腰带）。它们对接下来的旅途至关重要。万一碰上什么路障或陷阱，说不定它们就能派上用场。

这些工具其实就是科学怀疑论的核心概念，一共分为四大类。第一大类我称之为“神经心理局限性”（neuropsychological humility），包括导致大脑功能受限或出错的各种可能。大脑是我们探索和理解外部世界最重要的器官，我们当然有必要进一步了解它的工作原理。

第二类工具称为“元认知”（metacognition），即“对思考本身的思考”。元认知主要研究影响人类思维判断的各种途径。尽管看上去和第一类很相似，但它更多的是关注批判性思维能力，而非大脑的物理功能。如果人类有完美的逻辑思维，就像“前言”中提到的那位耳朵尖尖的虚构人物[①]，那倒也不错——可惜我们并非如此。我们容易感情用事，也经常不够理性，常常受困于各种偏见、心理捷径[②]和错误的思维方式。

第三类工具与科学有关，包括科学是如何发挥作用的，伪科学和否定主义的本质，以及什么情况下科学会误入歧途。

第四类工具会带你回顾过去，重新审视历史上那些经典的伪科学和欺骗行为，并引以为戒。

带上这些工具，你就可以迎接即将到来的冒险，并正式踏上征途（如果你已经出发了，它们也能帮助你）。这可不是简单的周末度假——你得花一辈子的时间去完成它。

准备好了吗？一起加入这趟史诗级的发现之旅吧！它曾让人类勇敢地从黑暗洞穴中走出来，并成功地登上月球。（是啊，我们真的做到了！）与所有的冒险一样，此行我们最重要的任务是“发现自我”。头脑里那些乱七八糟的东西，便是你一路上需要搏杀的怪物和遭遇的挑战。但是如果你能掌握它们，回报将远远超过你的想象。

---

① 虚构人物即前文提到的斯波克。——译者注

② 人们在接收外部信息时，不是利用理性的、批判性的逻辑推导得出结论的，而是利用经验等更快捷的途径进行判断。这样做往往会导致对外部信息不加辨别，照单全收，并很难触摸事物的本质。——译者注

第1章
科学怀疑论

所属部分：核心理念

引申话题：批判性思维

卡尔·萨根让“科学怀疑论”这个词广为人知。这是一种对待认知的综合态度——相较于无伤大雅或唾手可得的知识及推论，它更希望认知结果能够经得起时间的检验。为此，科学怀疑论者用完全遵循科学、符合逻辑的方式来检验那些靠经验得出来的结论，尤其是他们的亲身经历。只有当逻辑上站得住脚，并对可见的事实做一番公正、彻底的评估后，某个说法才可能被暂时接受。同时，这些人也会通过研究人类理性思维的缺陷和欺骗的认知机制，避免被他人或自己蒙蔽了双眼。相比特定的结论，科学怀疑论更看重其方式方法。

我们如果对公众的科学素养漠不关心，是很危险的。

——尤金妮亚·斯科特

之所以要写《如何独立思考》这本书，是因为我们提倡科学怀疑论的世界观。成为科学怀疑论者究竟意味着什么？对此我们经常会有诸多疑惑，例如，我们在做什么，我们又相信什么？

成为科学怀疑论者意味着提出质疑，但哲学范畴内的“怀疑论”与科学思维下的“科学怀疑论”截然不同，前者也并非我们所追求的。哲学上的怀疑论本质上是一种不断质疑的状态——我们真的可以洞察一切吗？认知的本质又是什么？在科学尚未颠覆人类思想的年代，哲学上存在怀疑显得无可厚非。那时人们的认知或来自权威之口，或来自传统思维。通过不断质疑将自己和过去一刀两断，似乎并没有错。勒内·笛卡儿那句著名的“我思故我在”，说的就是人们的认知。他的观点是，人们应该首先摒弃头脑中存在的所谓“知识”，从头开始思索，看看最终能够从哲学第一性原理（即那些不证自明的出发点）中得出什么结论。

幸运的是，我们生活在一个科学昌明的时代。数百年来，人们通过悉心研究得出了无数结论，并让世界成为今天这个样子。哲学家更注重思维方式的清晰、明确和自洽，而科学则在“方法论自然主义”（methodological naturalism），即所有现象皆有自然原因的哲学框架下，使用各种精妙方法来验证理论在现实中的正确性。

以形而上的眼光看，我们至今也无法百分之百了解周围的事物，但至少我们有能力去了解它们。我们可以建立一套自洽而合乎逻辑的知识体系，不但符合我们对现实世界的观察，也有助于我们预测事物的演变方向。

科学怀疑论不同于哲学性的怀疑论，原因就在于此。后者干脆否认获得认知的可能性。我们也不像犬儒主义者那样质疑社会，或干脆对整个人类都抱有消极的态度。我们也不是“叛逆者”，仿佛天生就要跟主流社会对着干。反对者也曾经拿“怀疑论”标榜自己，希望被贴上真正的“科学怀疑论者”的标签（他们的问题往往十分刁钻，令人头痛），但其实不过是出于意识形态的原因，故意按既定的计划投反对票罢了。

作为真正的科学怀疑论者，我们也从质疑开始，但随后我们会将可知和已知的东西，与纯粹的空想、一厢情愿的设想、世俗偏见以及传统观念区分开来。

当代的科学怀疑论已不仅是一种世界观，也是一套认知体系，一个专业领域。作为它的践行者，我们使用下列工具和方法来辨析事实。

尊重知识，尊重真相。科学怀疑论者很看重现实和真相。因此，我们的信念和发表的意见会尽量以事实为依据。也就是说，任何说法都要经过可靠的评估才算数。

正因为这个世界离不开运行规则或自然法则，所以我们相信它是可知的。

要想凭实证认识这个世界，唯一正确的方式就是遵循这条自然主义[①]的假设。换句话说，实证主义的世界（即基于事实的实际认知）不需要魔法或超自然的力量。

提倡科学。要想探索和洞悉物质世界，科学是唯一可行的手段。因此，科学是强有力的工具，同时也是人类文明发展最高级的成果之一。我们之中的科学倡导者，他们不断宣扬科学在社会发展中的作用，鼓励更多的人了解科学发现和科学方法，同时提倡高质量的科学教育。这意味着，科学和教育不能受到意识形态和反科学主义的干扰，必须保持其正直性。我们更要提倡高质量的科学，要审视科学流程、科学文化和科学体系，找出可能存在的漏洞、偏差、缺点和欺诈。

提倡理性和批判性思维。科学离不开逻辑和哲学，因此科学怀疑论者对上述领域以及批判性思维也会有更多的了解。

科学与伪科学的较量。科学怀疑论者是抵御伪科学入侵的第一道防线，也常常是最后一道。为此，我们需要划出真科学和伪科学之间的分界线，并加以阐明。我们要让伪科学的本质大白于天下，并告诉人们如何分辨两者。简而言之，我们掌握的核心技能就是鉴别伪科学。面对大众化的错误信念，我们不仅要掌握相关的科学知识，更要懂得什么情况下科学也会犯错，人们是如何形成并坚持错误观念的，以及这些观念如何传播。主流学术界通常不会研究这些，这才使科学怀疑论者有用武之地。

思想自由，探索自由。科学和理性只有在提倡自由的社会中才能得到发展。不会把意识形态强加给个人，也不会强加在科学和自由探索的过程之中。

神经心理局限性。从实用角度而言，我们需要了解自我欺骗的各种方式，人类感知、记忆的局限和不足，固有的世俗偏见，认知上的谬误，当然也包括减少这些认知缺陷和偏差的手段。

权益保护。我们致力于让自己和别人免受欺骗。我们会曝光骗局，并帮助公众和政府分辨哪些信息（或行为）是虚假的或者是有误导作用的。

---

① 自然主义者认为自然是有规律可循的，因此是可以理解的。他们反对不可知论，相信以科学为依据，并采用科学的经验方法，就一定能够逐步深入地认识自然界。—— 译者注

另外，科学怀疑论者还往往是“组织记忆”[①]（institutional memory）的来源。骗局和错误认知每隔一段时间就死灰复燃，似乎每一代人都避免不了犯同样的错误。我们需要对过去的骗局、错误信息和伪科学有所了解。当这些谬误再次出现时，我们就能帮人们分辨信息，并让他们有所防范。

积极的科学怀疑论者绝不仅仅是在传播科学。我们对伪科学、欺骗的形成机制以及如何消除虚假信息的不良影响有独到研究。在老一辈的观念里，传播科学的唯一途径就是传授科学，以此来消除伪科学和错误思维的影响。很遗憾，事实没那么简单。

举个例子，为证实此前的研究结果，2017 年约翰·库克及其团队发表了一份研究报告。该报告显示，科学界对全球变暖问题达成共识如果是一个假消息，当人们得知这一消息时，会因为政治理念不同而有着截然不同的表现。本身就接受共识的一方会更加积极地鼓吹其观点，而原本就不认同共识的一方会越发激烈地反对。哪怕后来辟谣了，这种两极分化的表现也几乎不会有任何改观——事实也无法轻易改变人们的观点。

但是，如果你一开始就告诉他们，有人会请冒牌专家假装对这一科学共识提出质疑，人们对假消息的反应就绝不会有如此之大的差异。

我们曝光伪科学，并以此提倡科学，其原因正在于此。而且不仅是虚假信息，我们也曝光伪科学惯用的那些欺骗性的手段（有时属于自欺欺人）。仅仅传授科学是不够的，还要告诉人们科学的内在原理，以及什么是理性的思维方式。在读过本书后，你可能就会对伪科学、科学骗局和思维缺陷有一定的免疫力。

没有人认为这些问题至关重要。经常有人批评我们，说我们总是在解决一个又一个认知问题，显得没有重点。我们称之为“相对剥夺谬论”（fallacy of relative privation），即因为更值得解决的问题尚未得到解决，现在正在解决的问题就显得没那么重要。就好比有人说：“在找到治疗儿童期肿瘤的方法之前，别的都可以不管。”

① 组织的各种活动涉及大量的信息，这些信息借助于组织成员的个人记忆和共同的解释，作为决策执行的结果被储存起来，成为指导决策的重要依据。—— 译者注

我把它称为“盖里甘的岛思维”（Gilligan's Island logic）[①]。诚然，如果有一群人被困在一座荒岛上，而不幸你也是其中一员，那么生存下去对每个人而言都是迫切需要解决的问题。但是，如果放大到整个地球，那上面足足生活着70多亿人，这个道理就说不通了。人们应该优先解决他们认为重要的问题，或者他们最有能力也最愿意解决的问题。这是他们的自由。

因此，本书中的“科学怀疑论者”指的是科学和批判性思维的拥趸。说不定在读过本书后，你也会自觉地加入其中。

① 该名称源自美国20世纪60年代风靡一时的连续剧《盖里甘的岛》，该剧讲的是一群被遗弃在岛上的演员的故事。—— 译者注

工具一：神经心理局限性及认知欺骗

20 世纪初，作为重于空气的空中飞行器，飞机的发明曾被广泛寄予厚望。1903 年，莱特兄弟的“雏鹰号”试飞成功，而此前的几十年间，甚至包括之后的数年间，类似的飞行器试飞表演此起彼伏，经久不衰。

围绕飞行表演产生的各种谣言迅速在大街小巷传播开来。当地小报会声称那些大人物（警察、市长等）亲眼看见了这个大家伙从天空飘过，甚至还能从指挥塔上看清楚飞行员的模样。许多人发誓他们听见远处传来的发动机的轰鸣声。也有人说他们看见有碎片从飞行器上掉落，或者干脆说他们曾坐进机舱去天上转了一圈。不时有人声称飞行器是某著名发明家的作品，比如托马斯·爱迪生。

现在我们知道，这些都不过是谣言和在普通民众中流传的妄想罢了。那时候真正的飞机还没有出现。从目击者画的所谓飞机草图来看，人们口中所谓的“飞机”不过是一个奇形怪状的机械玩意儿，装有可上下扇动的翅膀，并非后来发明的真正的飞机。

除此之外，还有许多类似的案例。这说明了一个道理：知觉、记忆和观念本质上是人们自我构建的，并且不那么可靠。它们来源于人们对事物的预期，还受到文化方面的影响，同时也是心理作用的产物。

当轰动一时的所谓“飞机热”最终被揭穿后，许多当初深信不疑的人非常愤怒。我猜他们是在生自己的气，因为他们如此轻易就上了当。不过，我们在下文中会看到，他们所犯的错误其实是人类的通病。

第 2 章

记忆偏差与虚妄记忆综合征

所属部分：神经心理局限性

引申话题：知觉、自我欺骗

能够导致记忆偏差的方式多到数不清。实际上，编造一个完全虚假的记忆并非难事，有时甚至某些误入歧途的治疗师也会这么做。

认知心理学告诉我们，单纯的人类思维很容易受到错误观念和错觉的影响，因为人们会依赖记忆中的那些鲜活事例，而非系统的统计数据。

—— 史蒂芬·平克

我们对世界的感知其实是转瞬即逝的。一旦对某一事物的体验结束了，它就成为我们的记忆。记忆一开始都是短时的，而其中一部分会不断加固成为长时记忆。所谓记忆，就是个人对这个世界认知的总和。

但是，人类的记忆究竟有多靠谱呢？请回想一下你的童年吧，找一个你记忆犹新的片段 —— 它会经常出现在你的回忆里，并成为你过去和成长中重要的一部分。我并不想向你挑明（实际上我倒是很想）的事实是，你的这段童年记忆很有可能大部分（甚至全部）是错误的。

你也许觉得这太耸人听闻了。你也许会想："怎么可能？我 10 岁那年确实去过这家玩具店，我记得很清楚，不可能记错啊！"可惜我得告诉你，过去一个世纪以来的记忆研究表明，事实并非像你想的那样。

我们的记忆无法准确记录过去，记忆并不是一种客观被动的记录，我们的大脑不是一部摄像机。记忆始于不完整的知觉，并掺杂着我们的固有观念和成见，随着时间的流逝，到最后记忆逐渐扭曲，并纠缠在一起。与其说它给大脑提供信息，倒不如说它加固了我们头脑中已有的观念。从某种程度上来说，记忆就像不断演变的故事，只不过我们是在自说自话。

我们都有过这样的经历：一场激烈的讨论进入最后阶段，当我们需要消除分歧时，竟然发现大家对刚才那场讨论的回忆各不相同！在这种情况下，你会相信自己的记忆，认为其他人都记错了。当然，其他人也都是这么想的。

我们也会回想当年和伙伴一起做过的事。在《怀疑论者的宇宙指南》播客节目的某一集中，我和鲍勃、杰伊一起回想起我们小时候的一次家庭旅行。我们去了庞贝古城和赫库兰尼姆城。他们两人清楚地记得，旅途中我们碰上了一个恶趣味的当地导游，他总是关注那些象征男性生殖器的古代建筑或设计，并指给我母亲看。相反，我记得这个导游是我母亲上一次去庞贝古城旅游的时候遇到的，是她告诉我们有关这个导游的事情的，我们三人其实根本没见过他。鲍勃和杰伊简直不敢相信，他们的记忆错得如此离谱（尽管他们一直坚持说是我记错了）。

关于记忆的形成过程，人们已经做了很多相关研究。我们不停地在感知外部世界，这本身就是一个不断进行主观建构的过程。关于这一点，我们会在本书第 3 章《不靠谱的知觉》中展开讨论。人类感官接收的各种信息，不重要的会被过滤。我们借由这些输入信息来判断我们所感知到的内容，并随时参照现有的对外部世界的认知模型和推论。我们希望知觉是连续的，任何信息都能随时更新。

随后知觉信息流会成为记忆。最近的研究结果表明，短时记忆和长时记忆也许是同时形成的，但最开始绝大多数都是短时记忆，随后它们迅速衰退。几天后，长时记忆得到加强，并成为头脑中的主导记忆。当然，这两种记忆模式的相互关系也许没这么简单，相关研究也还在继续进行。但不管怎样，这是最基本的事实。

长时记忆的种类可谓五花八门。尽管相互之间大同小异，但它们的神经解剖学联结（即用到的大脑神经网络）各不相同。

“陈述性记忆”（declarative memory），又叫“外显记忆”，指的是储存在长时记忆中的事实情况，并被有意识地回忆。大多数人所声称的记忆，就是指陈述性记忆。“程序性记忆”（procedural memory），又叫“内隐记忆”，则是相对更自动化的一种记忆方式，主要负责存储“肌肉运动功能”，比如学习投篮和写字。

陈述性记忆还可以进一步细分。“情景记忆”（episodic memory）指的是我们对个人经历和外部事件的记忆。情景记忆构成了所谓“自传体记忆”（autobiographical memory），即对发生在自己身上的事件的记忆，而且通常都是站在第一人称视角的。其中，有一种特殊的自传体记忆称为“闪光灯记忆”，它指的是对某个震撼内心的重大事件的鲜活记忆。例如，当“9·11”事件或者类似事件发生时，你能想得起当时你身在何处，正在做什么事，这就是一种闪光灯记忆。

“语义记忆”（semantic memory）是一种对外部世界的真实记忆，但这种记忆并非来自个人经历。语义记忆也分为几个组成部分，分别存储在不同地方。既有对事实的记忆，也有对每个事实“真实性”的记忆（即这件事到底是真是假），还包括对该事实来源的记忆。这就解释了一个普遍现象：人们常常只记得在某个地方听过某件事，但就是想不起具体在哪里听过，甚至记不清这件事到底是真是假。

记忆的可塑性

在记忆刚开始形成时，它就不是完美无缺的，甚至也不见得能始终如一。提取记忆，其实就是一个重塑和更新记忆的过程。和知觉一样，记忆也强调内在的一致性。我们会对记忆做适当调整，使之符合内心对事实的描述。如果描述有所变化，我们会调整自己的记忆去适应这种变化。

记忆的持续过程也绝非一帆风顺，其间会有许多曲折。我们自行塑造记忆的方式主要有以下几种。

记忆融合。我们会融合不同记忆的细节，比如将它们混在一起，或者干脆把两个截然不同的记忆片段合二为一。上文提过我们记得小时候好像去过某家玩具店的事情。也许你还记得，在玩具店你遇到了一个陌生人，这段经历让你心有余悸。实际上，你可能是在其他地方和其他时间遇到这个陌生人的。但不知为什么，你会把它融入去玩具店的这段记忆里。也可能这段令人不快的经历只是电影里的某个情节，或者你遇到的不是陌生人，而是其他什么人。总之，你把这段经历与自身的记忆结合起来了。

记忆虚构。简单来说，就是编故事。这完全是一个自发的、下意识的过程。同样，因为大脑更愿意构建连续性的、前后一致的记忆，因此每当记忆出现部分缺失时，大脑会“编造”这些缺失的细节，以便让记忆完整呈现。

和正常人相比，痴呆症患者虚构记忆的次数会更频繁。因为他们的记忆和认知能力低下，所以头脑中会产生更多的“缺失”片段。严重的痴呆症患者甚至会虚构从来没有发生的事件，而且他们这么做几乎是自发的。

编造细节，是为了强调整个事件对心理造成的影响。事实上，某段记忆总体上的主题情感与记忆的具体细节，在大脑中储存的位置是完全不同的。

2008 年，当被问及几年前对波斯尼亚的一次访问时，希拉里·克林顿回忆道：

我当然记得这次访问。正如托戈[①]所言，在白宫有句老话是这么说的：总统不能去那些太小、太穷、太危险的地方，这种地方还是让第一夫人去吧！波斯尼亚就是这样一个鬼地方。当飞机降落时，连狙击手射击的声音都听得见。照理说机场应该举行欢迎仪式，但我们不得不低着头跑向汽车，并直接开往下榻的地方。

可惜我们有视频为证，这让希拉里有些难堪。在媒体找到的这段录像中，希拉里和女儿切尔西悠闲地走在一起，看不出有任何慌张或害怕。她甚至在机场跑道上停住脚步，和一位年轻的女士打起了招呼。她自己的描述和视频当中显示的情景，完全有天壤之别。

因为对此事“撒谎”，希拉里受到广泛的批评。其实根本没必要谴责她。当到一个战火纷飞的地方访问时，那种恐惧和焦虑无疑让她印象深刻。于是，为

① 指克林顿执政时期的美国退伍军人事务部部长托戈·韦斯特。—— 译者注

了符合这种心理状态，她会自动“脑补”各种有关的细节。

1995 年，伊丽莎白·洛夫特斯和杰奎琳·皮克雷尔开展了一项后来被称为“商场迷失”的研究。她们挑选了 24 位受试者，并通过采访他们的长辈，为每位受试者编写了一本小册子，上面详细记载了他们从小到大所经历的四件事。不过，其中只有三件事是真的，第四个关于“曾经在商场里走失”的经历，则完全是编造的。

受试者能够回忆起 68% 的真实经历中的某些细节。然而，还有 29% 的人能部分或全部“回想”起那个编造的经历。部分受试者甚至能极为详尽地描述这段“经历”，并对描述的准确性深信不疑。

2010 年，伊莎贝尔·林德纳与人合作开展了一项研究，其结果显示：只要观察到别人做了某件事，我们就可能产生一个虚假的印象，仿佛这件事是我们自己做的。报告中提道：

在三项试验中，受试者会观察到某些行为，而其中有些行为他们自己从来没有尝试过。随后他们会接受记忆来源测试。与控制组相比，观察他人行为显著增加了受试者的虚假记忆，他们认为这些行为是自己完成的。

此前进行的研究也表明，仅靠想象就足够让人产生对一件事的虚假记忆。想象所激活的脑区与真实记忆的脑区高度重叠。归根结底，随着时间的流逝，想象中的记忆会逐渐变得和真实的记忆没什么两样，于是就产生了虚假的记忆。

那些与声称被外星人绑架的“受害者”打交道的治疗师经常犯这样的错误，他们采用催眠的方式，鼓励来访者想象自己被绑架的情景。实质上，这类“研究”就是让人们主动产生（而不是被动揭示）曾被外星人绑架的错误记忆。

2015 年，朱莉娅·肖和斯蒂芬·波特研究发现，假如被警察连续盘问 3 个小时以上，许多成年人就会相信他们真的犯下了某种罪行，虽然实际上他们根本没有犯罪。研究报告写道：

我们发现，在与警方打过交道后，人们很容易产生虚假的犯罪记忆，并能描述出极其逼真的各种细节。

实际上，大脑一直在欺骗我们。它会把不同的记忆来源拼接成故事，并附上各种必要的细节，从而让整个故事完整无缺。

记忆个人化。发生在他人身上的故事，会逐渐转化为自身的记忆。别人的离奇遭遇，几个月或者几年后，会被我们当作自己的亲身经历，或至少是亲眼看见的经历（鲍勃和杰伊关于庞贝古城的导游显而易见的错误记忆，也许就来源于此）。

NBC（美国全国广播公司）的主持人布莱恩·威廉姆斯也同样中了招。几年前他曾说过一个故事：有一次他乘坐直升机飞临伊拉克上空，结果遭到炮火攻击不得不迫降。问题在于，这个故事他已经讲了很多年，但与亲临伊拉克的人的回忆大相径庭。他似乎是道听途说了另一架直升机的迫降经历，并把它糅合到自己乘坐直升机的经历当中（当然没有别人的这么戏剧性），从而变成自己的亲身体验。和其他人一样，他的记忆产生了偏差。他最后被炒了鱿鱼，很大一部分原因恐怕就是他在这个问题上“撒了谎”。

记忆误导。我们都是社会的一分子，我们拥有的社会属性之一就是，高度看重他人的证词。当人们聚在一起讨论某件事，并分享他们各自对这件事的印象时，他们会相互误导对方的记忆。人们容易轻信别人口中的细节，并将其完美地融入自己的记忆。

法庭上的证人在做证之前，不得相互见面或交谈，道理就在于此。

记忆扭曲。记忆的各种细节很容易被篡改或扭曲。随着时间的推移，头脑中储存的细节会不知不觉地有所改变，或者为了迎合记忆中感性的那一面，而故意有所调整。

暗示也能改变记忆。当回忆某样事物时，如果有人暗示其中的某个细节，就会让人们接受这个细节的真实性。例如，受访者看到一个包着头巾的人，但是无法分辨其性别。如果这时候有人用“她”来描述这个人，那么他们就会认定这就是一位包着头巾的女士。

我们也可以扭曲记忆的不同成分，相互之间不受影响。2005 年，由斯库尔尼克主导的一项研究证实了，我们对事件“真实性”的记忆与对事件本身的记忆是相互独立的。就好像记忆的旁边还设有一个复选框，如果我们确定它是真实的，就在框里打个钩。在实验中，斯库尔尼克先给受试者一些事实性的描述，但又告知受试者部分描述是违背真相的。例如，他会告诉受试者“疫苗会导致自闭症发作的这个说法是不对的”。3 天后，当他再次询问受试者时，27% 的年轻成年受试者把错误的说法记成了真实的。在年长受试者中，这个比例则高达 40%。显然，我们本应该重视这个复选框，可惜我们并没有。

对记忆的信心及其准确程度

奈塞尔和哈施于 1992 年做的试验，可能是史上最具影响力的记忆研究之一。他们针对“挑战者号”航天飞机失事这一重大事件，做了一项关于“闪光灯记忆”的试验。在事故发生后的 24 小时内，他们迅速向心理学专业入门班的 106 名学生发放调查问卷，请他们回忆当听到这一噩耗时的情景。研究者专门设计了 7 个问题，包括当时他们在做什么，以及听闻事故后的感受如何。两年半之后，同一批学生接受了后续测试。研究人员请他们就自己对事件记忆准确程度的信心打分，分值从 1 分到 5 分不等。

首次测试时 7 个问题的答案，这些学生平均只能记得 2.95 个。1/4 的学生连一个答案也没有写对，一半学生只回答对了 2 道题，甚至不到 2 道题。实际上，1/4 的学生甚至忘了他们此前做过该测试。尽管他们的记忆看上去那么糟糕，但他们给自己记忆准确性的打分却达到了惊人的 4.17 分（满分 5 分）。其他研究也证实了这一点，即对记忆准确程度的信心与记忆本身是否准确，两者根本没有联系。我们往往认为，描述越生动，对记忆越自信，那么回忆的准确性也就越高，但实际上并非如此。

很显然，研究结果给我们上了一课：我们对自身记忆的准确性最好别太自信。下文会提到，如果你无法掌握记忆的本质，就会有大麻烦。

虚妄记忆综合征

信仰和谬误同样有惊人的文化惯性，很难彻底根除——这就好比占星术，尽管只有少数人相信它，但它就是能顽强地存在下去。

但是，专业领域不应如此。比如医疗相关行业必须有一个最低限度的执业标准。人们不能凭空设定这个标准，而是必须基于一定的事实，即需要有一定的科学依据。对专业人士（尤其是对医护工作者）而言，如果还坚持某个早已声名狼藉的错误观念，那将是不可原谅的。

20 世纪 80 年代有一个毫无科学根据的观点非常流行：人们可以强行压制对某个事件的惨痛回忆，但这么做会转而表现出某种貌似不相干的心理疾病，比如焦虑和饮食失调。随着 1988 年《治疗的勇气》（*The Courage to Heal*）这本书的发行，这种观念也流行开来。这本书的作者声称，我们应该鼓励患有这些疾病的治疗对象（尤其是女性）重拾那段不堪回首的记忆。如果这段记忆能够重新开发出来，那么它必定真实存在过。

这种观点在某种程度上也导致了 20 世纪 80 年代的“撒旦的恐慌”现象。其中许多人依靠特殊技术恢复记忆，他们不但“回忆”起自己曾经遭受虐待，而且曾是“撒旦仪式虐待”的牺牲品。

对心理治疗行业而言，“重获记忆综合征”是一次重大的失误。这些非同寻常的治疗理念从未得到实证支持。除此之外，一些最基本的问题都被忽略了：是否有证据证明患者在治疗过程中想起的那些不可思议的事件？能否举例说明？有没有可能那些所谓的重获记忆仅仅是治疗的成果，而并非真实的回放？

这样的事后分析一直持续了 30 年，现在我们终于可以自信地宣布：“重获记忆综合征”几乎就不存在。伤痛虽然不堪回首，但人们通常不会压抑这段记忆（是否有个别例外也一直颇有争议）。再者，正如伊丽莎白·洛夫特斯所说，记忆是构建出来的，而且可塑性很强。另外，联邦调查局和其他执法机关（包括专家学者）都做过独立调查。他们从未发现“撒旦仪式虐待”、谋杀和其他暴行的证据。这些事件完全是虚构的。

从整个惨剧中，我们倒是能更好地理解所谓“虚妄记忆综合征”，即构建完全错误的记忆。产生综合征的途径包括有意识引导的意象描述、催眠、暗示和群体压力。这些手段违背了调查研究的基本规则——不得把说法强加给别人，从而引导他们，对心理脆弱或思维混乱的人更应如此。

记忆是否有可能被强行压制，并在后期准确地呈现，人们对此还有争议。但无论如何，20 世纪八九十年代流行一时的“压制记忆”的治疗经不起事实检验，这一点毫无疑问。说实话，这就是一个炮制虚妄记忆综合征的工作。即使饱受争议，某些理念还是大行其道，哪怕它对病人和家属是有害的。这说明在心理卫生领域，总体上还是缺乏对从业者的约束。

更令人失望的是，这种重获记忆的疗法至今仍未销声匿迹。实际上，现在只有少数专家还认为压制记忆并非不可能。然而，即使你赞成这种说法，重新唤醒这段“记忆”的疗法也缺乏事实依据。考虑到其潜在的危害，我们应该阻止这种做法。毕竟该做法有效与否，还有待证明。

1990年，陪审团经过仅仅一天的审议，就判决乔治·富兰克林谋杀罪名成立。这一罪名完全是由他女儿“重获”的记忆推论而来的。在谋杀案发生20年后，她才回忆起这桩罪行。记忆封存了20个春秋后，她终于借助“治疗手段”，逐渐回忆起她如何目睹父亲强奸并杀害她年仅8岁的小伙伴。这一谋杀指控并无实际证据。在被判终身监禁5年后，富兰克林的案子居然得以翻盘，而他本人也没有接受再审。之所以出现这一反转，部分也是缘于案中对“重获记忆”和催眠手段的不当使用。他的女儿当时描述得绘声绘色而又充满自信，显然给陪审员留下了深刻的印象，后者由此做出了终身监禁且不得保释的判决。

陪审团本不该做出这样的决定。

哪怕我们不是陪审员，了解记忆的本质依然十分重要。每当你说“我记得很清楚……”时，你还是别往下说了——因为你不可能记这么清楚。这段记忆是你的大脑臆造出来的，它很可能掺杂了其他内容，可能被误导了，可能是虚构的，可能被个人化了，也可能被扭曲了。每一次你想起它，其实都是在“重构”这段记忆，从而让它离事实越来越远。

对待记忆，我们不可轻信，也不可盲目自信。除非是关于去庞贝古城的旅行，那毫无疑问——你没错，是你的兄弟记错了。

第 3 章
不靠谱的知觉

所属部分：神经心理局限性

引申话题：错觉

“知觉”是大脑主动构建信息的过程，这个过程十分复杂，而且过滤了很多内容。我们不像照相机那样，只会被动地接收外部刺激。这个过程有可能会产生许多不真实的、错误的知觉。

我们头脑中的信念不会被动地等着被传入的信息证实或反驳。相反，它们对塑造我们看待世界的方式发挥着关键作用。

—— 理查德 · 怀斯曼

我们总是会惊叹错视的神奇。前一秒看还是石头上散落着积雪，紧接着就变成了一幅斑点狗的图画。当你很确定这些是波浪形的线条时，其实它们全是直线，而且互相平行。你也许难以置信，于是掏出直尺去量——见鬼了，这些歪歪扭扭的线果真是直的！这怎么可能？

精妙无比的错视图像简直让人抓狂。它让我们不得不正视日常生活中常常被忽略的事实。看到不等于客观存在。它需要经过大脑处理，而这个处理过程充满了陷阱。

人为构建的知觉

归根结底，知觉并非对外部环境的被动记录，而是大脑主动创建的思维结果。这意味着外部现实和你的大脑创造的现实模型之间并非完美的拟合。显然，这个模型运转得很好，足以让我们与现实进行互动，这就是它的工作理念。被“构建”的知觉并不要求非常准确，但必须实用。

此外，只有极少部分外部信息会相应地反映到大脑，并通过大脑被我们“感知”。我们的感官远谈不上功能强大，加上感知效果之间要达到各种平衡，因此绝大多数外部信息都被我们放弃了。例如，人类的眼睛其实只有中央凹[①]那么一小块的地方能够如实记录物体的各种细节。也就是说，就算拥有 20/20[②]的正常视力，你也只能看清楚在触手可及距离内的一张邮票而已。由于表面布满感光细胞，它在如此之小的范围内承载了视网膜大约一半的信息。剩下的一半信息分布在视网膜的其他区域，而这部分的视力几乎为零。在中央凹之外，我们“看”任何东西都是模糊一片。

每个人的眼睛都有盲点，即位于视网膜上视神经从眼球发出的那个区域。你之所以感觉不到盲点，也不觉得看东西会模糊一片，是因为大脑将缺失的信息补足成一个完整的图像。当然，这个过程需要大量计算。

视锥细胞传来的感光信息，通过这个过程转化为色彩。同时，大脑会增强其锐度，调整其对比度，并通过微调加强图像的透视感。这些信息暂时只能生成二维图像，因此，大脑还必须根据已知的信息条件，计算出距离、大小和相对的方位，做出最合理的推断，并凭借这些不完整的且深度“加工”过的信息，来构建三维立体视觉模型。

不过，这才刚开始。现在你头脑中有了一个构建好的图像，但它没有实际意义。接下来，得靠视觉皮层的下一个区域来赋予图像具体含义——这是一棵树，还是一条鲸鱼？好，对上号了。最后，大脑要对处理过程做进一步的修正，使组合成的图像更加契合我们自认为所看到的事物。

---

① 全称为视网膜中央凹，是视网膜中视觉（辨色力、分辨力）最敏锐的区域。位于视神经盘颞侧约 3.5 毫米处的黄色小区块，其中央的凹陷就是中央凹。——译者注

② 一种美国通行的检查视力（即视敏度）的标准，通过站在距离斯内伦视力表 20 英尺（1 英尺 ≈ 0.3 米）处来进行。视力 20/20 说明在距视力表 20 英尺处，你能够看清“正常”视力所能看到的东西。——译者注

明白了吗？视觉处理过程有点像双向车道。大脑构建出有意义的图像时，基本的视觉信息处理是在“上行道”上，而随后大脑又通过“下行道”反馈并做出微调，让构建的图像更符合实际看到的东西。如果大脑的视觉联想皮层“认为”你看到的是一头大象，它会反过来传递信息给初级视皮层：“让它看上去更加像一头大象吧。”所以，它不仅修正了你所认为的，也修正了你实际看到的。这些都是自动发生的，是一个无意识的过程。

直到这里，过程还没有结束。现在你头脑中有了一个经过修正的事物形象，可它究竟意味着什么呢？它是不是在非惯性坐标系下运动（即运动方式不受重力的束缚）？如果答案是肯定的，那么它一定借助了外力。于是，大脑会将视觉信息用另一种方式呈现出来，并赋予该图像一定的情感意义。

稍等一下，我们需要让这些视觉信息动起来：当物体在视野范围内移动时，其外形会发生变化，照射到它表面的光线也会改变其原有色彩。谁都不想被弄得头昏眼花，于是大脑会尽量过滤那些纷繁复杂的东西，只剩下单一物体的影像在视野范围内移动。这些过程也需要花一定的时间（几百毫秒）。当我们看到棒球迎面飞来时，往往已经来不及躲避了，所以我们的大脑会预先投射出棒球未来的运动轨迹，以弥补处理时间带来的延迟。

如果你以为这就是全部，那就想得太简单了。刚才我们只讨论了视觉信息处理，但其实大脑需要同时处理声音信息、躯体的感觉信息、来自前庭[①]的重力方向和加速度等信息，以及各部位肌肉的反馈信息（用来判断我们的动作行为）。对大脑而言，信息的连续性和内在一致性比精准度更重要。因此，所有的信息都会实时比较，并做出进一步的调整，以确保信息之间的完美融合。可以这么说，我们的大脑正在构建一个关于正在发生的事情的叙述，并试图让我们也能够理解。

但是，信息当中也夹杂着我们的先验知识[②]和预期。我们都知道大象是个庞然大物，所以当我们看到一头小象时，大脑往往会“认为”它还是一个大家伙，

① 前庭是人体平衡系统的主要末梢感受器官，主要用来感知人体在空间的位置及其位置变化，并将这些信息向中枢传递。它一方面可以对人体姿势进行调节，保持人体平衡；另一方面参与调节眼球运动，使人体在体位改变和运动中能保持清晰的视觉。—— 译者注

② 在康德时期以来的西方哲学中，先验知识指与一切具体经验无关的知识，与从经验得来的后天知识相对立。—— 译者注

是因为距离远才显得小。但实际上，它可能确实很小（不排除它真的是一头“迷你象”)，而且距离也不远。

假如外部刺激信号含混不清，或者自相矛盾，大脑处理起来就不那么顺畅了。这种故障我们称为错觉。你的大脑构建信息的方式可能不止一种。它甚至可能来回反复，但是当某一构建方式最终被确定时，它会让人感到信服。“旋转女孩”就是一个典型的错觉实例。无论她朝哪个方向转，我们的大脑都能把活动图像组合处理成有意义的影像，没有区别。但是，你无法同时看到女孩向左转和向右转。大脑一旦推翻先前的假设，其构建结果也会随之改变，所以我们一次只能看到一种旋转方向。

关于大脑是如何比较不同来源的感知信息，并对它们进行修正的，我们可以拿麦格克效应（McGurk effect）为例。当你听别人说话的时候，你会注意到说话人嘴唇的开合。但如果你听不清他在说什么，你会试着从唇语中进行推测，而大脑会把你听到的声音自动贴近唇语显示的内容。（呃，不好意思，你是说我应该现在就脱光吗？[①]）

与此同时，大脑还是身体内部模型的构建者。你可能会很自然地认为，你就“住”在你自己的身体里，你可以主宰自己的身体，也能控制自己的身体。因为你的身体就是你，所以拥有那些感觉也显得顺理成章。可惜，这并非事实真相。在特殊的大脑回路作用下，所有这些躯体感觉是大脑主动构建的结果。另外，我们之所以觉得我们“住”在自身里面，是因为大脑对所见与所感做了比对。表面上看，我们确实从不离开自己的血肉之躯，我们也能感知到身体的每一部分。当所见和所感恰好重合时，大脑自然会产生一种感觉，即我们就“住”在自己的身体里面。

构建这种感觉的过程也可能被干扰，导致一种仿佛“离开躯壳”般的体验。某些药物可以做到这一点。某些脑区异常引发的癫病，甚至简单的骗人把戏，也都可以达到同样的效果。研究发现，要让人感觉自己仿佛离开了自身，而“活”在一具虚拟的（或仿制的）躯壳中，这并不难。需要的工具很简单：一副

① 原文为：“did you say I should go pluck myself?”这里的pluck本应该是“欺骗”，即“我应该自欺欺人吗？”但是上文说到了唇语的解读，因此作者在这里玩起了幽默：也可以解读为“脱光”（pluck也有脱光的意思）。—— 译者注

虚拟现实眼镜。它能实时显示你身后的摄像头拍摄的画面，这样你就可以“看到”你的后背。接着有人从背后拍了拍你的肩膀。你感觉他拍肩膀时，你会同步看到画面上的你也被他拍了肩膀。就这么简单的一个动作，会让大脑产生一种感觉：你拥有的是那个虚拟画面中的躯壳，而不是真实的自己。

对广大电子游戏玩家来说，这个理论太美妙了。想象一下吧——你一边玩着虚拟现实游戏，一边化身为游戏中的角色。这感觉太棒了。

大脑中还有一个被称为“所有权模块”的单元，它构成了某个回路的一部分。回路既包括躯体信息，也处理情感信息。你之所以认为你的胳膊是属于你自己的，是因为胳膊是你躯体的一部分，也属于你的一部分。与此有关的大脑回路，能够让你感觉你在控制身体的各个部位。这些回路将你的行为意愿看成实际行为产生的视觉和触觉。当实际行为与当初的意愿一致时，大脑会让你有一种“能够控制身体”的感觉。但是，如果这条回路受到干扰，就会导致所谓“异己手综合征”①（alien hand syndrome）——其患者的肢体行为似乎不受大脑控制，总是自行其是。

由此可知，我们自身哪怕最基础的那部分感知，也都是大脑主动构建的结果。每一个环节都可能被干扰，甚至抹去。

那么刚才说的这些内容，和批判性思维有什么关系呢？和大脑记忆一样，别动不动就说“我很清楚我看到了什么”。不，你根本没看清楚。你的知觉是人为构造的，有关知觉的记忆也是人为构造的。知觉源于经过筛选的、不完整的感官体验，并且可以按照人们的认知和预期进行调整。心理学家已经发现，人类知觉的局限性有一些特殊的、戏剧化的表现。心灵魔术师达伦·布朗把这些心理学现象转化为魔术表演的桥段，这也间接地成就了他的表演——看上去确实是一个很神奇的玩意儿。

其中一类现象我们称为“视盲”（或“无意视盲”），即除非我们特别注意，否则往往会忽略哪怕近在眼前的事物。关于这个现象，有一段1999年丹尼尔·西蒙斯和克里斯托弗·查布利斯所拍摄的经典视频。视频中，一群身穿白

---

① 异己手综合征患者的手能有正常的感觉。他的手虽然仍然是身体的一部分，但却与患者的正常行为截然不同。他会觉得他不能控制那些手的动作，那些手却能有独立行为。有时患者不知道异己手在做什么，直到异己手做出引起他注意的行为。——译者注

色T恤或黑色T恤的学生在互相传递篮球，而你的任务就是统计身穿白色T恤的人传球的次数。

如果你不想被“剧透”，那么趁着还没读下去，拿起你的手机，在YouTube（视频网站）上搜索“选择性注意测试”（selective attention test）去看看吧。

好，数完了吗？你看见那只猩猩了吗？大约40%的观众都没有注意那只猩猩——明明发生在眼皮底下，他们就是视而不见。我第一次看这个视频时，也没注意到那只猩猩。和大多数人一样，我再次回放了视频，看看它到底有没有出现，也想知道我到底有没有上当。看来，唯一让我上当的就是自身知觉的局限性。

这项研究向人们展示了注意力对知觉的影响。当我们把全部注意力都集中在穿白色T恤的学生上时，其他事物都被我们忽略了。这说明大脑的注意力是十分有限的——我们一次只能关注这么多。如果我们分散注意力，就不得不忽略一些细节，如果我们集中注意力在某些细节上，就无法同时关注其他的内容。作为该研究的后续项目，心理学家贾内尔·西格米勒、杰森·沃森和大卫·斯特雷耶发现，“工作记忆”[①]强的人更有可能注意到那只猩猩，而在工作记忆测试中得分较低的人则较少注意到。这很可能说明工作记忆强意味着更多可供使用的注意力资源。

在另一项后续实验中，特拉夫顿·德鲁让一些放射科医生看一份肺部的CT（电子计算机断层扫描）影像。在影像的深色部分，他加入了一只猩猩的图案。这个图案照理说非常显眼，可仍旧有82%的医生（他们可是受过专业训练的）居然没有注意到那只猩猩。这些放射科医生都是CT方面的专家，可毕竟他们也是常人。他们在看CT的时候，并没有特意寻找那只猩猩，而是专注于CT是否显示有肿瘤或者其他病变的迹象。当你没有专注寻找某个东西时，你往往就看不见它。

其实，关于无意视盲的研究早就有人在做了。历史上首次实验应该追溯到1959年，其结果发表在《英国心灵研究协会会刊》（*Journal of the Society for*

---

① 大脑把接收的外界信息，经过加工处理而放入长时记忆。此后在进行认知活动时，长时记忆中的某些信息会被调遣出来，但只是暂时使用它们，用过后会再返回长时记忆中。信息处于这种活动的状态，就叫工作记忆。——译者注

Psychical Research）上。不过，当时这项研究并非特意针对无意视盲现象，研究人员只是对“撞鬼”一说很感兴趣。于是，第一次他披着一席床单穿过校园，第二次他用同样的装扮走过电影剧场的舞台（当时正在放一部预告片）。在前一次实验中，没有人报告说看到了不正常的东西，而第二次实验也只有 50% 左右的观众注意到了异常。作者由此得出结论，所谓“真实的”撞鬼事件应该不是装神弄鬼的结果，其中必定包含了某些“超感官”的因素。他发表的研究成果，其实就是关于无意视盲的首次试验。鬼魂和猩猩起到的效果看来差不多——也许换成猩猩模样的鬼魂，注意到的人会更多一点？

日常生活的许多情景中都会发生无意视盲现象，其中之一就是驾车。越来越多的研究都证实了驾车时注意力不集中的危险性。在另外一个 2012 年的实验中，研究人员仅仅要求受试者能说出距离办公地点最近的灭火器的位置。结果显示，哪怕这 54 名受试者都在同一个地方共事多年，他们当中也只有 13 人（即 24%）能说出准确的位置。得知研究结果后，我也试着回想离我办公室最近的灭火器究竟放在哪里。结论是，在离我办公室门口 2 英尺远的地方，真的放着一个灭火器，而我对此一无所知！

研究人员认为，也许人们确实不记得或者没有注意灭火器放在哪儿。但一个月后，一项后续实验表明，这 54 名受试者都能记得正确的位置。对他们来说，有意识地去关注灭火器，会对记忆产生长久的影响。每一次你搭乘航班时，空乘人员都会不厌其烦地给你演示相同的逃生程序，原因就在于此。这种反复提醒还是有用的，尽管这种提醒会枯燥到让你失去耐心。

与之有关的另一种现象是“变化视盲”（change blindness），即我们会无法注意到细节上的变化。我们常常会注意到近在眼前的变化，但是当变化发生在我们直接视线范围之外时，我们就无能为力了。正因为如此，当你认真注视着一幅复杂多变的图像，或者一幅细节繁多的绘画作品时，任何细节变化都很难逃过你的眼睛。但是，如果这幅图“闪烁”了一下（好比你暂时看向其他地方，紧接着又把视线移回原处，或者电脑屏幕上的某张图片一下子消失，而后又马上重现），而细节变化恰好就发生在这个“闪烁”的瞬间（我们称之为“视觉干扰”），你就很难注意到它了。即使是明显的改动，恐怕也不太注意得到。

关于这一现象，我们的朋友理查德·怀斯曼提供了另一个经典视频。这是一个关于变色牌的小把戏。你在 YouTube 上搜索“变色牌戏法”（colour changing card trick）后就能看到。看到了吗？是不是很神奇？在谷歌上搜索“变化视盲”，你就会得到一堆非常有趣的视频。

变化视盲有时候会显得极富戏剧性。许多心理学实验都证明，如果你的谈话对象换了一个人，你也未必会发觉。丹·莱文和丹·西蒙斯曾经做过一系列有关的实验。在实验中，研究人员特意与街上的陌生人攀谈，并向后者询问某地该怎么走。这时，另一个研究人员抬着一扇门从他俩中间穿过。随后，跟陌生人聊天的变成了另外一个人（他躲在门后面，并在经过的时候迅速换掉原来的那位攀谈者）。只有大约一半的交谈对象注意到了这个变化。

后来人们还曾做过同样的试验，只是场景从街道换成了室内的柜台。原先跟柜员交谈的那个人假装弯下腰去拾起表格，而随后站起来的是另外一个人。同样，只有约一半的受试者注意到这是两个不同的人。

有多少人能注意到变化，其实取决于几个方面的因素。如果这个人来自我们自己的社群，我们可能会更容易发现这种变化。我们也会对涉及性别、种族和年龄的变化更加敏感。这意味着我们习惯于给别人做粗略的分类。“和我聊天的是一个白人老头儿”——这就是我们注意到的全部细节。只要替换者与被替换者属于同一类人，我们就很难注意到这一变化。对出庭做证的目击者来说，这项研究成果暗示着什么呢？目击者在现场目睹的，果真就是被告本人吗？既然实验说明，有一半人根本不会注意到换人的把戏，那么这种目击者证言又有多少可信度呢？

奇怪的是，即使我们的知觉存在这样或那样的不足，但还是能够发挥它应有的作用。我们的感官每天都在正常工作。尽管它总是会碰到一些小问题，比如会听错话，但我们也丝毫不以为意。这些错误通常不会产生严重的后果。当然，我们偶尔也会处于某个特殊情景之中，或者碰上了意料之外的事情。也许是四周光线不佳，也许是我们昏昏欲睡。在这种情况下，我们的感官就越发不可靠了。

当某个东西在我们眼前一闪而过，我们的大脑就会根据自己的判断，构建出一幅图像。我们记住的也正是这幅图像。大脑只是在讲故事，但最终让我们记住的是我们“确实看见了它”。假如我们看到天空中出现三个发光体，我们的大脑会自动串起这三个点，于是我们的眼睛会“看”到一个其实并不存在的巨大物体。当一个物体看上去很小，距离很近，移动也不快时，我们的大脑却很可能认为它是一个庞然大物，离我们很远，而且正在高速移动。同理，当我们认为自己看到了一艘太空飞船时，大脑会帮助我们补充完整各种细节。因此，哪怕空中飞着的是一棵草，人们也可能会把它看成飞碟。

关于这一类知觉错误，历史上有许多堪称经典的例子。1996 年 7 月 17 日，环球航空 800 号班机在长岛海峡上空爆炸，许多目击者发誓，飞机是被一枚升空的导弹击落的。但是，通过对飞机残骸的重新拼装和其他线索，我们发现根本没有导弹这回事儿。当人们瞬间目睹了某个出人意料的非常事件时，大脑会随之尽可能补充各种细节，以便能够自圆其说。

当你对外界有所感知时，记忆就在脑海中形成了。当然，正如之前所说，这类记忆非常不靠谱。信不信随便你——哪怕你描述得再怎么活灵活现，也绝不可能真的有猩猩模样的鬼魂穿过公园。对那些我们自认为已知的东西，记忆和知觉的局限性无异于一记重重的组合拳。

第 4 章
空想性错视

所属部分：神经心理局限性

引申话题：幻想性错觉

“空想性错视”（pareidolia）指大脑在随机信息刺激中识别出某种图像的过程，比如你会在陨石坑或者月海[①]上发现一张所谓“人脸”。

当你盯着一堵布满各种斑点或者用不同石头砌成的墙时，如果你打算从墙上看出点什么，你会发现这里面有很多看上去像是风景的图案，“画”着高山流水，还有树丛、石块、平原、宽阔的峡谷和一簇一簇的小山包。你也会发现疾速运动着的战争场面和人像。你还会发现表情奇怪的人脸，看到各种奇装异服，还会辨认出数不清的种种图案。无论你怎么展开想象，似乎都能说得通。

—— 列奥纳多・达・芬奇

总有些时候（比如无忧无虑的青少年时代），因为有着大把的闲暇时光，你会躺在地上，面朝着天空中那一朵朵白云。多么漂亮的云朵啊！它们千姿百态，仿佛在告诉你这个世界是多么辽阔。这片翻腾的白色浪花中似乎还隐藏着各种图案，找出它们也是一种莫大的乐趣。

① 月球表面上比较低洼的平原，用肉眼遥望月球有些黑暗色斑块，这些大面积的阴暗区就叫作月海。—— 译者注

很多人看到云朵时，都会把它想象成头顶上飘浮的各种动物或脸孔。没有人会（也不需要）认真观察这些云朵的具体形状。直觉告诉我们，如果我们在空中“看”到了一只小兔子，这个兔子的图案也是由大脑随机想象出来的。不过，这个现象绝不仅限于让孩子能够想象出一个“空中动物园”，它揭示了人类的大脑如何处理并解释信息的过程。

这个现象的正式名称就叫“空想性错视”，即在外界随机的刺激和信息噪声中，我们能发现一些自己很熟悉却又没有意义的图案。该现象通常出现在视觉感知范畴，但有时候也会出现在其他感官领域，例如听觉（这时候称为“空想性错听”比较合适）。

更普遍的情况是，当我们“看到”某个图像时，该图像其实并不存在。这种现象我们称为“幻想性错觉”（apophenia），即在杂乱的输入信息中，我们经常会看见并不存在的虚幻内容。这些内容未必是感觉信息，我们识别出的模式也可能是某个数字或具体事件。从这个意义上说，阴谋论也许源于幻想性错觉——从随机或不相干的事件中，人们居然能“看”到其背后不可告人的秘密。

假如你在一张墨西哥薄饼上发现了一张人脸，这并不意味着我们又犯错了。其实，这不过是人类感官系统进化的副产品。如同其他错觉一样，它也会“坑”我们一下。在这个方面，人类感知觉的识别能力之强悍，连当今造价高达数百万美元、浮点运算能力达到千万亿级别的超级计算机，都难以望其项背。

从神经学的角度而言，人类之所以往往会在杂乱的信息中出现错觉，可以归结为两个主要的原因。首先，我们的大脑（与电脑不同）擅长大规模的平行计算。这种机制让我们能够自如地查找图像，展开联想，并对海量的数据进行筛选（详见第 17 章《数据挖掘》）。

其次，如第 3 章所述，人类的感知是一个主动构建信息的过程。其中的部分过程包括：锁定眼前的图像，并在大脑中迅速检索目录中所有与之匹配的可能信息项，找到最合适的那一项，并将其与该图像进行匹配。比如，眼前这一团东西看着有点像一匹马，于是大脑会自动与之匹配马的信息，并随后补充各种细节，使这个形状看上去更加像马。

该原理也适用于语言交流。大脑会把你听到的声音分解为音素（交流的一部分）。接着，大脑会在其音素和词汇的数据库里展开检索，并最终找到最匹配的那一项——这就是你听到的内容。

在这个过程中，预期起到了至关重要的作用。如果你的朋友对你说“你没看到云里面有一条龙吗？看，它的头在那儿”，于是，你会仿佛“看到”这条龙。大脑先找到你的朋友所指的那片云，然后自动帮你在脑海中勾勒出一个符合龙的形象。假如有人告诉你，当你将《天国的阶梯》① 倒过来播放时，你会听到罗伯特·普兰特② 唱道“献给我亲爱的撒旦”，那么也许真的如他所说，你会听到这句致敬恶魔的歌词。

尽管空想性错视可以表现为许多形式，并且能够涵盖人类任何一种感官知觉，但是发现“人脸”一直是其最典型的现象。我记得当年我看过一个恐怖故事系列片，片中讲有一位妇女总是能从她房间天花板上的图案当中发现一些可怕的脸孔。她不禁问道：“有没有人想过，为什么我们总是把这些图案看作人的脸，而不是别的什么东西？”这部片子的答案是：这些是恶魔的脸，它们来自另外一个时空。真正的原因其实有趣得多（没它说得那么惊悚）——通常而言，人类对图案的识别能力已经相当强大了，但是我们却有一项非常特别的认知本领，这就是识别人脸。

我们对人脸的熟知程度，也可以从神经学原理中得到解释。大脑视觉联合皮层中有一块专门的区域，我们称之为梭状回面孔区（fusiform face area，缩写为 FFA），其功能就是负责识别和记忆人类面孔。一旦梭状回面孔区右侧受到损伤（比如受到击打），就会导致“面孔失认症”（prosopagnosia），即无法区分人脸。严重的面孔失认症患者，甚至单凭肉眼无法认出配偶或家人。还有一种发育性（即非外伤所致的）面孔失认症，其症状没那么严重，相对缓和一些。

人类大脑喜欢识别人脸信息并不奇怪，我们从婴儿身上就能观察到这种现象。与其他复杂程度类似的形象相比，婴儿往往愿意花更多的时间盯着人的面孔。

在进化和自然选择过程中，为何人类能演化出这种识别面部的高超能力？答案其实不言自明：人类是群居性的物种。我们的祖先，谁能够更迅速地从面部表情中分辨是友是敌，或者能猜到表情背后隐藏的含义，谁就有更大的把握

① 《天国的阶梯》是英国殿堂级摇滚乐队“齐柏林飞艇”的巅峰之作。——译者注
② 罗伯特·普兰特是齐柏林飞艇乐队的主唱。——译者注

生存下来。对脸部或类似脸部图案的识别是一个发生在大脑皮层下部（位于脑部深层）的过程。在传送到大脑其他部位做进一步的复杂信息处理之前，对面部的分辨工作就已经下意识地开始了。这样设计的好处也是显而易见的——抢在别人不爽并动手揍你之前，迅速识别其面部表情的变化，才能保证你继续活下去。

空想性错视最有名的一个例子就是所谓“火星人脸”。1976 年，NASA（美国国家航空航天局）发射的“维京”号宇宙飞船，在拍摄火星照片时，在塞多尼亚（Cydonia）地区拍到了一张酷似人脸的照片。其实那应该是某座平顶山或者孤立的山峰。科学家即使没听说过“空想性错视”这个词，也都认为这就是典型的视觉错觉。由于光影的关系，火星地表会形成一些奇特的视觉图案，对此他们早就习以为常了。但是普通民众对这张“火星人脸”却始终热情高涨，非要把它说成某种智慧生命体。诸如《火星的秘密》（*The Mars Mystery*）和《火星纪念碑》（*The Monuments of Mars*）这类讲述“火星人脸”的书籍纷纷面市，无数“纪录片”都在大肆宣扬它的重要性，包括它对火星历史和火星生命而言的划时代意义。（呃，不是说好火星上没有生命的吗？）

这张所谓“火星人脸”有一半隐藏在阴影里，脸部看上去只有一只眼睛，一个嘴巴和一个代表鼻子的小点。这个小点，其实是信号传输过程中数据丢失造成的，只不过它恰好显示在鼻孔所在的位置罢了。1998 年，NASA 对这个地方再次拍摄了清晰度更高的照片。从照片上可以清楚地看到，所谓“人脸”不过是由一堆被侵蚀的岩石碎片堆积而成的，和你家凹凸不平的天花板上形似“人脸”的造型没有什么区别。

太阳系其他星球以及它们呈现的地表特征，也会造成大量的空想性错视。NASA 还曾经在火星表面“拍摄”到科米蛙[①]、大脚怪和一张微笑着的巨大人脸。人们在水星表面发现过像霍默・辛普森[②]的图案，也在月球和其他地方发现过所谓外星人制造的东西。UFO 阴谋论者理查德・霍格兰提出来的种种理论，基本

① 科米蛙，美国电视综艺《大青蛙布偶秀》中的角色，是一群活蹦乱跳的布偶蛙。——译者注

② 霍默・辛普森，美国福克斯广播公司出品的动画情景喜剧《辛普森一家》的主角，是一个迂腐而又善良的父亲角色。——译者注

上都是 NASA 照片导致的这种错视。

甚至地球上也有许多空想性错视的精彩案例，比如谷歌公司开发的应用软件“谷歌地球”（Google Earth），就可以用来找到各种有意思的错视图案。我觉得最有趣的是加拿大的一个叫作梅迪辛·哈特的地方，这个地方的卫星图像看上去就像一位女士，耳朵里还明显塞着耳机（一条马路看上去就像耳机线）。

离我所住地方不远的哈特福德市据说有一棵树，人们可以在树干上看到圣母玛利亚的形象。我和佩里曾经专程去看过。其实，那不过是一块旋涡状的树皮罢了。只要发挥一点想象力，就能把它看成一张女性的脸，而人们的文化信仰也对此推波助澜。许多虔诚的信徒在这棵树周围住下，对所谓“神迹”顶礼膜拜。在我和佩里看来，这就是一块树皮——不过是大脑处理信息“怪癖”的又一例证而已。

如果你仔细研究这些风靡一时的案例，就会发现它们不一定是随机发生的，但的确是大脑构建图像过程中一个容易犯错的环节。与图案不符的细节会被大脑自动忽略，而与图案紧密相关的细节会被进一步放大。如果有什么地方脱节，大脑也会把它补充完整。大脑会把各个细节都串联起来。即使面对一幅极其简单的图案，我们也能在脑海中勾勒出一幅人脸，甚至是面部表情——这真的很神奇。哪怕只有几个点代表眼睛，几根线条表示嘴巴，我们说不定就会觉得它像猫王或者教皇。

空想性错视不失为一种有趣的现象，但是如果你对人类对视觉识别的喜好毫无警醒，那么有趣的错视也可能会变成误导你的幻觉。某些错视所造成的影响，比从云朵中发现一只小兔子的后果要严重得多。我们在后面会讨论这个问题。

第 5 章
不可名状的外力

所属部分：神经心理局限性

引申话题：巧合

超能作用力探测（hyperactive agency detection）指的是我们会倾向于把外部事件看成某种力量有意识作用的结果。这些事件在自然条件下无法形成，也绝无可能随机发生。

人性的显著特点之一就是，会赋予外部事物以人类自身的情感，而且在各处都能印证自己的那些理念。

—— 大卫 · 休谟

有些事的确不合情理。约翰 · 肯尼迪作为世界上最有权势的人，会被一个没有犯罪前科的偏执狂射杀？撞向五角大楼的那架航班，事后居然没有发现期待中的那种飞机残骸？“阿波罗”号登月照片上显示的太空，为什么会找不到星星？

一定有某种隐藏的力量在幕后运作，其目的是炮制假象，来掩盖它不可告人的真正目的。

至少，我们的大脑会很容易产生这种想法，而有些人会想得更多、更深入。心理学家贾斯廷 · 巴雷特发明了“超能作用力探测装置”（hyperactive agency detection device）这个词来形容这种现象，该词简称 HADD。我们必须认识到，HADD 是人性的一部分。对这一点的认识，也是科学怀疑论者必备的基本知识。

近年来，心理学家和科学家已经证明，我们的大脑天生就能区分周围环境中有生机的事物和没有生机的事物。这里的“生机”（从心理学角度而言）并非指的是生物学上的意义，而指的是某种“活力”——某种能够自主行动，有自己的意愿，并能实现其目标的力量。当然，这本应该是生命体才具备的能力，不过我们脑海中并不会如此简单地划分。我们同样能够在非生命体那里感受到这种力量，就仿佛这些没有生命的东西也有自己的思想和行为。正如之前所提到的，人类的视觉系统也会将外部世界分为两类，一类有动力，另一类则没有。所以在最基本的层面上，当目光接触事物的一刹那，我们的大脑已经将动因和客观事物区分开来。

布鲁斯·胡德是畅销书《超感觉》（*Super Sense*）的作者，他详细阐释了有关的心理学研究成果。这些研究成果记录并描述了人类对待动因和客观事物的不同倾向。我们认为动因的实质是一种独特的生命力（甚至从婴儿期开始我们就这么认为）。客观事物就是正常的存在，并且完全可以互相替代，而动因则有自身独特的秉性。有趣的是，孩子会认为他们最喜欢的玩具（比如毛绒玩具）具有某种生机，他们会把它当作活生生的东西来对待。这也证实了一个概念：在人们眼里，有生命和没生命的区别，并不像动因和客观事物的区别那么明显。这似乎能解释为什么有人喜欢看卡通片，并会沉迷于里面的某个形象——仿佛它就在你面前。这些卡通形象并没有生命，只是我们把它们看成了有生命的载体。

按照巴雷特的说法，HADD 部分源于对任何非惯性运动（即看上去是自主行为）的探知。在这种情况下，我们假定物体受动因驱使，而且它们会做出相应的反应。从进化论的角度而言，这是一件好事：当我们察觉到树林里传来一阵窸窸窣窣的声音时，与其认为它是一阵风吹过，倒不如假设这里蹲着一头饥饿的狮子。所以，我们也许可以这么推断：现代人类来源于那些相对更加偏执，并掌握超能作用力探测能力的祖先。因为只有这样，我们的灵长类祖先才不至于成为掠食者的盘中餐。

HADD 不只是感知运动，它还可以帮助我们感知其他无关联事件中的共同模式、难以索解的细节，以及仅从原因根本无法推测的结果。当 HADD 被触发时，我们不仅可以看到隐藏在幕后的动因，还能够看清这种动因如何让事情次第发生，甚至它又可以如何隐藏自己。当 HADD 被激活，而我们认为自己捕捉了某种隐藏的动因时，它会激活我们强烈的本能反应。对某些人来说，一旦感知到那些隐藏的神秘力量，他们就会变得不安难耐，其他思维活动也因此受到压制。这类人就是所谓阴谋论者。不管怎么样，我们每个人心中，其实多多少少总有那么一点儿阴谋论的想法。

研究人员指出，当外界刺激比较模糊时，HADD 能力就更容易被激发出来。因此，它往往会成为一种缺省假设[①]：首先假定物体具备某种动因，直到能够证明它就是客观物体为止。其次，在我们感到失控的情境中，HADD 就会显得更加活跃（这也导致了迷信现象）。

巴雷特和同行曾经推测，HADD 在宗教的发展历程中应该起到了非常重要的作用——上帝便是那个终极的、无法用肉眼看见的神秘力量。科学家尚未对该假说展开深层次研究，但至少它听起来还是有点道理的。所谓 HADD，就是把自然发生的（或者随机发生的）事件，看成某种力量有意为之。

在许多情形下，科学怀疑论就是 HADD 的过滤器。持科学怀疑态度的人都会扪心自问："这确实是真的吗？"我们识别出了各种各样的模式，但其中只有一部分能如实反映隐藏的真相。我们需要把能反映真相的信息筛选出来——这个过程就是科学和科学怀疑论。

我认为，在大多数情况下，与其说有一种看不见的超自然力或难以置信的力量在起作用，倒不如相信更简单的解释，比如汽车保险杠贴纸上那句精妙的话——"世事无常"（shit happens），只有这样想我们才能更豁达。

① 缺省假设是任何科学理论形成的基本前提，即不需要证明的可以充当证明前提的假设。——译者注

第 6 章
临睡幻觉

所属部分：神经心理局限性

引申话题：被“绑架”的幻觉

临睡幻觉（hypnagogia）是一种神经性心理现象。它指的是一种半梦半醒之间的状态，我们会由此产生某种奇特的体验，而且会觉得这种体验来源于某种超自然的神秘力量。

清醒的意识也是一种梦境——只不过这种梦境受到外部现实的限制。

——奥利弗 · 萨克斯

在一次采访中，女演员杰西卡 · 阿尔芭讲述了她的一段骇人经历：

我父母的老房子里肯定隐藏着什么东西……这个东西故意躲着我，并让我下不了床……我感觉到了压力，我无法坐起来，也无法尖叫，甚至无法开口。我无法做任何事……我不知道它是什么，根本无法解释。

杰西卡 · 阿尔芭的经历确实很不寻常，但也绝非独一无二。或许你也有过类似的体验。我经历过很多次类似的过程，尤其是缺乏睡眠的时候。哪怕你刚才睡得很死，但只要有一丁点儿响动，或者一丝不太对劲的感觉（甚至气味），都会让你惊醒。你虽然醒着，但却无法动弹。你无法抬起胳膊或者转头。你会感觉屋子里有某种邪恶力量，不怀好意，又不请自来。你试图深吸一口气，却发现胸口被什么东西压住了似的，让你无法张口呼救。不管怎么挣扎，你就是发不出一点声音。你总觉得会发生不好的事，仿佛随时有可能受到攻击，并屈从于那种无助的感觉。

数以百万的人都有过这种骇人的体验。更重要的是，这种现象为人所熟知，解释它也不需要任何超自然或者伪科学的理由。

临睡幻觉是一种与神经有关的现象。它可以发生在睡醒之前（即半醒的状态），也可能发生在临睡之前（即入睡前的状态）。它让我们处于一种“中间状态”，即非完全清醒，也非彻底入眠。在这种状态下，我们能够体验到许多非常逼真的图像和声音。其中最常见的是幻视和幻听，此处，体验内容还包括“听”到有人在你耳边轻声呼唤你的名字，以及恍惚中夹杂着各种感觉（包括触觉）。这其实是一种梦境体验，只有在人暂时性半睡半醒时才会发生。这种清醒状态下的梦境有时匪夷所思，甚至惊心动魄。

伴随着临睡幻觉常常会发生“暂时性麻痹”（temporary paralysis），或者常常称为“睡眠瘫痪症”（sleep paralysis）。正常睡眠情况下，我们会有一段称为“快速眼动”（rapid eye movement，简称 REM）的睡眠时期。这段时间，脑干会抑制脊髓内的运动神经元活动，于是我们的身体会完全无法动弹（除了眼球还能动）。通常只有在有梦睡眠这个阶段才会发生这种现象。显然，产生睡眠瘫痪症的原因之一是，为了确保人身安全。如果没有这样一种防护机制，我们可能会按照梦境做出各种行为，甚至会误伤自己。梦游症患者就有这样的问题。在半清醒的睡眠状态下，这种“瘫痪”会一直持续，因为相关神经元尚未像正常情况一样立即激活。就某种程度而言，这种半清醒的睡眠是一种叠加状态，混合了正常的清醒意识和有梦睡眠的显著特征。我们人已经醒了，但睡梦中那些典型的麻痹状态和古怪意像还尚未完全解除。

睡眠瘫痪症是普遍现象吗？在 2011 年发表的一篇题为“睡眠瘫痪症的终生患病率”（Lifetime Prevalence Rates of Sleep Paralysis）的文章中，作者布莱恩·夏普莱斯和雅克·巴伯总结了 30 多种睡眠瘫痪症普遍程度的研究成果。研究对象覆盖了各不相同的文化和种群，参加样本实验的总人数多达 36 000 人。研究结果表明，大约有 8% 的人曾经有睡眠瘫痪症的症状，而在高危人群（特指睡眠质量不佳或连续性不足的人，比如学生）中这个比例高达 28%。更有高达 35% 的精神疾病（如焦虑、抑郁）患者有过此类症状。这样的比例已经相当高了。

内部体验 vs 外部体验

批判性思考者认为，虽然大脑是感受外部世界的工具，但有时它也会发生故障。认识到这一点对我们非常重要。所谓临睡幻觉，其实就像大脑的运行“故障”——它介于清醒与熟睡之间。最大的问题在于，我们可能会认为这种现象是外部现实的反映，而非发生在大脑内部的体验。

我自己有过多次临睡前的奇特体验。说实话，就算你知道这是某种幻觉，它还是会让你情绪激动或惊慌失措。如果有人经历了这么一次超乎常理的体验，那么他必然希望找到一个不同寻常的解释，这是人之常情。

即使在过去，这也不算什么新鲜事，许多历史资料（甚至绘画作品）都记录了这种现象。人们试图根据自己的传统文化来解释这种体验。在中世纪的欧洲，人们认为这代表了魔鬼的到来：它会骑在你的胸口上，并施展邪恶的法术让你动弹不得。当越来越多的人相信怪力乱神时，他们又把这种感觉说成被幽魂吸干了精力。在纽芬兰地区，当地人把这种鬼魂称为“老巫婆”。英语中“噩梦”（nightmare）一词就源于这里——词根“maere”是古英语，指代某个专门趁人们熟睡时企图扼杀他们的女妖。

当然，现代文明让人们更加成熟，不会轻易相信巫婆或魔鬼——于是他们就把这种幻觉说成是外星人干的。最典型的一个例子是作家惠特利·斯特里伯的故事。他相信自己曾被外星人绑架，并于 1987 年把自己的经历写成小说《接触：一个真实的故事》（*Communion: A True Story*）。根据他的描述，有一天他从沉睡中醒来，感觉房间里好像有人，并且立刻就感觉全身麻痹。他觉得自己仿佛还没醒，但又感觉这不是梦境。他的叙述其实就是非常典型的临睡幻觉。书中还记载了许多类似的故事，人们声称自己遭遇了绑架，而大多数人都有同样的幻觉体验。

导致临睡幻觉的原因显然是神经方面的，而不是外部因素——无论是鬼魂、恶魔、巫婆还是外星人，统统都不是。无论何时，如果有人向你说起他在熟睡时所遭遇的古怪经历，你都最好批判地看待，绝不能轻易相信。

不过，大脑运转“故障”的原因绝不止这一种。我们多多少少会受到错觉和幻觉的影响。当内心情感迸发时，或者仅仅因为缺乏睡眠，大脑都会选择妥协。我们的注意力不仅会受到大脑故障的影响，甚至取决于他人有意识的操控（舞台魔术就是这个道理）。

临睡幻觉现象真正告诉我们的是，我们的大脑运行并非毫无瑕疵。同样，我们自身体验到的也未必就真实存在。有时，鬼故事也不过就是个“故事”而已。

第 7 章
意动效应

所属部分：神经心理局限性

引申话题：探测术、辅助交流

意动效应（ideomotor effect）是一种由预期引发的，下意识的轻微肌肉运动现象。它会让人产生一种错觉，即肌肉运动受制于某种外来的力量。

如果有人能证明我的所做所想是错误的，我会欣然改正，因为我一直在探索真理，这样做也不会伤害任何人。那种一直在自欺欺人，而又蒙昧无知的人才是受害者。

—— 马库斯 · 奥勒留

自欺欺人的方式有很多，有时候甚至身体也会帮助你欺骗自己。让我们以“探测术”为例。根据英国探测师协会（British Society of Dowsers）的定义，“探测术即使用手持的简单工具或仪器，去寻找那些我们的视野和已知以外的东西。我们可以用它来搜寻各种手工制品和物件”。

虽然探测师使用的手持工具五花八门，但大多数工具都会用到两根细细的金属“探测杖”。如果可以，请在脑海中想象两个呈 L 形的衣架吧。探测师会抓着 L 形衣架较短的那一端，将两个衣架平行着往前伸，就像美国西部蛮荒地带的治安警长腰上别着两把左轮手枪。衣架被随意地拎在手上，仿佛自己就会摇晃起来。接着，探测师会专注于寻找他声称会找到的东西。大多数情况下，他们在“探测”有没有地下水。但是也有些探测师号称能够找到珍贵的金属矿藏、地下的涵洞，甚至失踪的人口。他们会不停地在周围走动，直到两个衣架相交。当衣架相交时，就表示找到了——或者这么说吧，“交叉的十字就代表那个准确地点”。

探测师对他们能够找到计划中的目标物品深信不疑，仿佛这个东西就在那里，千真万确。现在你知道我要说什么了——这种体验似乎很真实，但这究竟是因为世界上真有某种力量在显灵，还是因为大脑在“搭桥”过程中出现了瑕疵呢？是否有一种来自大地的神秘力量，在操控“探测杖”的运动轨迹？既然这些推测无法用现有的物理知识解释，也许实际过程并不会像推测的那么复杂。

意动效应恰好描述了某些细微的、无意识的肌肉动作，可能会导致外部物体的移位。著名的超心理学评论家雷·海曼博士，经常会在其论述中提到该效应，并总结如下：

> 在不同情况下，头脑中的预期会导致无意识的肌肉动作。这个事实的重要性在于，其实我们并没有意识到正是我们自己引发了这种行为。在许多日常行为中，人们经常忽略自我意愿。

人类早在19世纪初就认识到意念动作了。但是直到1852年，心理兼生理学家威廉·卡彭特才正式使用“意念动作”这个词，形容“在心理暗示影响下的非自主的肌肉运动”。

除了探测术，意动效应还能解释很多现象。人们会在物体上方摇晃一枚小小的钟摆（比如需要获得神的指引的时候），或者将它悬在一名孕妇的肚子上方（用来判断胎儿的性别），但他们并没意识到意念的作用。当沉溺于“灵应盘”[①]游戏中的大人和孩子将手指“轻柔地”放在占卜写板上时，他们会发现它“不可思议地”绕着灵应盘滑动。于是他们认为，神灵正在试图与他们交流——这

---

① 灵应盘有时被称作通灵板或沟通板，使用者可以用书写着文字、数字与符号的板子作为“底板”，并用另一块“占板”与灵界进行沟通。——译者注

就是意动效应。

对探测术、钟摆和灵应盘刨根问底似乎没有必要。往好了说，它们是轻松的游戏，往坏了说，也不过是某种无伤大雅的误会罢了。但是，即使这些行为（比如探测术）看似愚蠢可笑，也可能给现实世界造成很大的影响。

据报道，英国商人詹姆斯·麦考密克依靠出售新奇的高尔夫球探测器获利5 000万英镑（约合7 500万美元），而这种所谓探测器，不过是一个造型奇特的"探测杖"（附带可自由活动摇杆的把手）。起初这个仪器（型号ADE651）是用来寻找隐藏的高尔夫球的，紧接着它就被当作能够锁定炸弹方位的探测仪行销各地，甚至包括伊拉克。这玩意儿其实一文不值，但某些国家的安保部门居然还在使用它，这就让人啧啧称奇了。仅在伊拉克一地，这种"探测仪"就葬送了几百条人命。麦考密克最终因诈骗罪被判入狱10年。

忽视意动效应也会给其他领域造成破坏性的影响，最明显的例子当属辅助交流（facilitated communication，简称FC）——一种帮助语言障碍患者交流的方式，由协助者用手辅助患者指认字板上的字母或敲击键盘。正如我将在第26章（《她们真的会巫术吗》）描述的，辅助交流其实不过是通过意念动作来自我欺骗罢了。辅助者认为正是他们让言语困难的患者可以正常交流，殊不知交谈内容其实完全来自辅助者自己的意念。对那些认知功能受损的人而言，辅助交流不过是受人操纵的"灵应盘"。

辅助交流会造成资源的惊人浪费。它不仅毫无用处，还会对人的心理造成无可估量的伤害（父母以为他们的智障孩子变得跟正常人一样了，可这只是假象而已）。最为严重的是，现在许多犯罪起诉（甚至法庭证词）都是通过辅助交流来进行的。

如果对意动效应和其他自我欺骗的原理缺乏认识，即使是科学家也会被蒙蔽。史蒂文·洛雷博士是一位在研究昏迷病人领域颇有建树的专家。他有许多了不起的成就。2009年，他相信一位名叫罗姆·霍本的患者，在陷入昏迷23年后，又重新能够通过辅助交流与外人沟通。他认为霍本原先的长期植物人状态是一种误诊——其实，病人不过是被"囚禁"起来了——他有自己的意识，只是缺乏运动能力而已。

事实上，除了辅助者自己，没有人能证明霍本尚存在意识，这便是问题所在。通过网上流传的视频可以看出，在交流辅助过程中，霍本的目光常常游离于键盘之外，甚至他的眼睛也经常闭着。霍本看上去似乎试图打字，并能通过辅助器械找到正确的字母。但是，如果他不“看着”键盘，要做到这样根本就是痴人说梦。同时，辅助者帮助霍本快速而又准确地敲击着键盘——即便霍本在神经方面没有任何问题，这也是不可能的，更何况他是一个深度瘫痪的人。

我曾经给洛雷发电子邮件，阐述我对这个案例的看法，但他依旧相信这件事的真实性。好在他接着又做了一个蒙眼实验，证明实际上是辅助者（而不是霍本本人）在与外界沟通。不管怎么样，在很长一段时间内，即使是洛雷这样的神经学权威也会被意动现象迷惑。

意动现象很简单，也很好理解。它也属于大脑会愚弄我们的例子，就像“临睡幻觉”和错觉一样。同时这也提醒我们，我们得始终对事实真相和脑海中显示的“事实”之间的复杂关系有一个清醒的认识——尤其当我们经历了某些非同寻常甚至超出认知的事件。在轻信妖魔鬼怪、未知力量或超自然能力之前，不妨考虑另外一种可能性（当然仅仅是可能）——你的大脑（我们也都一样）出了一点小小的状况。这就是所谓“神经心理局限性”。

工具二：元认知

这些年来，我们这帮“捣蛋鬼”曾多次参加在内华达州拉斯维加斯举行的科学及科学怀疑论的学术大会。会议主题是批判性思维，可开会的地方却是一个以浮夸和鲁莽著称的城市[①]。这挺讽刺的，不过可以理解。有人去拉斯维加斯就是为了消遣，但是既然数十亿美元都“烧”在了这个地方，那显然是因为许多人还不够理性。

逻辑错误和认知偏狭会导致对“翻盘”不切实际的期望。太多的人过于迷信“运气”（赌场一直都大力宣扬）。赌场运营商本身对运气嗤之以鼻——他们相信只有严格的、不带感情色彩的概率计算才会给他们带来滚滚财源。人们确实能够嗅到风险，会凭直觉计算概率和统计数据，也会根据常识判断因果关系。但在赌场运营商看来，只要他们掌握一点心理学知识，再经过缜密的计算，打败这些赌客不在话下。

即便有时记忆和感知准确无误，我们仍有必要用已知的信息进行逻辑推理。这就像走在一条曲折的道路上，时而碰到死胡同，时而遇上陷阱。幸运的是，心理学家经过数十年的研究，已经掌握了许多大脑“迷路”的方式。在接下来的章节中，我们会向你全面展示路径是如何蜿蜒曲折的。它能帮助你对自己的思维方式做理性思考，让你不再盼望天上掉馅饼，也不指望护身符能带来好运。同样，当你赢得三年级的英语拼写大赛时，也不会认为是当天你穿的“幸运内裤”帮上了忙。

---

① 拉斯维加斯是美国著名的赌城。人们在赌博时往往容易做出轻率而非理性的判断，这与会议的主题完全背道而驰。—— 译者注

第 8 章
邓宁 – 克鲁格效应

所属部分：元认知

引申话题：过度自信偏差

邓宁 – 克鲁格效应（Dunning-Kruger effect）指人们有时无法对自身能力做出正确评估，因此往往会自视过高。

> 知识的最大敌人并不是无知，而是自认为掌握了知识的幻觉。
>
> —— 丹尼尔 · 布尔斯廷

你还记得瑞奇 · 热维斯在英国电视剧《办公室》里饰演的大卫 · 布伦特吗？大卫可谓是个非常经典的角色，他完全就是我们周围那些人的翻版，无非稍微有一点夸张罢了 —— 能力平庸却又自以为是，而且完全意识不到自己到底差在哪儿。

世界上从来不缺这种人：他们认为自己头脑敏捷、办事高效，实际上却无知愚昧、笨手笨脚。为什么会这样？他们这样看待自己，到底完全是一种确认性偏差（详见第 12 章），还是有那么一点儿道理？1999 年，心理学家大卫 · 邓宁及其研究生贾斯廷 · 克鲁格合作发表了一篇论文，提出了后来广为人知的邓宁 – 克鲁格效应。在 2014 年发表的一篇讨论该效应的文章中，邓宁总结道："庸人都不会认识到自己的平庸之处 —— 也可以说，他们没办法认识到这一点。"

他进一步解释道：

奇怪的是，对许多人来说，平庸和无能不会让他们觉得迷茫无助，或者谨慎小心。相反，他们有一种没来由的自信，仿佛觉得自己有某种底气。

从下图中可以看到，能力水平高的人往往会稍微低估自己的能力水平，但大多数人（下面的那 75%）会随着能力水平越低而越高估自己的能力，以至于人人都认为自己处于平均线以上的水准。有时我会听到别人说："越无能的人，就越觉得自己无所不知。"尽管这个说法不准确。从图中可以看出，虽然能力水平低的时候，人对自身能力评价也会下降，但越是表现不佳的时候，他们的自我评价与实际表现之间的差距越大。

邓宁–克鲁格效应如今广泛应用于各种领域的研究。造成这种现象的原因不止一种，其中之一就是"自负"——没有人会觉得自己连中等水平都达不到，因此他们会夸大对自我能力的评价。当一个人觉得别人比自己更无知的时候，他的感觉会好很多。这会导致一种错觉，即自己属于能力偏上的人，哪怕实际上他们的表现属于最差的那 10%。

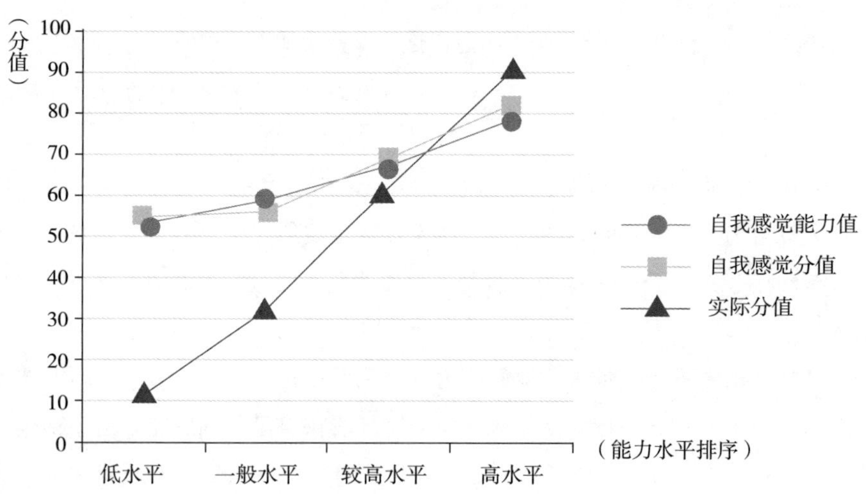

这个现象的核心意义正如邓宁所言："无知意味着无法准确地评估自己的无知。"对于坚持科学怀疑论的人，邓宁的下述评价可谓至理名言：

所谓无知并非脑袋真的空空如也，而是塞满了各种无关或错误的生活经验、理论、事实、本能、规划、算法、启示、暗示或预感。很遗憾，它们貌似是实用和准确的知识，其实却不然。

这段话准确描绘了我每天都会在生活中碰到的一类人，他们所坚信的东西既不科学也无凭据。看看《怀疑论者的宇宙指南》的脸书主页任何一段文章下的留言，你就能体会到邓宁－克鲁格效应的强大威力（如果你真的去看了，我很抱歉。其实不该建议你这么做）。

我完全认同邓宁的看法。在我看来，他所说的现象就是导致确认性偏差的各种因素（详见第12章）。我们凭借现有的知识和范例体系，试图去了解整个世界。我们头脑中会产生各种想法，然后我们会有条不紊地拼凑各种信息来证实这些想法。凡是与之相左的信息，我们一律看作非常态的例外而将其摈弃。我们会根据自己创造的理论来解释那些模棱两可的经历。我们的主观臆断会愈加强化内心的信念。我们不仅会记住这些自我论证，而且随着时间的推移，我们的记忆会被扭曲，然后这些论证结果会更有说服力。

最后，我们的脑海里只剩下对所谓知识的执念——只可惜这些知识是错误的。确认性偏差会让人相当自信：我们发自内心地觉得我们无比正确。倘若有人胆敢反对或者鼓吹别的意见，我们就会对他们怀有戒心，甚至是敌意。

邓宁－克鲁格效应不仅是一项有趣的心理学研究，它还涉及了人类固有思维模式中的一个关键环节，也揭示了人类思维的一个重大缺陷。它与每个人息息相关——我们每个人拥有不同领域的知识，也就处在认知曲线的不同阶段。你在某些领域可能是专家，在另外一些领域可能表现出色，但在剩下的某些领域，你可能在最弱的那群人中。

当你读到这一章节时，你可能还是会把自己想象成相对优秀的那类人。你会在心里暗暗嘲笑那些庸庸碌碌的土包子。这一点不可否认吧？其实，总会有某个时刻我们也成为被嘲笑的对象。邓宁－克鲁格效应并非仅仅针对他人——它针对的是我们每一个人。愚昧的庸人到处都有——这不奇怪，因为我们自己就是这种人。

不过，即便这是我们固有的思维模式，它也未必会成为我们的宿命。科学怀疑论哲学、元认知和批判性思维都在某种程度上证明：我们都或多或少地成为过认知偏差的受害者。我们必须承认它，并且必须有意识地抵制它，这是一个永无止境的循环。要做到这一点，我们不妨有针对性地自我质疑。我们得用逻辑和科学来代替之前邓宁所提到的那种思维方式。

我曾经参与医学生和住院医师的培训，有一个与此相关的例子颇具启发性。这个例子表明，邓宁－克鲁格效应的作用显而易见，但也有部分差异值得思考。在一次考评中，所有新晋住院医师都认为自己属于班级中不够优秀的那部分人。一旦某行业的知识储备需要经常接受外界的检验和评测，那么该行业的从业人员往往会显得格外谦虚谨慎（这当然是好事）。之所以这样，原因之一便是他们需要依赖其知识储备做出最终的决定。加之你的导师经验足足比你多上十几年甚至几十年，他能让你清楚地意识到自己的不足。

即便如此，邓宁－克鲁格效应依然存在。这批年轻的专业人员对自我能力的评价和他们真实能力之间的差距，往往逐渐会向能力较低的那一端看齐。

医学院这个例子的特殊性在于，准确的自我评价是这个专业需要特别传授和评估的能力。对医生而言，对自己的知识能力结构有清晰的认识至关重要。我们会特意让学生认识到自己的知识空白点在哪里，并不断地向他们灌输那些似乎总也学不完的医学知识。

当我还是住院医师时，我记得曾经看到整整两大卷关于肌肉疾病的专著。我当时想："我的天！我对这些知识一无所知。"医学细小分支的专著几乎都有同样的厚度，把它们读完简直是不可能完成的任务。

随着医学生和住院医师培训课程的进行，学习内容也更加深入。等到他们对自己的基础能力有了更多自信，我们会提醒他们要戒骄戒躁。我曾和我的住院医师特别讨论过"岗位胜任"、"专业精通"和"娴熟精湛"之间的区别。

每次在医学院上课时，有一点我会反复对他们灌输和强调：想想看那些你已经达到专业或精通水准的领域（或者你比较内行的兴趣爱好的某些知识领域），接着想象一下那些普通的外行对这些专业领域懂多少。他们不但懂的内容不多，而且也意识不到他们自己所知不多这一事实，甚至对该领域需要多少专业知识也没什么概念。非但如此，他们自认为掌握的所谓知识，大多数情况下也很可能是错误信息，或者是以讹传讹。不只是医学院，其他任何领域也普遍存在这个现象。

因此，关键的问题在于：你必须意识到，在你不够擅长的专业领域，你和那些普通的外行没有区别。邓宁－克鲁格效应并不只是告诉你，蠢人往往不知道自己有多蠢，它也道出了人类的一种基本心态和认知偏差。它适用于我们每一个人。

除了批判性思维的各个方面，自我评价也是一种我们可以通过刻意学习而掌握的技能。保持谦虚总比自以为是要好，这不失为一个有效的经验法则。假如你认为自己实际上懂的没有想象的那么多，而且总会有知识盲点，那么你这种想法往往是正确的。

第 9 章
动机性推理

所属部分：元认知

动机性推理（motivated reasoning）指的是为先期带有情感投入的立场、理念或信念进行辩护的一种偏差性的心理过程。

某些信息和想法仿佛是我们的天然盟友，我们希望它们能占上风，也会挺身而出为它们辩护。而剩下的仿佛是我们的敌人，我们希望能把它们踩烂。

—— 朱莉娅 · 加莱夫

你参加过激烈的政策辩论会吗？或者，你总跟别人互动交流过吧？有人在表达时逻辑不清，有人故意“选择性失明”或歪曲事实，也有人在为自身观点辩护时立场偏颇。以上情况你应该多少碰到过一些。当然了，你也不能免俗。

通过研究，心理学家证明人们对待不同信念时的态度也会有所不同。我们通常能够理性（多数情况下）对待大多数的信念。我们往往会采用贝叶斯方法[①]（Bayesian approach），即随着新信息汇总过来，原有的信念需要不断更新。如果有人告诉我们，某个史实的真相不是我们之前所知道的那样，我们往往会很快采纳这个新的说法。此外，关于某个信念我们掌握的信息越多，就越会坚持

① 贝叶斯方法指，当我们要预测一个事件时，我们首先需要根据已有经验和知识推断一个先验概率，然后在新证据不断积累的情况下调整这个概率。—— 译者注

那个信念，从而也越不会轻易地放弃那个信念。转变信念并非简单地放弃旧的，接受新的，而是把新旧信息捏合在一起。

这个方法确实相当科学。我既然相信太阳大致上处在整个太阳系的中心，就不会轻易改变这个看法。基于科学论证的信念一旦形成，除非以后有大量非常确凿的新信息才能够改变它。但是，如果有人告诉我一些我从未听说过的关于乔治·华盛顿的信息，而此人又十分可靠，那么我接受这些全新信息就会容易得多。这是很自然的，我们平常也都是这么做的。

我之所以说它是“多数情况下”的理智行为，是因为再理性的人也难免有认知偏差。他们的思维会遵循“启发式”原则（或走“心理捷径”，详见第11章），尽管严格来说它并非十分有效。这种偏差会束缚我们的思维，让我们无法在更广的维度上对事物做出合理解释。当我们试图捍卫有过情感投入的某些特殊信仰时，这种束缚作用尤其突出。这些所谓事实或对世界的信念支撑着我们的身份认同或意识形态，并属于我们世界观的一部分。科学怀疑论者往往喜欢将这种执念称为“神圣奶牛”[①]。

对于这个世界和我们在其中所处的位置，我们需要通过一种内部解读加以理解。有些解读对我们的身份认同至关重要。我们所偏爱的那些解读不仅支撑着我们的世界观，而且帮助我们确认自己在群体中的位置，或者确定我们的自我认知——我是一个善良、有价值的人。这些表述和信念满足了我们的基本心理需求，比如对控制感的需求。每当这些观念受到挑战时，我们无法冷眼旁观且处之泰然。我们会坚持己见，并启动所谓动机性推理的心理机制。我们会不惜代价为我们的核心信念辩护——不管思路是否有条理，对近在眼前的真相也视而不见。我们会在必要的时候编造事实，并把于己不利的内容全部屏蔽。我们会沉溺于奇幻的思维方式，并在必要时根本不考虑内在一致性而进行主观决断。上述这些心理现象统称为动机性推理。总的来说，人类还是相当擅长这种“推理”的。

动机性推理始于心理学上的所谓“认知失调”（cognitive dissonance）。利昂·费斯廷格于1957年率先提出该理论。他认为，如果我们同时收到两类互相矛盾的

---

① 神圣奶牛这一说法源于印度，因为牛是印度人眼里神圣的动物。后逐渐演变成指那些从来不会被否认，神圣不可侵犯的人或物。——译者注

信息，就会引发心理上的不适感。我们本来坚持某种信念，但现在我们收到的信息却推翻了这个信念。正常情况下，我们可以理性、客观地化解这一矛盾。根据新信息的特点和准确性，我们可以在必要的时候放弃原来的想法。但是，假如信念是发自内心的，要想再改变它就非常困难了。如果它是关乎我们世界观的核心理念，强行改变可能会导致一系列的连锁反应，并进一步放大认知失调效应。

无视新信息是一种自然的情绪反应。我们会质疑信息的来源，也会掩饰其潜在的含义，甚至会故意编造阴谋来解释它。事实上，对常见的信念而言，动机性推理是普遍预先存在的一种心理状态。人们会纷纷组织起来，使出各种文过饰非的手段，发出各类有违真相的信息，对生物进化、全球变暖、疫苗失效、男女同工不同酬、转基因生物（GMO）安全，甚至是地球的球面对称等问题和现象视而不见。它们就像治疗认知失调这个伤疤的膏药——还得多涂一些。

我们收到的很多信息都带有主观色彩，或者需要一些主观判断。正因为如此，动机性推理才更容易发生。科学研究不见得尽善尽美。如果成心要否定科学家得出的结论，我们总能够挑出一些毛病。没有完美无瑕的信息来源，人类也总是会犯错，因此总有的说。不同渠道提供的消息也不尽相同，因此哪一个能够减轻你的认知失调，你可能就会选择哪一个。

哪怕大家对某件事的看法一致，我们还是可以从多种角度去解读它。财富既可以意味着成功和睿智（正面评价），也可以解读为腐败和贪婪（负面评价）。同样一个人，他可以刚勇无俦，也可以头脑简单；可以坚定不移，也可以顽固不化；可以是一个坚强的领袖，也可以是一个邪恶的独裁者。怎么评价他，全在于你的视角。

一般而言，政治上的言论可以归于“神圣奶牛”一类。人们往往会对其所属的政党有一种认同感，而且也愿意相信他们的党员都是德才兼备的人，而其他政党里大多是爱说谎的傻瓜。当然，这种一分为二的看待方式也有严重程度之分（与你对某个信念投入情感的程度有关）。例如，对某个信念你可能只是略有好感，又或者这个信念是你的世界观和身份认同的基石。再如，对于某些政见，你可能是略有偏好，也可能是相当偏激。

动机性推理的神经科学原理

许多心理学家喜欢把政治观点用于动机性推理的研究。多项研究表明，人们在形成政治观点时，往往会同时追求两个截然不同的目标：倾向性和准确性。前一个目标只要求他人观点与自己的党派一致，而后一个目标则要求人们尽可能保证其观点准确无误。

研究表明，人们对个体和话题的评价越具有政治偏向性，其逻辑推理就越容易带有某种导向。对他们党派自身有利的论据，他们会格外看重；而不符合其党派路线的论据，他们便弃如敝屣。个体其实也很容易受影响（受到外界刺激后下意识地被影响）。如果他们知道自己所属的政党支持某个法案，他们会更加倾向于赞同该法案。如果反对党支持某法案，他们赞同的概率就小得多。

心理学家用计算机程序来比喻这种现象。人们在对自己的信念进行调整时，一方面要尽量让这些信念符合事实，另一方面还要尽力确保自己感觉舒服。这就像一个数学方程式。事实上导致的心理不适（认知失调）越严重，我们就越要努力地进行合理化。

该领域研究的重大突破始于 2010 年。布伦丹·尼汉和詹森·莱弗勒提出了所谓“逆火效应”（backfire effect）—— 当得知某个与自身政治理念相左的信息时，受试者反而愈加对原先错误的信息深信不疑。为此，他们还特别做了一个伊拉克发现大规模杀伤性武器的试验。但是，托马斯·伍德和伊桑·波特于 2016 年进行了一项跟踪研究，他们发现其实逆火效应并非普遍现象。在测试的 36 个问题中，只有当问到关于大规模杀伤性武器这一个问题时，逆火效应才会出现。而且即便如此，逆火效应出现与否，也取决于信息呈现的方式。

显然，我们还需要更多研究来证实逆火效应 —— 它在什么情况下会出现？每次又会持续多长时间？那些死硬分子可能会暂时接受新的观点，但时间一长又会回到老路上。无论如何，这些研究都证明了倾向性目标和准确性目标的显著不同。

当受试者被告知与自己政见不一致的事实时，以及当他们被告知解决该冲突的理由时，他们大脑会发生怎样的变化，这是神经科学家正在研究的课题。

德鲁·韦斯滕和他的团队使用了“功能性磁共振成像”（functional magnetic resonance imaging，简称 fMRI）技术。在这个实验中，受试者会同时面对两种不同的信息，一种是中立信息，另一种信息则有悖于其政治立场。受试者此刻的大脑活动影像会被记录下来。结果显示，人们用大脑的不同部位来应对这两种不同情景。

大脑的理性认知区域用来接收在意识形态上保持中立的信息，而当信息带有强烈的党派色彩时，与身份认同、同情心及情感有关的那部分区域会明显活跃起来。这块区域与前者完全不同。有趣的是，当受试者得出主观结论，以及冲突引发的负面情绪得到缓解时，大脑中与奖赏有关的脑区会被激活，仿佛被打了一针多巴胺[①]。

动机性推理可谓“好事成双”：一方面，它可以缓解因与我们自身认同或信念不一致而造成的负面情绪；另一方面，它能够产生与奖赏相关的积极情绪。这个过程是一种强大的条件反射，能强化人们的行为习惯。

2016 年，乔纳斯 · 卡普兰、萨拉 · 金贝尔以及萨姆 · 哈里斯共同完成的一项研究更进一步证实了这个基本论断。研究人员共找了 40 名思想“左倾”的受试者。他们会读到一组包含或不包含政治性内容的声明，同时研究人员扫描了他们大脑当时的活动状况。接着，受试者会接触另一组截然相反的说法，对刚才看到的事实全盘否认，有些甚至夸大其词，或者干脆是捏造的。

其中一人声称美国在军事上投入了过多的资源，这就是一种包含政治性内容的声明。反驳的观点则认为，俄罗斯的核武库规模是美国的两倍（这个说法不准确 —— 俄罗斯拥有 7 300 枚核弹头，而美国拥有 7 100 枚）。相反，“托马斯 · 爱迪生发明了灯泡”是一则不包含政治性内容的声明。而与之相反，也有一种说法是“早在爱迪生之前约 70 年，汉弗莱 · 戴维就在英国皇家学会现场演示过他发明的电灯”。这本是事实，但未免略显夸张 —— 因为戴维的白炽灯泡实用性不足。爱迪生并非发明灯泡的第一人，但他的发明是最早值得大规模推广应用的照明研究成果之一。实际上，英国发明家约瑟夫 · 斯旺曾赢了一起针对爱迪生的实用灯泡专利侵权诉讼。

在实验中，受试者会接触与那些政治性或非政治性内容相左的信息，而研究人员关注的是他们此刻的大脑活动状态。当他们的政治信念受到挑战时，大

① 多巴胺是一种用来帮助细胞传送脉冲的神经传导物质。这种脑内分泌物和人的情欲、感觉有关，它传递兴奋和愉悦等信息。—— 译者注

脑会激活更多的区域，包括我们称为“默认模式网络”（default mode network）[①]和杏仁核[②]的区域。产生身份认同需要前者，后者则会让人产生负面情绪。

很难说清楚这些研究结果是否可靠。40个人的样本太小，而功能性磁共振成像的信噪比[③]很低。即便研究结果是可靠的，我们也不清楚它究竟意味着什么。我们只能看到大脑的某个区域被激活了，但这并不意味着我们知道大脑此刻在做什么。大脑中的同一结构，会参与功能各异的不同网络处理信息，而且这些网络和功能往往彼此交叉。但是有一点很清楚，即大脑面对政治性和非政治性的反对意见时，应对的方式是不一样的。这种方式似乎蕴含着某种情感上的反馈。

研究人员还评估了当受试者听到反对意见时，他们愿意改变原来观念的意愿程度。结果显示，他们更多时候愿意改变非政治性的观点，而不是政治性的。如前所述，其中涉及的变量太多，以至于没有哪个实验可以给出完整解释。但无论如何，这是一个有趣的开始。

就动机性推理这个话题而言，这一全新的试验与之前的研究是一致的，并且给我们指明了今后的研究方向。后续研究可以考虑将保守派人士或其他类型的意识形态（宗教、社会、历史等方面）纳入研究，也可以用更直接的方式控制其他变量（例如反对意见在多大程度上是真实的，或者是可信的），或者可以采用更大的受试者样本量，这些做法都会很有价值。

以上针对心理学和动机性推理的神经学领域研究，为我们探索大脑行为提供了重要的参照。同时，它也进一步说明坚持批判性思维是多么难能可贵。它还告诉我们，当涉及意识形态方面的信念时，我们应该尽力超脱一些。不应将自己的身份认同建立在关于外部世界的事实认知上，因为这些事实很可能（也许部分）是错误的，或者是不完整的。

说起来容易，做起来难。我始终在努力打磨自己的科学怀疑思维，这是我

① 默认模式网络是在人脑处于静息状态时，维持人脑健康代谢活动的若干具有时间相关性的脑区组成的网络。—— 译者注

② 杏仁核是大脑内部的灰质核团，位于颞叶海马回钩的深面，侧脑室下角尖端的前方。大量实践证明，杏仁体与情感、行为、内脏活动及自主神经功能等有关。—— 译者注

③ 信噪比是放大器输出信号的功率与同时输出的噪声功率的比值，常常用分贝数表示。信噪比越高，说明混在信号里的噪声越小，声音回放的音质越高，反之亦然。成像技术中的信噪比往往代表图像还原的准确程度。—— 译者注

从不间断的目标。在谈论事实时保持超脱的心态，用逻辑和经验进行合理验证，在必要时学会放弃原来的观点——我一直对能做到这几点十分自豪。我会着眼于思维过程的合理性，而不会去细抠某个具体观点或信念。用心理学术语来说，我努力追求推理的准确性，而非倾向性。刚开始的时候，我可能需要注意时刻提醒自己，并加强刻意练习。但只要时间久了，就会习惯成自然。

同时我们也得提醒自己，即使对方有不同意见，他也是和你我一样的普通人。他们不是“恶人”，他们有理由相信自己做的没错。我们总是认为自己正确，他们也一样。他们与我们意见相左，并非因为我们是“好人”，他们是“坏人”，其实他们只不过是对事物有不同的解读。如果加上各种事实证明和主观判断，这种解读的分歧还会进一步扩大。

但这并不意味着所有观点都同样合理。它只是提醒我们应该尽可能把关注点放在逻辑推理和实证上，而不是用自封的道德优越感来指责别人。

第10章
论证及逻辑谬误

所属部分：元认知

逻辑谬误（logical fallacy）指的是前提和结论之间的关联经不起推敲，即我们无法从前提必然地推出这一结论，但看上去该结论像是从前提得出来的。

我相信，人类并不是一生下来就会用逻辑进行思考。如果真是这样，那么数学就会成为学生眼中最简单不过的一门学科。同样，人类也不会花了几千年的时间才掌握科学的方法。

—— 尼尔·德格拉塞·泰森

下文是我的某篇博客下方的一段读者评论。我的这篇文章讲的是“替代疗法”，并借此抨击了梅奥医学中心为江湖医生大开方便之门。我每天都能在博客上看到各式各样的言论，下面这篇评论就属于其中非常典型的，而且已经算比较温和的观点。

很显然，梅奥医学中心的人是一帮庸医和江湖郎中，他们对老百姓的健康毫不关心。他们凭什么认为除了手术和吃药，还有别的办法可以帮助患者恢复健康？我越来越觉得这种文章是医药公司的枪手写的。我从这篇文章可以明显感觉到作者的恐惧，他在害怕这世上还有他不懂的知识和方法。对他来说，唯一的办法就是对这些内容大肆抨击。这篇文章羞辱的是全世界最权威的医学机构。请问作者先生，你是否想过，其实你对医学根本一无所知？

人们在表达不同意见时，言辞为什么会如此激烈呢？何况我们谈论的确实是事实（还不是主观的臆断）。意见不一致往往是因为论述不够严谨，而上述评论就有许多这样的问题。接下来我们会详细分析一下这段话。它其实没有什么说服力，因为其逻辑结构就有问题。如果写评论的人是为了说服我，那么他一开始就大错特错了——因为他的论据有重大缺陷。

批判性思维的核心技能包括，能够使用正确的逻辑来清晰呈现观点，能够随时把握自身观点的逻辑，以及能够从别人的论证中抓住漏洞。没有逻辑支持的论断，就是逻辑谬误。

什么是论证？

只要你跟别人相处过，你们俩就很有可能有过争执，甚至每天都发生争吵。人人都懂得争论，但不见得人人都清楚它的意义。敢于非议是批判性思维的重要技能。争论体现了我们的思维方式，体现了评判自身结论所采用的方法，也体现了我们反驳他人观点的方式。

我们甚至会对争论的目的有所误解。我几乎每天都会与别人辩论，但这并不是说我每天忙着和别人打口水仗，而是和别人探讨问题，试图说服对方接受某个结论，或者就某一事实的不同结论进行讨论。在大多数的争论中，对方都会阐明自己的立场，并尽力为它说话，就像一名被高薪聘请的律师正替他的客户辩护。其实，这种“敌对”的姿态反而无助于达成一致。相反，争论双方应该首先寻求共同点，并在此基础上谨慎地往前走，直到解决分歧。

正确认识逻辑论证的第一条，就是它遵循着某种模式。论证的前提来自事实，这些事实正是立论的基础。在论证过程中，前提与特定结论的关系通过逻辑推理得以呈现。

有时候人们会把臆断当作论证。其实，论证就是一个把前提和结论联系起来的过程，而臆断只是单纯地表明结论（或者前提），却没有根据予以支持。举例来说，有人说我批评梅奥医学中心是因为对新生事物感到恐惧，这其实就是一个臆断。没有任何事实根据能够证实他的结论。在我的博客原文中，我认为梅奥医学中心一直声称自己靠事实说话（只支持那些有足够证据证明其的确有效的治疗手段）。可是，该中心却在推广针灸。没有统一的认识能证明针灸的疗效（这是我的前提），因此，梅奥医学中心实际上违背了其一直声称遵循的理念（这就是我的结论）。看，这就是区别。

还有一点你必须记住：假如某个论证的前提为真且足够充分，其内在逻辑也无误（这样的论证我们可以称为“合理”），那么它的结论一定也为真。要得出某个伪结论，其中必然存在一个或多个伪前提，或者另外存在隐性的（或不充分的）前提，或者其内在逻辑有问题。假如顺势疗法[①]产品里除了水就没有别的东西，而水本身没有任何特殊的治疗作用（除了“水合作用”），那么顺势疗法就不算真正的医学疗法。

因此，“合理”的论证必然会有正确的结论，不过反之则不然。不够“合理”的论证也可能恰好推导出正确的结论，哪怕论证过程并不支持该结论。也许有人会说，因为球体造型很美妙，所以太阳是个球体——这个论证过程无疑是荒唐的，但其结论却依然正确。

假如两个人从同一事实表象中得出不同的推论，那么其中至少有一个人的结论是错的。两个人不可能全都正确，其中至少有一个人的论证方式存在问题，从而得出了错误结论。双方应该携手合作，审视其论证的过程，并排除可能的错误。

不过要记住，只有当论证对象是事实，而非主观感受或价值判断时，刚才说的逻辑才是有效的。比如，审美品位的差异在客观上是无法调和的。你无法用事实或者逻辑去证明莫扎特比贝多芬更伟大，虽然你更喜欢前者。当某个结论含有审美或者道德判断时，刚才的原则就显出作用了。如果碰到一个本身无法调和差异的命题，我们就可以据此避免无休止的争吵。

首先，请审视你自己

我经常看到有人用论证和逻辑常识来解构他人的论证过程，这么做其实是

① 顺势疗法是替代医学的一种。顺势疗法的理论基础是“同样的制剂能够治疗同类疾病”，即为了治疗某种疾病，需要使用一种能够在健康的人中产生相同症状的药剂。——译者注

把他们当成对手，试图找出其推论中的漏洞，并据此压倒对方。

其实，论证和逻辑常识必须首先用来审视自己的观点。如果两个人意见相左，最理智的办法是先深入分析自己的观点，确定其论证前提无误，并确认不存在隐性前提，同时逻辑关系也没有问题。双方必须保持开放的心态，他们需要承认自己的已知信息可能是不完整的甚至是错误的，他们还有可能出现判断错误。

在某些特定场所——比如辩论社或法庭——为某个观点进行辩护是尽职的表现。除此之外，人们最好能持有合理的、正确的立场。很显然，这就需要人们从内到外全面地审视自身的观念。

换句话说，逻辑和论证不过是工具，不能把它们看成攻击他人的武器。一旦逻辑有了攻击性，人们就能轻而易举将其稍做变通，从而迎合自己的需要。

当然，学会解构他人的论证并不是坏事，但要尽量做到公正。这就是“宽容原则”。我们必须假设对方说的也有道理——尽量站在对方的角度理解对方的立场，并对它进行分析。

再说一遍，我们不能总想着去“赢”。没有人会在一旁计分。批判性思维和科学怀疑论的目的是找到最合理的立场。这意味着对那些最有可能挑战自己的观点，我们必须要学会予以解释和回应。

审视你的前提

如前所述，要想论证合情合理，就要保证所有的前提为真。人们之所以经常会得出不同结论，就是因为他们假设的前提不尽相同。因此，作为第一步，我们必须认真审视正反两派观点的所有前提。

当然前提也可能存在问题，这要分四种情况。第一种（也是最明显的一种）是伪前提。比如，因为没有发现过渡形态的化石就否定进化论的正确性，这就是一个不合情理的观点。“不存在过渡形态的化石”这一假设前提本身就是错的。事实上，人们已经发现大量这种化石。

第二种情况是把毫无根据的猜想作为前提。前提所说的事实可真可伪，但都不足以让它成为论证的前提。在分析论证的过程中，最关键的一步往往就是对论点所依赖的假设前提进行判别，辨明哪些是没有根据的猜想。不同角度的猜想经常会导致不同的结论。

人们所做的猜想，往往正好契合他们最愿意相信的那个结论。多个心理学实验已经证明，大多数人会先选择自己中意的结论，然后开始文过饰非，只是为了能支持选中的那个结论——这种心理过程我们称为“合理化”（rationalization）。

如果不想把猜想作为前提，其中一个办法是仔细甄别，并提前将猜想都筛选出来。这种论证往往称为“假设性论证”，或者前面会提一句“为方便论证，让我们假定……”。如果双方审视自己的观点后，发现各自使用了不同的猜想作为前提，那么至少他们会在“认可双方保留不同意见”这一点上达成一致意见。除非有更多信息来帮助判断哪一方的猜想更接近真相，否则双方的分歧就永远无法调和。

比如，针对最低工资是否要上调这个问题，双方一开始的假设就不同，自然会得出不同结论，于是观点就会陷入分歧。其中一方会假设增加最低工资将导致工作岗位减少，而另一方则不这么认为。除非双方能先就假设达成一致，否则后续的论证就是白费力气。

第三种情况的隐蔽性最强，即所谓隐性前提。道理很简单，任何基于隐性前提的分歧是无法解决的。因此，如果感觉分歧始终无法消除，那么我们不妨再重新审视一下，之前的论证是否有尚未提出的暗藏的前提。

让我们再回头看看那个化石的例子。科学家认为我们已经发现了大量的过渡形态化石，而否认进化论的人（神创论者或者智慧设计论[①]的支持者）却不这么看。为什么会出现这种现象？看上去这是个再浅显不过的道理，只需要事实就能加以证明。对进化论持否定态度的人有时会直接无视事实，或者故意装傻。大多数心智成熟的人其实对有关事实证据心知肚明，但他们会利用隐性前提来否认这种化石的存在。

古生物学家眼中的“过渡性”化石，指的是那些在形态和时间上介于两个物种之间的化石。它可以比这两类物种更加远古，即它们的共同祖先，也可以介于这两类之间，既是其中一类的后代，又是另一类的祖先。但实际上，我们常常无法判断所谓“过渡性物种”到底是现代生物真正的祖先，还是跟它们的

① 智慧设计论认为，自然界（特别是生物界）中存在一些现象无法在自然范畴内予以解释，其实现必然借助了超自然的力量，即具有智慧的创造者创造并设计了这些实体和规则，造成了这些现象。——译者注

真正祖先密切相关的某个物种。进化并非线性进程，而是一个“分支丛生”的过程。因此我们发现的大多数物种样本都属于进化的旁支（好比是旁系的“叔叔”，而不是直系的“父母”）。如果它们正好能够填补已知物种之间的空白形态，那么它们本身就是物种进化过程的活证明，也就可以称为“过渡性物种”。例如，始祖鸟并非现代鸟类的直系祖先，但它明显是由兽脚类恐龙进化到现代鸟类之间的那个环节的。现代鸟类的真正祖先，就是始祖鸟的其中一支近亲。

否定过渡性化石的存在其实包含了一个没有明说的前提，那就是他们理解的“过渡性”和科学界公认的概念不太一样。他们仅仅是把“过渡性生物”看作一群怪物，拥有尚未成型且毫无意义的身体结构；或者，“过渡性”就是指有独立证据证明某些化石才是某物种真正的祖先，而不是与其直系先祖有密切关系的旁支——这种判断标准简直不可理喻。

他们的观点其实还存在另一个隐性前提，即整个化石序列中，过渡性化石“应该”占多少数量。他们可以随意设定一个很大的比例，只是为了说明目前发现的该类型化石还不够多。

第四种情况是包含主观判断的前提，它可能会细微到你很难察觉。如果你觉得某个特定的消息来源非常可靠，其实它就成了你做出某个推论的“前提”。哪些数据能说明它可靠，又是什么人来证明它可靠呢？带着主观评价，人们常常会歪曲其推论前提，以便得出他们所希望的结论。

让我们再回到那篇博客的评论。他们“认为”批评那些伪科学的治疗手段就是为大型医药公司摇旗呐喊。于是，他们会无视那些让他们厌恶的观点。这是一种主观的感觉。它以先前就存在的结论为基础，并随之成为假设的前提。

这样做的后果就是，很容易让充满主观性的前提演变为循环论证——这些前提就像过滤器，它会把不需要的都过滤，只留下自己原本就确信无疑的信息。

逻辑谬误

即便某个论证的所有前提都无可挑剔，但如果推论本身的逻辑有问题，它依然属于无效论证——我们也许可以称之为“逻辑谬误”。人类的大脑是一台精妙无比的机器，它在某些方面的表现，甚至连超级计算机也甘拜下风。但是，我们似乎一直不擅长缜密的逻辑思维。逻辑陷阱随处可见，为数众多，令人防不胜防——除非我们能事先知道，并有意识地避开它们。

另外，由于人们倾向于先得出有利于自己的结论，然后再试图用各种证据来证明自己的观点，许多论证过程就会出现逻辑上的谬误，但人们还乐此不疲。只要有人试图用某个论据来证明其不靠谱的推论，那么不是他的前提有错误，就是其逻辑推论有问题。请记住，可靠的论证（前提为真，并且具备清晰的内在逻辑）不可能导致错误的推论。因此，如果想为某个错误结论进行辩解，运用错误的前提或扭曲的逻辑恐怕是唯一途径。为了不出现这样的逻辑谬误，从而避免不靠谱的推论，我们先要知道如何识别逻辑上的错误。

接下来我会告诉你一些最常见的逻辑谬误，并配上相应的实例。它们会教你如何避免糟糕的论证。我得事先声明，这些谬误都是非形式谬误[①]。也就是说，逻辑本身即便值得怀疑，但其正确与否，还是要放在具体语境中才能判断。它们并非在任何情况下都是错的。

形式谬误在任何场合都是不对的。例如，我假设的前提是 A 等于 B，而 B 等于 C，如果我的推论是 A 不等于 C ，这就是形式谬误。再怎么说，这个结论也不可能是真的。

通过下面这些实例，你会发现那些非形式谬误，恐怕没有我们想象的那么简单。

不当推论

这是一句拉丁语，意思是“不合乎逻辑”，即在论证过程中，从已知前提无法必然得到某个结论。换句话说，其间的逻辑推理完全是无中生有。这是最为基础的一种逻辑谬误。事实上，所有的逻辑谬误都可以归于“不当推论”。

比方说，因为瑞士奶酪是黄颜色的，所以我认为它对健康有好处，这就是不当推论。前提和结论之间不存在必然的逻辑联系。

诉诸权威

这类观点的基本模式如下：某教授认为 A 是正确的，该教授是这个领域的

---

① 谬误通常可分为两类：形式谬误和非形式谬误。前者产生于对形式逻辑推理规则的违背，后者则源于论证者滥用相关知识或对相关知识有误解。——校译者注

权威，因此A必定是正确的。这种逻辑其实往往是在强调：说这番话的人有多少年的经验，或者拿到了多少个学位。有时候人们也会反其道而行之，即认为那些小人物说的话肯定不可信（我们也可以称之为“对人不对事”的逻辑谬误，详见下文）。

在现实生活中，这种逻辑谬误的产生情况十分复杂。当听取别人对某个话题的看法时，我们往往会参考他本人的受教育程度和工作经历，这并没有什么不对。况且已形成共识的科学观点的确带了那么点“权威”的味道。但是，就算是学识非常渊博的人，或者被大多数人都认可的结论，都还是有可能犯错的——谁说权威人士的意见就一定是真理?

那位在我博客下方留言的人把梅奥医学中心奉若神明——因为这家机构备受推崇，所以它所持的观点都百分之百是正确的。不过，针对我对该机构所作所为（即不加验证就盲目推行某种医疗手段）的批评，他的看法并不算是真正的反驳。

这种谬误还会在各种场合不经意地出现。例如，UFO爱好者认为那些飞行员提供的目击报告需要格外引起重视，因为飞行员的观察能力远非普通人可比，而且值得信任。他们训练有素，在遭遇紧急状况时也不会手忙脚乱。

诺贝尔奖得主的意见常常会受到人们的高度重视。即使他此后发表了不符合科学精神的言论，人们也会因为他是诺贝尔奖得主而不敢随意忽视。最有名的例子就是莱纳斯·鲍林。

鲍林曾经得过两次诺贝尔奖：1954年的化学奖以及1962年的和平奖（表彰其投身于反对核武器的运动）。鲍林是个天才的研究学者，这一点毫无疑问。但在其科学生涯的后期，他却堕落成为庸俗科学的推手：他鼓吹靠大剂量服用维生素C来治愈传染性疾病，包括感冒。总的来说，他推崇所谓“分子矫正”医学——这个词也是他发明的。鲍林认为，人体内自然生成的物质能够用来防治疾病。

一位天才科学家试图超越其擅长的专业领域，结果反而在另一个学科犯了原则性的错误——这就是一个鲜活的例子。对研究生物物质化学活性的化学家而言，分子矫正医学的理念可能还有一定的道理；但在搞医学研究的人眼里，他的理论简直愚蠢到不可救药（即便在当时看来也是如此）。鲍林的理论缺乏临床试验的证明，也忽视了临床应用需要以生物化学这类基本科学常识为基础的必要性。我们的认识在不断深入，但是人体组织实在过于复杂，因此还是有必要评估实际上的临床效果的。临床医学研究成果不能简单地从基础科学常识中加以推断，这就是鲍林犯的错误。

因为有鲍林这样具有崇高声望的科学家站台，所以把分子矫正医学奉为真理，这就是“诉诸权威”导致的逻辑谬误。

与之相对应的是，如今科学家都一致认为生命是生物演化的结果，因此我们应该接受这一观点。这种说法就不太会有问题——因为科学家的意见高度一致（超过 98%）。支持这一理论的证据不可胜数，而且科学界也为了该理论的正确性探索和争论了一个多世纪。如果你把这种历经检验的科学论断也当作“不能迷信的权威意见”，那就是在滥用这一逻辑谬误。这也很好地解释了在判断非形式谬误时，为什么其所处的语境是非常重要的参考因素。

好了，接下来我们谈谈非形式谬误的另一种形式——有关“合并还是拆分”的争议。我们是会把相似的逻辑谬误统归为一个大类，还是会根据它们之间的细微差异，分别赋予单独的类别？我自己倾向于前者。我认为，我们应该抓住谬误的本质，搞清楚它在哪些情况下也会发生。

例如，诉诸权威也分很多种类。你可以相信公共舆论（我们可以单独称之为“群众意见”），也可以选择信任社会名流，或者是那些善于预测未来的专家（如果你希望让他们认可你的看法）。任何情况下，只要你判断的依据不是事实和逻辑推理，而是某个人的观点或立场，这就叫诉诸权威。

诉诸后果

这一类论证过程（又称为“唯目的论”）颠倒了正常的因果关系，声称正是某个事件的最终结果或最终达到的目的才导致了该事件的发生。例如，信仰神创论的基督教徒总是否定进化理论。他们认为如果进化论是对的，人们的道德就会沦丧（这也是一个伪前提）。

某些低级的进化论观点也带有“唯目的论”的色彩。比如有人声称鸟类进化出羽毛是为了能够飞翔，但实际上，很可能鸟类学会飞行前就已经长有羽毛了，况且鸟类的远祖也未必知道它们最终会依靠羽毛来飞翔。进化过程是不可预知的。原始的羽毛一定是当时条件下的产物，比如为了防止热量散失。

错误因果

这可能是最为常见的逻辑谬误了。它的观点是：因为A发生在B之前，因此是A导致了B。这种观点将两个事物之间暂时的联系视为必然的因果关系（这也是一句拉丁语：Post Hoc Ergo Propter Hoc，翻译过来就是“在此之后发生，必然由此造成”）。各种“替代疗法”的支持者经常会犯这种逻辑错误：“我感觉不舒服，于是我采用了A疗法。”“现在我感觉恢复了，那么一定是A疗法起作用了。”这里面的逻辑有问题，因为也有可能你的病是不治而愈的。

混淆相关与因果

与上述的错误因果有些类似，这一逻辑谬误也简单地把两个不过是同时发生的变量视作互为因果。我们在试图解释某个统计数据的相关性时，往往会犯这一错误。例如，根据20世纪90年代的一项统计，参加宗教活动的人数和滥用违禁药品的数量同时呈上升趋势。你不能据此认为，参加宗教活动这一行为导致了更多的人滥用违禁药品。同样有可能是后者导致了更多的人参加宗教活动，也有可能还有第三个因素导致了这两者同时发生，例如社会动荡加剧。这两个变量之间互不关联是完全可能的，它们同时呈现增长也许只是巧合罢了。

事物间的任何明显关联其实都可以用下列四种情况来解释。第一种，这只是纯粹的相关，而非因果关系。第二种，A导致了B。第三种，B导致了A。第四种，另一个变量C同时导致了A和B。在你准备得出其中任何一种关系结论之前，为了确保其准确无误，最好能够把上述所有可能的关联性都考虑一遍。

数据挖掘过程中往往会出现这一谬误，即人们试图从大量的数据中找出其内在关联。虽然数据样本足够大，但人们常常会低估相关性在“纯粹偶然”情况下发生的数量。

为了说明这一点，泰勒·维根建立了一个名为“虚假相关”（Spurious Correlations）的网站。你可以先输入一些变量，随后网站会通过其连接的数据库生成一张图表。你可以通过图表看到刚才输入的变量之间有多大的相关性。

比如，美国政府于1999—2009年在科技和空间探索方面的开支，与同期美国的上吊、勒死和窒息的死亡率有很强的正相关。同时，掉进游泳池淹死的人数也与尼古拉斯·凯奇主演的影片的上映数量紧密相关。不过，其中我认为最有意思的，是有机食品的销量与诊断患上自闭症的人数也呈现密切关系。应该说，这些都是碰巧相关罢了。

把因果关系与事物之间的相关性混为一谈——越来越多的人滥用它，或者在不同场合胡乱使用它，以便否认统计数据的真实性。事实上，它也造成了自身的一个逻辑硬伤：否认其中的因果关联。“相关不意味着因果”，这句被经常引用的话充分体现了这种硬伤。其实，相关性确实表示“可能有”因果关系，有时候就是因为某种特殊的因果关系让 A 导致了 B。但更准确的说法应该是，相关性并不意味着非得有因果关系，或仅凭相关性无法证明其因果关系。相关性只是证明因果性的其中一项证据罢了。

要想正确解读事物之间的强相关性，我们必须审视证据。如果某个研究实验带有这种相关性，而实验本身的所有相关变量也都能够得到控制（例如安慰剂对照的双盲医学实验），那么实验中发现的任何相关性都有可能是真实的治疗效果。假如该治疗方案与某种更佳的治疗效果显示出一定相关性，并且所有的“安慰剂效应”均被排除在外，那么该相关性很有可能源于该治疗方案与治疗效果的因果关系。

就算只有单纯的流行病学或统计学证据，我们仍然有可能为某个特殊的因果关系找到充分的科学解释。这种观察得来的数据有一个不足之处，即无法有效控制易于混淆的某些因素。因此，如果呈现显著相关，则可能存在多种原因。不过，我们可以观察多个互相独立的相关关系，并判断它们是否都指向同一个因果关系。这种方式能够帮助我们有效锁定最有可能的那个原因。

比如，通过观察人们认为吸烟与肺癌是有某种关联的。烟草行业正是引用了“相关不意味着因果”这一逻辑错误，才声称这种关联性并不能证明吸烟会导致肺癌。他们另外提出了一种解释，即某个尚不为人知的原因（称为“X 因素”）导致了对烟草的强烈需求以及肺癌的发生。但是，根据“吸烟导致肺癌”这一假设，我们倒是可以做一点大胆预测。假如该假设为真，则烟龄的长短应该与患上肺癌的风险呈现正相关，而戒烟就应该相应减少了患肺癌的可能性。此外，抽不带过滤嘴的香烟患上肺癌的可能性，要远大于抽带过滤嘴的香烟。

如果以上这些相关性都能得到证实，那么我们可以基本笃定地认为，“抽烟导致肺癌”这一假设，是所有试图解释吸烟和肺癌之间关联性的说法中，因果关系最有说服力的那一个。

诡辩或特设推理

这一类逻辑谬误往往不太显眼，一般人很难察觉。就其本质而言，它是人们强行在辩论中加入新的变量，使该论证过程勉强算得上合理。其中一个例子就是对测试的负面结果“有意识地”视而不见。比如，有人声称在实验条件充分的情况下，从未有人能够在实验中再现“第六感”，因此该现象一定是不存在的。为了驳斥这一观点，第六感的支持者人为地引入了一个前提，即第六感在科学怀疑论者在场时无法发挥作用。或者，为了解释数据的随机性，他们会声称第六感会视需要而出现或消失。他们也许还会说基于某些独特的原因，一个人的第六感能力会随着时间推移而逐渐消失——这也可以很好地解释，为什么进行更多严格的科学对照实验后，第六感这种奇特现象就销声匿迹了。

大脚怪的支持者认为，这种生物具有某种神奇的心灵感应，因此它们能提前知道人类的到来并躲藏起来。也许它们还会“瞬间移动”，或者随时隐身。它们会烧毁死去同伴的尸体或把它们埋在人迹罕至的地方，因此直到现在也没有人真正找到大脚怪。

为驳斥这一逻辑谬误，最著名的例子可能来自卡尔·萨根。这就是那条“盘踞在车库中的，肉眼看不见的，不知道具体模样的，又没有体温的，悬浮在空中的龙”。他声称在自己家的车库中发现了一条龙，而随后任何试图证明其确实存在的检测手段，都被他特意发明的各种理由一一否决。

需要注意的是，诡辩本身就必然是错的，因此它不能称为“谬误”。针灸研究没有显示出安慰剂效应以外的治疗效果，但是很有可能会说那是因为使用了错误的针具或不当的技法。只有当需要的时候，人们才有意地炮制出这般推论，而推论本身缺乏独立的外部证据加以证明，因此它们是无法令人信服的。人们都不蠢，他们总是能够想出“大脚怪存在的证据被我家的狗给弄没了”这类托词。

诉诸伪善

Tu Quoque 这句拉丁语翻译过来就是“你也一样（好不到哪里去）”。人们会因为别人也犯过同样的错误，就给自己的行为寻找推脱的借口：“我给不了可靠的证据，你也给不了。”各种五花八门的替代疗法的支持者往往会犯这种错误。他们认为，即使目前还缺乏证据来证明这些疗法的有效性，那些主流疗法也同样缺乏证据支持。这种说法非但没有为某种缺乏证明的治疗方法找到正当的存在理由，而且它还基于一种错误的假设前提，因此比起所谓替代疗法，证明主流疗法有效性所需的证据往往要严格得多。

诉诸人身

这是一种为了驳倒他人的主张或结论，不惜进行针对个人的攻击，而并非针对论证本身的思维方式。虔诚的信徒往往会在试图驳斥理性怀疑的同时，把后者描绘成“墨守成规”的一群人（详见下一页的方框内容）。但是科学怀疑论者自己也会犯同样的错误。例如，他们会对 UFO 的报道嗤之以鼻，声称相信这些东西的人不是疯子就是蠢蛋。

阴谋论者的观点常常会带有人身攻击（特设推理也是他们所依赖的重要手段）。比如，他们会因为政府的腐败行为，就认为政客都在撒谎。

诉诸人身的其中一种方式，我们称之为“井中投毒”（poisoning the well）。为了诋毁他人的主张，人们会暗示他们品行不端，或者信仰成疑，甚至与臭名昭著的人有染。其中，有一类广为人知的“投毒”方式被专门称为“戈德温法则”（Godwin’s Law）或“希特勒归谬法”（reductio ad Hitlerum），即把他人的观点主张比作希特勒或者纳粹。

让我们现在再回过头看看本章开头提到的那段博客评论。他们认为我是个“托儿”，认为我写那篇博客是源于对新生事物的恐惧，认为我其实什么也不懂。他们从未对我文章中的论据和逻辑思路提出过质疑，他们所攻击的仅仅是我写文章的动机和个人品质。这就是典型的诉诸人身式的逻辑谬误。

不过有一点值得注意——并非任何情况下的指名道姓都犯了逻辑上的错误。如果我公然指出某个跟我持不同意见的人是个蠢货，这便不叫“诉诸人身”谬误。但是如果我说因为他是个蠢货，所以他的结论肯定不对，那么我就犯了这个谬误了。当然，如果他真是蠢货，那么就算是我不对，他依然是个蠢货。

墨守成规

对科学怀疑论者最常见的人身攻击也许是说我们“顽固保守”（好比指责一个人缺乏信仰或缺乏远见）。一味责怪他人保守而忽视批判的合理性，这显然是一个逻辑谬误，同时也往往是一个伪前提。

科学怀疑论绝不意味着顽固保守，它与开放性思维并非彼此独立（它的对立面是愚昧轻信）。科学工作者、批判性思维倡导者以及科学怀疑论者能够（也应该）做到兼容并蓄，即坦然接纳任何证据和逻辑推断。我们应该依据支持某观点论据的多寡来决定是否采信该观点。

然而，思维开放也意味着承认存在错误主张的可能性。开放性思维并不意味着假定所有的主张都是正确的，或者断定某些观点是错误的。如果有证据显示该主张是错误的，或者所说的现象根本是虚构的，那么思维开放的人会按照证据多寡来接受不同的结论。这两种情况都可以称为“开放”。

颇具讽刺意味的是，通常正是那些指责别人保守闭塞的人才最为保守：他们压根儿也不会承认自己可能错了。

诉诸无知

有些人把无知当作借口，声称因为我们无法否认某个观点不是真的，那么它应该就是真的。比如，“第六感”的拥趸常常过分夸大人类尚未充分认识大脑的程度。因此他们认为，大脑也许可以隔空传递信息。最容易犯这类逻辑谬误的应该是那些 UFO 支持者。几乎所有关于 UFO 的目击证词，到最后都被证明是人们由于无知而导致的错误结论：当人们无法辨认出空中的光线或物体究竟是什么时，他们往往会将其看作外星人的飞船。

智慧设计论基本上完全照搬了这一谬误。该理论的核心观点认为，由于自然界某些生物的结构单纯用进化论似乎无法解释，因此它们必定是被某种智慧创造出来的。在这一背景下，因对进化论无知而产生的观点被冠以“鸿沟之神”的名字——针对现阶段人类知识体系中任何难以弥合的鸿沟，“神”的存在是唯一合理的解释。

“缺乏证据不能成为证据不存在的理由。”这句格言经常用来为“诉诸无知论”辩护。虽然这句话听上去精练，但却未必正确。实际上，证据缺失就说明证据可能不存在，只不过并非百分之百能够证明其不存在罢了。

针对这个问题，更为科学和实际的态度应该是：有关证据的缺失，在多大程度上能说明某个现象并不存在？事实上，这取决于我们的搜寻力度，以及所用手段的灵敏度。不存在的东西本来就无法证明。但是，越是寻之不得，其存在的可能性也就越小。我们至今尚未收到来自外星球的信号，但毕竟宇宙如此浩瀚无边，人类才不过搜索了其中的小小一块而已。另外，几十年来人们曾无数次对尼斯湖展开搜索，却根本找不到“尼西”[①]（Nessie）的踪迹。所以，对波涛汹涌的湖面下隐居着一头巨大生物的传说，我早已见怪不怪了。

不管怎么说，要提出肯定的观点，就得拿得出确凿的证据。对事物缺乏另一种解释只能说明我们目前对此还不甚了解——但绝不是说我们就可以据此生造出某种解释。

混淆未知与不可知

如果某个现象目前尚未得到很好的解释，并不意味着它就永远无法解释，或许是意味着它不符合自然法则，或只有超自然的神秘理论才能解释它。这种思维方式经常会与“诉诸无知”结合在一起，即我们目前不了解的事物，将来也永远得不到解释。

例如，我们常常说对大脑如何产生意识这一现象还不够了解，因此意识的本源不可探知，是一种精神上的虚无物质。但事实上，神经科学如今已经相当发达，人类对自身大脑的认识也在不断加深。

连续体谬误

如果两类事物之间没有显著的分界线，则它们之间不见得存在差异，或者该差异并不重要。我们称这种谬误为“连续体谬误”。比如，邪教和正常宗教之间往往没有明确的界限，因此它们其实是同一类事物。

---

① “尼西”意为“奇怪的东西”。早在 1 500 多年前，人们就开始流传尼斯湖中有巨大怪兽出没，尽管到目前为止，没有任何非常有力的证据能够证明怪兽的存在。——译者注

这就好比说人们之间不需要区分高矮，因为两个人的身高相差并不多，那么谈论身材“高”还是“矮”根本就没有意义。实际上，就算其中的界限不那么清楚，不同情况始终是存在的。其存在也不是没有意义，而且人们对此也有足够清晰的认识。

这一错误观点常常伴随着“诉诸伪善”联袂出现。例如，为臭名昭著的伪科学辩护的人常常会说，主流科学家也总是不按规则行事——他们也会小规模采样，相信主观性的观察结果，或者类似糟糕的研究手段。因此，科学和伪科学之间其实没有显著的区别。

这种观点与另外一类逻辑谬误“道德对等”密切相关。正因为每个人都或多或少有过欺骗行为，所以那些极端的欺骗行为也没有什么大不了，这种说法就是一种谬误。

非黑即白

在这种情况下，人们会故意将原本更多的可能性缩减至只有两种。例如，既然进化论不正确，那么我们一定是神创造出来的（这一推论假设只有这两种可能性）。同样，这一谬误会让原本连续统一的各种可能变化过度简化为“非黑即白”的选择。例如，科学和伪科学并非完全割裂，所有试图解释事实的方法和观点都处于从科学到伪科学这两个端点之间的坐标轴上。把事实陈述简单粗暴地归类于科学或者伪科学，这就会导致“非黑即白”的诞生。

错误类比

错误类比会假设：如果两样（或更多）事物在某个方面相似，那么它们在其他方面也会相似。这种类比无视事物之间的显著差异。

有人说蛋白质复合体会像马达一样撩动细菌的鞭毛。神创论者认为，这就是进化论不正确的证据——既然马达是人为设计创造的，那么鞭毛也必然如此。他们使用隐喻的手法，将一种含义扩展至另外一种，于是原本是合理的类比也成了错误类比。鞭毛之所以像马达，是因为它们的多个组成部分均可活动，并协力创造了一种运动模式。不过类比也仅止于此。鞭毛是一种生物马达，因此它们天然有着生物属性。汽车马达不是生物体，它没有生命，也就无法像生物体那样自行进化。

错误类比有时候会非常不起眼。为此你必须不停地追问：这两样事物究竟有可比性吗？就算它们在其他某些方面类似，但是在我们关注的点上，它们是否也有可比性呢？

我认为错误类比其实是很常见的现象，因为它反映了大脑的一种基本功能——模式识别（pattern recognition），这是人类思维的主要方式，因此每当遇到新鲜事物时，我们往往会拿它与我们熟悉的东西做比较。为了找到隐含的共通模式，我们使用比较来从不相干的现象当中挖掘共同点，因此这是非常实用的一种手段。但是，这样做也会有副作用，即我们会过于相信自己的模式识别能力，从而会无中生有地“找出”其实根本不存在的隐含模式，而且往往会导致人们做不切实际的类比。

不过，有人会走向另一个极端，如果两样事物没有共同点，那么也就不用做合理类比了。所谓合理类比，是指用来比较的两样事物之间存在与当前论证关系密切的相关性。但这并不意味着它们一模一样。如果一模一样，它们之间就没有可比性了，它们就是同一种事物。

有人还会故意找出相比较的事物之间一些无关紧要的不同点，以此拒绝承认类比的合理性。我会告诉你，疫苗产生免疫力的方式与感染产生免疫力的方式是一样的。反疫苗接种理论的人可能会反驳说，传染病是自然产生的，而疫苗是人为制造出来的，因此我的说法是一种类比错误。其实，这是一种关于“错误类比”的错误认识，因为不论是接触传染病也好，接种疫苗也罢，这两种方式都不是影响人体免疫反应的必然因素。

起源谬误

此处的“起源”（genetic）一词指的不是DNA（脱氧核糖核酸）或者基因，而是“起源或源头”。持有这种看法的人，反对某种主张的理由仅仅是它源自何处，而并不考虑该主张在现阶段究竟是否合理。

例如，有人会因为大众汽车公司是希特勒创立的，就说它不是一家好公司。大众创立于1937年，但80年前它创立之初的所作所为，似乎并没有对其今天的良好声誉造成什么影响。

同样，天文学发端于古代的占星术，但没有人会因此就质疑天文学是一门不严谨的学科。

不一致谬误

标准或规则不能仅适用于某一个特定的观念、主张、论点或立场。某些替消费者代言的人声称，为了确保处方药安全有效，应当对其加强管理。但是，他们同时又主张无须对草药的安全性和有效性进行监管。

如果对专业用语采用了前后不一致的定义，这就意味着我们犯了“不一致谬误”。为了能让彼此之间的讨论流畅进行，或者能够做一个合理的科学假设，所有术语都必须有明确的含义。根据需要采取模棱两可的定义只会造成理解混乱，而且很可能就是为了让你头昏眼花。

比如，某些智慧设计论的拥趸在争辩时会反复提到“信息”一词，但其含义并非始终一致。威廉·登布斯基是该理论的支持者，他曾经试图辩解说，假如没有某种智慧文明的引导，仅靠生物进化是无法创造出越来越多 DNA 信息的。但他混淆了数学信息和哲学内涵（语义信息）的区别。数学信息可以用最少量的数据描述某样事物。随机而无意义的序列反而蕴含着更为丰富的数学信息，因为人们无法从中提取总结出固定的模型。因此，随机的基因变异就会添加更多此种 DNA 信息，根本无须智慧文明的指导。登布斯基翻来覆去地提到“信息”一词，但始终没有给出一个明确的定义。具有明确数学定义的信息可以分为好几类。因此，当我们讨论信息时，应该先明确我们说的是哪一类信息。假如定义模糊而又不一致，那么整个讨论就会看上去很热闹，实际上却无的放矢。

针灸的支持者对“针灸”的定义也常常前后不一致。通常我们认为，针灸是通过把针扎入人体的穴位，来达到所谓某种治疗效果。但是，这个词其实常常被他们用来形容“电针疗法”。后者是采用电刺激的方法，其疗效也与针灸不同。于是，水就这么被搅浑了。

2009 年，一项关于针灸对治疗慢性背痛疗效的研究表明，针刺的位置，甚至刺入这个动作，其实都对最终的疗效没有直接影响（“真正的”针灸和安慰剂性的针灸其实没有疗效差异）。实验人员声称针灸确实起了作用，只不过他们尚不清楚其背后的机理。其实他们这么做是把“针灸”的含义给扩大化了，如此看来，连用牙签随意地戳皮肤也成了“针灸”。

自然主义谬误

自然主义谬误在“所是”（实然）和“应是”（应然）的问题上纠缠不清，将“事实如何”和“应该如何”混为一谈。不过，它与“迷信自然”的逻辑错误还不是一回事（我们还会在第 14 章专门讨论）。后者认为自然的东西本质上一定是好的，天然的事物必然比人工的要强。

自然主义谬误经常包含道德判断。比如，有人会观察动物的行为，并由此证明人类的某个动作是“符合自然的”。动物会争着吃掉对方，因此人类互相杀戮也没什么不对。但是，道德判断毕竟不能等同于自然界的法则。说到底，伦理就是创建一种公平的机制，使人类能够在社会环境中和平共处。动物没有这种伦理观念，因此它们选择什么样的手段才能够在竞争中幸存下来，其实都无关紧要。

当然，这并不是说自然界的现象对人类道德发展毫无用处。只不过，我们不能将自然界当作衡量人类道德的唯一标尺。

涅槃谬误

如果要用一句话来形容涅槃谬误的精髓，那就是“完美是优秀的敌人”。从本质上来说，这种谬误的前提是某样事物不够完美，从而结论便是它毫无用处。疫苗既然不是百分之百有用，那么它就是无用的。科学也会有漏洞，因此我们所掌握的其实根本不叫科学。

此谬误还有另一个版本，即要求某事物应承担起未被设定的功能。例如，神创论者认为自然选择没有增加物种多样性，反而使其减少。这个观点本身没错，但是逻辑上没有任何意义。基因突变和重组能够增强生物的多样性，然后自然选择的结果是适者生存。这种观点就好比说一辆车的方向盘根本没用，因为它既不能让车辆加速，也不能让它减速。

没有真正的苏格兰人

该谬误得名于历史上的某个说法：人们认为所有苏格兰人都很勇敢，于是当相反的事实（即果真有胆小如鼠的苏格兰人）出现时，人们就会用以下这句话来回护自己："如果真是这样，那他一定不是一个地道的苏格兰人。"

为了让自己的观点得到承认，人们会故意偷换关键词的定义，使其观点符合新定义的要求。从这个意义上说，我们也可以把它看作循环论证谬误的一种特殊情形。

还有一个例子——有人曾声称所有的天鹅都是白色的。当黑色的天鹅出现时，他坚持认为它们不算"真正的"天鹅，因为真正的天鹅都应该是白色的。

归谬法

在正规的逻辑学中，归谬法（即"归结为谬误"）是一种合理的论证方式。它的形式是：如果假定多个前提为真，但在逻辑上又势必导致荒谬（不正确）的结论，那么至少其中一个或者多个前提是错误的。如今这类谬误指的是滥用归谬法，为了强行达成某个荒谬的结论而蓄意歪曲使用。比如，有一位 UFO 的粉丝曾经声称，既然我胆敢质疑天外来客的真实性，那么我必须对中国的万里长城也抱有同样的疑虑——反正我都没亲眼见过。这种所谓"归谬"无疑是不对的，因为他忽略了除目击证人外其他可能的证据来源，也完全无视逻辑推理。简言之，对 UFO 的质疑并不需要同时否认长城的存在。

滑坡谬误

该谬误认为，接受某个观点意味着连该观点最为极端的情形也必须一起接受，有些观点会因此变得前后矛盾或者站不住脚。但是，只要不走极端，一个观点未必会引发最糟糕的负面效应。这种情况在政治圈很常见。比如，反对胚胎干细胞研究的人认为，允许将人类胚胎用于研究（甚至包括为试管授精而制造的胚胎，否则它们就会被随意丢弃），必然会导致人们能够制造用于特别研究的胚胎，从而催生出买卖人类胚胎的黑市，甚至有人会强制抽取女性卵子用于该研究。

稻草人谬误

“稻草人谬误”指的是，在论证中对他人的观点进行歪曲，使之更容易被驳倒。它与“宽容原则”恰恰相反，后者假设别人的反对意见必有其充分理由。其实，那些被批驳的观点往往没什么人支持。这种批驳只不过是为了让你看上去似乎驳倒了所有的反对意见，或者让反对者看上去笨头笨脑，不堪一击。

有神创论者会反驳道，根据进化论，人眼是经过了漫长进化才变成现在的样子的，那么人类某个时期的先祖应该长着一对没有视力的、残缺不全的眼睛。科学家当然对此嗤之以鼻。历史上恐怕的确存在构造相对简单，但功能完备的眼睛——现存物种身上就有许多这样的例子。

我们还可以再一次拿那段博客评论为例。他们用讽刺的语气描述了我的观点：

> 很显然，梅奥医学中心的人是一帮庸医和江湖郎中，他们对老百姓的健康毫不关心。他们凭什么认为除了手术和吃药，还有别的办法可以帮助患者恢复健康？

我肯定不会这么想，甚至也没有这么说过。我实际上说的是，梅奥医学中心在面对非传统治疗手段时往往会产生盲点，因为他们根本不熟悉这种特别的治疗方法，总的来说也对伪科学一知半解。世界上许多研究型医疗机构也都如此。还有一种常见的“稻草人谬误”指的是：批驳主流医生就知道用药和手术，但实际上我们在标准护理过程中，还会用营养学、理疗、改变生活方式和其他种种新式疗法。

攻击一个“稻草人”只能保证一时之爽，却无法让你得到更多的东西。

同义反复

同义反复指的是使用循环论证的一种证明过程，其结论同时也是前提。这种论证的结构可以简单看作因为 A=B，所以 A=B。有时候结论和前提呈现的形式可能不一样，这样的“同义反复”就会相对隐蔽一些。比如，因为“触摸治疗”[①]（therapeutic touch）能够对生命力加以操控，因此我们认为该疗法是有效的。这就是一个同义反复，因为触摸疗法本身的定义就是所谓对生命的操控（在不接触的情况下）。

这种逻辑错误经常称为“乞题”（begging the question）—— 前提即默认结论，或最终论证即默认初始观点。关于这一现象，最常见的例子应该是人们认为《圣经》是上帝的言论，因为《圣经》里就是这么说的。

名词解释

“乞题”这一说法源于16世纪。它其实是拉丁语 petitio principii 的误译，原本的意思是“对初始论点予以默认”。正因为这一误译，现在“乞题”经常会误解作“引发问题”。总的来说，这个词让人看不懂，也几乎没有人能用对。所以我们最好还是避而远之。

得克萨斯神枪手谬误

该谬误得名于最为平常不过的事例：一名枪手声称他能射中公牛的眼睛，而且弹无虚发。于是他瞄准谷仓一侧开了一枪，子弹在谷仓的木板墙上钻了个洞，接着他走过来，沿着这个小洞的周围画了个靶子，并声称这就是公牛的眼睛。

当我们已经知道结果后，再回头来指定成功或失败的标准，这就是类比荒唐的原因。它是“事后推论”的一种形式 —— 你决定只采用对你期望的结论有利的证据，但只有当你知道这些证据到底是什么时，你才会做这样的决定。但是，为了让证据有利于你的结论，你不得不根据合理规则来提前决定是非成败的标准。

阴谋论的支持者往往会犯这种逻辑错误。比如，一些对“9·11”事件持阴谋论态度的人，会根据飞机撞击五角大楼一侧留下的洞的尺寸，来推测这是一个“伪造的现场”。他们认为，假如飞机真的撞击了五角大楼，墙上留下的洞应该更大才对。但是，此前并没有任何原因能说明这一点。我们并不知道飞机撞击五角大楼后留下的洞正常应该有多大。相反，那些阴谋论者是看到这个洞并

① 触摸治疗指所谓通过接近但非接触的方式来操纵生命能量场的能量治疗方式，是一种伪科学。——校译者注

觉得它尺寸过小之后，才声称这是个阴谋，并将洞的尺寸作为依据的。

这个谬误有时也会很不起眼。当我们从已知结果反向推理时，无时无刻不在犯这一类错误。

挪动门柱谬误

挪动门柱谬误指的是一种否定现实的方式，主要通过随意武断地改变“证据”或者纳入的标准，而将所有现存证据排除在外，这是一种拒绝证明的方式。假如随后又出现了符合原有标准的新证据，那么门柱会被进一步挪远——总之不能让新证据符合标准。有时人们会从一开始就制定过高的标准——把门柱挪得奇远无比，只是为了避免出现不利于自己的结论。

反对接种疫苗的人声称注射三联疫苗会导致自闭症。当科学研究结果推翻了这一结论后，他们又将矛头指向了硫汞撒（某些疫苗使用的一种含汞的防腐剂，但没有用在三联疫苗中）。2002 年他们曾经预言：如果硫汞撒能够从全美的标准疫苗中去掉，自闭症的患病率必然大大降低——可事实证明并没有。于是他们又称，源自其他地方（比如炼焦厂）的汞弥补了疫苗本身汞含量的下降。这个说法同样得不到证据支持，于是他们又把铝说成是造成这个现象的原因（其实不是）。如今他们只能含含糊糊地说是某种“毒素”。

对他们来说，关于疫苗安全的数据再多也无济于事，他们只会不断地“挪动门柱”罢了。

谬误论证[①]

我此前也提到过这种谬误。不能因为论证过程不够完美，就认为其结论必然错误。我可以这么说：因为天空是蓝色的，所以全球变暖现象确实存在。推论本身是站不住脚的，其论证过程显得逻辑不明。但说不定这个结论是真的，即全球变暖的确在发生。假如论证过程本身站不住脚，它只能说明论证本身无法支持其结论，但结论本身可对可错。如果因为论证不够完美，我们就认为其得出的观点是错误的，这就是所谓“谬误论证”。

---

① 谬误论证又称争论逻辑、诉诸逻辑、谬误谬误（fallacy fallacy）、谬误学家的谬误，是一种形式谬误，主张由于某论证无效，因而其结论为假。——校译者注

“谬误论证”还有一种情况，即声称别人犯了某个逻辑错误，而实际上却并没有。我指责你犯了“稻草人谬误”，而实际情况是你对我的观点了如指掌，态度不偏不倚。那么，我反而犯了“谬误论证”。

正如我之前所言，由于非形式谬误依赖于前后的语境，并需要人们做出正确判断，所以人们很容易落入这类逻辑谬误的陷阱。什么情况下引用专家的观点会被看作“诉诸权威”呢？如果我说某人是骗子，这算是“井中投毒”还是正当提供消息呢？无论如何，人们都有可能将最直接有效的逻辑批判方式弃而不用，转而故意扭曲论证过程，使之看上去像是逻辑谬误（如果这是你的目的）。

也有极端的情况——我常常会遇到社交媒体的某些恶人，他们觉得如果能够用某种手段把别人的观点说成是错误的，那么他们就“赢”了。他们同时犯了这两种“谬误论证”，即把一个合理的论证过程非说成是错的，并且据此认为其结论也一定有误。

每天都注意你的逻辑

掌握了这些常见的逻辑谬误后，我就会在任何情况下都加以注意。你会因此在各种场合都广受欢迎（呃，真的吗？）。某种程度上来说，这就是所谓巴德尔–迈因霍夫现象（Baader-Meinhof phenomenon）——如果你不经意地接触到一个无法理解的单词或事实，此后你会发现你总能够一再地“邂逅”它，仿佛这根本算不上“偶然”。这种现象部分是因为碰巧，部分是因为认知偏差。有可能你之前早就碰到过这个单词或事实，只不过当时没注意罢了。

一旦你掌握了这些常见的非形式逻辑谬误，你会发现周围到处都是这种问题——因为它们无处不在。每每看到这些谬误，你都恨不得能当场指出来。每当我和我的太太陷入热烈的“讨论”中时，我都会指出她的逻辑谬误，我知道她“很喜欢”我这么做。

我所掌握的逻辑知识主要是用来避免在思考过程中产生不负责任的推理。这并不容易，但值得去做。要想对收到的信息、观点和主张进行透彻分析，学会合理的逻辑推理至关重要。不用逻辑去思考，就好像不带指南针或地图就想从一片荒野中找到出路。你很可能只会在原地兜圈子，而到不了你想去的地方。

指出下列逻辑谬误

针对我写的一篇关于不认同“第六感”的博客文章，一位赞成“第六感”存在的支持者在他的评论中写道：

@史蒂文·诺韦拉

无论什么文化背景，人们一直以来都认为存在超感现象。很难想象现代西方文化会对此予以否认。你表达的观点与我们普通民众的想法正相反。

因此，为了证明它确实不存在，你需要阐明你的理由，而不是靠批评这项研究来满足你自己。

在上述评论中，你能看出几种逻辑上的谬误？在我看来，它存在重要的隐性前提——诉诸大众和诉诸传统，而且试图转移举证的责任。

第 11 章

认知偏差与启发式思维

所属部分：元认知

引申话题：逻辑谬误

认知偏差指的是大脑信息处理方式的某些缺陷，而启发式思维有些类似——它是一堆经验法则，或者是靠不住的“心理捷径”导致的思想偏见。

人们对自己所持观点的信心并非来自对证据可靠性的考量，而是基于大脑所构建的故事能否自圆其说。

—— 丹尼尔·卡尼曼

问题在于，我们的心智结构和思维过程并不像瓦肯星人那样基于逻辑。世俗成见和一些简单的外部因素（例如信息呈现的方式）都非常容易对思维造成影响。不仅是之前我们提到的赌场，其实整个营销行业的成功都依赖于这一事实：由于冲动或令人费解的某些原因，人们常常会不假思索地做出非理性决策。

“元认知”能够帮助减少认知缺陷或偏差的现象。简单来说，所谓元认知就是对自己思考过程的思考。科学怀疑论就是一种主要基于元认知的思维方式，即试图了解我们自身的思维模式，避开常见的心理陷阱。人类思维就像是一艘漂在海上的帆船，海面风急浪高，我们往往会追逐着思维偏见的“浪头”而去，也容易被风浪耍得团团转。元认知能让你的思维找准方向，扬帆起航，并迎风破浪地引领你找到可靠的结论。

上一章我们讨论了逻辑谬误，即包含逻辑缺陷的论证过程。本章我们将讨论另外两类思维缺陷：认知偏差和启发式思维。它们其实非常类似——就像同一枚硬币的正反面。认知偏差让人们片面地思考问题，倾向于选择部分特定信息，并更愿意接受某些特定的结论。它会让你的思维脱离实际。

启发式思维则是一种心理捷径。它利用你的经验，让你能够迅速估算出一个可能的答案。但它不仅不一定正确，而且往往会导致错误。启发式并非一无是处，它也可能会帮助你推导出正确的结论，但其推导过程过于简单化了。存在缺陷的启发式思维会导致认知上的偏差，而认知偏差反过来又会对它造成不利影响。无论是哪一种情况，这些关联现象都说明思维模式被引入了歧途，或者被限定在了一定范围内。

认知偏差

你有没有想过，一件物品标价 19.99 美元还是 20 美元真的有区别吗？答案是有区别，虽然看上去就如同你真的去研究它们的差别一样荒谬。1 美分是没什么大不了的，但问题是人们有一种“左序数字偏好”——不管什么数字，它最左边的那一位数是影响我们判断的最主要因素。这个习惯可能来自人类偏好将过于繁杂的信息予以简化。我们依靠一个数字的最左边那位数来迅速判断这个数字究竟多大。总的来说，这个原则没有什么大的问题，只不过当有人故意将价格末尾全部改为 9 后（这绝非正常的标价手段），再运用该原则就显得矫枉过正了。

还有一种现象称为“惯用手偏倚”，它能够很好地解释为什么人们分析后做出的决策，常常还不如下意识的判断。在两个等价的选项（即受试者没有任何理由需要在两者之间区分高下）中做出选择时，惯用右手的人更倾向于选择右手边的物品，惯用左手的人则会选择左手边的物品（但如果惯用的右手受伤了，那么他就会转而选择左手边的物品）。

这个实验反映出人类思维的一个较深的层面，即所谓“具身认知”（embodied

recognition)[①]。我们一开始会依赖具体事物之间的联系来认识世界，而随后又基于这种联系发展出抽象思维。例如，我们都知道你的老板在等级上“高于”你。他并非身高“高于”你，但我们还是用这个空间属性的词来形容等级差距。我们会形容某人的论述很“弱”或者很“强”，如果特别糟糕时我们会说它“蹩脚”。当你无视事实时，你会被称为“瞎子”；当你对别人关心的话题无动于衷时，你会被称为“聋子”。我们会形容一个理论十分“美妙”，或者一个创意十分“宏大”。我们会用具象性的词汇来形容（脑海中也会随之浮现）那些并非实际存在的抽象概念。

另一种普遍存在的重要偏差称为“框架偏差”（framing bias）。你对某样事物的判断在很大程度上仅仅取决于它的呈现方式。比方说，当医生告诉你这个手术死亡率为10%时，你会怎么想？而他如果说的是这个手术存活率达到90%，你又是什么感觉？这两种说法显然是同一个意思，但人们对不同说法的反应却大不相同。选择“有90%存活率”手术的人要远远多于选择“有10%死亡率”手术的人。

让我们再看一个例子。一项调查显示“有62%的人不赞成‘公开谴责民主制度’，而仅有46%的受访者认为应该‘禁止公开谴责民主制度’”。其实他们想表达的意思是一样的。

导致人们有不同反应的原因之一是我们对待风险的态度。人类在面对积极结果时会表现出“风险厌恶”的态度，而面对消极结果时则表现为“风险偏好”。因为不愿意错失良机，所以我们会偏向于更加确定的那个选项——相比仅有50%的概率赢得200美元，我们更愿意稳稳当当地拿到100美元。相反，为了避免负面的结果，我们反倒倾向于承担更多的风险。正因为如此，那些绝症晚期的病人才会同意冒着风险尝试那些稀奇古怪的治疗手段。

“赌徒谬论”也与风险评价偏好相关。如果连续五次抛硬币时都是正面朝上，那么大多数人都会认为下一次应该是反面朝上了。这种理论认为过去的事件会对未来造成影响，哪怕这两件事其实毫无因果关联。每一次抛硬币都是一个独立事件，因此前一次抛硬币的结果没有任何意义——下一次正面朝上的概

① 具身认知理论主要指生理体验与心理状态之间有着强烈的联系。生理体验“激活”心理感觉，反之亦然。——译者注

率依旧是 50%。这种错误偏好非常受赌场的青睐，因为它会让人们误以为自己能预测色子或轮盘的走向：下一次肯定轮到红色了，那就全部押红色吧。

为迎合情感需求而产生的心理变化也会让我们产生判断偏差。我们需要某个群体喜爱并接纳自己，并想成为群体中的成员，于是就产生了“内群体偏见”（in-group bias）——我们会更加偏爱自己所处的群体。相对于外部群体，我们会对内部群体有更多的倾向性。同样，我们对自身也有一种高度偏好。我们总是认定自己的出发点都是好的，并对自身的行为做最有利于自己的辩护。

当“认知失调”（我们在第 9 章曾经讨论过这一令人不适的心理状态，通常事实之间发生矛盾或与我们的意愿相抵触时，就会产生认知失调）发生时，我们会主动将其压制在最小的范围内。当我们购买了某件商品时，我们会自动调高对该商品质量的评价。这么做是为了试图证明我们购买这件商品的正确性。如果我们面前摆了好几样商品可供选择，而其中我们最满意的那件又买不到，那么我们很可能会跳过排名第二的那件，而选择排名第三的商品。这看起来很无厘头，但为什么人们还会这么做呢？原因在于我们为了敲定第一选项，很可能会因此有意放弃第二选项。在做选择时，为了说服自己挑选第一选项，我们会无意间贬低第二选项。这样一来，第二选项看上去还不如第三选项，于是选择后者就顺理成章了（是不是疯子才会这么做？现在你知道人类有多蠢了吧！）

我们往往会觉得别人跟我们的思路应该是一致的，这种现象称为“投射偏见”（projection bias）。我们会根据这种偏见来揣摩和理解他人的思路。我们会把自己的思路当作模板，并据此来预测他人的想法和行为。假如我们认为某件事很烦人，我们会认为别人也一定觉得它烦人。该现象与“共识偏差”（consensus bias）有密切的关系。我们常常会认为自己的意见能够得到多数人的支持，他们的思路和自己是一致的。

在一次朋友聚会中，我的一位远房亲戚发现我有个朋友是共和党人，他对此感到十分震惊。其实是因为他潜意识里把参加聚会的每个人都当作和他自己一样的民主党人，当明白这一点后，他也不禁觉得自己的想法颇为可笑。在他的意识里，民主党的聚会中就根本不该有共和党人。

后视偏差（hindsight bias）有时候会显得很古怪。一旦我们知道了某种情形的结果后，反过来会对我们解释所发生事件的内容和原因造成影响。我们会倾向于认为不论发生了什么，这种结果都不可避免，而且必定会发生，哪怕到最后是涉险过关。让我们回想一下最近几次总统选举的相关新闻报道吧。一旦人们知道了哪个候选人最终获胜，那些所谓的“权威专家”会非常乐于分析为什么该候选人显然会当选。至于落败的一方，专家从来没有兴趣去分析他们。

人们对进化论的看法也会受到后视偏差的影响。你是否听人们说过，因为存在某些缺陷或弱点，因此恐龙的灭绝是必然的？哺乳动物毫无疑问将统治整个世界。还记得电影《冰川时代》吗？渡渡鸟被描绘成毫无反抗能力，但又蠢得厉害的动物，简直是自取灭亡，其灭绝就是显而易见的有力证据。后视偏差与“事后推论”有些相似，只要提前知道结果，我们就能找出各种理由来“证明”这个结果。

也许最重要的认知偏差现象就是所谓“确认性偏差”。我们需要另外单独用一整章的篇幅来阐述其重要性（这样才能凸显其重要性，没错吧？）。

启发式思维

启发式思维是认知偏差中的一种形式，不过它也有其功能，因此并不是全然无用。我会称它为“90% 法则”。假如有人给我打电话，并在聊天结束时提出需要知道我的信用卡号，那我会认为这是诈骗。虽然不见得事事都正确，但至少它还是有用的。假如你总是认为真实情况比想象的更复杂，那么多数情况下你都会是正确的。

问题的关键在于，你必须知道你用的是哪条法则，也必须意识到无论哪条法则都无法适用于所有情形。有些无意识的心理捷径会导致偏差。与其说它有用，倒不如认为它会误导我们的判断。

例如，“可得性启发式思维”（availability heuristic）自动默认以下事实：任何能轻易回想起来的事物必然是普遍存在的，或者是相当重要的。如果你知道美国车辆管理局有某位员工举止粗鲁，你会觉得美国车辆管理局所有的人都是这个德行。如果你刚好认识一位曾经在纽约遭遇抢劫的朋友，你可能会据此认为抢劫在这座城市是普遍现象。

当然，这样的结论肯定不算靠谱——这只是你个人独特的经历，没有普遍性。从理性角度而言，只有基于完整的数据系统，才能判断某个现象是否普遍存在。但事实上，我们会根据头脑中留存下来的某个案例，就此仓促地得出结论。

与统计学挂钩的启发式思维称为“代表性启发”（representativeness heuristic）。如果某人或者某件事物具有某一类群体的典型特征，我们往往就会认为其属于这一类群体。这么做不是完全没有道理，只是我们过分强调了这一规律，而忽视了另外两个关键信息。一是基本概率——该类群体本身有多大的普遍性？如果类群本身很小众，那么哪怕这个人具备该类群的典型特征，属于该群体的可能性也不会很高。二是预测值——该类群体的典型特征，未必就专属于这个群体。

为了说明这一原则，小说中夏洛克·福尔摩斯曾经给华生举过一个马蹄声的著名例子。在伦敦的街道上，如果你听到马蹄声从你身后传来，它就应该是普通的马，而不会是斑马。福尔摩斯借用了医学领域的一个典故——医学上诊断比较罕见的疾病时，会称为“斑马”。

假定现在有个病人，其症状包括心悸、头痛、出汗及高血压。这些都是非常典型的嗜铬细胞瘤（一种分泌肾上腺素的肿瘤）的症状。但问题是这种病极为罕见。所以就算症状全都符合，这位病人更可能患上的是焦虑症或甲状腺功能亢进，或者是其他也能够导致以上症状的病。嗜铬细胞瘤毕竟太罕见了。但是，经验不够丰富的医学院学生往往会根据“代表性启发”的思路，做出肿瘤的错误诊断。导师们对此早已见怪不怪——他们会哑然失笑，嘴里咕哝着“哪有什么斑马”，并且向学生解释这种病是多么罕见。当然我们会通过化验来最后敲定诊断结论，但已经没有人会对诊断出罕见的肿瘤抱什么希望了。

换句话说，有高血压不能就表明患上了嗜铬细胞瘤，因为前者并非后者独有的症状。患有高血压的非肿瘤患者大有人在。

为了说清楚“代表性启发”的现象，卡尼曼曾举过一个更具有代表性的例子。假设约翰是个电脑发烧友，他从不和别人交流，又对细枝末节的东西特别在意。如果他考上了“梅德普大学”[①]，他学工程学而不是人文学的概率有多大？

你也许会说他更有可能成为工程系的学生，但其实你根本不知道他会如何选择，因此你的判断未必准确。万一这所大学 99% 的学生都是学人文学的，只

① 原文为 Madeup University，即“人造”大学，为作者的戏谑说法，并非实际的学校。——译者注

有 1% 的学生是学工程学的呢？如果是这样，那么约翰很可能会报考“与其人设不符”的人文学，而不是“符合人设”的工程学（且不谈如今这些学科是否还留给人们这种印象）。

还有一类启发式思维相对简单，我们称之为“单位偏差”（unit bias）。为了把复杂的问题简单化，人们会用合理的第一近似值来代替精确数值进行判断。我们会抓住某个物品最突出的一个特征不放，并以此来衡量该物品的价值、质量或者数量。安德鲁·盖尔与保罗·罗津在 2009 年做了一项实验，让受试者估算一下别人的体重。试验结果发现，他们完全是根据腰围来估算体重，而完全忽略了身高的因素。这样的估算结果显然是不准确的。

科技市场上也存在大量的“单位偏差”现象。还记得 20 世纪 90 年代（甚至更早）人们是怎么购买电脑的吗？他们只关心处理器的运算速度（达到多少兆赫），仿佛速度决定了整台机器的性能。至于运行内存（RAM）、主板或芯片组，这些元件的特性解释起来过于复杂，普通的电脑用户是不会在意它们的。他们唯一关心的就是运行速度。

类似的情况还包括数码相机——人们只关心达到了多少像素。对多数用户而言，像素参数中的最大分辨率也许根本不值一提——有那些工夫还不如操心镜头的好坏呢。（如果你恰好是科技发烧友，你可能会替这些人汗颜。不过问题在于，大多数人都会把复杂的技术问题“浓缩”为一个简单的数值。）

最后我们要谈的是所谓“锚定启发式思维”（anchoring heuristic）。这一现象在市场上也屡见不鲜。假设我带你看了一处住宅，并问你“你觉得这座房子值不值 10 万美元”，接着我再请你为它开个价。我给另一个人看同样的房子，问他“这座房子值不值 50 万美元”，并请他估算一下这座房子到底值多少。先前被“锁定”在 10 万美元区间的人对房子的估价，要远远低于被告知可能值 50 万美元的人的估价——即使他们评估的是同一处房子的价值。

没错，我们真的很容易被洗脑。无怪乎广告都这么说：“你会愿意花 100 美元买下这件超级棒的产品吗？还是愿意花 200 美元？现在你只要花 19.95 美元的超低价，就能拥有它了！”心理学家也建议在商务谈判中，我们应该公开招标，以便“锁定”所有可能的投标价格。我们可以“锁定”的不仅仅是金钱，也同样可以“锁定”时间和地点，甚至是对价值的判断。

所以，你真的能从拉斯维加斯功成身退吗？恐怕办不到。数学概率不允许你这么做。如果你坚持认为你能颠覆这种概率，这就是一种认知偏差，而赌场恰恰非常乐意看到这一点（除非你使用“算牌”这样的量化分析方法，但在赌场会被视为作弊）。以后当你再遇见广告或者看到新闻，包括跟朋友聊天时，请记得启动你的元认知：如何对信息进行处理和评估？判断是如何产生偏差的？人的心理是如何被利用和操纵的？

把稳你的舵，逆流而上吧。

第12章
确认性偏差

所属部分：元认知

引申话题：选择性思维

人们往往会寻求新的信息（或对此加以诠释），并将其作为证据以支持此前形成的观点或理念，即使这种诠释在统计学上漏洞百出。这种现象称为“确认性偏差”。如果一位运动员因为相信穿特别的袜子会给他带来好运，于是在每场比赛中都穿着这双袜子，那么他可能会记得他穿着这双袜子赢得了哪些比赛，但忘记穿了其他袜子而赢了哪些比赛，或者忘记同样穿了这双特别的袜子却输了哪些比赛。

自从得知有“确认性偏差”这回事，我在任何地方都能发现它的踪迹。

—— 乔恩·龙森

我们一向非常乐于听到节目听众的反馈意见。几年前，《怀疑论者的宇宙指南》播客节目的某位听众给我们写了封电子邮件，向我们抱怨当时播出的一个名为“本周逸闻”的专栏。在部分涉及女权主义的话题中，专栏的内容明显偏向女性。他说的有鼻子有眼，挺像那么回事，因此我很快将节目的一百来段小样都梳理了一遍。我发现，整个节目只有15%的时间在介绍某位女性，有45%的时间在讨论某位男性，而剩下40%的时间则没有涉及任何个人话题。我向那位指出问题的听众表示感谢，并承诺今后将安排更多时间用于介绍女性科学家和科学怀疑论者。

为什么这位听众的感受与事实统计如此不符呢？难道靠计数就能解决某些问题吗？答案就是，因为存在确认性偏差。

所有认识偏差现象中，确认性偏差也许是最有影响力，也是最为普遍的一种（所以才在本章中单独讨论）。彻底理解这一现象很重要。确认性偏差凌驾于所有认识偏差之上，它是“偏差市”的市长，“偏差号”星际战舰的船长，也是“原力”之中支持偏差一方的西斯尊主[①]。

确认性偏差让人们格外注意、接受并记住那些能够对现存理念加以证实的信息，并且有意忽略、曲解、辩护或干脆遗忘那些与现存信息相抵触的信息。这一思维过程是大脑中无意识产生的，其目的就是给我们造成强烈的错觉：我们的观点是有事实依据的。

为了理解我们所接触的所有信息，我们形成了自己独特的世界观——好比是框架、描述或模型。对我们来说，拥有一套能对需处理的信息进行组织和解读的系统会很有帮助，甚至很有必要，但是往往到最后我们都无法控制它。我们依靠语言来了解外部世界，但它们并非简单的信息拼盘。为了呈现所需要的内容，所有出现的信息都是经过精挑细选的。

别误会，我不是说我们会故意歪曲事实或篡改历史。确认性偏差往往细致入微，不太引人注意，也正因为如此，其危害也就格外大。我们此前讨论过“动机性推理”（详见第 9 章），其更多的是一种有意识的思维过程，目的是恪守我们所珍视的信念。确认性偏差则是一种无意识的思维。这种错误思维往往发生在潜意识当中，并会干扰我们的理性思考。它就在我们的体内，因此我们必须时刻保持警觉。

想象一下：户外的树叶开始变颜色，你开始脱下 T 恤穿上了毛衣，单位里不时传来此起彼伏的咳嗽声。啊，流感季节到了！是时候赶紧去一趟药店，注射当季的流感疫苗了。不过，因为打过疫苗后第二天会感觉很不舒服，几年前你就不再接种流感疫苗了——接种后你感觉喉咙发涩，鼻塞，并且连续两三天

---

① 西斯尊主出自《星球大战》系列影视作品，是西斯的一个头衔，西斯尊主吸取原力的黑暗面，用它来获得力量。——译者注

都关节发疼。于是你得出结论，注射流感疫苗只会让你活受罪，因此根本不值得去挨上一针。一旦你这么想，你就会靠它来“屏蔽”对外界的一些看法。

后来你的母亲告诉你，她表妹的丈夫在注射流感疫苗后发起了高烧，于是不得不向单位告假。你之所以会记得你母亲的话（甚至会和实际情况略有出入——他不是还发了疹子吗），是因为它证实了你的观点。你从新闻报道中得知，该疫苗并不能消灭当年暴发的流感病毒，因此谈不上很有效——这已经很好了。到了第二年，那年的流感疫苗在对付病毒时特别管用。不过你并不在意，或者觉得这只是特例。你到外面跟几个朋友聚餐，席间你们谈到了流感季节问题。有人说他们一直坚持接种疫苗，所以才几乎从不得流感；也有人说就算接种了疫苗他们也照样会得流感，甚至疫苗对他们还有副作用。猜猜看，你会对谁的观点记得更牢？

依赖于主观感受是靠不住的，而且你头脑中的旧观念反而会左右你的感受。要想得知流感疫苗是否真的有效，你得看客观数据。每年仅有 0.0001% 的被接种者会产生严重的过敏反应（相当于每注射 100 万支疫苗，只有一个人有反应）。再说，我们也无法得知在疫苗效力达到其峰值前，有多少人已经得了流感。流感的潜伏期最多不过 4 天，而疫苗却往往要在注射两个星期之后才会充分起效。

基于你自己的二度和三度人脉[①]，你会拥有一张广泛的人际网络。在这张关系网中（你的人脉恐怕比你想象的还要广），也许有人会对疫苗产生不良反应，或者虽然注射了疫苗，但在抗体产生之前就得了流感。但是，绝大多数的人还是注射了疫苗，并且因为疫苗的有效保护而免于染上流感。仅在美国一地，根据美国疾病控制与预防中心的报告显示，2005—2014 年就有超过 4 万人通过疫苗挽回了生命。统计学上的庞大数字会让你相信疫苗确实是有用的，而仅仅凭借自身肤浅的生活经验，却无法让你做出这样的判断。

我要举的另一个例子来自心理学家托马斯·吉洛维奇。一位丈夫相信他每次如厕时都会放下马桶的盖板，但和他共用卫生间的妻子不这么认为。他们的数据来源其实是一致的，可得出的结论完全相反。为什么？其实，丈夫所记得的都是他放下盖板的时候，而妻子却总是记得他忘了放下盖板的时候。当丈夫

---

① 一种社交理论。每需要通过一个熟人去认识另一个人，就算增加了一度人脉。按照现有理论，人们认识世界上每一个人最多需要六个维度（六度人脉关系）。——译者注

忘了放下盖板时，他就不会关注到这一事实（这才是真正的所谓“忘记”）。而当丈夫放下盖板时，他的妻子却对此视而不见。对她来说，根本就别指望丈夫会记得放下盖板。

心理学家称之为“好的就记得，坏的就忘记”。通灵者会抛出各种各样的言论，而他的信徒往往只会记得那些具有准确含义的话。

确认性偏差在日常生活中更加不易察觉。据说蓝眼睛的人举止相对更加粗鲁，于是每当有人对你动粗时，你都想看看他的眼睛是不是蓝色的。如果真的是蓝色，那么这一说法就得到了证实。作为事实佐证，你也会将其牢牢记住。如果不是蓝色，你就会把它当成特例而直接无视，并很快忘记这次遭遇。很多偏执行为就在这个过程反复中形成并保留下来。

特例也许意味着某个结论。但是，只有数据才能够和实例一样支持你的观点，而不是什么特例。我们的潜意识往往会将确认性的事实当作数据，而将非确认性的事实当作特例。我们甚至会专门编造一个理由：“棕色眼睛的人不会那么没礼貌”，或者“他们只是被激怒了，任何人碰到这种情况都会这么做”。部分信息以合理化的名义剔除了，最终我们也彻底将其遗忘。不过，所谓“蓝眼睛的人举止粗鲁”的说法却一直会保留下来，并让你对此坚信不疑。

当我还在急诊室实习时，有一天晚上工作特别多。一位护士注意到急诊室很忙乱，于是她说道：“今晚这儿简直像个动物园。外面的月亮是不是特别圆啊？”事实并非如此，天上挂的并非圆月。她只好无奈地耸耸肩，继续干她的活儿。对她来说，这是个无聊的、令人失望的插曲。但是如果当时看到的是一轮圆月，那将会极大地鼓励她坚持自己的观点：在月相最完整的时候，急诊室会比平常更加忙碌。

显而易见，确认性偏差具有强大的心理效应。它让我们自信满满地认为，我们的判断都基于事实依据。而实际情况是，我们在表达观点时反而在“创造”这些依据。我们原本坚信不疑的观点，到头来很可能错得离谱。

确认性偏差也会与其他的认知偏差混合在一起，共同发挥作用。这个世界产生的信息量浩如烟海。每天我们都在接触数不清的事、人和数据。我们的大脑其实很擅长对数据进行筛查，并创造出有意义的数据模型。当我们看到一个模型后，我们会想：“没这么巧吧？不会凑巧这样，所以它能证明我的观点没错。”当然，基于概率，你几乎肯定会遇到某些能证实你信念的证据。从这个角度而言，不仅是确认性偏差，数据挖掘和模式识别也是用数据来构建模型的。

另一个会对确认性偏差造成影响的因素是“开放式标准”的应用，比如特设分析（ad hoc analysis）和事后分析（post hoc analysis）。当我们接触某一项信息后，如果确定它能够支持自己的观点，我们会将其作为实证补充进原先的观点。我们也许可以称之为“主观验证”——用主观的标准去验证原观点。

与之密切相关的一种偏差叫作“期望偏差”（desirability bias）。假如有信息能够证明我们希望能予以证实的观点，我们便更愿意接受这样的信息，哪怕对此还不太确信。就在 2016 年美国总统大选之前，本·塔平及其搭档共同完成了一项研究。他们询问受访者更倾向于选择哪位候选人，并看好哪位候选人能够当选。接着，研究人员向他们展示了最新的一份候选人民意调查的数据。结果显示，如果民调数据看好的候选人恰好是受访者希望当选的（而不是其看好的）那位，他们就会更容易接受这一民调数据。可见较之于确认人们的观点，确认其期望会产生更大的影响。

这项研究说明了人类思维方式的复杂性，要想弄懂它并不容易。我们无法用一两句话就说清楚人们是如何对待自己的“观点”的。从心理学角度来说，“观点”有许多种。对于夹杂着个人情感和不带个人情感色彩的观点，人们对待它们的态度也截然不同。对于后者，一旦有新信息补充进来，我们会很乐意改变观点；然而对于前者，我们却很难轻易舍弃，即使面对非确认性信息也是如此（即逆火效应）。个人情感会让我们对部分事实应用动机性推理，而对其他事实却置若罔闻。

在上述民调研究中，有些人出于个人情感，会认为他们支持的候选人会获胜。还有少部分人认为他们支持的候选人可能会落败，但依然心有不甘。随着选情的变化，人们会更愿意相信他们支持的候选人最终能够成为胜者，而不会再有自己支持的候选人也许会失败的观点。不过这个结论还是显得过于简单了。回想一下，唐纳德·特朗普曾声称有人操控选举。这样一来，某些特朗普的支持者也许相信希拉里·克林顿将获胜，因为大选被“操纵”了。但是当新一期民调显示，特朗普很可能是胜利的那一方时，这些人又马上转而认为即使有人在幕后操纵，特朗普还是能够赢得足够多的选票。

不过，假如证据足够充分，充分到连动机性推理都不再适用，人们还是有可能改变旧观点。我和很多否认全球变暖的人打过交道。即使向他们展示了地球正在变暖的有力证据，某些人还是坚定地否认这一事实，另外还有一部分人退而求其次，声称就算地球确实在变暖，我们也不清楚该现象是否源自人类活动。哪怕它确实是人类自身导致的，我们也不知道它所产生的后果到底是好是坏。即便我们了解它会造成什么样的不良后果，我们也什么都做不了。

对于那些退而求其次的人来说，这种选择往往并非心甘情愿，所以确定性偏差对这些立场不会产生作用。反对者仍然乐于接受能够证明他们期望结论的证据。只要一有机会，他们就会迅速变卦，声称全球变暖根本就是个谎言。

我们可以把期望偏差和确认性偏差看作一个硬币的两面，彼此不用分得太清楚。首先，现实生活中我们经常会碰到观点和期望交织的情况。其次，对于不同观点，当事人的情感投入程度和认同度都可能不同。最后，上述实验中人们被要求预测未来会发生的事，这也有可能引发新的偏差，比如潜在的乐观或悲观主义偏差。

下面这番话来自一位临床医生。他参加了一个关于非对称性躯体障碍的医学论坛，对多发性硬化及慢性疲劳综合征等慢性病做了如下说明。看看你是否能迅速找出这段话中的确认性偏差。

究竟是否存在多发性硬化这样的慢性病，或者它是否是一种“自体免疫性疾病”[①]，我个人非常怀疑。

我见过的所有诊断为多发性硬化症的患者，实际上都患的是颞下颌关节功能障碍。我非常怀疑自己还能不能碰上“真正的多发性硬化症患者”。

目前正在我这里接受治疗的所谓“多发性硬化症患者”多达20人。他们当中许多人其实都患有暂时性的慢性脑脊髓静脉供血不足。他们在接受了颞下颌关节纠正后病情都有所好转，许多过去被认为与多发性硬化相关的症状也都消失了。

我认为，大多数多发性硬化病变其实是脑脊液渗入大脑基质后的结

① 自体免疫性疾病指机体对自身抗原发生免疫反应而导致自身组织损害而引起的疾病，常见于中老年患者。—— 译者注

果——这并非神经组织损伤，否则该症状将会持续下去……

假如做一个病理切片实验，你一定会看到在感染病变组织的周围，其免疫系统更活跃了。因此，再坚持说它是一种自体免疫性疾病无疑是愚蠢的。免疫系统需要外界帮助它变强——而不是削弱它的功能（药物就起这个作用）。

我欢迎任何人来挑战这个结论。

听上去非常自信吧？可惜完全是胡说八道。这位大放厥词的仁兄是一位牙科医生，他认为多发性硬化症和其他某些所谓的病症根本就不存在，其实就是下巴和牙齿有问题。但是，过去50年的研究结果都表明多发性硬化是一种自体免疫性疾病——人体免疫系统侵害了自身组织，导致大脑和脊髓多发性硬化。公开发表的支持该结论的研究报告有上千份，各自都有独立的证据支持。这位批评者明显对免疫学和自体免疫一无所知。诸如活体组织检查或尸检所提供的一些证据被他故意无视。他声称在大脑多发性硬化病灶周围能看到伴有炎症现象，这并不能说明该病变源于自体免疫。实际上，这可能是免疫系统在病灶周围发挥正常功能。

当某个学科已经发展得非常成熟，而你又听到某人（像上述那位医生）就该领域发表质疑言论时，你应该先问问自己：这个领域都研究几十年了，难道还会忽略这么简单的一个问题吗？连你这样的门外汉都能想到的问题，那些投入毕生精力研究的科学工作者怎么可能会放过它呢？被动免疫和自体免疫的区别是一个最基本的问题——每当病理学家看到切片上显示的免疫反应时，都会鉴别这究竟是普通免疫反应，还是原发性的炎症病变。多发性硬化是一种自体免疫性疾病。有证据显示中枢神经系统会发生慢性免疫反应，病变组织有炎症迹象，而免疫抑制剂也的确有一定的作用。

这位批评者声称他从未遇过真正的多发性硬化症病人。判断的标准是什么？典型的大脑病变和炎症指标还不够吗？按照他的逻辑，如果所谓的多发性硬化症病人在接受颞下颌关节纠正后症状都有所好转，那么他们患的就不是多发性硬化症。他似乎对“安慰剂效应”能给人产生怎样的错觉还不甚了解。从开放式的角度来说，任何方案似乎都能包治百病——这就是确认性偏差造成的后果。只有专心致志地对治疗方案进行研究，去除所有偏差的影响，我们才能够真正获得关于治疗疗效的可靠信息。

那么有没有公开的研究报告支持这位批评者的说法呢？几乎没有——就算有也仅仅是几篇试验性质的报告（即尚处于初级阶段的研究，未经盲法试验，没有对照的样本，其程序也不够严谨）。初级阶段研究跟确认性偏差几乎没什么两样：带有强烈主动性的认识偏差，并倾向于支持研究人员的假设。这种研究是未经证实的——也就是说，它们从来就不能看作真正的证据，只是为了引导后续研究而做的努力罢了。

此外，该批评者还不忘对多样性硬化明显病变的解释做一番大胆猜测。这其实是确认性偏差的另一种表现形式——只要能予以解释，就应该相信该解释的正确性。本质上这就是一种“确认性”（占星术正是完全按照这个逻辑）。我们往往低估自己在事后寻找合理解释的创造力和想象力——人类的这种“天分”与自身所持的观点是否站得住脚没有关系，因为我们可以为事后找到任何理由。关键问题在于：是否有客观存在的证据能够支持这一假设？在这个案例中，答案是否定的。

在启动确认性偏差的同时，我们也会有意识地寻找能够证实（而不是推翻）自己观点的证据。就算我们要测试某个说法或假设的可靠性，我们也会特意将测试方案设计成能够证实这一假设。如果我们认为古典音乐能够有助于植物的生长，我们可以做一个实验，为周围的植物播放古典乐，并观察它们的生长情况。同时你应该想到：“等等，我们还要一组无须播放音乐的植物作为实验对照。”接着就可以做一个基础对比，看看古典乐到底起了什么样的作用。采用对照实验组的想法并非源于直觉，而是科学思维的结果。

相对而言，“假发谬误”（toupee fallacy）就没有那么显眼了。有些人确信他们能够随时告诉你谁戴着假发（你也可以把假发替换成其他东西，比如谁做了隆胸手术，谁戴了隐形眼镜，谁在说谎，等等）。当有人确实戴着假发，并且被他们发现后，这一观点就算得到了证实。

但是这里面有个说不通的地方：这些人从理论上来说根本不知道哪些人戴着假发，也无法去证实。而且就算他们能认出哪些人戴着假发，他们也得上前一一询问（或者干脆扯下对方的头发），否则他们根本不清楚自己是否判断错误。除非能有一个全方位的自我检测，否则他们根本无法了解自己辨认假发的能力究竟到了什么程度。

假设你观察到开跑车的人有更大的可能性会把猫当作宠物。为了证实你的猜想，你随机地向跑车车主提问，询问他们是否养宠物，包括养的是哪一类宠物。然后你再对养猫的跑车车主做一个统计。

你认为这样就是在验证你的假设，其实不是。这样做只是试图去证明你的假设。除此之外，你应该询问那些没有跑车的人，看看他们养的是什么宠物（如果养的话）。

确认性偏差的影响力在于：它始终不知疲倦地在后台运作，筛选过滤海量的信息，并最终让你坚定地误以为你的观点得到了证据的有力支持。从某种程度上说，你的大脑会对你进行心理操纵，说服你相信真相并非所呈现的那样，并使你产生错误的自信。一旦我们基于大量的确认性偏差而形成了某个观点，要想改变它会极其困难。放弃原来的观点意味着：你之所以坚持某个观点，只是因为接触了大量对其有利的证据，但事实上你大错特错。人类如此轻易地就能受到认知偏差的影响，这的确令人不安——虽然让人惭愧，但要想真正掌握批判性思维，就要跨过这一关。

沃森选择任务

在了解批判性思维和伪科学的过程中，我们要面临的挑战之一就是防止从自信迅速转变为自大。对认知偏差有所了解并不意味着就不会产生偏差，记住这一点很重要。别指望读过本书后，你就能奇迹般地避免犯错或者远离偏见。你也不能像维护权威真理一样维护你的观点。

我们在此讨论的元认知能力就是一种工具。在使用它时，我们需要格外谨慎，并不断地练习和思考。元认知思维能够帮助你尽可能减少逻辑错误和认知偏差，但不太可能让你彻底告别它们。

让我们来看一个有趣的任务。至少对一部分人来说，它意味着仅仅对元认知有所了解，并不足以让我们避免犯下思维方向的错误。

现在你面前的桌子上摆着 4 张卡片，每张卡片都是一面写着字母，另一面写着数字。我现在有一个假设——如果卡片上写的是个元音字母，那么它的反面一定写的是个偶数。现在这 4 张卡片朝上的花色分别是 A、7、D 和 4。

问题来了：应该翻看哪张牌，才能证实我的假设是对的？现在你自己试试看吧，别急着看后面的答案。

这其实是沃森于 1966 年做的一个心理学实验。最初的实验结果显示，仅有 10% 的受试者得出了正确答案（也就是说，他们翻开了所有必须要翻看的牌，而无须翻开的牌则没有动）。随后的重复性试验也得到了类似结果。

正确答案是，你必须翻看写有 A 和 7 的两张牌，而不用翻看 D 和 4。原因在于这两张牌能够推翻这一假设。如果 A 的反面不是偶数，或者 7 的反面是个元音字母，那么这个猜想就被证伪了。而写有 D 和 4 的两张牌与本猜想无关，因为它们另一面的内容无法证明或推翻我的猜想。大多数人都会翻开 4 这张牌，想知道它的反面是否写着元音字母。这样做还是无法证明假设是正确的，甚至也不能推翻它（因为规则允许卡片一面写着偶数，一面写着辅音字母）。人们直觉上总是希望找到的证据能证明这一假设，而不是推翻该假设。

"沃森选择任务"的一个有趣之处在于，人们的选择结果会随着情景而发生变化。比如，卡片的一面写的是年龄，另一面是饮酒种类，人们可以很顺利地证明未成年与饮酒是否存在关联。我们的直觉显然更愿意与社会性的实际话题挂钩，而不是抽象的内容。

这个实验教会我们的核心理念是，要想证明一个猜想，请先从反面入手看看能否推翻它。别总想着寻找能够支持它的证据。

第13章
诉诸传统

所属部分：元认知

引申话题：逻辑谬误

人们有时候会对有着悠久历史的事物盲目信任，这属于“诉诸权威”的一种特殊形式。在这种情况下，历史长河中的智慧累积就是所谓的权威。另外，人们会认为某观点只要经得起时间检验，它就一定是正确的。

传说故事不能因为其自古流传就一定是真实的。相反，它说明传说就是传说。

——托马斯·潘恩

人们对过去的事物总是格外好奇，这是可以理解的。埃及的金字塔、中国的万里长城以及罗马的斗兽场都经过了岁月风霜的洗礼而矗立至今，成为人类古代文明的象征。它们并非虚无缥缈的东西。相反，它们历经风雨，连接起了人类的历史和现在。它们不仅能深入我们的内心，而且还是一条条纽带，让我们可以触摸那些消逝已久的文明。它们让我们真切感受到文明不朽，或者至少人生与之相比完全是沧海一粟。

并非只有纪念碑、城墙或者建筑物能够历经千年而不倒。许多孕育于1 000年前的思想和观点，到了21世纪依旧能迸发出蓬勃的生命力。它们是人类思想史的丰碑。有人至今仍然笃信星相学——根据星座中某个行星的位置来做出预言。他们依赖星相来决定日常生活中的任何事，甚至政客也不例外。星相学所代表的宇宙观既缺乏真正的宇宙天文学知识，也对自然界的力量一无所知。这是一种源自古代的迷信思想。当时现代科学尚未诞生，诸如因果关系一类的基本逻辑常识也尚未广泛应用。

另一个例子是以针灸为代表的古代医疗技术。现代针灸理论是指将细小的针头扎入皮肤上某个特定的针灸穴位，从而产生对人体有益的生理反应。不过这种观点其实也只有一个世纪的历史。现代医学重新诠释针灸之前，这还是一门相当迷信的手艺——就是简单地用手术刀或者粗大的针头给病人放血，而穴位也依据中国古代的占星学说，将人体与星空一一对应。尽管都有明文记载，现代针灸还是常常被宣传为具有几千年历史的一种古老的治疗手段。人们愿意相信，既然老祖宗已经使用了这么多年，必然有一定的道理。

拥护这种荒唐想法的人往往争辩说，正因为其历史悠久，才说明它经受住了时间的考验，故而其正确性不用怀疑。这种论断是站不住脚的，因为它暗含了一个错误前提——时间会自然地检验出真伪。历史早已证明，这种假设是根本行不通的。

科学早已全方位证明占星术并不能每次都预言正确，也无法准确描述每个人的个性。针灸的效果也被有些人认为更多的是起到安慰剂效应，这一点也得到了一些人的认可。

但是文化是有强烈“惯性”的——人们往往会相信道听途说或众口一词的信息。除此之外，各种“自我欺骗”的思维方式也会让错误观点一直持续下去。即使某个观点根本就没有现实依据，数百万人还是对其顶礼膜拜几千年。“放血疗法”就是其中公认的代表。它其实是一整套名为“盖伦医学疗法”（Galenic medicine）的一个环节。盖伦疗法理论基于四大类人体体液：血液、痰液、黄胆汁、黑胆汁。人之所以生病，就是因为这四类体液相互之间的平衡打破了。这时候我们就需要采取干预手段，以期重新恢复这种平衡。血液过多就需要放血，胆汁过多就需要服用泻药，诸如此类。

盖伦的理念延续了 2 000 年。在这 2 000 年中，这一理论得到了极为广泛的应用。一直到科学的治疗方法出现后，这种基于四种体液的医学理论才逐渐失去市场。一直到医学界公开使用科学方法来验证医学理念时，“四体液论”才不再有人提了——哪怕它曾经经久不衰，也不能证明什么。

即使在不断进步的文化中，古人的传统思想依然有其“生命力”。日新月异的科技发展未必能让人们更相信新的理念。同一群人在尊重新知识的同时，也可能继续遵从旧观念。现代科技与古人智慧结晶的结合，如今经常作为产品或服务的宣传卖点。他们会说：“科学家的许多发现，其实古人早就已经掌握了。”

我们需要守住的底线是，时间并不能证明某个观点是否合理，某个主张是否正确。我们还是得依靠逻辑分析和事实证据。历史遗迹不过是一段被“冻结”的往事，我们的思想也需要“解冻”。

第 14 章
诉诸自然

所属部分：元认知

引申话题：逻辑谬误

作为一种逻辑谬误，“诉诸自然”指的是毫无根据地认为天然孕育的东西生来就优于人造的东西。这一理论对“自然”的定义也比较含糊。

取自天然的东西就一定好吗？鸟屎和碎石都是天然的东西，可我绝不会吃了它们！

——詹姆斯·兰迪

人们似乎对“自然”天生抱有某种好感。说到自然，我们眼前会出现一个纯净的、生机勃勃的、没有被人类的蛮力和堕落所改变的世界。我们的脑海中会浮现郁郁葱葱的森林，清澈见底的溪流，以及茂密无垠的平原。

我们总是把大自然视为祥和之地，即使险恶也不乏温暖，却忽视了那些同样是与生俱来的阴暗面。换句话说，我们会觉得“天然的”事物总是好的，对我们绝无坏处。

这种非形式谬误称为“诉诸自然”。它不同于自然主义的谬误，后者是由大卫·休谟提出来的，主要讨论的是万物本质上“应该”是什么样（所谓“所是/应是”悖论）。我们在第 10 章的逻辑谬误归类中提到过它。

“自然主义谬误”一词最早出现于英国哲学家乔治·摩尔1903年的著作《伦理学原理》。他指出这种谬误的内涵比休谟所指要窄一些，他认为将与善有关的品质当作善本身就是一种自然主义谬误。换句话说，因为美好的事物会令人注目，那么这种引人注目的吸引力本身也是美好的（这种逻辑的问题在于，引人注目可能只是美好的附带特征而已）。

诉诸自然是自然主义谬误的一种特殊情形——因为某些美好的东西源于自然，所以源于自然的东西一定都不错。这一谬误的反面形式就是，任何非天然的东西都或多或少被“玷污”了。用外科肿瘤学家大卫·戈尔斯基的话来说：

> 总体而言，诉诸自然的潜台词就是对自然的世俗膜拜，认为自然本身完美无缺。人类的任何成果都被认为是“非自然的”。人们至少会觉得它不如自然界的东西，甚至是极端邪恶的。

仔细考察“诉诸自然”的两大理论支柱，我们会发现该谬误其实不堪一击。一是任何源于自然的东西都对我们有好处，二是我们能够定义什么东西是“天然的”。自然界并不会对人类抱有特殊的好感。自然对人类的福祉和命运不会等闲视之，这种想法没有任何科学根据。这个世界没有必要对我们特殊关照。

从进化论的角度来说，有机体和生物物种都是为了自身利益而存在。例如，植物体内进化出了各种化学物质。对动物来说它们是有毒的，因此植物也就能够保护自己不被动物吃掉。就这个意义而言，大自然其实一直在试图消灭我们。肉毒杆菌毒素是迄今已知毒性最强的物质，它就是纯天然的东西。经过提纯并控制剂量后，某些自然毒素可以用于治疗疾病。这种毒素就是平常我们所说的“药物”。不过，请不要误会：产生这些毒素的植物，本身只不过是把它当作“化学武器”来防止被吃掉罢了。

有的植物的确进化出了可食用的部分（比如水果），动物不但会到处播撒它们的种子，并且会提供必要的养料。即便如此，现如今我们吃到的绝大多数水果，其实都是成百上千年来，人们根据它们对杀虫剂的耐受性和对人体的毒性进行有意识筛选的结果。我们的食谱里已经没多少东西是真正“纯天然”的了。

为了回避这个显而易见的结论——自然界的万物要么对我们漠不关心，要么想要杀死我们，一些草药学家坚定地选择支持神创论观点。他们认为，正是为了造福人类，上帝或其他慈悲为怀的神灵才创造出了自然界的一切。他们甚至厚颜无耻地认为，自诞生之日起，大自然就是为人类健康服务的。

大自然在某种程度上也会显得严酷无情，我们都很清楚这一点。有人会走到他们家后院或来到一片森林，随便选一株不认识的植物就直接吃吗？我从来没有见过这种人。如果有人敢这么做，很有可能会因此发病，甚至丢了性命。

那么第二根理论支柱呢？我们怎么定义“天然”这一概念？人们的日常食谱中极少有源于纯天然的东西，比如野味、蒲公英之类的野花、野生的树莓或蘑菇等。除此之外，几乎所有的食物都不再是原来的形态，它们往往面目全非，不可辨认。苹果算不算天然食品？这得看你怎么想了，因为没有客观的标准答案。人类种植苹果已有上千年的历史，现在的苹果跟早期的相比已经很不一样。如果我把苹果捣成苹果酱呢？如果再往里面撒点糖呢？一份食材到底要怎么折腾才算不够天然？

此外，从玫瑰果当中提纯的维生素 C 分子和实验室制造出来的有区别吗？从概念上说，没有任何区别。原子和分子并不在乎自己来自何方，它们的化学和生物特性并不取决于来源。

虽然“诉诸自然”缺乏站得住脚的理论基础，但它在非科学治疗和保健领域颇受认可。特别是在食品领域，这一理念相当流行。FDA（美国食品药品监督管理局）是对食品、医药和其他消费品的安全性及功效进行监管的机构，它对“天然”一词的定义是：

> 从食品科学的角度而言，我们很难将一种食品称为“天然食品”，因为它很可能被加工过，也无法从自然界产生。也就是说，FDA 并不会出于实用目的去定义“天然”一词及其衍生词汇的含义。但是，只要食品本身不添加色素、人造香精或合成物质，FDA 不反对将其称为天然食品。

换句话说，至少在美国，“天然”一词并没有法律上的定义。如果哪家公司宣称自己的产品是“天然食品”，FDA 也打算睁一只眼闭一只眼。

实际上，数百年来的市场宣传让“天然”一词熠熠生辉，几乎成为健康的代名词。人们把任何相关产品都一律贴上“天然”的标签，不管它是否真的取自天然。这一市场策略无疑十分有效（也可以说十分具有欺骗性）。许多公司鼓吹所谓的“天然”产品，并借此抬高产品的市场售价。很多产品其实根本没有区别，可你就是会因为包装上“纯天然”这几个看上去让人放心的字眼而心甘情愿地多掏钱。

整个行业都充斥着这种对天然产品的虚假推崇。例如，有机食品生产过程中禁止使用合成农药，却允许使用所谓的“天然农药”。很多时候后者反而不如前者有效，而且对环境造成的危害比前者更大。像硫酸铜和鱼藤酮这样的天然农药其实具有极强的毒性。之所以它们尚未引起人们同样的警觉，就是因为它们披上了“天然”的外衣。

既然我们知道“天然”一词无法准确定义，也不能轻率假定看上去纯天然的产品就一定安全实用，那么标榜“天然”无非就是商家宣传的噱头。传统理念和“有助健康”的光环取代了真正的科学和事实根据。这就是问题的关键——有没有事实根据不重要，只要有一个看上去不错（也不管究竟是否有意义）的说法就行了。

第 15 章
基本归因错误

所属部分：元认知

引申话题：对应偏差

基本归因错误（fundamental attribution error）是一种认知上的偏差，即我们用内在因素（比如性格）去解释别人的行为，同时又为自身的行为辩解，把其原因说成不可控的外部因素。

解释他人行为时一定要慎之又慎。表面上看来的懒惰、狡诈和愚蠢很可能源于当事人所处的环境，而我们恰恰会忽略这一点。

——罗伯特 · 托德 · 卡罗尔

曾经持有的坚定信念，到后来却发现是彻头彻尾的荒唐言论。你有过这样的经历吗？我本人曾经相信存在“第六感”，相信外星人到访过地球，相信神秘的百慕大三角[①]，也相信过其他形形色色的伪科学结论。这几乎是无可避免的人生经历，因为我们每个人出生时都像一张白纸，上面没有任何信息。我们必须

① 百慕大三角地处北美佛罗里达半岛东南部，具体是指由百慕大群岛、美国的迈阿密和波多黎各的圣胡安三点连线形成的一个东大西洋三角地带。由于这片海域常发生人们用现有的科学技术手段，或按照正常的思维逻辑及推理方式难以解释的超常现象，因而成为那些神秘的、不可理解的各种失踪事件的代名词。—— 译者注

在成长的过程中不断学习。有时候，愚蠢或错误的观点会伴随我们共同成长。对此，我们应该做何解释？

能让人坚决捍卫某个毫无根据的观点取决于许多因素。例如，这种观点可能在你的文化或社交圈中很常见。要想知道为何这个观点是错误的，就得用到你日常经验之外的专业知识。不实的报道或者对错误信息的粉饰都会让人信以为真，又或者这些错误观点反映出你生活经验中的空白。

如果换成是别人轻易接受了某个观点，情况又会怎样呢？我们会更倾向于认为，是他们耳根子太软，又愚昧无知，或者怀疑他们这么做是否有什么不可告人的目的。

看清楚区别了吗？我们会迅速将自己的表现归咎于环境，而且还会敏锐地意识到那些影响我们思维和行动的外部因素。但是，我们对别人的态度就不是这样了。我们会认为他们受到了内部因素（主要与性格特点有关）的干扰。这就是"基本归因错误"，又称为"对应偏差"。

产生对应偏差的原因之一是缺乏信息。生活中充满了各种出乎意料的事情。对于影响自己的近期事件和外部因素，你可能了如指掌，但是对于影响他人行为的因素，你可能浑然不知。大人在公共场合责骂小孩，这种事我们都碰到过。我们会忍不住说三道四，认为做父母的不够称职，或者对孩子缺乏耐心。然而，你自己也会在别人面前手忙脚乱，面对孩子的哭闹不知所措。对付孩子的同时，你还要快速搞定其他三件事。你会抱怨你的另一半把这个烂摊子全丢给了你。你可能最近工作压力特别大，也可能你的某位亲人刚刚去世。一个或多个外部因素造成的压力，会让正常的（甚至是平时相当耐心的）人彻底失去耐心。你对待孩子不再温柔，说话怒气冲冲。可那些冷眼旁观的人才不管这些——在他们看来，你肯定平时对孩子也不怎么样。

影视作品的编剧很会利用这一点。他们会让你站在剧中人的角度，看清楚是哪些外部因素导致某人陷入窘境的。比如，剧中的角色会被迫（或至少怀有强烈的动机）做出一些不寻常的举动，同时还要忍受他人嘲弄和鄙夷的目光。因为你对该角色经历的一切心知肚明，所以你很同情他。同时，你也会指责那些"吃瓜群众"只知道对别人评头论足，不了解情况就妄下结论。

日常生活中，我们每个人都是看客。影响他人言行的因素究竟有哪些，我们其实对此一无所知。

哪怕像我这样对认知偏差相当在意的人，也会时时刻刻被它左右。我们需要非常警惕才行。“只有头脑简单或者愚昧无知的人才会相信那些荒唐的东西”，这也许是科学怀疑论者最容易犯的基本归因错误。

我们可以认为卖假药的人利欲熏心，但是对于他人行为的动机，我们最好不要妄加猜测。我们通常并不知道这么做究竟出于什么原因，也不能随意加以评判。或许他们曾经有过某段刻骨铭心的个人经历，而这段经历又非常容易遭人误解，又或许是他们受了身边人的影响。

在阅读本书或者今后运用批判性思维时，我们必须记住：我们看待自己与看待他人的态度是完全不同的。人们往往对别人有评判要求，却不会照此来评判自己（至少对别人的要求要多于自己）。别人的记忆会出错，我们也一样。别人会过高地估计他们所掌握的信息体量，我们也一样。

我们对自己都会比较宽容。那么，假如我们也始终用宽容的心态对待他人会怎样呢？我们会对别人更加包容，我们会问问他们这么做的原因，或者让他们告诉我们做了些什么，而不是匆忙下结论。我们不必忙着评头论足，而应该承认生活本来就很复杂，我们掌握的信息很可能不足以使我们对当前形势做出合理判断。我们常常乐于从非常不靠谱的渠道获得消息，并借此对社会名流或新闻当中的人物指指点点。当完整的事实真相公开后，许多人会发现这跟他们想象的完全不同。

社交媒体的从业者对这种归因错误绝不会陌生。除了常常揣摩别人的动机，我们还会主动给他人分门别类，对号入座，并据此推测他们的想法和立场。如果完全忽视他们的声音，无法用宽容的心态去理解他们的行为，或者不给他们澄清观点的机会，我们就有可能强加给他们其实并不存在的想法。这样做无异于攻击“稻草人”，也很愚蠢。我们应该避免这样的情况。我发现这样几个回合下来，双方就会陷入相互指责的境况，都会把对方说成热衷于“引战”的“喷子”。现实生活中的确存在这种人，但有时候“喷子”只是观察者给别人贴上的标签。有时候，连我们自己也会成为这种人。

阴谋论经常会伴随基本归因错误一起出现。任何明显异常的举动都会被看成某种阴谋的有力证明。“9·11”事件发生后，为何消防队队长在冲进世贸大楼

7号楼时，下的命令是“搞定它”[1]？他的意思是要炸掉大楼吗？实际上，他的意思是要把人从楼里面救出来。如果只看表象，任何奇怪的举动都有“居心不良”的嫌疑，因此这些人都有内在动机。只要搞清楚当时的情形，你就能理解他们为什么这么做了。

对归因错误要保持警惕不假，但是要改正它却很简单。首先，你得承认你永远不可能掌握所有的信息。其次，不做无谓的评价，如果证据不足就别忙着下定论。我们可以把别人想象成在拍电影，主角就是他们自己。你得了解清楚电影讲了一个什么样的故事，这样才不会用墨守成规的眼光去看待它。

在下一章，我们将讨论把以上原则推广到宇宙万物的适用性，而不仅仅局限于他人。

---

① 原文为“pull it”，可以理解为“推倒它”，也可以理解为“（把它）弄出来”，作者在此举例说明了解语境并掌握他人真实想法的必要性。—— 译者注

第 16 章
异常现象的狩猎者

所属部分：元认知

引申话题：阴谋论思维、数据挖掘

看上去不合常理，或者与现有知识和科学理论相抵触，这种引人注目的情形就叫作异常。“追问异常”（anomaly hunting）是一种思维谬误，即试图找到任何不同寻常之处，并认定所有的异常现象都无法解释。然后，据此得出个人偏爱的结论。

这背后其实是一个心理问题，即不知何时该停止继续搜寻所谓隐藏的原因。但我还是要说，哪怕是最疯狂的阴谋论也不见得一无是处。它唯一的好处就是，迫使我们去区分我们解释的合理之处，以及他们解释的牵强之处。

——布莱恩·基利

当子弹射向约翰·肯尼迪的车队时，我们可以看到有个人正在离车队不远的路边站着，手上拿着一把打开的黑色雨伞。当时并没有下雨（虽然前一天晚上下过），没有哪个达拉斯人会在这个时候打伞。此人后来被称作“打伞的男人”，他的这一反常举动就是所谓的“异常现象”。他的行为找不到任何显而易见的理由，甚至连可能的合理解释也没有。而且他的这一奇怪举动正好发生在肯尼迪总统被刺杀的现场，这实在是过于巧合了。于是我们会很自然地得出一个轻率的结论：这两件事一定有关联，这个打伞的男人很可能就是刺杀阴谋的一分子。

这件事的真相其实很有意思，但是如果你没有掌握特定的知识，你永远猜不到他为什么这么做。但是，阴谋论者不假思索地认定，这个男人异常举动的唯一解释就是，他也参与了这场阴谋。

对异常现象穷追猛打可以说是“自我欺骗”认知类型中最为常见，也最为隐蔽的一种。真正的异常现象是无法用现有的自然法则来解释的。现存的任何理论都说明不了其原因。异常现象对科学研究来说很有用，因为它代表着未知的科学领域——我们能够因此而深化和拓展人类现有的科学理论。

例如，牛顿的力学法则无法解释水星的运行轨迹——这确实是一个异常现象。它和其他某些异常现象都在暗示：牛顿运动定律的基础还不够完善。为了解释这一现象，天文学家提出了许多假设，包括在太阳的另一侧可能存在一颗未知的行星。

最终，爱因斯坦提出了解释引力问题的广义相对论。根据爱因斯坦方程式，牛顿定律并没有错，只是不够完善。当我们测量强引力或相对高速所引发的相对论效应时，这些异常现象其实就是测量中出现的特殊情形。因为水星距离太阳的引力场足够近，因此我们必须考虑相对论效应。

假装在从事科学研究（或者坚信自己在从事科学研究），但其研究过程错得离谱的人，我们称之为伪科学家。他们对待异常现象的态度有所不同。他们常常追问异常现象，即主动寻找那些显然不算正常的情形。但是，他们并不会为了进一步得知真相而寻找相关线索。他们这么做是为了伪科学，即对科学流程进行反向操作。

他们的逻辑是这样的：“假如我的宠物理论①是对的，那么我在检查这些数据时就会发现异常。”这么说还有一个隐含的重要前提，即如果人们的宠物理论错了，那么也就发现不了任何异常。这其实是一种幼稚的逻辑，因为异常现象随处可见，绝不是什么稀罕的事物。

这种观点的另一面是我们对“异常”的宽泛定义。到底什么现象才能算真

---

① 宠物理论指被创始人所特别偏爱的理论，对其喜爱程度超过任何理论，而且不管其到底是对是错。——译者注

正的异常？让你觉得奇怪的东西就叫异常吗？还是在你上下求索后依旧百思不得其解的现象可称为异常？只要我们对异常的定义不那么苛刻，那么我们几乎必然可以从一大堆数据中找到明显异常之处。不过，发现异常并不能说明任何问题。就算肯尼迪总统确实是被某个枪手孤身一人所杀，而不是某个更大阴谋的牺牲品，但是只要你仔细研究围绕刺杀案发生的所有事件，你总能发现相当数量的异常或不合情理的地方。

如果你认为每个异常都值得特别关注，而不能仅仅当它是一种随机现象，那么你对统计学的理解可能不够到位（这也是数学不好的一种表现）。此外，它还有可能包含“彩票谬误”，即提问的方式不对。我们可以用一个常见的例子来说明它：如果有个叫约翰·史密斯的人买彩票中了奖，那么我们的第一反应往往是好奇他中奖的概率有多少（通常是一亿分之一）。然而，如果你关心的问题是：中奖结果是否真的是随机事件，还是某种超自然力量的作用？那么正确的提问是：“有人中奖的概率是多少？”答案是几乎能达到百分之百（至少过了几周之后是这样）。

当我们把先验概率[①]与后验概率[②]混为一谈时，往往会犯这类错误——你已经知道了结果，才来推算出现这一结果的概率。当我们好奇一个人有多大可能性赢得两次彩票时，这个问题会显得格外突出。其实这并不罕见，但是当有人真的第二次中了彩票，媒体往往会把二次中奖的概率极尽夸张。他们讨论的其实是同一个人连续两次中奖的概率，这是不对的。他们讨论的是约翰·史密斯连续中了两次彩票，而不是任何人在任何地方赢得了第二次彩票（做到这一点的概率其实相当高，并且与实际观察结果一致）。

我之前总是提到“明显异常”，是因为有些事物一开始看着不太正常，但仔细深究后还是能够为它找到一定的解释。对真正的科学而言，只有当我们经过彻底研究也没能弄明白，而现有理论也无法解释的情形才能称为异常现象。

---

① 先验概率指根据以往经验和分析得到的概率，它往往作为“由因求果”问题中的“因”出现的概率。——译者注

② 后验概率指在一个通信系统中，在收到某个消息之后，接收端所了解的该消息发送的概率。后验概率的计算要以先验概率为基础。——译者注

2011 年，正在开展 OPERA[①] 实验项目的物理学家监测到中微子（一种与物质发生极其微弱交互反应的基本粒子）的传输速度居然超过了光速。爱因斯坦曾明确指出任何物质都不可能快过光速，而且迄今为止也没有发现反例。因此，这一发现绝对属于如假包换的异常现象，具有重要的科学意义。但是科学家并未因此就宣布相对论失效了。相反，他们竭尽所能，试图给这一现象找到合理的解释，同时又不违反爱因斯坦的理论。在发现无法给出合理解释后，他们向全世界的科学家发出呼吁，寻求帮助。

有人用不同的仪器重复了这一实验，发现中微子并没有跑赢光速。最终 OPERA 项目的科学家发现其计时装置的一条电缆出现了故障——所谓的异常不过是技术失误导致的。于是，爱因斯坦的理论第二天就宣告复活了。

伪科学家也热衷于寻找所谓“明显的”异常——包括无法立刻得到解释的现象，或者（更差的情况是）干脆就是巧合。在非常事件中，我们不能依靠直觉来解释当前发生的一切，比如客机撞向五角大楼。我们得出所谓异常的结论，多半是因为对该现象不够熟悉，或者缺乏专业知识加以解释。假如身处陌生的环境，对当地情况完全不了解，那么很容易因为缺乏相关的背景知识（比如有关科学、技术或历史方面的知识）而无法解释某些现象，于是只能将它们视为异常情况。由于自身的见识局限，伪科学家和阴谋论者往往大言不惭地将某个复杂事件或特性贴上“异常”标签。他们也喜欢打真相的擦边球——既然数据不够准确，那就更有理由视其为异常现象了。想想那些所谓大脚怪和飞碟的照片吧，它们全都模糊不清。而相信其存在的人会仔细研究照片的细节（尽管比图片分辨率更低），最后宣布这些照片是真的。这一团黑乎乎的东西连你自己都看不清楚，又怎么能证明大脚怪的存在呢。这团东西说不定是在拍摄照片时，你的拇指刚好挡住了镜头。

一旦在数据中发现了明显异常（就宽泛的定义而言），伪科学论者就会犯下两个逻辑上的错误。首先，他会将“尚未得到合理解释”与“根本无法解释”混为一谈。因此他会在没有使用传统手段而尽可能地为其做出合理解释的情况

---

① OPERA（全称为 Oscillation Project with Emulsion-tRacking Apparatus）是一项旨在检测中微子振荡现象的大型物理科学实验。人们普遍认为中微子与宇宙中的“暗物质”有密切关系，了解中微子将使人类对宇宙的构成有全新的认识。——译者注

下，就急匆匆地宣布某个“异常现象”。其次，正因为“无知者无畏”，他才会声称由于异常现象无法得到合理解释，他自己关于该现象的理论（宠物理论）必定是正确的。许多人都无法在夜空中准确地指认出金星。由于大气影响，金星看上去有些不同寻常。于是飞碟爱好者会望着金星说道：“我也看不出来天上这团模模糊糊的东西到底是什么，我想它一定是艘外星飞船吧。”

相关案例

作为活跃在第一线的科学怀疑论者，我遇见过无数试图对异常现象刨根问底的事例，其中有不少让人忍俊不禁。其中我认为最搞笑的例子发生在多年以前，那时我们还为崇尚怀疑精神而奔走呼号。我们参加了一个关于“通灵”的讲座。当谈论到外星人造访地球的话题时，其中一位听众忍不住以麦田怪圈[①]为例，声称这是外星人来访的铁证。“有些怪圈呈现完美的圆形。这是我们人力所能办到的吗？”对她而言，这一异常现象只能用超出常规的理论去解释。

“呃，用圆规可以吗？”我反问道。说这话的时候，我尽可能想保持自己的风度（估计还是没有保持住）。“还记得小学课堂上我们是用什么东西来画圆形的？”要想制造出一个麦田怪圈，标准的方法是在圆圈中心点立一个木桩，木桩上系一根绳子。绳子另一头连着一块木板，人们就用这块木板将小麦（或者别的农作物）用力踩倒——这算是个另类的圆规吧。

寻觅幽灵

人们试图找到幽灵，以证明亡魂或者别的什么虚无缥缈的东西确实曾在世间出没。对异常现象感兴趣的人们把很大一部分精力都花在“捉鬼”上了。在电视真人秀尚未出现的年代，那些自封的“幽灵猎手”来到号称闹鬼的房子里，寻找各种异常的蛛丝马迹。有时候他们还会在勘察时带上科学仪器，却不知道怎么使用它。

当发现房间里某个地方特别冷时，“猎手”最先想到的不是温度下降，而是

---

① 麦田怪圈是指在麦田或其他田地上，使用某种未知力量（大多数怪圈是人类所为）把农作物压平而产生出来的几何图案。因为有些怪圈的形成原因至今尚未有合理的解释，所以还是有不少人支持麦田怪圈是外星人光临地球的遗迹的说法。——译者注

声称此地有所谓的“幽灵寒气”。其他可能的解释（比如窗户没开）一笔带过，仿佛只有他们才能破解真相，没有白来这一趟。

幽灵猎手还喜欢测量电磁场。究竟需要测量哪个频率呢？不管用什么仪器，测量结果总归还不赖。他们手持号称“鬼魂探测器”的电磁装置在屋子里来回走动，任何他们认为异常的发现都会被看作幽灵活动的证据。他们对“电磁场无处不在”这一事实似乎并不认同。我们的生活离不开电，而电只要传输流动就会产生电磁场。哪怕一个小小的铁片也能探测到电磁场。因此，真正的问题在于我们很难找到一个检测不到电磁场的地方。

这与我们在第 12 章讨论的确认性偏差是一致的。假如人们并不认为房间闹鬼，幽灵猎手就不会过来了，也就拿不到关于屋内寒气、电磁场活动或者诸如“幽灵光球”之类摄影错觉（也就是说，这是镜头光晕造成的）的对照数据。为了证明幽灵之说并非谬误，他们会主动对任何异常之处加倍留意。

刺杀肯尼迪与“打伞的男人”

之前我们讨论过那位“打伞的男人”，这的确有些诡异，同时也是个令人难以置信的巧合。道理很简单：特别的举动总有其特别的目的。我们无论如何也不可能搞懂，处于同一场景下的每个人究竟会怎么想。我们常常会觉得他人的所作所为别有深意。由于内在因素的驱动，我们会本能地试图解释他人的行为。正如上一章所谈到的，我们往往低估外部因素的作用。我们还会偏向于认定人们这么做是有意为之，必然带有目的性，而非随性而为，或者临时起意。

针对事件中的奇特细节，阴谋论者往往会斩钉截铁地将其与外力作用、蓄意图谋和动机不良联系起来。像“打伞的男人”这种奇怪现象必然瞒不过他们的眼睛，于是他们认定，这就是实施阴谋的证据。还记得彩票谬误吗？阴谋论者会这么问：“当总统遇刺时，旁边刚好站着一个男人，手上拿着打开的雨伞。发生这种巧合的概率有多大呢？”但其实他们应该这么问才对：“在任何情况下，发生与遇刺案有关的不寻常事件的概率有多大呢？”

既然如此，这一奇怪的举动到底该如何解释？“打伞的男人”名为路易·史蒂文·威特。他在国会接受质询，对他的这一行为做出解释。经他本人证实，打雨伞是为了抗议约瑟夫·肯尼迪[①] 1938—1939 年担任驻英国大使期间所采取的绥靖政策。雨伞象征时任英国首相的内维尔·张伯伦[②]，他以经常出门带伞而闻名。看上去这完全是威特自发的行为，但事实上并非如此。打开雨伞是人们抗议绥靖政策时普遍采用的方式。英国皇家历史学会对此有过描述：

用雨伞表示抗议始于英格兰，时任首相张伯伦与纳粹德国会晤后，带着他标志性的雨伞返回国内。此后无论张伯伦走到哪里，反对他的人总会用打开雨伞的方式抗议其在慕尼黑采取的绥靖政策。到了 20 世纪五六十年代，美国极右势力用雨伞来表示对政府的批评，声称其向美国的敌人寻求妥协。一些政界人士甚至因为该原因而拒绝打伞。理查德·尼克松当时是美国副总统。他甚至不让他的私人助理在机场接他时打伞，就是怕这一幕会被拍下来，并被人们说成是绥靖主义者。

直到 20 世纪 60 年代初，依然有人对第二次世界大战前对希特勒和纳粹德国试图采取绥靖政策的主张耿耿于怀。雨伞从来就不是一个随便选择的道具。除非你对这段特殊的历史了如指掌，否则你永远也解释不了：为何路易·史蒂文·威特那天会打着伞站在路边，看着肯尼迪总统经过他身旁？这一举动实在太不正常了。

登月骗局

总有人声称美国从未把宇航员送上月球——整个事件就是美国政府精心策划的骗局，目的就是向竞争对手展示美国强大的航天科技实力。这是一种非常典型的阴谋论调，但没有任何事实根据。那些肯定参与其中的人至今也没有谁站出来承认参与了这一工程。政府文件从未公开过，也没有哪一家秘密研究机

① 美国总统约翰·肯尼迪的父亲，第二次世界大战期间曾担任驻英国大使，主张对纳粹德国采取妥协和绥靖的态度。——译者注

② 英国政治家，1937—1940 年担任英国首相，任职期间积极主张对纳粹德国采取纵容和绥靖政策，并受到公众的一致谴责。——译者注

构被曝光。甚至，也没有任何偶尔录下登月布景道具的影像流到外面[①]。

实际上，登月骗局不过是又一个“追问异常”的案例。他们指出了照片上的各种疑点：登月的太空背景中看不到一颗星星；太阳在宇航员身后，但宇航员正面的身影依然清晰可见；在同一光源照射下，不同物体的影子却呈现不同的角度。对拍摄者来说，月球是一个完全不同于地球的环境，因此这些所谓的非正常现象都很容易解释：之所以看不见星星，是因为白天光线太强遮住了它们（因为太空没有大气，所以看起来一片漆黑）；月球表面并不是平坦的，因此影子会呈现出不平行的状态；月球表面能够高度反射太阳光，因此即使太阳在宇航员的身后，月球反射的光线也能让宇航员的正面清晰可辨。

还有反对者认为他们看到了美国国旗在风中飘扬，但是我们知道月球表面没有大气[②]。其实在真空环境下，只要宇航员拨弄一下国旗，它就可以飘动很长一段时间。没有空气的阻碍，国旗飘动反而会持续下去。

另一个广受质疑的技术问题在于，范艾伦辐射带[③]发出的辐射和太空中的宇宙射线，应该会让宇航员在劫难逃。比尔·凯辛是登月骗局的早期鼓吹者，他在自己发行的《我们从未登上月球：300 亿美元的骗局》（*We Never Went to the Moon: America's Thirty Billion Dollar Swindle*）一书中率先提出了这一问题。但这根本就是胡说。事实是，阿波罗 11 号上的宇航员总共只受到大约 11 毫西弗的辐射（大约 8 000 毫西弗，或 8 西弗的辐射量才会致命）。按照 NASA 的标准，人体能够接受的最大辐射剂量应总共不超过 1 西弗，相当于宇航员去一趟火星会受到的辐射量。阿波罗 11 号的宇航员之所以受到的伤害较少，原因在于他们暴露在辐射环境下的时间很短。阿波罗号最长的一次任务也才持续了不到 13 天而已。

阴谋论缺乏事实根据，所谓的异常也实属正常。除此之外，登月骗局如果是个阴谋，其合理性也非常值得商榷：为什么像俄罗斯这样的国家在跟踪美国人登月任务的过程中，并未向世人证明其跟踪结果与 NASA 宣称的进展不符？

---

① 关于阿波罗号登月的真实性，一直有反对者声称人们在电视上看到的登月直播，实际上是在美国中部沙漠地带的摄影棚里录制的影片，因此作者有此一说。—— 译者注

② 没有大气，也就意味着没有“风”这一现象。—— 译者注

③ 范艾伦辐射带，指在地球附近的近层宇宙空间中包围着地球的高能粒子辐射带，主要由地磁场中捕获的高达几兆电子伏的电子以及高达几百兆电子伏的质子组成。—— 译者注

那些“月岩”是从哪儿来的？（别和我说是陨石。由于陨石穿越过大气层，它们看上去就和月岩不太一样。在月球表面也根本不会有这么多的陨石！）美国政府似乎不太可能如此公然撒谎。甚至还有人认为，把宇航员真的送到月球上去，恐怕也比精心炮制这样一个骗局要容易一些。

月球上留有人工物品的证据同样不可否认。如果你有设备，并且具备相应的知识，你可以向月球发射一道激光。你会发现，光束随后会被宇航员当时留在月球表面的一台角形反射器反射回来。

登月阴谋论者还质疑说，假如人类真的登上过月球，为何在望远镜中观测不到飞船的着陆点呢？望远镜还没强大到有如此清晰的分辨率，但月球探测器可以做到。月球勘测轨道飞行器（Lunar Reconnaissance Orbiter）就拍到过阿波罗号着陆点的照片，我们可以从照片上辨认出当年遗留在那里的设备，以及宇航员在表面移动的痕迹。当然，阴谋论者会说这些照片是伪造的，干脆对它们视而不见。

NASA 曾不止一次将宇航员送上月球。留在月球表面的脚印和设备，以及他们带回的月球岩石及考证出来的月球历史，这些都是清晰有力、不容辩驳的证据。但是，还是有人对此加以否认。他们大多数还是揪住异常现象不放，试图靠它来证明自己“脑洞大开”的阴谋论。

地球是平的

这可能是近年来最令人惊异的现象——在21世纪的今天，居然还有来自经济和教育高度发达地区的人们坚持认为地球是一个平面。没错，就是有这样一群人——他们可不是故意开我们的玩笑。通过对他们的采访，我们知道这些生活在现代社会却认为地球是平的的人（至少是受到鼓动去参加这一类学术会议的人）都是阴谋论者。他们会永无休止地依靠所谓“明显异常现象”来不断“证实”自己的看法。

例如，即使地球表面会有所谓的弯曲，从而让远处的地平线看上去要比实际距离近得多，他们也会认为，凭借一副高质量的望远镜，我们完全有可能看到10英里[①]之外的城市。当你站在地面，眼睛与地面垂直距离为5.7英尺，你大概最远可以看到3英里左右的地方。如果站在一座300英尺高的高塔塔尖上，你的视野会拓展到超过21英里。如此说来，地势似乎是水平的。你的目力所及距离在很大程度上取决于你所处位置的高度。哪怕站在一个小山包上，你的视野都能得到极大拓展。

但这并不能解释所有的事例。还有一种现象会对我们的视力造成影响，那就是光线穿过大气层时的折射效应。空气能够让光线弯曲，就像透镜一样。因此，部分穿过大气的光线会转而折向地面。这种效应也能够极大地延伸我们的视野范围——它能让你看到超过实际视野范围之外的物体。

人们早在19世纪就已经发现并总结了这一现象。如果有人坚持认为地球是平的，那么他落后于现代科学可不是一两百年的问题——恐怕得有一两千年的差距。只要稍加观察，人们就会注意到轮船会在远处的地平线逐渐消失，月球上的地球投影总是呈现一道弧线，而且由于地表的弯曲，同样的垂直旗杆在不同地方的投影长度会不一样。不过，请让我大胆猜测一下，这些古人观察到的结果，恐怕也是NASA的一个阴谋吧。

在彻底推翻这一荒谬结论的证据当中，有一个恰恰是我最喜欢提及的。它其实很简单，而且和我有关。在一次前往澳大利亚的途中，我拍了几张月亮的照片。我在北半球看到的月亮，其角度正好与这些照片相反，即上下是颠倒的。

---

① 1英里≈1.6千米。——编者注

究其原因，是因为在北半球的人本身就和南半球的人头和脚的方向相反——地球是圆的。假如地球是一个平面，刚才说的这个现象就无从解释。有多少数以百万（甚至数十亿）的人能够直接观察到上述现象？像这样的阴谋论又能走多远呢？

这些事例告诉我们，如果专注于异常现象，或在认知错觉上略施手段，人们就会毫无顾忌地否认显而易见的事实，并说服自己相信那些乱七八糟的观点——其实戳穿它们很简单，你只需要抬头看看天空就明白了。

第 17 章
数据挖掘

所属部分：元认知

引申话题：追问异常

在大量的数据中进行筛选，并试图找出数据之间的关联性，这一过程称为“数据挖掘”。很多情况下，发现数据间的关联纯属偶然。因为有其合理性，所以人们在提出假说时往往会用到它。不过，数据也不见得都是板上钉钉的事实，而数据挖掘的方法也很容易被滥用。

拷问数据吧！它一定会坦白一切。

——罗纳德·科斯

Suncorp-Metway 是一家澳大利亚的金融服务机构。该机构于 2002 年 2 月发布了一项针对 16 万起交通事故报告的研究结果。通过把事故报告与星座联系起来，他们发现双子座、金牛座和双鱼座的人更容易出交通事故，而摩羯座、天蝎座和射手座的人则正好相反。不过别担心，保险公司是不会根据人们的星座来制定保险费率的（至少目前还不会）。

这项研究结果（包括其他类似的研究）立刻受到占星学家的高度赞扬。在他们看来，这证明神秘的星相技术其实并非虚言，但却被人们当作无稽之谈而束之高阁。实际上，这份研究报告真正的价值在于，它告诉我们数据挖掘并非百分之百可靠。那些所谓数据之间的内在联系很可能一文不值。

这个问题并不罕见，但是由于不太显眼而容易被人忽视。它既源于人类大脑的天性，也犯了逻辑上的错误。前者属于模式识别的范畴，后者则犯了将关联性和因果性混为一谈的谬误。

世界可以呈现出许多种模式，而这些模式未必会如实反映真相，认识到这一点尤为重要。我们能够接触的各类信息可谓浩如烟海，其中也包含一部分正确的关联模式，比如季节更替。不过，更多的信息是以随机方式呈现的。此外，随机信息很可能只是碰巧才包含了某种关联。卡尔·萨根曾明确指出，随机性会“抱团”出现，我们得注意这种现象。其实，我们很容易注意到这种“抱团”现象，好像其中蕴含了某种潜在的模式。

在评估周围的信息数据时，我们会自然而然地将其分为两个步骤。首先，我们热衷于模式识别——试图找出任何潜在的模式，不过这样容易犯假阳性[①]的错误。不过，我们这样做可以大大减少遗漏真实模式的概率，而这些模式很可能对我们非常重要。其次，我们会对潜在的关联模式进行评估，看看它们是否符合事实——它们是否合乎常理？是否与我们的已知信息相一致（心理学家把该过程称作“现实检测”）？捕捉一切信息是大脑进化的结果，而且大脑还会进一步淘汰那些被证明错误的模式。不过，我们往往第一步做得比第二步更好一些。

正因为如此，我们才需要科学。某种程度上说，科学就是将真实模式与随机性事件“抱团”所呈现的虚假模式区分开来的过程。科学就是正规化的“现实检测”。

所谓数据挖掘，其实就是主动地从一大堆数据集合中找出其模式（相互关联）的过程。因为随机数据有可能同时出现，所以即使它们之间本质上没有任何潜在联系，我们依然可能发现某种偶然的关联。这一幕往往出现在对汇编数据的统计分析中，无论这些数据是研究人员搜集得来的，还是源于历史传记或其他领域信息的数据库，分析所用的数据量越大，出现“表面关联”的可能性越大。

① 假阳性为一种统计学概念，又称为I类错误。它指的是在统计中，将不具备所指特征的对象当作希望具备所指特征的对象来处理，其统计结果自然是错误的。——译者注

从方法论的角度而言，数据挖掘的不利之处在于，无法预判会发现什么样的内在关联——因此，任何关联都可以被认为是一个发现。从最终效果来看，这些关联就好比是无意中的发现。例如，如果医生最近收治了很多患同一种罕见疾病的病人，他肯定会对此多加留意。另外，有人总觉得每到星期二他就会在工作上出各种问题。说真的，我们每天都在挖掘遍布四周的各种数据，并且下意识地去分析其内在的联系。

这种关联模式也许确实存在——确实反映了某种隐藏的诱因。但更多时候，它们很可能就是一堆随机性的集合。为什么会这样呢？因为大量的潜在关联其实都具有偶然性。这种偶尔出现的关联数量可观，因此无论是主动还是被动地参与数据挖掘，我们每天都会遇到很多次这种情况。

从统计学的角度看，我们无法单纯靠计算得出“偶然出现某种特定关联”的概率。有时这种特定的关联似乎不可能发生——偶尔发生的概率只有数千分之一，甚至数百万分之一。看上去似乎很有道理，但由于提问的方式不对，因此容易让人得出错误的结论（这就是此前我们讨论过的“彩票谬误”）。你提出这样的问题，说明你其实已经预设了希望找到的关联模式。如果你没有做此预设，那么你应该这么问：“在这些数据中，任何数据之间发生关联的概率有多大呢？”

因此，假如通过挖掘大量的数据集合来寻找（同样无论主动或被动）其可能的内在关联，所找到的模式或关联性也只能视为“有可能”而已，还有待进一步的检验。我们可以利用这种关联性来启动某个实质性研究（而不是得出结论）。按照理性的科学流程，下一步就应该问：“这种关联确定真实吗？”上文提到的那位医生就应该问：“这说明这种罕见疾病最近确实暴发了，还是只是一个随机性的聚集？”为了证实其中的关联，你必须要提前澄清产生这类特定关联的可能性到底有多大。接着，你应该通过测试某个全新或者更新过的数据集，来验证该关联是否可靠。你其实是在寻找此前就预设好的某个内在关联，所以按照统计学的规则，你应该问：“这种关联随机出现的可能性究竟有多大呢？”

不过，我们应该注意避免另外一个统计学上的陷阱。在分析新的数据集时，不应纳入你之前发现关联的那些数据。新数据应该完全独立。这样才能避免将随机性关联代入后续的分析。

还记得那个与占星术有关的交通事故统计吗？尽管没有人会去重复这一研究，但是类似的数据一直受到人们的关注。李·罗曼诺夫是保险比价网站 InsuranceHotline.com 的总裁。2006 年，他在对 10 万起驾车保险索赔案例做过分析后，得出的结论是天秤座、水瓶座和白羊座开车时遇上事故的可能性最大，而狮子座、双子座和巨蟹座的可能性最小——与 Suncorp-Metway 的分析结果截然不同，似乎数据间的关联性完全是个随机数字。

在科学研究中，数据挖掘出错的情况屡见不鲜。特别是在流行病学研究中，这一现象尤为明显。通过筛选大量数据的集合，找到其中的关联性，这就是流行病学研究的基础方法。为公平起见，在多数情况下，它们都会被看作有待证实的原始数据。接着我们会用科学手段甄别这些相关性——有些靠谱，有些则不然。不过，完成整套流程搞不好要花上好几年。另外，媒体也经常无视其所处的科学背景，而把这些初步的关联性看作最终结论。那些支持此类媒体报道的科学家和机构也难辞其咎，比如在获得证实之前就匆忙召开新闻发布会，宣布一项健康领域相关性的最新发现。正因为如此，公众将面对无穷无尽的关于相关性的所谓科学成果。同时，他们对科学研究过程中这些数据究竟起到什么作用却几乎一无所知。

尽管数据挖掘在主流科学界不受待见（优秀的科学家和统计学家应该对此心知肚明，并知道如何在工作中避免它），但它在伪科学领域却很常见。占星术就是一个典型的例子。号称能够证实占星术科学性的所谓研究，几乎都把数据挖掘作为基础。一旦可靠的统计或独立测试被取而代之后，这类研究就失去了效力。

我们与这个世界的日常互动和交流也常用到数据挖掘。我们往往会笃信所看到的关联模式，它们总能打动我们。因为我们总是更愿意迷信自己看到的模式，所以我们的“常识”也经常无法正确地引导他们。要想从模式的包围中冲出一条血路，我们必须依靠系统性的逻辑分析和检测手段——这也是人们都认可的科学方法。

如果不这样做，人们也许会冒出来一些很可笑的想法。比如，我们会通过观察星星在天空中的排列形状，来判断我们是否会在地面遭遇交通事故。不管他们怎么想，我认为系好安全带才是最重要的。

第 18 章
无巧不成书

所属部分：元认知

引申话题：数盲现象

“巧合”指的是看上去互不相干的两个变量或事件出现在了同一场景，尤其从概率上来说，它似乎不太可能发生。

> 巧合才是那些狂热分子信奉的科学。
>
> ——切特·雷默

你是否做过这样的怪梦——梦里的场景似乎“预示”第二天会发生的事。比方说你梦见了你 10 年未见的好友，结果出乎意料，第二天他真的打电话给你了。这似乎过于巧合，怎么看都不像随机事件。那么，这样就能说明你是个“通灵”的人吗？（让我剧透下答案吧——显然不是。）

并非所有巧合（即两个或两个以上变量同时显现）都会让人惊讶不已，哪怕有些巧合颇为引人注目。实际上，大多数巧合都是必然会发生的事，并不值得关注。尽管事实如此，对于那些不可思议的巧合事件，我们总是认为其中必有原因。与之前我们讨论过的很多话题一样，巧合背后肯定有原因，但都是内因而并非外因。

人们常常会对巧合有所误会。造成这一现象的原因有很多，也不难猜测。

正如此前我们所讨论过的，人们往往会拘泥于“模式”，会不自觉地（甚至是有意识地）试图从大量数据中挖掘其内在的因果关联。人们会无中生有地去寻找原因，而能够支持人们原有观点的信息会备受信任。我们对概率和大数据的规律也不甚了解，因此哪怕是正常的巧合事件，我们也会对此大惊小怪，然后自然会转而寻找特殊的（甚至是玄学上的）解释。许多事件看上去是明显的巧合，但只要懂一点概率学知识，就会发现其实没有那么神秘。

假如房间内有 23 个人，那么他们当中有两个人生日相同的概率有多大？许多人会猜 1/30 甚至更少。但事实会“吓”到你：概率竟然高达二分之一！如果人数扩充到 75 人，那么其中两人生日相同的概率会高达 99.9%。不明真相的人会感慨这两个人是不是本来就有某种特殊关系，或者冥冥之中有一股神秘力量让他们在这里聚首。但事实上，只不过是我们直觉上认为的概率和真实概率之间有差异罢了。

数盲（或对概率和随机性缺乏敏感度）是一种普遍的现象，上述差异就属于数盲现象。再举一个有趣的例子。如果我不断抛掷一枚硬币，那么更有可能出现下列哪个顺序结果：是“正正反正反反反正反”，还是全部为“正”？大多数人的选择一定是前者，但正确答案是：两者的出现概率完全相同。我们每抛一次硬币，出现“正”或“反”的概率都是各占一半。既然概率对两种顺序结果是一样的，那么其最终出现的概率也应该相同，而我们的直觉却让我们选择看上去更“随机”的那个顺序，因为它貌似可能性更大一些。

你也可以换个角度来理解。整个纽约市的居民总数超过 800 万，这也就是说，对每一位居民而言，每天发生在他身上的事件，其概率都是八百万分之一。

我们对概率的直觉判断固然糟糕，但事实还不止如此——在面对海量的数据时，直觉会越发不靠谱。如果记忆再来帮倒忙，我们的判断会更加偏离事实的真相。与其他经历相比，戏剧化的事件更容易在我们的头脑中留下难以磨灭的印象。所以我们通常只会记得不同寻常的经历，而记不住那些司空见惯的事。

让我们再回到最开始的那个例子：你梦见了某位朋友，他居然不久后就给你打了电话。其实你此前曾多次想起这位朋友，只不过他当时并未来电。考虑到这一点，你朋友这次打来电话就不再显得那么让人诧异了。比如在一个月的时间内，你做过的梦总共包含了多少具体情节？而又有多少梦中的情节会在白天发生呢？如果其中任意两段情节能对得上号，这实属正常。如果从头到尾没有一处梦境能在白天实现，反而奇怪了。

你这一辈子应该会碰上几次极为不可思议的巧合——当然都是偶然碰上的。之所以说它不可思议，是因为你把巧合当成完全独立的事件，而并非你整个人生经历中大大小小的事件之一。想想纽约市的800万居民，再想想整个地球上居住着几十亿人口。他们当中一定有人拥有让人无法想象的经历，而且他们的经历口口相传，一直被后人铭记。

我们的记忆也并非能百分之百还原当时的细节，所以越发让其看上去像是巧合。大脑会"修饰"我们过去的经历，使其看上去更加富有戏剧性，或者进一步强化其主要内容。也许你梦见的朋友是詹姆斯，而第二天是另一个叫弗雷德的朋友打电话给你。你对昨晚的梦本来就记得不太清楚，加上大脑会自动把弗雷德跟梦里的那位朋友对上号，于是你心里认定了昨晚梦见的就是弗雷德。当你把这个未卜先知的梦转述给别人听时，你很可能会加油添醋，用离奇的细节让这件事看起来愈加戏剧化。

所谓的心灵学就是钻了这一现象的空子。灵媒的惯用手法常被人们称为"珍妮·狄克逊①效应"，即一口气做出几十个预言。他们知道，做出的预言越多，一语中的的可能性也越大。当某个预言果然成真后，他们会指望我们能迅速忘却剩下那99%错得离谱的预测。这样一来，他们的话会显得比我们想象的更有说服力。这其实是一种有意识的（或故意为之的）主观验证行为。或者简单地说，这就是在骗人。

迷信

某些现象会加剧人的迷信程度，比如对关联模式的不懈追寻，不靠谱的大脑记忆，或者直觉上对概率的糟糕判断。只要略微添加一些奇幻的思维元素，我们就会产生迷信思想。如果新英格兰爱国者队②取得最近两场比赛的胜利时，

① 珍妮·狄克逊是20世纪美国著名的占星家和特异功能者。在很长一段时间内，她向人们展示了她透视人生、预测国家未来、预言国际重大事件的神奇能力，以及揭示20世纪末人类命运的非凡视野。由于她的预言准确无误，甚至许多国家的首脑都纷纷向她请教。——译者注

② 新英格兰爱国者队是一支位于美国马萨诸塞州大波士顿地区的美式橄榄球球队，也是本书作者所在地区的橄榄球球队，故以此为例。——译者注

你都恰好穿着那件蓝色的毛衣，那么这也不过就是个巧合。渴望对事物加以控制，或者感觉对事物缺乏控制，都会让人们更容易产生迷信。研究表明，越是感觉不受控制的时候，人们越是会借助迷信给自己一个“尽在掌握”的错觉。这样做其实很容易适得其反。人们会把精力投入求鬼问神上，而不去做该做的事（比如为准备考试而认真学习）。

只要是巧合就都无关紧要，也无须予以重视，这绝不是我的观点——实际上，真正看似不可能的事往往有其不为人知的重要意义，搞清楚其发生的原因也绝非无聊之举。不过，假如认真分析的话，我们会发现绝大多数人自身所经历的事，其发生的概率比想象的要高得多。当分析一件事可能发生的概率时，别再相信你的直觉了，这很重要。用数学方法去计算概率吧，或者看看之前是否有人已经计算过。

总之，假如你昨晚梦到的朋友今天就打电话给你，这完全就是赶巧了。

蒙提·霍尔问题

蒙提·霍尔问题[①]其实是一个关于逻辑和概率的著名智力问题。它的形式非常简单，但结果又有违常人的直觉。大多数人都无法答对这道问题，甚至包括知名的数学家。

这道问题通常是这样的。

比赛节目中的选手面对三扇门，其中一扇门后面藏着本次比赛的大奖（如一辆新车），而另外两扇门后面的奖品，相对来说没有这么吸引人（比如一只山羊）。

主持人让选手自行选择一扇门，并自动获得门后面的奖品。但当选手做出选择后，那位“无所不知”的主持人（至少他很清楚每扇门后面藏的是什么）会在剩下两扇门中打开其中一扇，而这扇门后面总是山羊。

那么问题来了——要想增大获得大奖的概率，选手是否应该改变主意，去选

---

① 蒙提·霍尔问题又名“三门问题”，最早出自美国的电视游戏节目《成交》（*Let's Make A Deal*）。问题名字来自该节目的主持人蒙提·霍尔。——译者注

择未被主持人打开的另一扇门呢？（当然前提是选手更愿意获得汽车而非山羊。）

我会给你一些背景方面的提示。同时，请想想如果你是那个选手，你会怎么做？

也许你不太愿意承认，但是如果你是有几十年经验的老观众，你应该对蒙提·霍尔和他主持的游戏竞赛节目《成交》有印象。这档节目在20世纪70年代十分火爆。选手经常被要求选择藏在门或窗帘后面的奖品（有真正的奖品，也有像山羊这种搞笑的奖品）。不过，《成交》并不是最早提出蒙提·霍尔问题的。1975年，史蒂夫·塞尔温在写给《美国统计学家》（*American Statistician*）杂志的一封信中首次提出的这个问题。

为什么这个问题会风靡一时呢？我们的社会文化对概率问题其实没什么兴趣。我不认为塞尔温写给杂志编辑的那封信会在那个年代广为传播，人人称道。甚至《成交》节目本身也并未对此推波助澜。真正让蒙特·霍尔问题异常火爆的是一位天才投给《大观》（*Parade*）杂志的稿件。

玛丽莲·沃斯·莎凡特连续4年被《吉尼斯世界纪录》（*Guinness Book of World Records*）评为世界上最聪明的人——其智商高达228。她在杂志上开了一个名为“向玛丽莲提问”的专栏，连续多年回答读者提出的各种问题。此前她的回答广受欢迎，唯有当她试图为蒙提·霍尔问题找到“合理”解答时，她的观点引发了读者的强烈不满。有数千封的读者抗议信倒还罢了，真正让人大跌眼镜的是，很大一部分抗议信的作者是数学家或获得博士学位的人。

比如有封信是这么写的：

> 你答错了，而且错得离谱！看来你连最基本的原则都没掌握，让我来解释一下吧。主持人打开一扇门，出现的是山羊，那么这时候你有二分之一的机会做出正确的选择。不管你是否改变原来的主意，猜中大奖的概率都是一样的。这个国家数学白痴已经够多了，就别劳您这个世界上最聪明的人再来胡说一番了。真替你脸红！——斯科特·史密斯，佛罗里达大学博士
>
> （《大观》杂志“向玛丽莲提问”专栏，1990年9月9日）

尽管引起了不小的骚动，但莎凡特的确给出了正确答案：选手最好的策略

应该是在主持人打开一扇藏有山羊的门后，立刻更换原来的选择。

如果你此前从未听说过这个故事，也许此刻会觉得这简直是胡说八道。你很可能会想："还剩两扇门关着，一扇门后面是大奖，另一扇门后面是山羊。也就是说，机会是对半的。就算改变原来的选择，就能增加中奖的机会吗？"

我们把这种思路称为"均等概率"假设。这是一种人类普遍拥有的，但经常判断错误的直觉（参见鲁马·法尔克，1992）。我们往往有种强烈的意识，即认为未知的事在将来发生的概率应该都是无差别的。但是站在蒙提·霍尔问题的角度看，这种观点根本就站不住脚：因为当藏有山羊的那扇门打开后，这给了我们新的提示，而这种提示是我们当初第一次做选择时所不知道的——它会导致完全不同的结果。

现在假定你最开始选择了 1 号门，而主持人打开了 2 号门，后面是一只山羊。

1. 你最开始选择的那扇门，门后是大奖的概率毫无疑问是三分之一。也就是说，另外两扇门后藏着大奖的概率总共是三分之二。如果之后你改变主意选择 3 号门，其实你是同时选择了 2 号门和 3 号门，因为这时你已经刚刚得知 2 号门后面是山羊。当你更换选择后，你中奖的概率就从原先的三分之一变成了三分之二。

2. 假设这个节目设置了 100 扇门，其中只有 1 扇门后面是大奖，另外 99 扇门后面都是山羊。你选择了 1 号门，而主持人打开了另外 98 扇门，这些门后面全是山羊。这时候你会改变想法选择剩下的那扇门吗？答案是显而易见的。上述三扇门的问题其实本质是一样的，只不过少了几扇门罢了。

3. 如果你还是不服气，还是没办法完全弄明白这个道理，也不要紧。对人类而言，概率始终是个让人头疼的东西。你只要记住，人们曾经用计算机模拟的方式对该问题做了成千上万次，甚至上百万次的测试，其结果明明白白地显示：换一扇门的确会增加中奖的概率。这完全符合我在上文所做的分析。如果计算机模拟结果这样的证据都不能让你信服，那我只能说，你应该是更喜欢山羊吧。

工具三：科学与伪科学

“第六感”是我经常要与之打交道的一类典型伪科学，即人们认为大脑可以“读取”别人的想法，可以预测未来，或者可以“看到”遥远的地方发生了什么。对此深信不疑的研究人员把这种现象称为“异常认知”（anomalous cognition）。对科学怀疑论而言，与第六感的支持者来一番唇枪舌剑可不是什么好差事，因为第六感介于科学和伪科学之间，让人左右为难。有些对此持严肃态度的研究人员开展了一系列严格实验，并声称有了重大发现。我经常会遇到精通这些研究成果，而又坚信存在第六感的人。他们会不厌其烦地引用各种证据来向我发难。

可问题在于，这些研究竟无一能够提供证明第六感确实存在的可靠证据。当然，要想得出这一结论，你得深入理解什么样的科学证据会令人信服，以及什么情况下整个领域的科学研究会脱离规范。在第六感研究中暴露出来的那些缺陷，在主流科学的研究中同样可以看到（尽管有时候没那么糟）。要想将高质量的科学研究领域与自身存在无法弥补缺陷的伪科学完全区分开来，恐怕也不是一件容易的事。关于第六感的研究正好介于这两者之间。

以心理学家达里尔·贝姆在 2011 年所做的实验为例来说明这一点。当时他连续进行了 10 个实验，并公开了他的实验结果。他声称实验证明人们可以通过第六感“预知未来”。如果对他的实验详加考察，就不难发现其充斥着伪科学的思想。可是这样的结论竟然被一家主流刊物认可并公开发表，由此引发了现代科学的现状和伪科学本质的大讨论。

贝姆所做的是标准的心理学实验，只不过颠倒了一下顺序。比如，他先测试了受试者对一些单词的记忆力，然后让他们就其中一些单词进行练习。他宣称，事后的练习可以提高之前对这些单词的记忆力——所以练习的效果可以“穿越时间”影响受试者之前的表现。

拥护第六感的人都为此欢欣鼓舞。贝姆的实验方案科学而严谨，其研究结果发表在经同行评议[①]的期刊上，他的结论也具有重要的统计学意义。但是善于使用科学怀疑论的人不会这么看——颠倒时间顺序在科学研究中是不可想象的，至少他的观点有悖常理。与其说贝姆动摇了最基本的科学原则，倒不如说他可能只是犯了一个错误。

心理学和许多学科的专家却对此忧心忡忡。贝姆并没有违反任何实验规则，却得到了显然非正确的结果。这似乎暗示实验规则有纰漏——科学本身也有问题。

所有人都希望重复试验的结果能够解决这个矛盾，这是检验科学发现的终极手段。如果结论准确无误，那么无论谁来实验都应该能得到相同的结果。大多数重复贝姆实验的人（好在他把全部的实验方法都写了下来，这确实是他的功劳）都感到失望，也有一部分相信第六感的人成功复制了他的实验结果。到头来什么也没解决——双方都指责对方的重复试验有问题：支持者认为科学怀疑论者在利用抵制情绪打压第六感，而反对者认为那些笃信第六感的狂热分子所做的实验带有偏向性。

为了解决这一争议，双方同意共同制定一套复制贝姆实验的严

① 同行评议也叫同行评价，即同专业领域的专家学者对该领域学术成果的评价。但事实上，由于学术领域存在错综复杂的利益关系，同行评议往往成为共同体内部成员的互相吹捧，而对共同体外部成员进行排斥。因此，同行评议仅作为依据参考，和学术水平标准不能画等号。—— 译者注

格方案，并在开展研究时共同遵守。假如贝姆当年的实验没有问题，根据这一严谨表述的实验流程，双方应该得出相同的结果。可是贝姆和他的支持者却依旧不信任他们的对手：他们总觉得科学怀疑论者会利用自身消极的“第六感”来阻止真实第六感的传播。

在 2016 年夏天举办的一次通灵学会议上，人们公布了上述经严格测试的实验结果：无论哪一方的重复试验都彻底失败了。从贝姆对其试验方法的表述中就不难看出，他的研究方法是错的。当错误得到修正后，再也没有人通过实验找到所谓的第六感。（专家贴士：如果某现象在严格的科学论证中不再出现，那么它多半是假象。）

本来故事应该到此为止了。但是作为阴性结果的回应，贝姆和他的同事对数据进行了再分析，并费尽心思地找到了一些表面上的正相关。不管是有意为之，还是无心插柳，当贝姆重新发表他当年的部分错误结论后，人们误认为他终于得出了阳性结果。

这段科学史上的逸闻正是科学与伪科学关系的缩影，现代科学的缺陷和短板由此显露无遗。从中可以看出严谨治学的重要性，对表面似是而非的东西也要保持警惕。它解释了为什么即使是非常有力的证据也需要有一定门槛，也向我们展示了那些追随者容易犯错的各种途径。

在下面的章节中，我们会继续探讨科学的哲学基础，剖析知识的本质，并对人类掌握知识的过程有所了解。在这些内容的基础上，我们会深入讨论科学的方法论，以及科学方法论究竟有多容易受到思维偏好和错误的影响。最终我们会看清贝姆到底犯下了什么错误，为什么最终结果是完全可以预测的（至少对有经验的科学怀疑论者来说），以及我们如何避免犯同样的错误。一路读下去，我们会继续揭露更多形式的伪科学，同时展示各种科学性和批判性的思维方式。

我们还会对哲学谬误做一番研究。

这些正是贝姆所欠缺的。他急需弥补这一不足，才能避免沦为（事实上已经是了）伪科学的代言人。

第19章
方法论自然主义

所属部分：科学与伪科学

引申话题：唯物主义、后现代主义

方法论自然主义是科学方法论的哲学基础，它强调宇宙万物都有一定的自然法则。在自然法则的框架下，一切结果都必然有其自然的原因。

作为一名科学工作者，每天都与“浩瀚”和“永恒”打交道，这是伟大和激动人心的。

——卡罗琳·波尔科

何谓科学知识？最简洁的概括方式应该是：天地万物绝非梦幻，它们是那么真实，触手可及。真实意味着确切存在。无论对个人还是对群体而言，这既不是梦境，也不是脑海中生成的幻象。宇宙切实存在，而且它永远有规律可循。凡事有果，必有其因。

我认为不存在超自然的东西。至少我们可以说，即便有任何超自然的东西，根据其定义，我们也无法了解它。此外，没有任何（说得过去的）理由需要假设超自然的存在。科学必须建立在一切为真的框架内。

上述观点就是所谓的“方法论自然主义”，它是构建科学和科学怀疑论的基石。这是一个非常重要的概念，原因如下。首先，你得了解自己内心深处的哲学立场，这很重要。如果你要为科学吹响号角，就必须对科学的哲学基础有所了解。其次，总有人（后面我们会讨论是哪些人）会诋毁科学的哲学基础，借此反对或者否定科学。如果你对哲学一无所知，你就无法正确判断形势，或者挺身而出为科学辩护。

多了解一些吧，总没坏处。

唯物主义

唯物主义是科学哲学的出发点。简言之，唯物主义是一种哲学思想，它认为“任何客观存在的结果背后都有客观存在的原因”。客观存在的结果不会源于非客观或非物质的原因。历史上唯物主义曾被视为“万物皆物质”的哲学观念——物质是唯一存在于自然界的东西。唯物主义尤其反对二元论[①]和其他假定有精神或非物质性存在的哲学思想。例如，某些第六感的信徒认为除了现实的世界，我们的思维还存在于一个虚拟的精神世界，而精神世界正是“异常认知”现象的孕育之地。

当代对唯物主义的认识一定会包括能量、力、时空、暗物质，甚至可能是暗能量——也可能是其他被科学家发现的自然界物质。从这个角度来说，唯物主义简直就是自然主义的化身。后者认为自然（无论从哪个方面）的全部就是自然本身——压根也没有超自然的东西。事实上，泛指的唯物主义如今已没有用武之地，只有在涉及“意识”（即大脑的思维活动）这一特定概念的时候才有一定意义。关于意识，唯物主义的看法与二元论截然不同（二元论认为意识本身是非物质的）。

我们也可以这么认为：如果此前被认为是超自然的物质被科学家证明确实存在，由于物质本身就是构成自然的一分子，那么它就可以名正言顺地成为自然界的物质。因此有人说，唯物主义根本就是无意义的重复概念，不过他们没说到点子上。更多时候，唯物主义指的是一种方法，是我们可以采取科学方式进行探究的、经得起检验的事物诱因。在它看来，“超自然”就和魔术一样经不

① 二元论主张世界有意识和物质两个独立本原，强调物质和精神是同等公平存在的，认为世界的本原是意识和物质两个实体。二元论的实质是，主张意识能够离开物质而独立存在。——译者注

起推敲。

掌握这些概念十分重要。如今社会上有一种“反唯物主义者”潮流，包括智慧设计论、二元论，以及形形色色关于康复治疗的伪科学。总的来说，现代科学并不认同这些精神上的信仰，也使后者颇有微词。他们瞄准科学的根基开炮。当他们肆无忌惮地对着唯物主义开火时，他们自身也越来越坐实了“反自然主义者”的标签——他们不认为业已存在的自然才叫作自然。他们希望科学能证明，对超自然力量的膜拜并不是空穴来风。不过我猜他们是为了个人宣传的需要，才声称反对唯物主义，这总比说自己反对自然要好。

方法论自然主义

真正引起争议的问题是：科学是否需要遵从方法论自然主义？（显然它一直是遵从的。）形而上学自然主义认为一切存在皆为自然，而方法论自然主义假设一切按自然规律运行，但是对更深层次的形而上问题抱有不可知论的态度。方法论自然主义者假定，我们所能认识的一切皆属于自然，但是自然未必是存在的全部（根据定义，这一部分我们也无法认识）。打个比方，说不定某个万能的神 5 秒前才刚刚创造出整个宇宙，但又让它看上去像是已经过了百亿年才成了今天这个样子——这并非完全不可能。但是，我们无法分辨哪个是刚才说的宇宙，哪个是真正经过了百亿年进化的宇宙。因此，上述看法不属于方法论自然主义和科学讨论的范畴。

科学需要方法论自然主义吗？答案是肯定的。数百年前，哲学家就开始为此争吵不休——自然主义者最终赢得了胜利。争论结束了，但是反自然主义者依旧不甘心。他们在科学战场上落了下风，就希望在公众舆论上再较量一番，并将战火烧到法律领域和学术领域。

方法论自然主义的观点真伪都是可以验证的，这一重要特性对科学而言至关重要。严格说来，非自然的原因是不可证伪的，科学方法对它们也起不了作用。这有点像最近很火的一部动画片里所展示的，一位数学家洋洋洒洒写了一个极为复杂的方程式，但是其中有一个步骤只写道：“接下来，让我们见证奇迹吧。”他的同事指着这句话说道：“我认为你应该在步骤二这里表达更清楚些。”

科学家可不能说“接下来就让我们见证奇迹吧”之类的话。我们无法做到通过研究或观察来验证奇迹的真假。严格来讲，无须借助自然力量（或无法用自然法则解释）的现象才叫奇迹。这些奇迹不受制于任何自然法则，而这恰恰是可证伪假说的必备特征。

科学家从来没有宣称，无所不能的创世之神在一瞬间就创造了世间万物。他们也不能这么说。科学对此的态度是“不可知”。我们只能说该假设已经超出了科学范畴，因为你无法用科学的方法去检验真假。这就是所谓的方法论自然主义。

通过奇兹米勒诉多佛学区案[①]的真实案例，我们可以看到方法论自然主义的这一特点（真伪可验证）如今也处于岌岌可危的境地。该案是关于在公立学校的科学课堂上公然教授“智慧设计论”的争议。下文是联邦地区法院对此案判决的长篇节选，从中可以明显看出，智慧设计论的拥护者不愿意正面回应科学关于真伪验证的标准。

美国国家科学院同意以下说法：依靠经验积累的、可观察到的以及最终可验证其真伪的数据方可用于科学研究。科学院认为：“科学是认识世界的特定手段。在讨论科学问题时，唯有从可证实的数据（即通过观察和实验得出的结果，并且该观察和实验能够被其他科学家所证实）中推断出的事实方可得到解释。只要可以被观测或测量，任何事物均适用于科学检测。无法基于经验证据得出的解释都不应被认为是科学。”（27– 第 649 页）。

无论是从概念上还是从传统上来说，这种严格的“自然主义”现象解释都是科学的一个重要特征。[1:63（米勒）；5:29–31（彭诺克）] 本院同意原告首席专家米勒博士的观点，即从实践角度而言，将某些自然的神秘现象看成自然之外的因素和力量作用的结果，是一种“科学的停滞”[3:14–15（米勒）]。正如米勒博士所言，一旦你将某种现象的原因解释为真假无法验证的、超自然的力量，因为这个提议无人能够反驳，它就会被看作问题的结论，从而让我们不再从自

① 2004 年，多佛学区教育委员会要求九年级的科学课程在教授演化论时，必须由教师向学生宣读一项大约 1 分钟的声明，声明智慧设计能够替代演化解释物种起源。11 位来自宾夕法尼亚州多佛的学生家长对这个要求提出控诉。裁决结果是多佛学区代表违反宪法，并禁止多佛学区在公立学校的科学课程中教授智慧设计论。—— 译者注

然的方面寻找原因（出处同前）。

如前所述，智慧设计源于某种超自然力量，专家的证言也说明了这一点［17:96（帕迪安）；2:35–36（米勒）；14:62（奥特斯）］。智慧设计论把某个自然现象解释成超自然力量的作用，而不是接受或试图从自然本身寻找原因［5:107（彭诺克）］。为九年级生物课程编纂的、介绍智慧设计的参考书《熊猫》也对这一结论表示支持，即智慧设计源于超自然的力量。该参考书在有关章节写道："关于形形色色的生物如何从最初阶段进化到如今的形态这一问题，智慧设计未能给出自然主义的解释，因此达尔文主义者反对这一主张。智慧设计意味着在某种智慧的引导下，这些形态各异的生物突然就冒了出来。生物之间巨大的形态差异从它们诞生之时一直延续到现在——鱼类一开始就有鳍和鳞片，鸟类一开始就长着羽毛、喙和翅膀，诸如此类。"

……换个角度而言，智慧设计论认为动物群体并没有经过生物进化这一自然过程，而是被某个非自然的（或者超自然的）"设计者"所创造出来。这一点已经被告之专家证人确认［21:96–100（贝赫）；696、700–第718页（该"设计者"会是自然界中的存在，这一点让人难以置信）；28:21–22（富勒）（……智慧设计反对自然主义，支持超自然主义…….）；38:95–96（明尼克）（智慧设计并不排除存在超自然"设计者"的可能性，包括神灵）］。

显然，被告方专家的任务正反映了"智慧设计运动"的诉求，即改变科学的根本法则，承认自然界某些现象只能用超自然作用来予以解释。对此，位于爱德华兹的州最高法院以及位于麦克莱恩的法院正确地将其认定为一种本质上的宗教观念。爱德华兹，美利坚合众国第482号，591–92；麦克莱恩，1267号联邦补充法案第529页。

上述判决的最后一段是关键——反唯物主义（反自然主义）的本质就是改变科学的根本法则（他们现在要重新找回过去失去的东西），将超自然能力引入对自然的解释中。不过，在基本的科学框架下，这样做是不可能的。

楔进战略

在一份现如今臭名昭著的“楔进战略”宣言中（由“发现研究所”[①] 于1998年公布），所谓“智慧设计”的支持者指明了其首要的战略目标：

> 上帝按照自己的模样创造了人类，这个观点是西方文明诞生和存在的基本原则。绝大多数（如果不是全部）西方世界最伟大的种种成就中都可以发现它的影子，例如代议民主制、人权、自由经营以及艺术与科学的进步。
>
> 但在一个多世纪前，倚仗现代科学成果的学者还对这一重要思想极尽嘲讽。为了打破关于上帝和人类的传统思维枷锁，诸如达尔文、马克思、弗洛伊德这样的大思想家将人类描述成动物或机器，而非生来具有道德和精神世界的活物，其栖居的宇宙是一个遵循客观规律的空间，其思想和行为受到生物、化学和环境等诸多客观因素的控制。这种对现实的唯物主义态度最终影响了人类文化的几乎各个方面，从政治到经济，再到文学和艺术。

从以上文字和其他文献（包括智慧设计、神创论运动的历史）不难判断，这其实是一个意识形态问题而不是科学的问题。支持智慧设计论的人认为，现代科学的发现对其自身内心深处的世界观而言是一种威胁，因此他们决意要对此加以诋毁。在科学领域他们节节败退，因此他们希望能在意识形态和文化领域挑起事端。正因为如此，他们声称科学（至少是那些让他们觉得别扭的科学领域）不过就是唯物主义鼓吹的意识形态罢了。他们企图将这种冲突塑造成唯心主义与唯物主义的对垒，前者强调传统，强调道德，强调对上帝的敬畏之心；而后者冷血而无视道德规范，把一切都看成与机器类似。这是一场情感层面的冲突，而他们认为自己能赢。

他们所面临的困境（从老派的神创论运动不断遭遇失败可以明显看出这一趋势）在于：科学制度似乎在公共教育、筹集研究经费、主流出版物，甚至（很大程度上）在社会公信领域都牢牢掌握了话语权。为此，他们不得不决定以毒攻毒，以牙还牙。这在“楔进战略”宣言当中写得很清楚。具体做法是成立

① 由美国政府前官员布鲁斯·查普曼在西雅图设立。作为智库机构，它鼓吹智慧设计论等伪科学。—— 译者注

自己的“科学”研究机构，扶持自己的学术精英，并建立自己的出版和筹资渠道。他们表面上从事科学研究，发表科学观点（即楔子锋利的那一面），以此来逐渐渗入科学界。他们还早早为自己的行为设定了一个目标——动摇现代科学的唯物主义根基。

智慧设计的拥趸从进化论入手，但这不过是为了达到目的所使用的方法而已——就像楔子锋利的边缘。最近他们的攻击目标转向了研究意识的神经科学，以及解释宇宙起源问题的“大爆炸宇宙论”(The Big Bang Theory)①。他们针对的不仅是进化论，还有科学研究的方法。

不过在暗地里双方的较量中，他们已经输给了科学。转换战场不见得有用。就像棒球运动不相信眼泪，科学也不相信魔法。

假如超自然现象确实存在?

如果我们所在的世界果真存在超自然现象，我们该怎么办？这是一个很有意思的思想实验。我们又一次需要面对“如何给超自然下定义”的问题，因为你可以说超自然现象如果真的存在，它显然是自然界的一部分，因此属于“自然”的范畴。考虑到这一点，对超自然现象下定义必须依据其呈现方式，而不是根据“它是什么”。

我个人认为对“超自然现象”最合适的概括是：这是一种不在已知宇宙法则范围内的现象。这意味着它不必受到自然法则的限制，或者它能以不可预知的方式中止这些规律：这会产生难以用自然原因解释的结果。

如果真有这种事，我们该如何去了解它？根据我们对它下的定义，我认为你无法了解它，至少无法用科学的方式去了解。科学也许能够发现异常现象，但始终无法为我们解开谜底。但不管怎么说，这已经是最好的情况了。

在科学研究的道路上，我们总是会遇到异常现象。科学家很愿意看到它，因为它往往指明了新发现和新知识的方向。但如果是因为不存在自然条件，使科学方法无法判断某个现象的来由，那么人们就会陷入假说未能被证实的恶性

① “大爆炸宇宙论”是现代宇宙学中最有影响的学说。它的主要观点是认为宇宙曾有一段从热到冷的演化史。在这个时期宇宙体系不断膨胀，使物质密度从密到稀地演化，如同一次规模巨大的爆炸。——译者注

循环中——始终找不到发生异常现象的原因。

实际上，我们可以以此作为一项科学和方法论自然主义的“元试验”。假设世上的任何现象背后都有其“自然”原因可以有效地发挥作用，那么科学就是处于正常状态。异常现象最终也会得到解释，从而推动科学向前发展。假如世界上真的存在超自然现象，科学研究就会不断遇到异常问题，而科学也就无法真正发展进步。

回顾过去的几个世纪，上述元试验的结论无疑是完全倒向科学和自然主义的。超自然力的狂热信徒永远会指着某个异常现象说三道四，但总是会更换目标。我们刚解释清楚其中的一个，他们很快又指着另外一个神秘问题让你作答。到目前为止，我们尚未听说有哪个真正的异常现象在深入研究后依旧无法解释清楚。总之，只要依靠科学，我们总能得到不错的研究结果。

第 20 章
后现代主义

所属部分：科学与伪科学

引申话题：认识论

从科学的角度而言，后现代主义代表一种哲学观念。它认为科学不过是一种文化叙事，因此科学与真相之间未必存在某种特别的或者较之其他领域更为紧密的联系。

科学的历史，就像人类所有思想的历史一样，充满了不切实际的梦想、偏执和错误。但是，科学也是极少数（也可能是唯一一项）其错误能系统地批判，并经常及时得到纠正的人类活动。

——卡尔·波普尔

下文是某篇发表于 2006 年的论文，它对“循证医学”[①] 观点提出了批评。其摘要是这样开头的：

有鉴于法国哲学家德勒兹及加塔利的研究成果，本文旨在向读者展示：就

① 循证医学（Evidence-based medicine，简称 EBM）意为“遵循证据的医学”，又称实证医学。其核心思想是，做出医疗决策（即病人的处理、治疗指南和医疗政策的制定等）需要以现有最佳的临床研究条件为基础，同时也需要重视结合个人的临床经验。—— 译者注

科学知识而言，健康科学领域的循证法应用是一种绝对排他的思想，同时是一种危险的标准化。正因为如此，我们认为，推广循证法已经成为当代科学领域中流行“微型法西斯主义”的一个典型范例。

作者认为，以科学方法为基础来判定哪些治疗方式安全有效，等同于法西斯独裁。因为这种做法不给“其他可能的方式”以尝试机会，也否认了非西方文化的合理性。在他看来，科学不过是一种社会建构。

以上是后现代主义哲学如何看待科学的一个典型案例。从这个意义上来说，后现代主义意味着，我们得把任何思想和观点都看作人类思维的主观表述——它就是一种基于文化和认知偏见的叙事，和真理没有什么特别关联。当谈到科学时，后现代主义矢口否认方法论的作用，并将科学研究贬低为文化叙事现象。

力挺科学的哲学家早已发现上述推论的漏洞（套用哲学的话来说，后现代主义将发现的语境与证明的语境混为一谈），但看来只有人文亚文化的学者还没有认识到这一点。无论是出于意识形态还是其他原因，将自己不喜欢的科学发现斥为社会建构都是一种简单粗暴的行为。假如对科学持否定态度，后现代主义实际上就是一种万不得已的酸葡萄心理的产物——“好吧，不管什么科学，都是社会建构的产物”。再随便扯上几句法西斯独裁和对别派的压制，你就能把它包装成一种出于社会责任感的姿态。

托马斯·库恩

托马斯·库恩是后现代主义哲学的先驱者之一。1962年，库恩发表了《科学革命的结构》一书，并在书中正式向人们介绍了他发明的“范式”（paradigm）一词。

库恩的基本观点是：科学上的新发现并非源于严格实践方法论后的成果，而是社会学家和科研人员辛勤工作时无意中取得的附加成果。在科学发展的“正常”阶段，科学家会孜孜不倦地工作，以求对现有理论做出一点改进。他们其实都是在某种理论框架下开展研究的——这种理论框架就是库恩所称的“范式”。

库恩常常提到的案例就是托勒密的“地心说”到哥白尼的“日心说”的转

变。他认为在学说的创立之初，这两人的“范式”都没什么问题。只是主要因为文化方面的原因，并且哥白尼再三向人们保证，他的理论能够产生一个更加优雅的天体系统，“范式”的转变才从托勒密转向了后者。

科学的“范式”在一段时间内都会保持相对稳定的状态。但是，也可能因为某个稀奇古怪的原因，老的“范式”会突然更新。核心问题在于后现代主义哲学认为，我们只能在遵从“范式”的框架下对证据、观点进行评价，而不能在两个不同的“范式”间评价它们。由此产生的关键问题是，“范式”是否在客观上有好坏之分，并因此推动科学的真正进步？科学进步都是主观的产物吗？对后现代主义者来说，答案是肯定的。

有趣的是，就连库恩本人也不相信科学是百分之百主观的产物。他说过一句广为人知的话，即他自己显然不是一个“库恩主义者”。他的观点范围相对更为狭窄，主张“范式”的转变主要是因为某些意想不到的社会原因。

人们对库恩式的后现代主义思想的批判主要分为两类。第一类认为它本来就是一个非黑即白的命题。你根本无法将科技进步严格区分为不是“范式”框架内渐进式的正常演变，就是“范式”戏剧性的突然变化。事实上，科学是以连续统一的方式逐渐进化的。科学发现的重要性有所不同，某些发现会更具颠覆性，你无法笼统将其归为以上两种演变类型。

第二类批判更具有杀伤性。批评家认为，后现代主义对科学发展史的解释混淆了发现的语境与证明的语境。新的科学思路是如何提出来的，这一点无关紧要。科学家可以从科幻小说、流行文化或者吸毒后的幻觉中寻找灵感。总之，任何途径都无所谓。如何让这些新的想法接受检验（即后续验证），才是值得关注的问题。

哥白尼的理论因为更加接近事实真相，所以时至今日依然成立，而托勒密却成了明日黄花。托勒密认为地球是宇宙的中心，并采用了一套复杂的本轮（行星围绕着较小的圆形轨道自转）体系来解释他所观测到的行星运动轨迹。哥白尼则采用了截然不同的星系模型，将太阳置于宇宙中心。但是由于当时的观测条件比较简陋，即便哥白尼的模型看上去更像那么回事，它一开始也并不比托勒密的模型更加符合观测数据。真正起作用的，是两个模型的预言是否符合后来人更加精确而全面的观测。我们之所以接受了日心说，是因为它非常契合高精度的观测数据。假如预言与观测不符，我们就不得不对其进行修正，或者干脆用别的理论来替代它。

从这个例子可以看出，随着科学不断进步，理论也在不断完善。通常这种进步不会过于明显，而是循序渐进。科学的发展并非依靠某个新理论彻底把旧理论取而代之。只有当我们的观点从蒙昧转变为科学时，才会产生与以往迥异的理论升级。一旦某个科学理论得到确证，它在未来只会更加完善，而不会被彻底取代。

哥白尼的这套系统将行星轨道看作正圆形。但是，它已经不够符合随后越来越精确化的观测数据。于是开普勒横空出世，提出了行星运动的三大定律。其中之一就是：行星轨道是椭圆形的，并围绕着太阳旋转。开普勒的模型与当时的天文观测数据极为吻合。可是，人们在精确观察了水星的运行轨道后，又发现其与开普勒模型无法完全契合。要解释这样的天文异常现象，就要用爱因斯坦的广义相对论。

关于科学在客观上的进步，我最喜欢举的例子之一（此处借用了艾萨克·阿西莫夫[①]的观点）就是我们对于地球形状的认识。古希腊人认为他们脚下的星球是一个球体，而后人更加精确的观测修正了古希腊人的理论——地球其实在赤道的地方略微有点凸起，因此其形状更加接近一个“扁球体”。而随后更加精准的卫星数据显示，地球的南半球比北半球要略微大一点点。当然我们也清楚，地球布满了山川和峡谷。随着时间的推移，我们对地球真正形状的了解会越来越准确。

但是，这些精确的细节信息并不会影响人们对地球形状的基本判断，即大致上它是个球形。客观上，它就是这个形状。这个“范式”永远不会变，永远不会诞生把地球描绘成立方体的模型。

任何科学学科都不是“独立王国”，而是试图解释一切真相时不可或缺的组成部分。无论什么学科，其实都是在探索同一个世界的真实，因此它们必须互相达成一致。这就是爱德华·威尔逊在其同名书中提出的所谓“融会贯通”。哥白

---

① 艾萨克·阿西莫夫，美国著名科幻小说家、科普作家，美国科幻小说黄金时代的代表人物之一，一生著述近 500 本，题材涉及自然科学、社会科学和文学艺术等许多领域。——译者注

尼和开普勒的模型之所以能够流传下来，原因之一就是它们还符合对宇宙其他方面的观测（例如引力）。万有引力能够很好地解释行星的运动方式。在托勒密的本轮理论中，缺乏让行星运动的外力。

上述科学发现并非我们灌输给彼此的文化故事。科学是一种方法论，任何想法都必须经得起检验。不过事实上，我们会不时碰到后现代主义者的干扰——他们试图推翻那些来之不易的科学结论。在我看来，一旦有人在证据和逻辑上满盘皆输，他们会干脆把棋盘扫于桌下，然后说这些都不重要，这可能是最容易的翻盘之举。

科学是人类努力奋进（同时也是文化上的）的成果，这一点毫无疑问。从这个角度来说，某些相对较为理性的后现代主义观点尚有其可取之处。普遍存在的文化预设及规范可能会左右科学体系的建设。例如，过去某些学科存在种族上的偏见，于是人们就借此公然为种族歧视摇旗呐喊。

当然这并不意味着科学就无法（或并未）以客观的心态向前发展。科学发展在本质上是一种“自省”的过程，科学方法也都是用来检验针对客观事实的观点。因此，文化偏见会最终从科学观点中消失。

有些治疗手段确实行之有效，而有些客观上没什么作用。两者的差异到底在哪儿，最终还得让科学说了算。

第 21 章
奥卡姆剃刀原理

所属部分：科学与伪科学

引申话题：精简原则

“奥卡姆剃刀原理”是由奥卡姆的威廉（William of Occam）[①] 提出来的。根据该原理，假如同时存在两个（或更多）与现有数据相符合的猜想，则应该相信其中用到假设最少的那个猜想。奥卡姆剃刀原理的拉丁语原文写作“Non sunt multiplicanda entia sine necessitate”，翻译过来就是“如无必要，勿增实体”。

对于自然万物的成因，我只认可那些既真实又足以解释其现象的原因，其他皆属多余。

——艾萨克·牛顿

某位 UFO 爱好者曾跟我聊起奥卡姆剃刀原理。在他看来，该原理简言之就是对任何现象的不同解释，其中最简单的往往也最靠谱。他认为这一原理恰恰能够证明外星人曾光临地球。惨遭肢解的牛、麦田怪圈、目击飞碟及遭到绑架的报告，以及各种各样难以解释的现象，似乎都能和外星人扯上关系。而针对上述每一个现象，科学怀疑论者都能给出一套专门的解释。相较而言，前者

① 奥卡姆的威廉，英国学者，逻辑学家，圣方济各会修士，约 1285 年生于英国萨里，1347 年卒于德国慕尼黑。他是中世纪最后一批学者之一。—— 译者注

（即外星人为所有现象的唯一解释）要简单得多，所以根据剃刀原理，科学怀疑论就应该接受外星人造访这个说法。

奥卡姆剃刀是一项逻辑原则。就像刚才这位 UFO 的粉丝一样，人们经常引用奥卡姆剃刀原理，但真正理解它的人并不多。实际上它只是一条行之有效的经验法则，能够帮助你厘清头绪，而并非在逻辑上必须奉行的准则。不过，不懂得奥卡姆剃刀原理倒的确会导致轻率的结论。

人们往往把奥卡姆剃刀原理通俗解释为："在不止一个可能的答案中，我们应该选择最简单的那个。"但是原作者奥卡姆的威廉的原话是这样的："Numquam ponenda est pluralitas sine necessitate（没有必要的话，就不要想着更多）。"

通俗解释之所以与原话有差异，问题在于它忽略了剃刀原理的真正要点。再说，最简单的答案不见得就是最理想的那一个。例如在医学领域，"最简单"意味着"做最少的诊断"——恰与西卡姆格言（Hickam's dictum）说的相反。后者说的是，"病人乐意得多少种病就能得多少种病"。就此定论（有些人会这么做）奥卡姆剃刀原理的作用有限并非正解，关键在于究竟怎么去理解这一原理。

让我们换一种说法（这么说也更准确）：奥卡姆剃刀说明了以下原则——应当尽可能地减少新的假设。我们不可把"新的假设"与"额外增加的解释或诊断"混为一谈，这肯定是不对的。

随着年龄的增长，我们身上的疾患也会越来越多。越是普通的病就越容易发作。另外，一种病很容易转化为另外一种病，或者好几种病都来自身上的某处隐患。比方说失眠病人常常容易过度肥胖，而过度肥胖导致的睡眠呼吸暂停反过来又让患者更加容易失眠。过度肥胖还会让人患上 2 型糖尿病，并由此导致各类并发症。最终，我们会带着一份长长的清单来医院寻医问药，上面写着各种明确诊断——都是一些常见和容易并发的病。

比起用一种非常罕见、证据不足，甚至是伪科学的诊断来解释患者的症状，奥卡姆剃刀原理更倾向于用多种不同的常见诊断来解释病情。因为某种罕见或未知的疾病可以视为一种全新假设，而常见的已知疾病（尤其是发端于患者已知症状的疾病）则不算新假设。临床医生不应该（这的确违背奥卡姆剃刀原理）只是为了解释患者的各种体征或症状另外给出一个全新的诊断。

奥卡姆剃刀原理说到底是个概率问题。一旦你为原来的解释引入新的因素，或者提出一个新的假设，那么该解释为正确的概率实际上是下降了。临床医生会绞尽脑汁，为病人的全部症状找出各种各样可能的解释。接着，他们会按照其可能性的大小排序，从最有可能到最不可能。在给各种可能性排序时，如果把每个诊断背后所代表的全新假设加起来（统计其数量及概率大小），就可以算出这会造成多大的假设负荷。因此，一种前所未闻的、极其罕见的诊断可能远没有三种大概率的诊断可能性大。

如果从“尽量减少新假设的影响”（考虑其数量和概率的情况）这个角度来看，若要进行某项调查研究，那么奥卡姆剃刀原理倒不失为一个相当有效的逻辑工具。

在本章开头提到的外星人问题中，只要有人在空中发现了不明原因的光束或物体——我们称之为不明飞行物，奥卡姆剃刀原理就会成为具有实践意义的指导原则。我们知道，许多自然或人为的现象都能让人将其与UFO联系起来。这种解释并不能算是对真相的全新假设。另外，“来自外星球的高科技种族造访地球”这种说法本身也无凭无据。因此，把空中的奇特现象解释成外星人的座驾，又是一个非常大胆的全新假设。

UFO研究学界将各种普通或已知的现象（其原因包括人为的恶作剧、片面的理解和临睡产生的幻觉等）汇总起来，并一概宣称这都是外星人造访的证据。一旦有许多人开始相信外星人的存在，其他各种各样的现象就会紧随其后冒出来，比如麦田怪圈（事实证明是骗局）和人们被外星人“绑架”的经历。UFO学界据此推论说：看，既然根本不可能给这么多古怪的现象一一找到合理解释，那么最简单的解释就是——它们都是外星人干的。

然而事实上，我们根本不需要用穿越太空的外星人来解释它们。人类的文化和心理作用就足以说清楚这一切了。

奥卡姆剃刀原理的部分应用价值在于判断猜想的合理性，人们只要足够聪明，足够有想象力，总能够提出无数个符合已知情况的猜想。而伪科学的支持者，对于自身理论与现实相矛盾的每一处，都不得不创造一个特殊的解释，这就有违奥卡姆剃刀原理。

如果你相信外星人曾绑架过人类，那么为什么他们会不记得这段经历呢？好吧，你会说他们的这段记忆被小心地抹去了（但没有完全抹去，因此通过催眠还是可以恢复）。外星人刻意隐藏了它们的行踪，因此我们手上没有关于外星飞船的清晰照片或视频。当然，它们的隐匿也并非完美，所以偶尔我们也会得到惊鸿一瞥的影像。如果外星人来到地球是为了和人类交流，那为什么不干脆现身交流呢？小麦田里的时髦图案有什么说法？或许，只是想含蓄地告诉人类它们来过吧。

他们为每个问题都给出了一个新的假设前提，并试图对这种明显不妥的做法加以辩解。我们已经不能称之为对剃刀原理的背叛——这简直是要把奥卡姆本人从地底下刨出来挫骨扬灰。

有时我们只有依靠剃刀原理，才能把自己与荒唐的理念划清界限。的确，那些伪科学家精心设计和操纵于股掌的理论并非完全不可能。甚至，我们搞不好都无法证明它们是伪科学，只不过伪科学理论常常被证明是多余的。一旦用奥卡姆剃刀原理层层切入，我们没有理由拒绝那个更简单的结论——外星人没有到访过地球。

第 22 章
如何界定伪科学

所属部分：科学与伪科学

引申话题：否定主义[①]

伪科学是指表面上与科学相似，但本质上缺乏科学方法论的观点和方法。在实践中，绝对的伪科学和严谨的科学分处于一个连续体的两端，其间没有明显的分界线。

> 简言之，科学就是常识的最高形式。也就是说，科学要求观察时细致入微、准确无误，而对逻辑上的错误则毫不留情地加以鞭挞。
>
> —— 托马斯 · 赫胥黎

科学 vs 伪科学

拉里 · 阿诺德于 1995 年出版了《燃烧！人体自燃的神秘火焰》（*Ablaze! The Mysterious Fires of Spontaneous Human Combustion*）一书，告诉读者有人会突然自己燃烧起来，直至化为灰烬。他写道：

> 几乎所有的学者和法医专家都对人体自燃现象抱有憎恶、蔑视和否定的态

---

① “否定主义”（denialism）认为只有“否定”才可以有所创造，一切既定的方法都应该被否定。—— 译者注

度，并企图揭穿其真相。他们会说："不可能的！人体怎么会这样燃烧？恶作剧罢了！不可能这样。不可能的，够了！"大家普遍都对此持否定的看法。但是假如他们都错了呢？

为了给这一不可思议的现象找到合理的解释，阿诺德推测可能存在一种他称为"燃粒子"的未知粒子。过去的 20 年，人体自燃并未如他所愿成为业界认可的一种医学现象，物理学家也没有使用大型强子对撞机（Large Hadron Collider，简称 LHC）去寻找所谓的"燃粒子"。究竟是他们对人体自燃理论存在偏见，还是这根本就是针对人体自燃理论的阴谋？或者说这一理论根本就入不了科学家的法眼？但为什么会这样呢？为什么人们宁愿花费几百万美元也要找到"希格斯玻色粒子"（Higgs boson particle），也不去寻找"燃粒子"？

许多类似的言论最终都会被证明是伪科学，从而归入"思想垃圾"一类，其中就有水猿假说、占星术、电宇宙论和"第六感"（包括前文中提到的达里尔·贝姆的"预知未来"实验）等，不一而足。能够将真科学和披着科学外衣的伪科学区分开来，正是理性怀疑需要拥有的核心能力。

这是个关键问题。要想让合理的理论与泛滥成灾的充满欺骗、荒诞、歧视和谬误的理论有所区别，科学恐怕是最为重要的工具。如今公众也对科学满怀敬意，同时又对它抱有浓厚的兴趣。皮尤研究中心 2009 年的一项调查结果显示，70% 的美国人认为科学对社会发展做出了"相当大"的贡献：

绝大多数人认为科学对社会发展起到了积极的作用，科技让多数人的生活更加轻松和便利。大多数人还认为从长远来看，政府对科学、工程和技术的投资必将得到回报。相较于其他社会职业，人们对科学工作者的评价非常高：只有军人和教师能够在对社会产生积极贡献方面与之相媲美。

许多人因此会依赖科学来肯定自己的信念和观点，这倒并不让人意外。商家会宣称自己的产品拥有"科学配方"，并让演员穿上白衬衣在广告中侃侃而谈。但是，只有严格遵循科学步骤才能让它真正发挥威力。有些研究过程貌似科学，实则败絮其中，从根本上就存在缺陷，或者为了达到某个预设的目的而被人刻意篡改。这就是我们所说的伪科学。

要搞清楚科学和伪科学的区别并非易事，因为即使是无可辩驳的科学，也往往会不经意夹杂在荒诞不经的伪科学当中。如何客观区分两者让科学思想者们头疼不已，并称之为“划界问题”（demarcation problem）[①]。到目前为止，人们依旧尚未找到一种简单明了的界定办法，并让哲学界和科学界都能普遍接受。由于科学本质上代表了某种统一的连续性，而并非简单地将事物一分为二，因此也许我们永远也无法找到合适的界定办法。

尽管划界问题难以解决，但是哲学家、科学工作者及科学怀疑论者可以建立一套定义“真科学”的特征，以及另一组定义“伪科学”的特征。然后，使用这些特征来分辨从真科学到伪科学的连续体中，某个特定的理论或实践究竟位于何处。运用这套方法，明显符合分辨特征的理论及学科将归类于“真科学”的一端，而剩下的就可以放心地归于另一端。即便部分理论仍处于中间的灰色地带，剩下的理论的荒谬之处和错漏的方法将在我们的审视之下发生“自燃”。

真科学

有时候，掌握某个事物的反面也许是了解其本质最快捷的方式。既然伪科学不够“真”，那么到底什么是真科学？

真正的科学通过观测来认识整个世界，并且让这种认识尽可能地客观、量化、精确和明晰。同时，它也通过观测来验证猜想，尤其是试图通过观测来否定这些猜想。经过反复证伪后依旧能够幸存的猜想，日后就会成为我们的理论框架。它告诉我们这个世界存在的方式，并能够预测人们在未来会有哪些新的发现。

因此，真正的科学始终会批判地看待现有的理论，对任何结论都保持审慎而清醒的头脑，并随时准备接收新的数据，采纳新的解释。

科学也是严谨的。科学家会将相关的变量仔细分割开来，以免混淆其内在的因果关系。所有的证据都在科学的考查范围之内，而不仅仅是那些能够支持

---

① “划界问题”是科学哲学中的重要问题，研究如何区分科学与非科学（包括伪科学、形而上学以及文学、艺术、信仰等其他非科学）的划界标准。卡尔·波普尔称其为科学哲学的核心问题。——校译者注

倾向性观点的证据。科学的内在逻辑会始终保持一致，并做出不偏不倚的判断。科学旨在尽可能减少偏差，优秀的科学实验也会避免受测试者和实验人员受到干扰，从而产生实验偏差。来自其他专家的结论不可尽信，需要再三复核。此外，这些都必须做到公开透明——没有保密的知识和隐藏的方法。

如果以上这些原则都能得到遵守，科学就会慢慢向前发展。当然，要想让科学朝着相反的方向滑行，人们也有的是办法。

伪科学的特征

1. 从结论倒推

区分真科学和伪科学的一个基本特征是：科学是对真理的实际探索，并接受任何形式的最终结果；而伪科学则始于某个预设的结论，并从结论往前推导，期望能够证明这一结论。

科学家自然也会倾向于某种假设，但面对研究结果，他们必须保持冷静和客观。无论在什么情况下，他们都不能在研究结论中掺杂自己的私利。他们的实验必须经过精心设计，以避免自身的偏好会对实验结果造成影响。对科学家而言，他们自己就是最好的怀疑对象：他们会致力于否定自己的假设和猜测。为此，他们会努力寻找能推翻假设的证据，提出另外的替代性假设，并用批判的态度看待自己的研究成果。

伪科学工作者则正好相反。他们无时无刻不被自己的偏见所左右。他们总是试图证明自己的猜想，并为此设计专门的实验。他们的做法和追求胜诉的律师没什么两样——他们反对科学怀疑论，也否认存在其他选择的可能性。他们会试图遮掩失误，并唯恐别人不知道他们的伟大“发现”。

2. 抵制科学，声称迫害

批评是科学研究过程中不可或缺的一部分，它对科学起到了积极正面的作用。只要你在某个科学期刊上发表了一篇论文，你就可能成为批评的目标。这是一种让高标准得以维持的基础机制，也是科学“自我纠错”特性的重要源头。科学家都因此而修炼了一副“厚脸皮”，以便随时接受批评。同时，他们也知道在批评别人时，要把重点放在逻辑性和证据上，而不是仅仅因为别人有不同意见，就对他们展开人身攻击。

与此相反，伪科学家对批评有明显的抵触情绪。哪怕批评是善意的，他们也会把它等同于对自己的人身攻击。面对主流科学界的批评，他们往往会理解为前者要维持现状，并抵制创新思维。他们甚至认为这是科学界酝酿已久的阴谋，旨在打压他们的观点。他们经常对批评意见持消极态度——不是把科学的哲学基础批评得体无完肤，就是不承认科学能够洞悉并揭露他们观点的真面目。

总之，他们把针对自己的批评看成科学界和科学家的挑衅，而不认为是自己观点中的证明或逻辑基础有问题。

在第37章讨论N射线问题时，我们会提到雅克·邦弗尼斯特这个人。他曾经公开发表其研究成果，声称能证明水具有记忆。当《自然》杂志重新检查了他的实验过程，并认为整个实验控制不够充分时，他对此还不以为然。他拒绝接受批评，并声称这是一次“异端迫害”。

对于建设性的批评意见，伪科学界的态度不是虚心接受（将其看作研究过程中的必要经历），而是认为受到了强制性的伤害。事实上，许多伪科学分子喜欢把自己比作伽利略（伽利略虽然受到迫害，但最终事实证明他是对的）。这种现象甚至有一个专门的名称，就叫“伽利略综合征”①。

某些伪科学分子对真科学心怀不满，认为它对激进观点加以排斥的做法很不公平。他们认为全世界都还没有意识到其天才想法的价值，或者因为其观点过于震撼人心，以至于人们担心现在的世界观会被它彻底颠覆。一部分人开始相信这是科学家精心筹划的阴谋，目的就是打压他们——否则难以解释为什么科学界没有对他们青睐有加，并对他们的才能予以封赏和褒奖。说到底，这些都是伪科学主义者的借口。他们的研究没有经过严谨的科学步骤，自然也就无法说服科学界接受他们的观点。

3. 无知便是德

部分伪科学主义者缺乏科学素养的训练。在过去数百年中，尖端科技的发

① 伽利略晚年受到罗马教廷的迫害，被迫签下所谓“悔过书”。直至1979年，教皇保罗二世才代表梵蒂冈教廷为伽利略公开平反。——译者注

明和进步并未因此受到阻碍。许多科学家都是家境殷实的乡绅，他们把住所的地下室或独立小屋改建成实验室。许多重大科学发现不是诞生在这样的实验室，就是通过实地测量取得的。达尔文、伽利略和牛顿都是通过这种方式开展科学研究的。如今这种“乡绅”式的科学家已经不太看得到了，尽管人们还保留着对科学家的这一刻板印象。

对研究人员来说，科学有时候未免发展得太快。除非具备足够的科学素养，否则很难在研究领域做出重大的贡献。科研领域的活跃往往伴随着快速的知识更新，研究人员不得不通过阅读期刊、参加会议和展开研讨等多种形式跟上科学界的最新进展——也仅仅是跟上而已。

这就是科学实践的现状。这是一把双刃剑：它见证了日常科研的成果以及科学领域的最新进展，但也容易失去科学爱好者和普通大众的支持。业余科学家（或称为科学爱好者）不会亲自参与科学研究，而是满足于通过书本、期刊或讲座（本身就是为了在有限的时间内向公众传播知识）来了解最近是否有令人兴奋的发现。哪怕对实验有再浓厚的兴趣，普通人也不可能在自家的后院启动粒子加速器，并用它做出粒子物理领域的重大发现。对把科学研究当饭碗的人来说，他们很清楚，要想在自己专业知识范围以外（哪怕差得不多）的领域做出一定的发明贡献，恐怕相当不易。

不过，热爱科学的人并非完全没有机会参与科研项目。你有机会将各大星系整理分类，在柯伊伯带（Kuiper Belt）[①]发现天体，甚至是研究蛋白质折叠[②]问题。不过，就科研过程来说，只有受过专业训练的科学家才能够保证其严谨性。

部分业余科学工作者不满足于置身事外，或者被看作民间科学家。他们会提出各式各样的猜想，甚至在极为专业的领域开展实验。不过，他们的研究结论往往比较稚嫩，暴露出他们缺乏正规训练的短板。也许是充分意识到了这一缺陷，为了急于颠倒黑白，伪科学主义者会辩称这其实是一种优势。他们经常

---

① 柯伊伯带是太阳系在海王星轨道（距离太阳约 30 天文单位）外黄道面附近、天体密集的圆盘状区域，包含许多微小的星体。它们是来自环绕着太阳的原行星盘碎片，因未能成功地结合成行星，所以形成较小的天体，最大的直径都小于 3 000 公里。—— 译者注

② 蛋白质可凭借相互作用在细胞环境（特定的酸碱度、温度等）下组装自己，这种自我组装的过程称为蛋白质折叠。蛋白质折叠问题列入了“21 世纪的生物物理学”的重要研究课题。—— 译者注

会提到一种观点：接受过正规训练的科学家相当于被“洗脑”了，他们视野因此变得狭窄，只能看到真相的很小一部分。他们被现实束缚了头脑，突破不了思维的局限。未受过专业训练的人反而能够随时随地接受独特的创新思维，也就更容易发现真相。那些受过训练的科学家却往往只见树木，不见森林。

在我自创的名为“神经逻辑学”（NeuroLogica）的博客中，我曾与连环漫画作家尼尔·亚当斯展开了一次深入的辩论。亚当斯认为地球是空心的，并且随着时间推移，地球的质量不断增长。整个辩论内容让人啼笑皆非。下文截取了一小段，我们可以看出双方都据理力争。他的说法也是非常典型的伪科学言论。

亚当斯的大胆猜测并未被科学界普遍接受。他对此处之泰然。他写道：

> 一肚子墨水的科学家大都看不上我这号人。对我来说，正规的教育不算什么。我是个识字的人，没有哪本书能难倒我。我有自己的思想，在工作中也会用到很多科学知识。

这一观点的问题在于，知识未必会束缚住人的头脑，它也可以让人更加自由开放。掌握的知识越多，就越容易获取更多的信息。知识是一种思维工具，它能够帮助人们获得新的发现。同样，现有的知识能够帮助人们更好地评估新观点的可信程度。

我不否认，这一观点很容易被视为精英主义的论调。伪科学界也经常会对此借题发挥。不过请记住，我可没有犯迷信权威的错误。不能光看教育经历，高学历的科学家也不见得就一定正确。我也从不认为，没有学历的人提出的观点，在科学上就一定不成立——成不成立，只能由逻辑和证据说了算。我的意见是，无知绝不是什么优点，也不是用来吹嘘的优秀品质。它是通往成功的绊脚石。

4. 依赖薄弱证据，无视更为严谨的证明

科学研究的过程必定会伴随着真伪判断。你不能靠数学公式来验证某个观点是否正确（虽然人们总是试图这么做）。你得仔细掂量已有的证据，选取其中最具分量的证据种类，借此挑选出最有可信度的解释。

正是因为需要判断，科学家才会格外谨慎。它也让伪科学陷入了相当麻烦的境地。因为心存偏见，他们才会随心所欲地否认铁证如山的结论，反而用经不起推敲的证据来强推别的观点。

为了能明白技术文献，科学家必须知道如何评估某个实验的效果好坏，找出实验设计的漏洞，并搞清楚研究工作是否在强度和敏感度上达到要求，并完成了实验当初设计的目标。阅读原始的科研文档是一门高深的技术活儿，要求读者对方法论和统计学有相当的研究。这是一项极为关键的技能——许多（可能是大多数）公开发表的研究成果，它们的结论实际上是错误的。多数研究工作都止于初级阶段，方法也不够严谨。

与此相反，任何只要有利于预设观点的证据和描述，往往会被伪科学家全盘接受。有时候他们会举出大量粗劣不堪的证据。在他们看来，这种没什么说服力的证据只要数量足够多，就等同于强有力的证明。比如，著名的替代疗法专家安德鲁·韦尔鼓吹使用“非对照的临床观察”来判断某种治疗方法是否有效。可历史证明，随后“有对照组”的（并且更加可靠的）临床试验推翻了原先“无对照组控”的实验观察。真正的科学家把它当成一次教训，而伪科学家却对此冷嘲热讽，不以为然。

另一个非常典型的案例来自 UFO 研究领域。支持者经常反复强调 UFO 目击报告的惊人数量，并把它作为外星人曾光临地球的有力证明。但事实上，至今也没有发现哪怕一条非常有说服力的证据，能够证明外星人的确来过地球。具备理性怀疑精神的科学家显然更相信后者。

5. 对数据有所选择

如果做不到对所有数据一视同仁，那么跟手上全是一堆烂数据也没什么两样。人们设计科学实验，就是为了能对一系列数据进行全面观测。经验性的证据本质上是经过筛选的。它仅限于观察者的自我报告，而并非对所有观测结果的透彻分析。比方说，病人因接受某种特殊疗法而最终不幸去世，那么他就没有机会告诉你接受这种治疗究竟是什么滋味（这就是我们所说的“幸存者偏差”[①])。

选择性挑选数据的方式远不止一种。早年对第六感的研究就是如此——他们想方设法都要选择自己中意的那批数据。他们发明了一个新概念，称为“选择性启动和停止”。根据他们的说法，拥有第六感的超能力者在“发功”前必须有一个热身的过程。随后他们开始“发功”，并直到他们觉得精疲力竭时，“发功”才会停止。如此一来，研究人员就能够观测到一系列数据（比如猜测对方会看向哪张牌），并自主决定何时开始或停止计算这些数据。这样他们总可以从数据中挖掘出一些有统计意义的结果。他们这样做就像是对数据挑挑拣拣，留下他们想要的数据，而对剩下的部分不闻不问。这种做法也不是什么新鲜事——这就是作弊。

6. 来自特例的普适原则

伪科学的特点之一就是，过度依赖他人的证词或经验，而这种过度依赖还有另一种表现，即基于特例而得出普遍适用的原则。看似科学的一整套理论观点，有时候其实仅仅是从单独某个缺乏对照组的观测实验中得出其立论之本。真正的科学工作者则不然。在试图证明科学原则之前，他们会确认该原则的正确性，以免将整个研究事业耽误在错误观点之上。当然，在将基本原则应用到现实生活之前（比如用它来治疗患者），我们必须通过反复试验对此加以验证。

但是某些伪科学不是这样的。根据仅仅一次观测结果，他们就能推导出一整套仿佛能自圆其说的理论体系，却从未加以验证。其中两个我最常提到的例子是“脊椎按摩纠正”（chiropractic）和“虹膜诊断”（iridology）。丹尼尔・帕尔默是脊椎按摩纠正的创始人。他宣称在某次为一个门卫治疗耳聋时，他无意间“发现”了实施脊椎按摩纠正的基本原理。他扭动病人的脖子，并因此舒缓了病人体内听觉神经的压力（他自己是这么认为的）。帕尔默大夫没有进行任何实验

---

① 幸存者偏差指，当取得资讯的渠道仅仅来自幸存者时（因为死人不会说话），可能会存在与实际情况不同的偏差。此规律也适用于金融和商业领域：存活下来的企业往往被视为“传奇”，它们的做法被争相效仿。而其实也许它们只是因为偶然原因幸存下来了而已。——译者注

来验证这一推论，而只是从治疗该病例的过程中猜想出一整套“按摩纠正”的理论和实践操作手法。他显然不知道颈部根本没有听觉神经，事实上，负责听觉的整个神经通路都未经过那里。

类似情况还包括虹膜诊断——人们仅仅观察了一只猫头鹰就能得出这样的结论。伊格纳兹·冯·佩奇利是匈牙利的一名医师。他偶然接触到一只翅膀受伤的猫头鹰，发现它眼睛虹膜的某处有一小块特殊色斑。他治好了这只猫头鹰的翅膀，却发现它虹膜内的那块色斑消失了！仅仅依靠对这件事的观察，佩奇利大夫居然随后发展出一整套理论——通过观察虹膜内不同色斑的样式，就可以诊断出所有的疾病（其实猫头鹰的故事也有很多疑点，说不定“虹膜诊断”法完全就是佩奇利大夫的凭空臆造）。

7. 拒绝和科学界交流

科学从来不简单，而且只会越来越艰难。我们已经摘得了大部分唾手可得的果实，那些简单的、宏观性的问题也难不倒我们。随着研究对象越来越复杂，我们已经开始着手解决更加复杂、精细的科学问题。

正因为如此，要想在研究道路上走得够远，如今单靠一个人的力量是不太可能的。找到所有的缺陷和错误，考虑到所有可能的替代方案，同时从多个角度考察某个问题——个人的单打独斗已经很难做到这些了。假如科学家联合起来一起攻关，成功的概率无疑会更大。因此，科学家会在同行评议的期刊上发表他们的研究所得，并召开各种会议交流想法。通过这种途径，他们可以让自己的观点得到检验，应对各方的批评，并对新的理论做出充分解释。

伪科学似乎不屑于和这种交流过程扯上关系（或者他们宁愿和意见相近的人们待在密闭的回音室里面）。他们总是依靠自己，这让他们离事实真相越来越远。

8. 简单粗暴的解答方式

伪科学之所以还这么有市场，一个重要原因在于，伪科学对复杂问题的假设性回答往往相对简单。例如，根据脊椎纠正法的经典理论，既然脊椎的“不完全脱位”是人类疾病的来源，那么把脊椎脱位进行“复原”就是治疗疾病的灵丹妙药。与此相反，著名的营养学家加里·纳尔认为疾病都是缺乏某些营养才导致的。因此，只要增强缺失营养的摄入，人们就可以预防或者治疗疾病。

从更广的范围来说，简单粗暴其实更符合人们对可接受观点的心理预期。伪科学往往把自己包装成某种“心灵鸡汤”——提供更加平易近人的答案只是其中一个方面。除此之外，他们会用所谓的证据来证明世界上的确存在超自然（或灵异）力量。对于原本就根深蒂固的宗教信仰，他们会不遗余力地加以证实。向不明真相的人们展示个人的超强能力和控制力是他们的拿手好戏，虚幻的场景（或者异常现象）也能唬住相当多的人。

9. 言论貌似科学，实则言之无物

无论哪门学科都有自己的“行话”（术语）。人们之所以发明行话，就是为了能够用精准的专业词汇表达复杂的概念。术语必须能体现概念之间的细微差别，因此口语化的表达常常不够精确，无法准确传达其内涵。另外，每当发表新的概念或发现新的事物时，我们必须要有全新的词汇与之相对应。由此产生的专业术语往往非常冗长，因此现在越来越多的人倾向于让它精练。不过，这反而给试图理解它的人造成了更大的障碍。如何把科学术语尽可能精确地翻译成日常的大白话，是摆在科普工作者面前的一道难题。

举个例子：作为一名神经学家，我不会简单地把病人的症状说成“行动迟缓”，而是会解释为“小脑共济失调”。因为“行动迟缓”是一种常见现象，许多原因都会导致病人行为笨拙。而“小脑共济失调”是一种神经学上的特殊现象，它只与人类神经系统的某个特殊构造有关。

伪科学常常会用各种“伪科学术语”打扮自己，让人看上去误以为是科学。它经常滥用一些透露着“科学味”的术语，可实际上这些概念缺乏明确的定义（就像《星际迷航》中展现的那样，人们嘴里不停地冒出让人眼花缭乱的科技名词）。

例如，演员格温妮丝·帕特洛创立的生活时尚品牌 Goop 曾经出售一种叫作“人体振动贴”（Body Vibes sticker）的玩意儿，据说还能促进伤口愈合。

产品理念：人体本身存在一种完美的、充满活力的频率。但是，日常生活中的压力和焦虑会打破体内的平衡，耗光我们的能量储备，并让免疫系统弱不禁风。本产品内含预设的振动频率，能够发现并锁定体内不平衡的现象。当它贴在你身上时——无论是贴在胸口、左肩或者左臂——它将重新为你注入能量。它还能起到安神的作用，并减轻身体及心情上的紧张、焦虑感。本品的两位创始人都是时尚达人，她们都认为本品还能减缓炎症，促进细胞再生，从而美化肌肤。

说白了，就是个魔术贴。

10. 大胆有余，谦逊不足

但凡科研有所进展，都是因为人们用严格的、保守的态度来看待那些令人眼花缭乱的假设。面对问题，科学家必须提出自己的猜想。猜想能够扩展人们的知识范围，引入全新的思维理念，或者发现大自然此前不为人知的另一面。同时，只有当手上握有的真凭实据能够确凿支持某个结论，并且其他任何看似合理的选项都被否定时，他们才会接受它。只有这样，科学才能不断向前发展，并将这种发展建立在坚实的基础之上。

基于这个原因，技术文献的用语通常非常保守，并尽量避免对尚未经过严格证实的结论表示赞同或支持。如果谁胆敢匆忙发表不够成熟的见解，他通常会遭到同行严厉的批评。比如物理学家斯坦利·庞斯和马丁·弗莱希曼在结论不成熟的情况下，就匆忙向媒体公布了冷核聚变的所谓“成果”。这一行为极大地损害了两人在物理学界的声誉。

需要保持谦逊的态度也是原因之一。假如你的新发现和大家公认的结论不一致，你最好先假设是你错了，而不是先笃定你的发现会让整个学科都推倒重来。

与科学不同，伪科学的结论总是比较大胆，喜欢用绝对化的字眼，而且毫无节制地往自己脸上贴金。一旦有新的“发现”，他们就会把它吹成这个领域“改变世界”的重要成果，以及对全人类有多么重大的意义。

再来聊聊尼尔·亚当斯吧。他曾经写道：

站在我的角度，看看这漫山遍野的陡峭地形吧。我是世上（几乎）唯一了解它的人了。这就是“拉裂构造”——没有别的解释。

他自认为凭借其独一无二的观察能力，就可以洞悉地球地质构造和地理分布的真相。有人指出他的观点完全违背了科学原理，他这么做是在妄图否定地球科学。按照他的说法，会不断有物质填充到地球内部，因此科学家描述的那种重力作用并不准确。粒子物理学也同样如此。他写道：

> 你知道月球掠过地球表面的速度有多快吗？每小时 1 000 英里！（这么快的速度）水都会受到挤压。有些教科书真的应该重新写了！

另外他还写道：

> （粒子物理的）标准模型完全是胡扯！所谓的模型，不过是标明密度所在位置的数学小把戏。它说到底也就是一种理论罢了。这个话题过于宏观，没办法用几页纸就说清楚，也用不着没完没了的讨论。简单来说吧，归根结底……密度取决于铁元素存在的时间和地点。

> 粒子物理学的标准模型想挡我的路？我让他立刻消失！

11. 号称业内领先多年（甚至几十年）

有人曾声称他提出的突破性理论需要花数年（甚至数十年）的研究才能证实，而现如今尚未有任何（或极少）科学文献能予以支持。对于这种言论，我们需要提高警惕。

意大利外科医生塞尔吉奥·卡纳维洛于 2013 年出版了《永生：为何意识并不存在于大脑》（*Immortal: Why CONSCIOUSNESS is NOT in the BRAIN*）一书。并从当年开始直到 2017 年，他终于宣布他已经准备好实施世界上首例“换头术”（你也可以称它为“换体术”，反正一直存在争议）。在接受《新闻周刊》的采访时，他如是说道：

我只能说人类的医学实验取得了长足的进步。几个月前看上去还不可能的事，如今真的可以做到……我们的这一研究成果无疑是革命性的，称得上医学史上的里程碑。

这段话可谓大胆至极。要想手术取得成功，必须知道如何再造脊髓，否则的话，新头颅所连接着的不过是一具完全瘫痪的身体。

按照卡纳维洛的意思，他不但完善了手术的相关技巧，能够顺利地将头颅从一具身体缝合到另一具身体，他还解决了“脊髓再造”这一难题。这已经不能用“令人吃惊”来形容了——全世界那么多实验室几十年来都致力于该问题的研究，到目前也只取得了些微进展，还远远达不到临床应用的程度。

更让人震惊的是，卡纳维洛和他的研究伙伴显然是在秘密进行实验，其间没有公开发表报告，也没有因此获得过资助。无论是基础研究、动物实验或者临床试验都是保密的，没有在任何科学文献上留下哪怕只言片语的记录。

可事实上，现代科学已经相当复杂。没有雄厚的物质基础和深度的相互协作，科学很难取得进展。在真正搞懂如何再造脊髓之前，科学家先要将与此有关的大量零碎信息收集到一起。只有数百甚至数千份公开的研究报告的成果加在一起，才能够最终让临床试验成为现实。

要想跳过必要的研究步骤，试图完全从零开始，用短短几年时间就取得理应需要几十年才能取得的进展，根本就是痴人说梦。

12. 试图逃避举证责任

任何人只要发表了某个理论，他就有义务向世人证明其理论的正确性。这在科学界是一条通行规则。越是与公认事实不一致的理论，就越需要创立者去证明它。

伪科学家则不然。他们往往没有能力证明其结论，因此总是试图逃避这一责任，并希望由对该结论表示怀疑的人代替他们去证明。他们的观念是，只要他们提出来的理论没有被证明是错的，那么它们就必然是正确的。

这种逃避举证责任的做法，其实就好比是逻辑谬误中的“诉诸无知”，即假如我们对某个现象的成因尚一无所知，那么它必定来自某种超自然的力量。就好比“幽灵猎手”喜欢向别人展示一些特殊的照片，上面能看到不明的斑点或者几缕光线。他们认为，因为没人能说得清为什么照片上会出现这些内容，那就一定是幽灵干的。

我曾经问尼尔·亚当斯，是否有证据能证明他所谓的“地球空心论”，哪怕一条也好。他是这么回答的：

你的意思是让我发明个什么玩意儿，或者告诉你我发现了什么别人从来没见过的东西吗？比方说一头会飞的机械驴？

我并没有创造什么。许多人都掌握我所说的那些事实，比如达尔文。达尔文其实不需要为了观测进化论特意去一趟加拉帕戈斯群岛（The Galapagos）[①]，他只不过正好在那里。那地方曾经到处是进化的证据，现在也是。他观察到了这些现象，经过思考后得出了他的结论。问题是，关于我的所见所想，你愿不愿意心平气和地跟我一起讨论呢？

13. 不可证伪的观点

伪科学家非但会逃避举证义务，而且也不准备接受反驳。为了加以拒绝，他们往往会炮制各种理由来解释为什么预期证据不存在，或者试验结果为何是阴性的。

例如，顺势疗法的鼓吹者有时会说，他们的产品不能单独与安慰剂进行对照试验，因为这些产品只有在作为整个治疗方案的一部分时才会起作用。这使顺势疗法无法成为一个可以单独研究的变量。当然，如果你真的单独进行顺势疗法，就会发现它确实不管用。

某些伪科学理论也可能严密异常，从理论上也无法找出它的漏洞。比如，神创论者总是喜欢说“我们无法得知上帝的意志，因此也无法了解自然如此呈现的原因”。——上帝刚好创造了某种介于恐龙和鸟类之间的生物形态，但个中

---

① 加拉帕戈斯群岛以多样性气候和火山地貌的特殊自然环境闻名，不同生活习性的动物和植物同时生长繁衍在这块土地上，被称为“生物进化活博物馆”。群岛上现存其他地区罕见的多种动物。达尔文于 1835 年曾到这里考察，促使他后来提出著名的生物进化论。——译者注

缘由人类无法得知。具有讽刺意味的是，这种说辞非但没有让神创论登上大雅之堂，反而更加暴露了其伪科学的面目。凡是科学的猜想，都必定可以通过某种途径得到检验。如果不可以，那么它连“被宣布错误”的机会都没有。就算被证伪，从科学角度来说也是合算的：它至少能够帮助人们继续前进，直至找到正确答案。而假如无法确定某个理论到底算对还是错，那它就一文不值。严格来说，那就是伪科学。

14. 违背剃刀原理，并且无视其他可能的假设

任何针对观测结果或现象的可能解释，我们都绝不能错过。这是科学发现过程中关键的一环。在很多情况下，我们之所以会觉得某种科学猜想可能是正确的，是因为在符合现有数据的猜想中，它是相对最合理，也是最简洁的。但是，如果存在被我们遗漏的其他合理选项，那就不宜过早下结论。

伪科学家的使命就是得出他们想要的结论，因此必然对其他可能的假设推论敷衍了事，不置可否。他们往往会挑选其中一个到两个假设，先象征性地比较一下，然后把它们迅速“枪毙”，只剩下最后一种可能性——他们希望留下的那个。UFO 爱好者尤其深谙此道——“天空中惊现不明光束”，既然不是飞机，也不是星星，那除了外星人的飞船，你还有别的解释吗？

伪科学家从不愿遵从奥卡姆剃刀原理。他们会舍弃相对简单的解释，而宁愿选择更加复杂的，甚至令人难以置信的解释，只因为后者更加符合他们的理论。还记得拉里·阿诺德和“人体自燃”理论吗？针对所谓的自燃事件有多种解释，而他总是有意无意地忽略相对简单的那一个——哪怕燃烧很明显是由外部原因引起的。其中最有名的当属 1980 年发生在英格兰乔利的一起自燃事件。一位老妇人死在自己的公寓里，浑身都烧焦了。可后来发现的事实真相是：她的头部正好在自家的壁炉里面——很显然，她是不慎跌倒的，接着头部撞到了燃烧的壁炉支架。

这种做法最终必然导致人们会选择自己期望的那个推论，哪怕明知它靠不住。这也是检验科学家是否客观的最终标准——假如有确凿的、无可辩驳的证据能驳倒原先的猜想，你是否舍得放弃它？对伪科学家来说，这样的证据再多，也不可能迫使他们放弃原来的观点。

15. 不去触碰核心假设

伪科学分子也会假模假样地开展研究。他们的研究工作仅针对现象本身，而并非检验该现象究竟是否存在。医学科普作家哈丽雅特·霍尔称之为“牙仙科学”（Tooth Fairy science）。假定你这会儿正在进行一项“科学”研究：你正在仔细整理核对“牙仙”留下来的钱。紧接着，你会用一种精妙的统计方法，将钱的数目与牙齿的种类、大小以及孩子们的年龄、性别对应起来，并找出其内在的关联性。你的研究手法看上去的确很科学，也很严肃，可关键是它忽略了一个最核心的问题：真的存在“牙仙”吗？（如果不存在）这笔钱又是谁留下的呢？

替代疗法领域经常会出现这类可笑的研究——人们只关注某个特定治疗方案的实施方式，由谁实施，以及大家对此持什么态度。可它回答不了问题的关键：该治疗方案究竟管不管用？其代表的核心理念是否科学？一旦疗法有效性研究的结果为阴性，替代疗法的吹鼓手会立刻住手，转而一头扎进更多类似“牙仙”这样的荒谬研究。

1974 年，物理学家理查德·费曼在加州理工学院发表了一篇著名的演讲。在演讲中，费曼把这种荒唐的做法称为“草包一族”（Cargo Cult Science）。他把这种人比作尚未开化的美拉尼西亚群岛[①]的土著。在第二次世界大战结束后，美拉尼西亚的部落土著依旧会建造茅草小屋，并修建假的飞机跑道，指望哪天能再次盼来运输机，像战争期间一样空投他们所需要的物资。他们最多只能修建一条看上去不伦不类的跑道，却完全不具备任何飞机起降所需要的技术和物资装备。

伪科学也是如此。他们的研究看上去似模似样，实际上却缺乏真正的科学精髓——科学猜想需要依靠可证伪的证据谨慎地加以验证。总而言之，伪科学家总是沉溺于“动机性推理”（详见第 9 章）而无法自拔。面对实验失败的结果，他们总能找出无数特殊理由为之辩护（比如因为有科学怀疑论者在场导致心灵感应能力失灵）。

了解上述特征后，你可以据此对某个理论或观点做出自己的判断，也能够

① 美拉尼西亚群岛，太平洋三大岛群之一（另两个为密克罗尼西亚和波利尼西亚）。“美拉尼西亚”之名源自希腊语，意为“黑人群岛”。——译者注

知道它到底处于什么位置——是偏向于真正的科学多一点，还是更偏向于荒诞不经的伪科学。

进化论就是一个很好的例子：人们陆续发现了相互独立的不同证据，几十年来为此争论不休。多年来，科学家进行了各种观测实验，试图找出它的漏洞，所幸目前进化论还安然无恙。这个世界之所以如此多姿多彩，进化论是唯一合理的科学解释。

而在与真正科学相对的另一端，就是可怜的尼尔·亚当斯所代表的伪科学。他其实非常希望人们把他看作严肃的科学工作者，但他所做的一切却完全反其道而行之。他总是满足于进行表面的观测，并据此冒出各种稀奇古怪的想法。为了让这些乖张的想法能够自圆其说，他会乐此不疲地曲解大量的科学内容。

达里尔·贝姆和他的"第六感"研究相对不偏不倚，走的是中间路线。他基本上是按照科学的步骤来开展研究的，但他个人的偏见严重干扰了研究结果。以至于到头来，他的研究结论成了经典的反面教材：表面上披着科学研究的外衣，却没能遵循严格的程序对猜想加以证实。

第 23 章
否定主义

所属部分：科学与伪科学

引申话题：伪科学

否定主义（或者说对科学的否定态度）指的是，凭借一套靠不住的方法论，对公认的科学理念进行有意识否定的行为。

> 我不否认任何东西，我只是对它们表示怀疑。
>
> —— 拜伦勋爵

否定主义真实存在，我的意见是，它是一种有明确定义的思维策略，其一贯的特征经常集中呈现。否定主义始于人们对公认的科学或历史事实加以否认。为达到这个目的，他们会像伪科学那样，从预设的结论开始倒推回去。

否定主义其实就是伪科学的一个分支。它把“科学怀疑论”当作挡箭牌，实际上却不遵循其中的必要规范。否定主义常常和科学怀疑论共生在一起，彼此之间没有明晰的界限（就如同科学和伪科学之间的关系一样）。对此，人们倾向于自己进行对标——有人比你的质疑程度还深，那他就是一个否定主义者；有人不像你那样进行质疑，那他就是一个忠实的信徒。

如今，否定科学已然成为一个普遍的社会现象。相对于散布伪科学的谣言，否定科学似乎在公众中更有市场。各种思潮此起彼伏——人类活动导致全球气候变化（科学界公认的事实），现代综合进化论[①]，微生物致病理论，大脑产生意识的理论，心理障碍的存在，HIV[②]导致艾滋病的事实，以及疫苗的安全和有效性——这些统统都要否定。

甚至还有人对否定主义的存在也表示否定。他们认为否定主义不过是一种修辞套路，意在让对主流意见持批评态度的人闭上嘴巴。但是，他们同样忽略了一个事实——一整套无效的逻辑方法论才是否定主义的生存土壤，它决定否定主义的是上述特点，而不是观点本身。

随着讨论的深入，你会看到否定论者采用的许多策略都是暗中发力——它们都是合理主张在极端情况下的表现。否定主义的某些基本原则听上去颇有道理，真正的问题在于它们的具体实践。

下面列举一些最为常见的否定套路。

捏造并夸大质疑

质疑是科学怀疑论和科学的立身之本，不懂得质疑即意味着容易上当。我们之所以不把否定主义等同于科学怀疑论，这是最为重要的一个原因。前者的问题在于：在否定主义看来，质疑不是用来老老实实发问的手段，而应该是对异见进行打压的工具。

这种套路也被称为“只管发问”（just asking questions，或者 JAQing off）。其实，你很容易就可以看出科学和否定主义之间的区别：真正的科学工作者发问是为了得到答案，并会因此充分考虑到所有的可能性。与此相反，否定论者会不断重复同一个问题（而且是咄咄逼人的那种）。在明确获知答案后，哪怕时间过了许久，他们也会继续“不耻下问”。他们提出的问题（目的是质疑）只是满足了自己的好奇心，而没有起到激发人们探索欲望的作用。

质疑是科学不可缺少的部分。确定性并非科学的终极目标，因此它从来不会对任何事物予以“百分之百”的肯定。我们甚至可以说，科学不是为了

---

① 现代综合进化论彻底否定获得性状的遗传，强调进化的渐进性，认为进化是群体而不是个体的现象，并重新肯定了自然选择的压倒一切的重要性，继承和发展了达尔文进化学说。——译者注

② HIV，人类免疫缺陷病毒（Human Immunodeficiency Virus），是造成人类免疫系统缺陷的一种病毒。——译者注

证明什么是对的，而是为了证明什么是错的。科学也无法直接与真相画上等号——它只是建立各种用以验证的模型，并用模型来预测整个宇宙的动向。

只有经过严格的证伪测试后，科学理论才开始逐渐被世人接受。但也只是暂时接受——说不定下一次实验或观察结果就能推翻它。某个理论之所以受人青睐，就是因为它能很好地解释客观事实，并且与其他普遍获得认同的理论没有冲突。随着这样的理论越来越多，我们就能够建立一个整体化的认知模型，并用它来解释宇宙的运行规律。

我们说一个人具有良好的科学素养，不但是指他知道某个现象（目前）最合理的科学解释，也包括知道我们在多大程度上会相信这一解释，以及解释的完整度如何（即还有哪个方面没有给出合理解释）。某些理论尚存争议，有些理论不为人知，也有些理论不易撼动。在最极致的情况下，某些理论如同史蒂芬·杰伊·古尔德所形容的那样，"已经确凿到人们至少会暂且予以认可"。

否定论者会故意夸大我们对科学理论的质疑，而对已知的东西则极力予以淡化。他们固执地不同意，没有任何余地。沿着这个思路，他们甚至会极端地认为，人类根本无法了解这世上的任何东西——科学知识也是他们要否定的对象。

作为这个思路的一部分，他们会坚信"随着时间推移，科学知识也在不断变化"。科学家既然以前犯过错，那么他们如今仍有可能会犯错。当然，即便是现代科学知识也只属于"当下"而已，不见得会流传千秋万代，这一点是大家公认的——可惜这根本就不是重点。先验观念有尚未经证实的，也有如今已千锤百炼、确凿无疑的。他们犯了一个错误——这两者其实没有可比性。

额外要求不存在（或无法提供）的证据

否定主义最主要的逻辑谬误恐怕是"挪动门柱"——我们在第 10 章对此讨论过。他们会要求你提供证据。一旦你给他们了，他们会要求你提供更多的证据。没人能够满足他们的胃口。

这与科学的常规流程截然不同。有人会首先做初步研究，以便搞清楚问题的方向，以及手上的证据与现有理论之间的联系。其次，持不同见解的科学家会开门见山地表明态度——他们会明确告诉你，哪些证据不符合他们自己的理论，哪些证据会让他们的理论站不住脚，哪些证据会改变他们对某个理论的偏好。只有证据确凿，科学家才会改变自己的想法。人们当然不会总被证据指挥得团团转，不停地改主意，但是确凿的证据也足以让人们转变立场，支持新的理论。

否定论者则极少这么做。一旦某个问题获得答案或者有关证据，他们会悄然转向下一个问题。他们心目中已经事先拟好了答案，因此谁也无法真正说服他们。

化石证据总归会有断层，而人们也不可能精确掌握每个物种的进化来源。为了否定进化论，总有人喜欢拿以上问题说三道四。在简单回顾现有的科学理论后，否定论者指出：物种间存在的鸿沟，意味着我们不得不对更基本的结论产生怀疑——进化的真相究竟是什么？比方说，我们尚无法证明鸟类是从哪个种群进化而来的，进化论本身就会因此遭到质疑（这样一来，此前提到的所谓"鸿沟之神"就显得很有道理）。

科学理论则不然。我们更需要考虑科学理论可能的有效性，而不只是它现在能解释哪些现象。面对否定进化论的种种质疑，也许我们现在还无法给出答案，但谁知道过几年后会怎么样呢？假如进化论是正确的、适用的，将来我们必定会发现物种之间的更多关联。不必在意此前的鸿沟有多大，而应该关注随着时间变迁这些鸿沟会被填平。

只要对生物进化论略知一二，上述问题的答案其实呼之欲出：鸿沟正在慢慢缩小。在过去的一个世纪，人们已经发现许多原本差异很大的物种之间也有关联，比如人类和类人猿，鸟类和恐龙，鲸鱼和陆栖动物，鱼类和四足动物，等等，不一而足。

否定论者此前就已经指出物种差异的问题。当有证据显示物种间有内在关联时，他们又对此充耳不闻，视而不见。这两类物种的差异问题解决了，那么讨论下一对吧！如今他们最为津津乐道的话题是蝙蝠和其他哺乳动物之间的差异。可以想见，有朝一日人们解决这个问题后，他们又会盯着下一个类似问题。

凡此种种"挪动门柱"的做法让人精疲力竭。于是，也有部分否定论者采取了一种更简单的策略——要求提供不太可能存在的证据。

还是以进化论为例。你不是要证明进化论吗？好，拿一块化石证明给我看。

这当然是不现实的——进化是一个非常复杂的历史进程，哪能这么简单。同样，对 HIV 持否定态度的人也会有类似的要求：要证明 HIV 是导致获得性免疫缺陷综合征（即艾滋病）的唯一源头？行，找篇论文给我们看看！事实上，要得出上述结论，往往需要几十人甚至数百人的不懈研究才可能实现。

还有人对疫苗的安全性和有效性横加否定。这些反疫苗主义者会随心所欲地要求重复“接种疫苗 vs 未接种疫苗”的对比试验。这种要求哪怕刚开始听上去有点道理，但他们自己也清楚，这样的实验是根本不会有人去尝试的。这样做实际上是在随机抽取一部分儿童，剥夺他们接种疫苗的机会。这是违反职业道德之举：作为标准医疗保障的一个环节，疫苗早已被证明是安全有效的。临床试验中，人们也不得随机抽取受试者，并剥夺其接受标准治疗的权利。

他们将证据门槛抬得如此之高，所以任何证明疫苗有效性的其他证据都被他们一概否定。的确有人做过“接种疫苗 vs 未接种疫苗”的试验，只不过不是随机抽取罢了。除此之外，许多实验都能够证明疫苗有足够的安全系数。

他们还会使用特别的申辩策略。假如研究显示，接种疫苗的时间与患上自闭症（或其他什么症状）之间没有必然联系，他们会认为这是由于疫苗的副作用会延迟出现，或者孩子的症状是由于母亲怀孕时接种过该疫苗。如果观察不到剂量反应，他们会说那是由于一丁点儿剂量就能产生最大限度的副作用；如果去除疫苗中的某种成分，他们又会说哪怕极少的残留剂量也足以产生副作用，否则就是含有其他成分的缘故。反正再多的证据也满足不了他们。

玩弄文字游戏，否定各种证据

有时候，为了抹杀某科学理论，否决支持该理论的证据，否定论者常常会玩弄文字游戏，对各类证据都排斥。进化论的反对者声称，任何科技手段都无法再现或解释过去发生的事。既然科学就是实验，而你无法在过去的进化进程中做实验，因此进化论根本就不科学。

这其实是一种人为制造出来的狭隘科学观。科学的确依赖经验去验证各种猜想。过去的事总会多少留下一些痕迹——这就是证据。我们可以靠提问来证明（证伪）历史上究竟发生了什么，进化过程也不例外。化石只是肉眼可见的遗留证据，事实上，还有基因和其他的生物特征也能起到同样的作用。

否认存在精神疾病其实也玩了同样的把戏。这些人把“疾病”定义为狭隘的病理性身体异常，即客观存在的细胞、组织或器官的病变。这样的定义当然适用于部分疾病，但显然不是全部：还有些疾病描述的是器官或系统运行中的异常状况，并不包括明显的病变。比如偏头痛就是这样——它毫无疑问是一种疾病，却没有任何表面的病变症状。

因为大脑正常运转并不仅仅取决于脑细胞是否健康，因此脑部疾病也分为许多种类。哪怕是健康的脑细胞，它们也可能因为之间的神经网络出现问题而导致功能紊乱。我们的心情、思维和行动都取决于大脑。因此，大脑功能紊乱可能会导致情绪问题或思维障碍。我们把这种症状称为精神疾病。

对精神疾病不予承认的人（比如“科学教教徒”就反对精神病学）对大脑功能失调与心理障碍之间的关系一知半解，难怪只能靠曲解文字来否认其存在了。

过于关注细节分歧，忽略共识

为理解否定主义的这一特征，你必须先了解科学本身。随着科学不断发展，人们进一步掌握了更多自然规律的细节，从而获得了对世界更深入的理解。重要的是，要明白科学知识也有不同的层次，有深浅之分。

例如，自古以来人们就懂得父母的某些特征会遗传到下一代。很多孩子看上去很像他们的父母。曾经有人认为人类的遗传机制是基于模板——每个精子内部都蜷曲着一个小矮人，那就是孩子的模板。

包括孟德尔在内的科学工作者发现，某些生物特征是以各自独立的方式遗传给下一代的。比如，如果我们用黄豆和绿豆杂交，你会同时收获黄豆和绿豆，而不是一半黄一半绿的豆子。这种遗传特征是无法混合的。

这种遗传方式并非适用于所有特征，但至少表示部分生物特征确实可以被转换成相对独立的遗传单位（或者基因）。当时人们尚未掌握携带该信息的分子的秘密。部分科学家认为这可能是蛋白质，但最终人们确信，决定遗传性状的分子就是我们说的DNA。

DNA携带了基因和可遗传信息。这个观点深入人心，人们都认为它是科学事实。但实际上，我们还远远谈不上对DNA和基因十分了解。此后，人们又发现了“遗传密码”。包括遗传密码如何转换为蛋白质，以及DNA功能如何被调控，这些也已经不是秘密。尽管如此，DNA 仍然有许多秘密有待揭开。

不过（这是关键的部分），有关 DNA 的秘密哪怕现在还有待发掘，哪怕将来能够被人们破解，一个基本事实是不会变的：DNA 是决定遗传性状最基础的分子。就算科学家对基因调控的理解不同，就算他们认为遗传密码的进化方式还有太多谜团有待解开，但这个基本事实是毋庸置疑的。

然而，这正是许多否定论者所争论的问题。事实上，对神经科学持否定态度的人也很喜欢这么干，特别是在否认意识本质上是大脑的功能这一问题上。

二元论者或者那些认为大脑不能解释意识的人指出，既然我们目前不清楚大脑如何产生意识，所以不能确认意识是大脑的功能。但是，即使我们尚不知晓大脑如何产生意识，也不应该影响我们对大脑确实是意识基础这一结论的信心。

进化论的争论也是如此。地球上的生命有共同的起源，并通过一种有序的方式进化成如今的样子。这个道理不容置疑，即便是科学家也很难找到质疑的理由。除了进化论，没有任何一种理论能够对迄今我们发现的各项证据加以解释，更不用说提供完美的解释了。也没有任何理论能够像进化论那样，在生物学领域能够成功预测后来的科学发现。进化论就像扣篮得分一样毫无悬念。当然在细节问题上，它还是一个相当复杂的话题，也存在许多争议：哪些物种是哪些物种的祖先？进化的速率和节奏是什么？所有导致生物进化的因素，我们是否都考虑齐全了？

这些都是值得思考的问题，但都不能否定一个事实：生物进化确实发生了。

否认及曲解业已形成的共识

科学家之间也不可能总是意见一致，因此要放大这些分歧并非难事。对此，否定论者主要通过两种基本形式来达到目的：一是放大分歧可能造成的后果（如前所述）；二是利用少数人的不同意见，把它包装成主流科学界关注的争议。

哪怕是板上钉钉的科学结论和共识，也有可能随时遭到某些科学家的反对。我认为这不是坏事。满足于现有成就会导致科学发展停滞不前，有人反对总好过大家一团和气。但是，反对意见也不能随便乱提，必须结合其研究背景来看。有时它会成为一场真正意义上的学术争鸣——科学家面临两种选择，就看哪一方能驳倒另一方。而在其他时候，如果原来的学说无可辩驳，那么反对意见也就无足轻重了。

最近 AGW（Anthropogenic Global Warming，人为导致全球变暖）的政治话题，使达成共识与否成为关注焦点。AGW 的支持者声称，科学界一致认为，正是人类自身的所作所为导致了全球气候变暖。例如，某科学文献在 2013 年刊登了一项调查，其作者介绍了自己的调查方法和研究结果。详见如下：

关于这些年来同行评议文献中如何评价 AGW 这一所谓的科学共识，我们做了一番研究。我们选取了围绕“全球气候变化”或“全球变暖”等关键词的 11 944 份气候报告摘要（1991—2011 年）。我们发现，66.4% 的摘要对 AGW 没有明确表态支持或反对，32.6% 的摘要支持 AGW 这一说法，0.7% 对此表示反对，另有 0.3% 对全球变暖的成因没有给出明确解释。在明确表达对 AGW 态度的摘要中，有 97.1% 的摘要对“人类导致气候变暖”的共识表示赞成。

从此，“97%”就作为达成共识的百分比而广泛流传开来（其实它不是指 97% 的气候学专家都达成了共识，而是指对 AGW 直接或间接表态了的文献中有 97% 表示了赞成。这一结果也与针对该问题的其他研究结论相一致。要想达成科学共识，另一种途径是让科学机构对证据重新进行审验，并最终做出结论。联合国政府间气候变化专门委员会在 2013 年发布的报告就是一个范例。该报告有 95% 的把握认定 AGW 确实是对的。

另一个广为人知的共识是：转基因生物是一种对消费者安全无害的技术，至少目前是这样。超过 20 家国际科研机构对此进行了重复试验，并各自独立得出了上述结论。美国科学促进会（American Association for the Advancement of Science）早在 2013 年就声称：“事实明摆着：现代生物技术领域的分子技术能够让农作物得到改良，这项技术对人类而言是安全可靠的。”

让我们再回到生物进化理论上来：全世界 98% 的生物学专家都一致认为，生命的多样性源于生物进化。

否定论者非但否定共识的存在，也经常对科学共识的意义加以否定。他们会试图把引用某个广为接受的科学共识抹黑成为“迷信权威”的逻辑谬误，这种说法显然是不成立的。所谓“迷信权威”，指的是过于依赖某些个人看法，仿佛他们说的就是金科玉律；或者过于相信某些其实并不专业的人士（比如社会名流）的意见。但是，仅仅因为对方是权威，就对合理的批评或证据加以排斥，这也是一种谬误。

如果非专业人士引述了经专业人士一致认定的结论，这便算不得逻辑谬误。无视专家一致认同的意见，而用你自己的非专业结论取而代之，反倒是一种靠不住的做法。

鼓吹阴谋论，质疑科学家的动机

要给某人贴上“阴险”的标签简直易如反掌。只要愿意，人们总能找到办法——靠编造故事来歪曲科学家的三观。一旦有这个必要，人们就会凭空捏造出种种说辞。

诚然，我们不否认科学家也会有偏见和学术腐败。但是如果把自己反对的任何结论都将看作学术腐败的结果而无视，那也未免过于武断了。可否定论者就是这么做的。

比如，否认全球正在变暖的人会努力让你相信，全世界的气候学专家一起精心设局，目的就是增加他们的科研经费。为了加强可信度，他们甚至“黑”了专家的数千封电子邮件，从中找出一些片段，加入自己断章取义的解释。这就是他们炮制的所谓“气候门”①。

积极反对 GMO 的人也采取了同样做法。你可以随便搜一篇关于 GMO 的文章，看看下方的评论。你会发现那些为 GMO 技术辩护的人，往往从一开始就被骂作“孟山都②派来的托儿”。美国知情权（US Right to Know）是一家受有

① 2009 年，电脑黑客窃取了英国东英吉利大学气象学家的数千封电子邮件，并将其公之于众。黑客声称，从邮件内容可以看出，科学家对气候变化的研究并不如人们想的那么严肃，甚至为了证实全球变暖理论而必须篡改数据。邮件曝光后（特别是该事件正好发生在哥本哈根气候峰会召开前一周），引起了全球的关注和讨论。这就是所谓“气候门”。英国独立调查机构用了 6 个月时间，进行了可信而广泛的调查，最终证实，没有任何证据能显示科学家故意歪曲事实和数据，他们是客观、清白的。—— 译者注

② 孟山都，总部位于美国密苏里州圣路易斯市，是全球转基因种子最主要的生产商。在全球 66 个国家和地区设有分支机构，拥有 2 万多名员工。生产包括玉米、大豆和棉花等主要农作物以及果蔬种子，同时通过不同的项目和合作关系，与农民、科研人员、非营利组织、大学院校和其他机构合作。—— 译者注

机产品利益集团资助的反 GMO 团体。他们援引《信息自由法案》(Freedom of Information Act),要求科学家公开自己的电子邮件。他们会一头扎进邮件里苦苦搜寻,期待能找到任何看上去和“阴谋”有关的字眼。任何与农业有关的邮件都会被他们解读为怀有不可告人的目的,旨在为有关公司洗地——哪怕你与此无关,哪怕你有非常正当的理由,恐怕也无济于事。

除此之外,笃信进化论的生物学家都是些厌恶上帝的人。

通过全面披露可能存在的利益冲突,以便让读者自行判断消息来源的可靠性,这个要求也不能说不合理。不过如果处理不当,很容易把它搞成一场“审查运动”:哪怕与产业有一丝一毫的联系,人们都会对此大做文章,把科学家说成受雇于这些企业的知情人,因此不必理会。

鼓吹学术 / 思想自由

美国文化(以及其他领域)高度认同个人自由。因此,把个人自由作为挡箭牌尤为有效——难怪它这么受辩方欢迎。美国的法律公然袒护医学外行,称并非人人都必须在临床上遵照一定的医疗护理标准操作。这就是所谓“医疗保健自由法”。神创论者对教授进化论的恶意诋毁,也被美化为“学术自由”。对反对疫苗接种的人来说,他们自然会拼命鼓吹“是否接种应当由父母来选择”。

可是他们都忘了一点:科学、学术和行业都有其自身的标准。维护标准并非压制自由,但很容易被误解为在压制自由。在他们看来,任何在业内推广高标准的尝试都是在鼓吹精英主义。

就拿大学来说吧。没有哪所大学会容许某个学术“怪咖”一边打着学校的旗号,一边在课堂上胡说八道。教师只允许向学生传授学术上经得起考验的内容,这也是学校的责任。

由结果反推论点

接受一门特定的科学可能会给某种政治或宗教意识形态带来干扰,通过指出这种负面影响来否定科学也是极其普遍的。神创论的信徒认为,信仰进化论就意味着对上帝的背叛,甚至会导致道德沦丧。否定全球变暖理论的人则声称,如果耸人听闻的所谓“气候变化”是真的,就会导致政府对私营企业的全面接管。我认为这种思路也属于逻辑上的谬误，可以称之为“从最终结果反推论点”——如果生物进化是事实，那么整个人类社会都得遭殃，因此进化论肯定是错误的。我们也经常能够从这一荒谬思路中体会到否定论者动机的真正根源。科学本身是次要的，由此造成的道德危机才是他们真正关心的事。

这种思路有天然的缺陷。如果你真的打算倡导某种道德或者伦理法则，那么把你的主张和某个不正确的科学结论捆绑在一起，实在是一个再糟糕不过的选择。如果你这么做，就等于让你的对手认为你是在为伪科学站台，并因此攻击你个人的道德水准。你还不如干脆认同合理的科学主张，并站在道义的层面提出你的看法。打个比方，如果你本人崇尚自由市场，就别扯什么全球变暖是假的，乖乖地解决自由市场方面的问题吧。

在全球变暖这个问题上，有学者把上述现象称为“解决方案厌恶”：只因为你不喜欢解决问题的方式，就干脆否定科学的力量。再说一次，把你的注意力集中于解决问题才是更好的选择，而不是忙着对科学说“不”。

读到这里，您应该很清楚了：我和我的节目同行都是坚定的科学捍卫者。人类的历史也证明，要认识这个世界，改善我们处境，科学就是最强大的工具。不过，科学也要求我们具备勇气——要勇于面对真相，勇于接受研究的结果，哪怕它们会让我们感觉不快，或者给我们的习惯性思维泼一盆凉水。

否定主义却试图对科学发现进行批判，以此来削弱科学的力量。因为他们缺乏足够的头脑和勇气，用实事求是的心态来评价科学发现。不过，相对于指代某类人，否定主义更多的是指代人们的特定行为。这种行为应当引起我们的警惕——首先是对我们自己保持觉察。

第 24 章

P 值操纵等研究缺陷

所属部分：科学与伪科学

引申话题：伪科学

要想对科学研究（即使其论证过程看上去无可挑剔）的成果施加影响，我们可以有许多方法。首先，我们要学会如何评估某项研究的可靠程度，才能决定其结论是否值得我们认真对待。这一点非常重要。

从本质上来说，科学并不是一个稳定而线性的发现真相的过程。这个过程充满曲折，随时让你钻进死胡同，或者让你不得不重新回到老路。但它始终会一步一步地引领我们前进，最终（哪怕是暂时的）让我们对整个自然界有更深刻的理解。

—— 马西莫 · 皮柳奇

茱莉亚是我的女儿。此刻我正看着她和我 4 岁大的外甥迪伦一起玩《格斗机器人》游戏。其中有个回合，迪伦操纵的机器人一挥拳，把茱莉亚的机器人的头给打掉了。迪伦马上宣布："我赢了！"在下一个回合中，茱莉亚率先发难，于是迪伦的机器人的头掉了下来。迪伦居然宣布这次还是他赢。茱莉亚当然质疑他耍赖，而他对此的解释是：在这个回合，谁的机器人头先掉下来，谁才算赢。

当我们玩的不再是单枪匹马可以搞定的游戏时，我们应该会记得——当游戏结果公布后，有时孩子会提出更改游戏的规则。对此我们只会一笑置之，因为孩子太想掌控游戏的结果了。他们的这一要求基本上没人会答应，再说也显得太露骨，太做作了。年纪稍大一些的儿童（更不用说成年人）就会明白，我们必须提前设定游戏规则，并在游戏过程中始终遵守这一规则。就算最后知道了游戏结果，你也用不着费心思去想："究竟什么情况下我才算赢了？"

别以为成年人就不会这么干。一旦知道了研究结果，哪怕再知名的科学家也有可能会忍不住"小小地"调整一下规则——只不过他们调整的手法更加隐蔽，也复杂得多。甚至有时候，他们都没意识到自己已经践踏了规则。

科学研究也有自己的一套规则，而且远比任何游戏规则都重要得多。制定这些规则就是为了防范作弊（不管有意为之还是无心之过）。恪守严规既改变了我们的宇宙观，也在很大程度上帮助我们辨别什么是事实真相，什么是一厢情愿的想法。即便如此，还是有大量的所谓"科学研究"要么有漏洞，要么还不够深入，甚至有些研究完全是垃圾。

科学研究涉及的领域非常广泛，因此每年都会产生数百万项新的研究成果。人们的研究差不多涵盖了所有领域——你的任何观点都能找到对应的研究成果（只要你专门选取那些有利于自己的证据）。

那么，究竟如何区分哪些研究是真正科学而可靠的，哪些研究是粗劣的呢？让我们来一次基于理性怀疑的深入探索吧。

在2017年初的一期节目中，我们曾经探讨过一个"走上岔路"的研究案例——意识的"场效应"及美国城市谋杀率的下降，以及对某项前瞻性准实验的评估。该研究来自美国玛赫西管理大学。

按照实验者的说法，思想意识是一种"场"，而且存在某种包括我们所有人在内的大一统的"场"。当人们陷入"超觉禅定"[①]状态时，他们不但会影响自身的意识，同时也会对整个"场"造成影响。

这种观点（包括其他对"超觉禅定"的研究结果）无非是要我们确信（事

① 原文为Transcendental Meditation，即"带有先验主义色彩的冥想"，又名"超在禅定派"。这是一种西方流行的模仿印度教中静坐冥思的修行方式，以此来摆脱烦恼，寻求内心安宁。——译者注

实上他们也从未对此进行过验证），只要有足够多的人同时用心灵感应对意识的“统一场”施加影响，我们整个社会都会因此而受益匪浅。那究竟多少人算足够呢？呃，还真有一个数字——总人口的 1% 的平方根（先算出这个地区的总人口数，除以 100 后再开平方）。为什么是这个数字？不为什么，就是算出来的。

其实这个数字本来是总人口的 1%。但是随后（人们发现无法召集到足够多的人，以便对整个世界产生“影响”）他们发现，这个数字只需要达到 1% 的平方根即可。

显然，此处发挥作用的不是剂量效应[①]，而是门槛效应[②]。一旦你踏过了这个门槛，效应就开始显现。该门槛可以用一个简单的数学公式来表达，因此看上去非常“科学”。它背后其实并没有理论支持。与其说它是科学，倒不如说它更接近于某种法术或命理学[③]（真实的世界并不是基于十进制的，十进制只不过是人们传承下来的习惯罢了。任何自然常数都必须与像 1% 这样的约整数发生关联是毫无根据的说法）。

他们是这么说的，也是这么开展实验的：依靠当地联邦调查局的统计数据，他们对全美排名前 206 的大城市的谋杀率展开跟踪调查。他们将 2002—2006 年作为基准期，把 2007—2010 年作为干预期，并将两者做了对比。在干预期内，他们发现自 2007 年 1 月起，加入“超觉禅定”及其下属锡提门派的信徒已经超过了 1 725 人。他们声称在此之前，这些城市的谋杀率一直呈上升态势，而当信徒的数量达到 1 725 人（因为 1 724 人还不够）后，谋杀率就开始下降了。

这个案例真正有趣的地方在于，那些鼓吹“频率论”（frequentist）[④] 的人甚至在新闻发布会上对此大谈特谈，而且完全是一派胡言。他们声称“经过计算，谋杀率下降纯属偶然的可能性只有十万亿分之一”。

---

① 剂量效应指化学（或物理、生物）因素作用于生物体时的剂量与个体出现特异性生物学效应的程度之间的相关情况。—— 译者注

② 心理学家认为，在一般情况下，人们都不愿接受较高难度的要求，相反却乐于接受较小的、较易完成的要求。在实现了较小的要求后，人们才慢慢地接受更加高级别的要求，这就是“门槛效应”。—— 译者注

③ 命理学是对人生命运规律的探索，以人的各式各样的数字（出生年月日、姓名笔画等）来推测人的性格与命运并占卜推测未来会发生的事情。古今中外都有相关方面的理论。周易、八字命理、紫微斗数、七星命理和占星术等都属于命理学。—— 译者注

④ 频率论即完全依赖统计数字来推导出结论的一种研究方式。——译者注

根据他们的说法，2007—2010 年谋杀案的数量有所减少一定是有原因的。纯属运气使然的概率只有十万亿分之一。

这是一个非常典型的案例，它可以让我们了解对研究结果施加偏见性影响有哪些途径。研究人员费了九牛二虎之力，采用各种严谨的科学方法，却不知道他们实际上的研究对象根本不是科学。

真实的情况是：在过去 40 年，犯罪和谋杀案件的数量的确呈下降的趋势。上述研究中，所谓的谋杀率下降，其实不过是该趋势的延续罢了。况且，他们选择这个时间段也比较主观（为什么必须是 2002—2006 年？），而后续的干预期也是如此。实际上，在干预期的几年中，加入禅定派的信徒数量有时候还低于那个神奇的临界数值。在这项研究中有许多武断的选择，因此可以人为地让实验数值符合你的要求——就好比这个回合，脑袋被打掉的机器人才算赢。接着，你可以对最终报告进行删改，使其看上去非常合理。我们将其形象地比喻为“把数据折磨到招供为止”。

P 值[①]的问题所在

一项科学研究中有很多环节可能会出错。这其中最为常见的就是“P 值操纵”。这个说法源于统计学的 P 值计算。所谓 P 值，只是我们研究科学数据的一种方法。我们会针对某个问题提出“零假设”[②]（null hypothesis）——比如假设“两个变量之间没有关联”。接下来，我们要知道：“如果该零假设为真，出现目前这种极端观测数据的概率有多大呢？”如果 P 值是 0.05（要想判定结果“显著”，0.05 是一个经典门槛），意味着数据有 5% 的可能性是源于随机效应，并非真实效应。

但是，这并非事实情况。虽然这符合大多数人对 P 值的解读，但它真正的含义不是人们所想的那样。其他重要变量，包括先验概率、效应量、置信区间

---

① P 值（P value）就是当原假设为真时所得到的样本观察结果或更极端结果出现的概率。如果 P 值很小，说明原假设情况发生的概率很小，根据小概率原理，我们就有理由拒绝原假设。P 值越小，我们拒绝原假设的理由越充分。总之，P 值越小，表明结果越显著。——译者注

② 零假设是统计学术语，又称原假设，指进行统计检验时预先建立的假设（一般是希望证明其错误的假设）。零假设成立时，有关统计量应服从已知的某种概率分布。——译者注

和备择假设，都不在P值的考虑范围之内。假如有人问道：“要让一组新的数据与某项P值为0.05的研究结果完全相同，发生这种情况的概率是多少？”答案将是完全不同的。

针对这个问题，雷吉娜·努佐在一篇发表于《自然》杂志的评论文章中指出：

> 这些概念不太好解释，不过已经有统计学家试图用通用的经验法则去说明它。根据广泛采用的计算方式，假如确有可能存在真实效应，P值达到0.01意味着发生假阳性的概率至少会达到11%。如果P值达到0.05，上述概率会飙升至29%或更高。因此，莫蒂尔的发现[①]被证明是假阳性的概率要远大于十分之一。同样，得到与他首次试验完全相同结果的概率，也并非像很多人设想的那样高达99%，而仅有不到73%——如果他想再现“非常显著”的统计结果，成功的概率搞不好只有50%。换句话说，完全复制原先实验结果的可能性不太大。就如同抛硬币时你猜正面朝上，而实际上却是背面朝上一样，做不到也很正常。

让我再重申一遍：如果某项研究的P值只有0.01，那么再次重复该实验时，P值仍然达到0.01的概率只有50%（而不是大多数人想象的99%）。

换句话说，人们（甚至资深的科学家也不例外）往往会认为P值是一个预测值，但其实不是。P值从来不是一个预测值。实际上，它只不过是一个小小的测试，用来检验它们究竟是值得研究的数据，还是没有意义的一堆随机数字。

我喜欢在讲座中引用一个医学上的案例。假设每100位40岁的妇女当中，就有1位会患上乳腺癌。另外再假设乳腺X光检查的敏感性是80%（即80%的乳腺癌患者在这项检测中都是阳性结果），特异性为90%（即如果非乳腺癌患者接受该检查，有90%的概率会显示阴性）。以上数值对筛查来说已经非常不

---

① 马特·莫蒂尔当时是弗吉尼亚大学的博士生，他在2000年进行的一项实验显示P值仅有0.01（即非常“显著”）。但在后续的再现实验中，添加新的样本后P值成了0.59，远远高于可以接受的0.05的及格线。他的实验结果引发了人们对P值有效性的争论。——译者注

错了。

那么问题来了——对一位接受检查的40岁女性来说，阳性预测值是多少？或者，因为乳腺X光检查的结果呈阳性，从而认定该妇女患有乳腺癌，这样的可能性又有多大呢？我们知道胸检的特异性是90%，于是很可能认为应该有90%的概率——可惜这是错的。正确答案是7.5%。因为每100位40岁的妇女当中，有99位没有患乳腺癌。再加上我们必须考虑到胸检有10%的假阳性率（即每100位妇女当中会有10位的胸检结果呈阳性，但实际上她们并没有患乳腺癌），而每100位乳腺癌患者中当中只有约80位的胸检结果会显示阳性。

综上所述，100位妇女当中会有9.9位实际上没有患乳腺癌，但其胸检结果却呈现阳性。有0.8位确实患有乳腺癌，而且其胸检结果也是阳性。所以，如果你是一位年届40的妇女，并且乳腺X光检查结果呈阳性，你其实没有患乳腺癌的可能性是相当大的[①]。

P值其实也是这样。P值达到0.05并不意味着假设有95%的概率为真。就像某位40岁妇女的乳腺X光检查呈阳性，并不能说明她患上乳腺癌的概率达到了90%。

检测乳腺癌的例子告诉我们，“基础概率”是一个必须掌握的概念。我们也称之为“先验概率”。从科学假设的角度来说，这也经常意味着“科学的可信度”。可信度越低（就像人群中患上癌症的比例越低），阳性结果或者有显著统计学意义的研究结论为真的可能性也越低。

这意味着，我们根本无法从某项研究的P值中推测其假设正确与否的概率大小。我们需要知道该假设的可信度，同时还需要掌握其他相关研究的结果。

我们把这种思路称为“贝叶斯分析法”——接触新的信息后，需要把它与原先的信息综合在一起考虑，由此重新得出某个观点是否正确的概率。判断假设的可信度固然见仁见智，但有一点是很清楚的：P值（即统计学上的显著性）并没有许多人想象的那么重要。就算研究呈现强“显著性”，我们也无法依靠P值去影响其先验概率。我们必须汇集多项研究，发现更多独立的证据，才有理由认为某个假设或许为真。

---

① 公式如下：0.8（患者呈阳性）/10.7（患者和非患者均呈阳性）×100=7.5%。

如果把这套思路推广到科技文献领域——正如统计学家兼医学教授约翰·约安尼季斯所做的那样，我们会发现大多数发表的实证研究结果都是（也应该是）错的。在 2005 年的一项开创性研究中，约安尼季斯教授指出：假如新发表的科学假说有 80% 都是错误的（这还是保守的估计），而我们把 P 值设为 0.05，那么仅仅是因为随机性的影响，25% 的研究将是假阳性的。如果先验概率进一步下降，那么这个百分比还会急剧上升。

先验概率并非影响人们正确判断的唯一因素。埃里克·洛肯和安德鲁·格尔曼指出，测量误差（meansurement error）同样会极大地影响人们的判断。正因为如此，在科学研究中只要涉及测量，信噪比就是我们必须考虑的因素。在“嘈杂”的环境中，测量误差会被放大，而 P 值的预期价值则会大幅下滑。“噪声”数据正是如此——好比你正在收听广播节目，但是周围静电干扰得太厉害（即所谓“噪声”），使你根本无法听清楚播音员在说什么（所谓“信号”）。这只能说明，数据的自行波动幅度要比你预期的效应带来的影响大得多。

P 值操纵

其实问题更加严重，“P 值操纵”也开始浮出水面。在约安尼季斯教授的计算中，他假设科学研究都精心设计并完美遵守了实验方案——每个人都遵循了游戏规则，但是，我们知道事实并非如此。

在 2011 年进行的一项研究中，约瑟夫·西蒙斯、利夫·纳尔逊和尤里·西蒙松针对如何对“科研自由度”加以巧妙利用进行研究，并发表了研究结果。它指的是科研人员自行选择何时应该停止记录数据，应该跟踪哪一种变量，应该做哪一类比较，以及应该用什么样的统计方法——总之，包括人们在研究中需要做出的各种决定。但是当他们一边做决定，一边盯着数据或实验结果时，他们会下意识地利用这种“自由度”将 P 值调整到那个神奇的 0.05。西蒙斯甚至向我们展示了如何在数据全部为阴性的情况下，还能有 60% 的概率将 P 值调整到 0.05。

西蒙斯指出，在公开发表的学术文献中，P 值基本上都在 0.05 这个水平上下浮动，这一点令人颇为疑惑——这似乎暗示：研究人员会自行调整 P 值，直到他们的实验结果达到可以发表的最低标准。

操纵 P 值的行为无处不在，对此我们有更多更直接的证据。一篇于 2009 年发表在《公共科学图书馆综合》（*PLOS One*）的评论文章指出，调查显示，约有 33% 的科研人员承认在研究过程中至少有过一次“令人怀疑”的行为。究竟是什么行为呢？说到底就是操纵 P 值。

大多数 P 值的操纵行为似乎都不是有意的。也就是说，研究人员并未意识到自己的行为实际上属于欺骗。比如，你会在搜集数据的同时研究这些数据。你很可能会决定，一旦研究 P 值达到了 0.05 这个阈值门槛，你就不再搜集新的数据，并将研究结果公之于众。

追踪数据本身无可厚非。在医学研究中，我们经常需要对数据进行跟踪，以确保受试对象不会受到实验伤害。但是，搜集原始论文数据的人不应参与后续的数据追踪，或者至少受试对象的数量应当提前确定。在后续对数据进行监控的过程中，该数量也应该保持稳定，不能随意更改。

数据搜集工作完成后，再对科研工作的任何部分进行更改都可能属于操纵 P 值——因为改动会影响统计数据。操纵 P 值实质上就是挖掘数据，或者多扔几次色子，但只选择自己中意的那个结果。

很多公开发表的研究都未能如实反映真相，因为它们无法被重复。

要想搞清楚某个理论是否正确，独立的重复试验是最理想的裁决方式。任何研究成果都有可能是侥幸所得，或者是受到外界影响而发生偏差的结果。但是，只有那些真实存在的现象才会不受实验者的影响反复出现在实验数据中。

一比一的重复试验由于消除了所有“科研自由度”，因此尤为有效——因为数据搜集和分析过程中会面临的种种选择，在前一次实验中都已经规定下来了。

但是，不少人意识到目前的试验的重复性存在问题。《自然》杂志于 2016 年发表了一篇研究文章，称多达 52% 的受访科学家承认该问题确实存在，因为他们自己都无法完整重复别人的实验。

人们曾经多次试图复制心理学和其他领域的某些经典实验。2015 年，科学界试图再现 100 个历史上的心理实验，但其中被认为复制成功的仅有 39 个。

并非只有心理学存在这个问题。如前所述，由于测量结果受到“噪声”（干扰）的影响相当大（即数据值始终不稳定），像心理学和医学这种领域实验呈现“假阳性”（误判）的概率会更高一些。

还记得我们的老朋友达里尔·贝姆教授吗？他做的那些“未卜先知”的实验，问题就在于他操纵了P值。贝姆在2017年的一次访谈中，其实也承认他采用了某些技巧，以便在整理数据过程中能够得到想要的结果。

“实验过程要严谨，对此我个人完全赞成。”他说道，“但我更希望是由其他人来做这件事。这的确很重要——有些人会乐此不疲，而我却没有这个耐心。”他说进入一个如此依赖数据的领域，对他而言并非易事。“我过去那些实验其实更多的是一种展示手段。我搜集数据都是为了证明我的观点，我引用数据是为了说服别人接受我的观点。至于别人是否能重复我的实验，我从来就不管。”

为了挽回超自然现象实验失败的声誉，贝姆不得不求助于P值操纵法。他专门修改了实验规则，以期让自己成功获得想要的实验结果——就像我女儿对她的表兄无可奈何一样，整个科学界都对此哭笑不得——贝姆，算你厉害。

解决方式

操纵及滥用P值的问题其实是可以解决的。如前所述，重要的解决办法之一就是更加重视完全的重复试验。在科学领域，估算某项研究所蕴含的价值不是什么难事——哪些结果可以发表，哪些项目应当获得资助，又有哪些研究能让你在学术界声名鹊起。

统计学家安德鲁·格尔曼来自哥伦比亚大学。他认为科研工作应该分几步进行。首先，我们要搜集原始数据。假如这些数据很有意义，那就设计一个重复试验，但是该实验中任何关于数据采集的内容都应该事先就规定好。其次，在正式搜集数据前，列明将采用的研究方法。最后，根据公开的研究方法采集一组完整的新数据。这么做至少能让我们得到一个诚实的P值，也避免了人为操纵的可能。

搞科学研究绝不能只依赖P值。与此同时，研究者还应表明效应量和置信区间，这才是检验数据更为全面的途径。无论统计学的显著性有多大，只要效应量的值很小（比如感冒原来要持续一个星期，现在的平均持续时间比原先缩短了1个小时——了不起！），这样的结论都值得怀疑，因为任何微小的系统性偏差、错误或未知因素都会对实验结果造成影响。

西蒙斯则号召科研工作者不要有任何保留——所有关于数据搜集和分析的决策都应该公之于众。这么做至少能让操纵P值的行为无处遁形，也能让人们打算调整P值时有所顾虑。努佐和其他同行则一致建议，我们应该在研究时更多地采用贝叶斯分析法（上文已经提到过这一方法）——想想看，结果为真的总体概率到底有多少？

我们该站在哪一方？

对普通科学爱好者或科学实践者而言，之前我们提到的种种计算方式意味着：在对某项全新的研究或某个结论做出评价时，我们眼睛里不能只有P值。在评价科研工作时，我们也要看其中有没有操纵P值的行为——实验规则是否留有更改的余地，以便研究人员在必要时能获得他们想要的实验结果？

我们总有办法判断置信度的高低。如果某项研究能做到下面这几条，我们就可以认为其结论是有说服力的：

1. 研究过程要非常严谨，能够将偏差或无关变量的影响控制在最小范围；
2. 除了统计学意义之外，实验结果应当在效应量上也呈现其“显著性”（即信噪比在合理范围内）；
3. 独立的重复试验结果与实际情况一致；
4. 证据的强度与结果的可信度成正比。

许多人在为伪科学以及可疑结论摇旗呐喊的时候，会大肆宣扬上述四条中的一到两条——但不可能四条全部满足（甚至前三条也不可能）。他们只会卖力宣传P值的作用，但是对效应量过小或者未能进行重复试验等缺陷却无动于衷。

对顺势疗法、针灸以及第六感的研究都存在这些缺陷。他们的研究结果甚至并未接近可以接受的门槛阈值。他们在研究过程中随意篡改P值，而且通常效应量的值过于微小。他们也没有统一设计重复试验，而是各自为战，分头去证明那些脱离常识的结论。

然而，科学和伪科学并不总是非黑即白（又是恼人的划界问题）。没错，确实有很多观点远未达到伪科学的范畴，但是上述这些问题也同样让主流科学界头痛不已。

操纵P值的行为也是对科学资源的极大浪费。它没有任何意义，只会让我们的学术文章充斥荒谬结论，而且说不定这些结论还无法复制。我们在公布研究成果时，通常会完全忽略这一点。人们只知道“某某科学家公布了一项重要的科研成果”，但又有多少人知道，大多数所谓令人兴奋的伟大科研成就，其实不过是发表在科技文献上的胡言乱语罢了。

第 25 章 阴谋论

所属部分：科学与伪科学

引申话题：重大阴谋

阴谋论似乎更应该被称作“重大阴谋”。这是一套自成体系的结论，其核心内容是认为世界上存在着一个极其强大的组织，这个组织为了达到其不可告人的目的，无时无刻不在制造各种假象来欺骗公众。

政府从来不擅长保守秘密。

—— 比尔 · 奈

我们此前已经讨论过不少逻辑谬误和认知偏差，其中很多都有一个共同点，那就是习惯于用阴谋去解释一切。但在很多时候，这不过是期盼“一枚戒指统领众戒”[①]的错误想法。

从理性怀疑的角度看，几乎每个话题都少不了包含阴谋论的观点。它好比是一张通用的“脱狱卡”——每当争论陷入窘境，走投无路时，有人便甩出这张

① 小说《魔戒》描写至尊魔戒上刻的一段话：“One Ring to rule them all, One Ring to find them, One Ring to bring them all and in the darkness bind them.”这段话的意思有很多种，其中相对公认的解释是：“一枚戒指统领众戒，尽归罗网。一枚戒指禁锢众戒，昏暗无光。”—— 译者注

王牌。当辩论不过别人时，他们也会祭出这一法宝，好比赌输时气急败坏地掀了桌子。我一向把阴谋论看成学术领域“耍流氓”的最后一块遮羞布。

尽管如此，阴谋论至今依然大有市场。让我们透过其表象，搞清楚阴谋论究竟为何如此备受欢迎。

重大阴谋

说到阴谋或者阴谋论，我们通常指的是所谓“重大阴谋”。这个术语将那些令人错愕的大阴谋与另一些相比之下并不惊心、貌似可信的阴谋区分开。

我们这个世界确实存在阴谋，这一点无可否认。只要两个人凑到一起，准备搞出点什么乱子，这就是阴谋。许多阴谋源于公司或政府部门的内部小圈子（即决策层面）。

而“重大阴谋”的内涵则要广泛得多。它本身必须牵涉到许多人和组织，甚至横跨多个国家，或者历经几代人的时间。

重大阴谋一般都会牵涉到三个方面。首先，要有人策划阴谋。它往往是某个强大的组织——麾下人员众多，拥有极其丰富的资源，对局势有着极强的掌控力，却始终居于幕后不肯露面。它们必须强大到能够炮制阿波罗登月计划的假象，能够借用飞机尾烟来加害普通民众①，甚至能够将恐怖分子诬陷为“9·11”事件的罪魁祸首。其次，要有人识破阴谋论。他们就好比《星球大战》中的“光明军”，能够一眼看透阴谋的本质（谁让他们这么聪明呢）。最后，还有一些会上当的人（或者称为“从众者”），他们相信对过去和现在各种事件的标准解释。

阴谋论思维

用阴谋来解释一切的思维存在逻辑上的缺陷。尽管它会让阴谋论听上去颇有道理，但同时也让其存在致命漏洞。阴谋论思维的关键问题在于，它是一个封闭的思维系统。人们特意用它来屏蔽外界的质疑，甚至也不要求其与内部意

① 关于“化学凝结尾”（chemtrails）的阴谋论调近年来非常流行。它是一种飞机飞过空中留下的凝结尾迹，一些阴谋论者认为这其中携带化学和生物制剂，被政府用来控制人口或改变天气。——译者注

见保持一致。在很多情况下，阴谋论其实就是精心策划的诡辩之术。

任何可能对阴谋论不利的证据本身就是阴谋的一部分。对阴谋论者来说，这种证据很明显是人为捏造的，其目的是让阴谋不至于暴露。因此，不管科学家如何宣扬疫苗的安全性，也不管高清摄影机明明记录下了宇航员登上月球的情形，或者有确凿证据证明“9·11”事件就是恐怖分子所为——别理它，都是假的。

任何与阴谋相矛盾的事件，毫无疑问都是“伪旗行动”[①]：政府主导了这一切，并将盲目的群众引入歧途。另外，如果原本可以证明阴谋存在的证据现在不翼而飞了，那也只能说明这是一种掩饰。阴谋家很善于掩盖自己的行踪。隐藏得有多好？想多隐蔽就有多隐蔽，只要他们认为有必要。

由于隐藏得很深，重大阴谋往往会因此踏入诡辩的“死亡螺旋”。有阴谋论认为政府曾经策划利用喷气式客机的“化学凝结尾”来控制人口数量，但至今也没有人敢站出来承认这一点。为什么没有人敢这么做呢？因为政府太强大了，强大到可以对任何企图揭发的人施加威胁，或者让他们闭嘴。

如果“9·11”恐怖袭击是小布什故意捏造出来的，那么为什么当民主党掌权的时候，他们没有把小布什总统的阴谋披露给大众呢？他们肯定对此心知肚明。为何媒体也保持沉默呢？他们肯定也是知情者。其他国家的政府呢，怎么也不说话？他们当中许多人可是美国的敌人。答案是什么？你可以随便猜。

如果遇上阴谋论解决不了的问题，最简单的办法就是把阴谋论继续扩大。于是很快你就会相信，世界上存在一个无处不在的“影子政府”，它掌控着这世上的一切——光照派、蜥蜴人、新世界秩序等诸如此类的“重大阴谋”。

非但阴谋的范围和影响需要夸大，阴谋策划者的强大和狡诈也值得大吹特吹一番。比如，很多人认为“一些人”掌握了治疗癌症的方法，可就是闭口不言。他们究竟是谁？因为没有明确的指向，对此一直众说纷纭。有人认为是大型医药公司，但是这似乎还不能充分解释阴谋。

医药公司之间会相互竞争，而且随时都有新玩家入局。对一家新公司来说，

---

① 伪旗行动是隐蔽行动的一种，指通过使用其他组织的旗帜、制服等手段误导公众，让后者以为该行动由其他组织所执行。伪旗行动在谍报活动中很常见，此外民间的政治选举也常采用此法。——译者注

有什么理由不去推广它们的治疗手段呢？难道其他国家的公司也这样？

究竟是谁在掌控医药研究？大多数针对癌症的基础性研究都是政府资助的，而且多数都在大学的实验室进行。大型医药公司可以控制这些研究吗？有关研究论文发表在同行评议的杂志上，研究人员也定期会进行成果研讨和交流。至少要有几十家实验室，并且集数年之功，才有可能在攻克癌症方面取得某项重要进展。

医药公司其实只参与了整个过程的最后一个环节，即选择可能的受众群体，并研制出一种能够投产的新药。

这背后有可能还有癌症医生的功劳吗？有人认为，医生最希望看见的是有病人源源不断地找他。医院和医生都无法控制有关实验研究。搞医学研究是为了博取名声，获得资助，因此研究人员并不在乎新药能不能让医生赚到钱。不管怎么说，给人看病总归是一个高利润的行当。就长远利益来看，让病人痛痛快快去死并不是什么好主意。

如果你能看清整个局面，知道其中涉及形形色色、动机各异的机构和个人，那么“有人在幕后控制全局，以达到其卑劣的目的”这一说法就会显得荒谬可笑。像攻克癌症这么重要的发现，是根本不可能隐瞒得住的。

就算他们果真强大到能够实现这些精心谋划的阴谋，他们把自己“暴露”给阴谋论者的行为也显得过于愚蠢了。在阴谋论者眼中，阴谋的幕后策划者可以机智无比，也可以粗心大意，一切全凭所需。所以他们导演了一出“把宇航员送往月球”的大戏，却又通过吹风或者打开门的方式让旗帜飘扬起来，从而暴露出当时并非真空环境（呸！）。

一旦我们把阴谋说得绘声绘色，仿佛跟真的一样，它就成为我们透视真相的一面透镜。模式识别和超能作用力探测结合在一起，往往能让我们觉察到某种神秘的外力——虽然看不见，但它能把相对独立的事件联系起来。接着就会产生所谓确认性偏差。任何随机或看似无关的事件，其实都有可能成为搞阴谋的证据。同时，我们会对那段时期发生的异常现象穷追不舍。哪怕只是稍有一点不太正常或不常见的现象，我们也会小题大做，把它们当作阴谋存在的有力证据。即使是巧合，也算作整个阴谋论的一部分。

阴谋论者同时也犯了最基本的归因错误，将蓄意行为归咎于他人，而忽略了日常生活中的种种外部细节。例如，1963 年 11 月 24 日，杰克·鲁比在李·哈维·奥斯瓦尔德[①]被警察严密保护的情况下依然枪杀了后者，而且整个枪杀过程都进行了电视直播。阴谋论者认为这毫无疑问是一次灭口行动。除此之外，鲁比还有其他理由非要这么干吗？

但是杰拉尔德·波斯纳在《结案》（*Case Closed*）一书中提出了一个颇具说服力的观点：鲁比不过是个笨蛋和混球（他一直想加入帮派）。肯尼迪总统遇刺对他刺激很大，于是他发誓要成为亲手击毙凶手的英雄。但是阴谋论者并不这么想，他们会对鲁比开枪的动机展开各种添油加醋的描述。

阴谋论常犯的另一类逻辑谬误是诉诸人身。假如你胆敢对他们煞费苦心才提出来的阴谋理论表示质疑，那么你一定是太容易相信别人，而且看不透问题的本质。假如你胆敢对阴谋论本身的事实和逻辑提出疑问，那么你本人一定是阴谋的一部分。你一定是个托儿，或者是“草根运动”的一分子，甚至可能是光照派的成员。

阴谋论者常常会犯下“诉诸无知”的错误。他们津津乐道于明显的异常、巧合以及（在他们有限的知识范围内）其他不可思议的现象，并且不断就此发问。如果你不能用非常肯定的措辞解释清楚每一个细节，那么他们就会把这些现象视为阴谋。但是，他们并不需要证明这些就是阴谋，他们要做的只是了解事件的正常经过，并找到其中的漏洞。

2002 年，迈克尔·伍德、卡伦·道格拉斯和罗比·萨顿共同开展了一项研究。研究结果表明，人们甚至能同时接受两个“互斥”的阴谋论。他们相信戴安娜王妃死于谋杀，同时又相信她的死亡是假新闻（其实还活着）。他们相信美国海豹突击队杀入了奥萨马·本·拉登的老巢并打死了他，但同时又相信他还活着。总之，无论什么阴谋论调都会有人赞同，哪怕它们之间互相矛盾。

最后，阴谋论者总是喜欢无意义地重复自己的观点。他们会紧紧围绕一个核心内容：“谁会得益于此？”如果是对真实的犯罪场景提出还原假设，这倒是个合理的思路。但是阴谋论者会拿这个问题的答案作为搞阴谋的真凭实据。

每一次大事件都不可能只有赢家，没有输家。有人借此上位，也有人借机

---

① 奥斯瓦尔德是美籍古巴人，被认为是肯尼迪遇刺案的主凶。案发两日后，奥斯瓦尔德在警察的严密戒备中当众被杰克·鲁比开枪击毙。—— 译者注

捞了不少好处。但是，他们不见得就是事件的始作俑者。而阴谋论者就会说："别傻了！他们因此得到了好处，所以一切都是因他们而起。"

注定破灭的重大阴谋

《公共科学图书馆综合》期刊曾于2016年发表过一篇论文，从数学角度讨论了重大阴谋被内部人员披露的概率到底有多大。当然了，论文本身并未对任何阴谋理论加以否认，但是它用严谨的态度把重大阴谋论调当作日常案例加以剖析，并因此提出了一个颇为有力的观点：如果阴谋本身太过离谱，它注定会被赶下神坛。

大卫·罗伯特·格兰姆斯是该论文的作者。下文摘录了他对阴谋的部分看法：

> 总有人把一切都看成阴谋。他们企图相信任何事件都和其背后隐藏的力量有关，幕后操控这一切的肯定是某个秘密团体或组织。许多看上去能解释原委的推测其实都是不可证伪的，它们要么缺乏证据支撑，要么本身百分之百就是错的。可问题是，这些说法在公众当中居然还挺有市场。如此一来，要让公众倒向正常的医疗和科研成果就变得不那么容易。在原本科学已经深入人心的领域，人们也有可能会因此心生疑虑，甚至持有异议。

真正的重大阴谋会牵涉到许多来自各行各业的人，而且要花费好几年（甚至几十年）才能完成。但这也会让人们产生疑虑：要策划并实现这样一个庞大的计划，究竟成功的概率有多大？要耗费多少人力物力？这种重大阴谋理论一旦膨胀起来是没有底线的——人们会把它想象得愈加庞大，愈加复杂，直到某天无法自圆其说了才会彻底销声匿迹。

格兰姆斯在其论文中分析了重大阴谋可能遭遇失败的概率。这些阴谋论从内部被曝光（即了解内幕的人有意或无意地透露）的概率有多大？不过他没有考虑外部曝光的可能性，即人们通过调查研究，最后发现阴谋根本就不存在。

格兰姆斯从历史上真实的阴谋论开始着手，包括国家安全局的窃听丑闻——被爱德华·斯诺登给披露了出来，塔斯基吉梅毒实验，以及联邦调查局的司法鉴定丑闻。

为了建立重大阴谋论失败的数学模型，他必须同时考虑几个因素。它们包括：像这样规模的阴谋需要牵扯到多少人？随着时间的推移，人数经历了怎样的变化？每个人的平均可靠程度又如何？通过这些案例，他首先得到了一个阴谋论“可靠程度”的范围区间。接着假设阴谋论处于这个区间的最顶端（即按照最高的可靠程度算），并由此得出了一个极其保守的关于重大阴谋论破产概率的预估值。

随着时间的推移，阴谋策划者的人数也会发生改变，这是一个很值得研究的变量。对一些阴谋论来说（比如，有人声称在罗斯威尔[①]坠毁的飞碟上的外星人已经被救活），所涉及的关键人物随着时间流逝已纷纷去世，能够披露内情的人也因此日渐稀少，所以反而减少了阴谋论破产的概率。

然而，其他阴谋论，如有人掩盖所谓疫苗的“真实”风险，这个阴谋的参与者并不会随着时间的推移而减少。这是因为这一阴谋不仅掩盖了一个单一的历史事件，而且有不断持续的科学研究和数据分析。

为了更好地分析其观点，格兰姆斯引用了四个重大阴谋论案例：登月骗局、气候变暖的谎言、有关疫苗的争论，以及隐瞒癌症治疗方法。针对每一个案例，他都需要给出该阴谋论所应该涉及人数的计算方法。我个人觉得他的数字偏保守，但也有人可能认为人数少一点有利于操纵阴谋。我不同意这个观点，特别是牵涉到科学数据时更是如此——只要受过充分的训练，任何科学工作者都有能力对该数据展开研究，并做出自己的分析判断，所以人数多少与是否便于操纵阴谋无关。

在登月骗局的案例中，他把数字设定为 411 000 人——1964 年 NASA 的雇员总数（也是历史上的最高峰）。在气候变暖的例子中，这个数字则是 405 000 人——当时支持 AGW 理论的科学组织的会员总数。在疫苗的案例中，他划定的数字是 22 000 人——国家疾控中心和世界卫生组织的雇员总数（其实他明

---

① 1947 年，在美国新墨西哥州罗斯威尔市发生一起不明飞行物坠毁事件。美国军方对外单方面宣称坠落物为实验性高空监控气球的残骸。因该计划当时尚属绝密，军方没有当即公开细节。许多民间 UFO 爱好者及阴谋论者则认为坠落物确为外星飞碟，其乘员被捕获，整个事件被军方掩盖。——译者注

明可以把各种专业儿科机构的员工数量也加上去）。针对隐瞒癌症治疗手段的问题，他的预测数字达到 714 000 人——全球最主要的几家大型制药公司的雇员总数。

你当然可以对此进行吐槽，但我认为他的预测数字从数量级上来说还算合理——这对他开展后面的研究非常重要。

根据格兰姆斯模型的预测，上述重大阴谋最多能维持 4 年，其间就会被相关的内部知情人士曝光。还记得吗？就个体可靠程度以及对阴谋的参与深度而言，他的预测已经是保守得不能再保守了。如果算平均值的话，阴谋被揭穿的速度可能还要更快些。即使你认为他预测的数量级过高，不需要动不动就成千上万，但是其分析结果显示，阴谋论在几年之内破产依然是个大概率的事件。

你可以把其中的变量（可靠程度、关联人数、随着时间推移而变化的关联人数等）做一些调整，并用他的模型绘制出一条阴谋论的“破产曲线”。就算有几千名“相当可靠”的阴谋策划者，这些阴谋也很有可能在几十年内就统统成为阳谋了——阴谋论的涉及范围越广，或者相关人群的可靠程度越低，其走下神坛的速度就越快。

总而言之，所谓“重大阴谋”不过是人们的臆想。作家迪恩·孔茨曾经就此总结道：

> 任何头脑正常的人都知道，人类是无法让规模如此庞大的阴谋长时间存在下去的。作为自然界的物种之一，我们总是对细节不够重视，总是动不动就产生恐慌情绪，总是情不自禁地要和别人分享秘密——这些都是人类的典型性格。

谁在相信阴谋论？

我们每个人都会用阴谋论来解释某些现象，区别仅在多少而已。但不管怎么说，这种思维方式总归还是需要有一个范围和界限。你可能会对阴谋论有所偏好——许多人都多少会有那么一点。

许多阴谋论的拥趸都是机会主义者。如果某个阴谋论调刚好对我们的胃口，我们就会暂时接受这个观点。就政治理念而言，该现象尤为明显。有人曾于 2016 年做过一项调查。调查结果显示：在投票给希拉里·克林顿的选民中，有 17% 的人相信她在电子邮件中曾提到过一个团伙，该团伙专门为华盛顿的政客提供未成年人性服务（即所谓“比萨门”），而同时有 46% 的特朗普支持者相信此事确实存在。另外，一项由公共政策民调基金会（Public Policy Polling）于 2013 年发起的调查结果显示，29% 的自由派民众相信（或不确信）小布什政府明明掌握内情，却依然故意放任“9·11”事件发生。对此持完全否定看法的人只占 15%。

总体而言，只要某个阴谋论正好符合他们的立场，无论是自由派还是保守派都会更容易接受它。此外，哪怕有些阴谋论调并未带有强烈的政治色彩（比如，21% 的人相信美国政府故意隐瞒了罗斯威尔的不明飞行物坠毁事件，5% 的人相信保罗·麦卡特尼[①] 早在 1966 年就被人杀害了），政治圈中相信它们的人数比例也大致相同。政治立场并不会影响人们对于一些基本阴谋论调的接受程度，比如认为这个世界上一定活跃着某些能左右事情发展的、强有力的神秘组织。

同时该调查还发现，有一小部分阴谋论者似乎没有党派成见——不管该阴谋论有没有政治色彩，他们大多数时候都选择相信。他们本身就养成了固定的思维模式，因此对各种阴谋论深信不疑。

根据该基金会的民调结果，下文列出了一些常见的阴谋论，并附上其赞成者的百分比。

* 20% 的受访者相信童年时接种疫苗与成年后的自闭症有关联，而 46% 的受访者对此持否定态度。
* 7% 的受访者认为登月行动纯粹是一场骗局。
* 13% 的受访者认为贝拉克·奥巴马反对基督教，其中共和党人持此观点的占 20%。
* 关于前总统小布什在伊拉克是否拥有大规模杀伤性武器方面故意误导民众，赞成者与反对者各占到 44% 及 45%。72% 的民主党受访者认为小布什在这个问题上撒了谎，有 45%～48% 的中间派表示赞成，而共和党人对此表示赞同的则只有 13%。

---

① 保罗·麦卡特尼，1946 年生于利物浦，前“披头士”乐队主唱之一，音乐历史上屈指可数的摇滚巨星。——译者注

* 29% 的受访者相信存在外星生命，并且认为它们就在你我身边。
* 14% 的受访者认为，之所以强力可卡因在 20 世纪 80 年代的美国内陆城市中风靡一时，中央情报局起到了推波助澜的作用。
* 9% 的受访者相信，政府出于某种不可告人的目的，往民众的生活用水中添加了氟化物（并非仅仅是牙齿健康问题）。
* 51% 的受访者认为肯尼迪总统之死绝对有内幕，而仅有 25% 的人相信凶手只有奥斯瓦尔德一人。

看来再离奇的阴谋论也至少能赢得 4% ~ 5% 的支持率。这些人可谓阴谋论者当中的死硬派。

阴谋论如此盛行，似乎也有一定的心理因素在起作用。我们总是习惯性地认为，唯有惊天动地的原因才会导致改天换地的结果。一些改变历史进程的全球性大事件，居然靠几个“小毛贼”就能做到，这对我们来说是不可想象的。就算 50 年来根本没有找到任何确凿证据，多数美国人之所以还会始终相信肯尼迪遇刺是一个惊天大阴谋，恐怕这也是原因之一。林肯总统遇刺后的几十年间，类似的阴谋论调仍然不绝于耳。同样，人们认为行刺罗纳德·里根总统也是一个阴谋。

阴谋论的心理特征

2010 年，心理学家维伦·斯瓦米和丽贝卡·科尔斯发表了一篇题为“真相就在眼前”（The Truth Is Out There）的文章，对有关阴谋论的研究做了回顾。他们的观点是，早期的研究报告主要着重于分析阴谋论的特征，却对持阴谋论观点的人少有涉及。他们提到了理查德·霍夫斯塔特于 1966 年发表的“开创性”论文，后者认为阴谋论其实是一种信念，“存在一个潜伏的、具有超自然力量的、全球性的阴谋网络，其目的就是要实施各种极端的罪恶”。

以上观点可谓言简意赅。但是，当研究深入到阴谋论者自身的心理状态时，更有趣的情况出现了。人们对此的认知完全符合人类的发展进程。阴谋论最早被认为属于精神病理学的范畴，人们认为阴谋完全是头脑当中的妄想意念。最近这几年，人们倾向于认为阴谋论是由于情境因素[①]的推动，试图满足某些普遍性心理需求的思维活动。

我认为这两种说法都对——人们天生对阴谋论的偏好程度不同，但总的来说有一个区间。同时，很多事件似乎只有阴谋论才能解释，也确实存在让阴谋论看上去更为可信的情形（哪怕会有更理智的解释）。例如，他俩在文章中写道：

因为阴谋论在某种程度上能够满足人们追求确定性的心理，所以我们认为，一旦现存的主流说法出现信息不正确、自相矛盾或者指向模糊等现象，阴谋论就会变得更加有市场（米勒，2002）。从这个意义上说，阴谋论的确可以为意义不明的现象提供一种解释，并且“在面对不确定性时能够提供另一种相对简单的答案”（扎雷夫斯基，1984，第 72 页）。或者如扬和他的同事所言：“人们渴望能够解释一切自然现象——这也推动了人们在许多层面的好奇心——它让阴谋论者在公众中更有市场。”

归根结底，阴谋论思维源于人们对控制感和理解事物的强烈渴望，因为人们其实缺乏对周围事物的控制，而且他们接触到的信息经常不够明确，所知的信息也不能令人满意，这些都激发了阴谋论思维。作者在文中强调，公众常常对相关信息一无所知，因此也就无法很好地理解许多历史事件（正所谓“情境因素”）。与此同时，我们也会碰到所谓“蹩脚认识论”——在缺乏足够信息的同时，还喜欢应用循环论证、确认性偏差以及站不住脚的逻辑推理。其结果就是为了自圆其说而诞生的阴谋论，这种阴谋论可能还很受欢迎（即使有悖常理）。

达玛丽斯·格鲁普纳和阿林·科曼于 2016 年开展了一项研究。研究结果表明，阴谋论的产生与孤独、无助的感觉有很密切的联系。这也与我们的观点相一致：阴谋论是某种企图掌控一切的病态心理。

---

① 情境因素指的是在人们的知觉过程中与被知觉者直接关联因素的总和，它包括人际间的交往距离、交往频率、交往中的集群性和个体的情绪体验等。——译者注

桑迪 · 胡克小学枪击案

能够体现此前所述“重大阴谋”理论许多特征的最近一个案例是发生在桑迪·胡克小学的枪击案。2012 年 12 月，一位失意的年轻人决定闯入一所小学，并开枪射杀那些学生。他打死了他的母亲，并在射杀了总共 20 名学生和 6 名老师后饮弹自尽。对那些受害人的家庭，对整个小镇，乃至对整个美国而言，这都是一起骇人听闻的事件。这是全天下所有父母的噩梦。

悲剧发生在桑迪·胡克小学校园内。该小学位于康涅狄格州一个名为“新镇”（Newtown）的小镇上。枪击案发生的那段时间，我的父母和其中一个兄弟（鲍勃）正好住在离那所学校不远的地方。我的朋友当中也有人把自己的孩子送往该小学念书（万幸，他们都平安无事），而且其中一位朋友在枪击案发生时就在校园内。她的丈夫（也是我的一位朋友）是第一位冲到现场的急救人员，并目睹了满地尸体的惨状。

这对夫妇是我同事罗格和埃文的挚友，他们从小就互相熟悉。不过直到最近，我才开始和他们夫妇俩有所接触。我说这些是出于两个显而易见的原因：首先，我和枪击案的直接目击者之间只隔了一层关系。其次，我想告诉各位，这是康涅狄格州的一个小镇，至少有几百户家庭都与枪击案有着类似的关联。

詹姆斯·特雷西曾是佛罗里达州大西洋大学的一名传播学教授，但他在 2016 年被校方解除了聘用合同。他在网上建立了一个博客主页，并在上面兜售各种阴谋论。他对桑迪·胡克小学枪击案的官方说辞提出了质疑。2013 年，即枪击案发生后不久，他就开始用阴谋论来质疑官方说法的真实性。一开始他不过是提出质疑，但很快特雷西就把矛头对准受害者的家庭。

特雷西教授认为，该枪击案的实际过程根本不像媒体报道的那样，甚至它很可能是一个彻头彻尾的骗局。可以这么说，阴谋论者会犯下的各种逻辑错误，在特雷西教授身上一样不少。

错误之一在于，他指出媒体报道枪击案时提供的各种细节不一致，有自相矛盾的地方。任何曾经关注过突发新闻的人都知道，媒体在报道备受瞩目的事件时，总是尽可能迅速地发掘一些趣闻或猛料。总会有一部分这类抢先报道事后会被证明描述有误。这只能说明随着事件的不断发酵，媒体也在互相比拼收视率，但并不能说明有媒体暗中谋划并编造了这个故事。

特雷西教授的错误其实就是之前我们讨论过的“追问异常”——在这个案例中，“异常”指的是媒体对此案的报道并不一致，以及一些报道中提到的细节（事后人们才理解这些细节意味着什么）。围绕这样的事件总会产生许许多多离奇的细节。假如不具备专业的背景知识，要把每个细节都讲深讲透也是非常困难的。不排除发生巧合的可能性——生活当中有那么多细节，而当某个重大事件让所有人的目光都聚焦在细枝末节上时，就会产生所谓的各种“异常”现象。

比如，枪击案刚发生后，警察正忙着现场搜救。这时，人们在学校周围的小树林里遇到了几个人。他们其实是希望能拍到几张照片的记者，要不有可能就是赶来看热闹的当地居民。但是在阴谋论者的眼里，他们却是一个庞大计划的一部分。他们究竟是谁？他们为什么会正好出现在那里？为什么在警方的报告中没有提到更多这方面的细节？

罗比·帕克是枪击案中被杀害的6岁小女孩埃米莉·帕克的父亲。在一次电视采访中，他在镜头对准他之前似乎还在微笑，而在镜头对准他的刹那间，他脸上立刻浮现出悲痛万分的神色。阴谋论者抓住这一点不放，把他说成是一个“危机演员”（这是他们自己发明的词汇）。可是你要知道，那些刚刚失去亲人而伤心欲绝的人们并非从此只会哭泣。在摄影机凑上来之前，没人知道帕克在回答什么问题。

在我们这个媒体为王的年代，这些悲剧性的事件使得许多受害家庭开始保护自己的隐私。在他们战胜悲痛的过程中，他们不希望成为媒体关注的对象。保护隐私原本是再正常不过的要求了，可特雷西教授和其他阴谋论的同行一样，宁愿把它看成是一种“掩饰”。阴谋论者用一种极其负面的态度看待这些家庭，反而加剧了他们保护自身隐私的欲望，这又显得何等讽刺！阴谋论者一方面“迫使”他们加强隐私保护，另一方面又对此大做文章，妄图以此证明其理论的正确性。

像特雷西教授这样的阴谋论者总喜欢把一件稀松平常的事看成有人搞阴谋诡计的证明。除了在逻辑上荒谬之至，他们总体而言也犯了戏剧性的错误——他们根本就是在纸上谈兵，脱离现实。好好想想吧，如果枪击案是个“阴谋”，那么让它成为现实得付出多少代价？得有人在小学校园内伪造大规模的枪击现场，假装射杀了根本不存在的20名学生和数名成年人。难道整个小镇就没人会注意到吗?

如此一来，整个小镇都必须是这场阴谋的参与者——实际上，光是小镇还远远不够，需要参与的地区范围还要大得多。我和埃文也不能置身事外，而事实是我们住在与学校距离好几个小镇之外的地方。仅仅是与受害者家庭有直接联系的人际网就已经非常庞大了。

我必须指出，像特雷西教授这样的做法是在公然歪曲事实，有违媒体的道德标准。对此，他辩称自己完全是在进行调查之后才这么说的，而任何一个优秀的媒体工作者都会这么做。可他的确是错了。这里面有好几个原因。首先，正如我此前所说，他的理论荒谬不堪，而真正优秀的媒体人根本不需要对那些人为编造的虚假理论一一予以核实——只要衡量一下其可信度有多少就会明白。其次，他的所作所为既不明智，也不道德。他不断揭露受害人的家庭的伤疤，却给不出任何可能的原因，也没有任何真凭实据能够佐证其观点：他所谓的“阴谋”根本站不住脚（其实就是“追问异常”时得到的错误解释）。

要真想对某个事件展开调查，合格的媒体工作者会谨慎地翻看事件的公共报道。如果确有证据显示这是一个阴谋，他们才有资格对那些当事人提出质疑。特雷西教授手里什么都没有。

桑迪·胡克小学枪击案所牵涉的还不止这位前教授（他正是因为此事才在2016年遭到除名）。电台主持人亚历克斯·琼斯也是一位鼎鼎有名的阴谋论者。他曾经在节目中召集了一帮同道中人，用圆桌会的形式讨论了这起案件。在表达自己的立场时，他说道：

> 我一直认为，我其实并不清楚当时到底发生了什么，因为有太多的现象无法解释，而且人们总是企图隐瞒真相……我只能说，桑迪·胡克小学枪击案的漏洞恐怕比瑞士奶酪上的洞还要多。

正是这些所谓的“异常”现象才需要隐瞒，可他没有必要纠结于任何具体的现象。接下来他又犯了“诉诸人身”的逻辑错误——“我们都知道政府会撒谎，因此政府很可能在这起案件中没说实话。”

也有人认为，正是由于美国政府（当时是奥巴马政府）要利用枪击案件推行禁枪令，所以政府很可能为了达到该目的而策划了这起事件。

2017 年，琼斯本人也正为争夺孩子的监护权忙得不可开交。他对此辩称，自己只不过是个“表演艺术家”。他虽然鼓吹那些疯狂的阴谋论调，但内心却未必都认同它们。当然，这种说辞也许是另一种伪旗行动罢了。

一旦你通过阴谋论的有色眼镜来看这个世界，就会发现正常的举证原则和逻辑推理都不再适用。你只知道，一切都不像看上去的那样。要想不中它的“毒”，你就得明白阴谋论不过是一种心理现象，各种因素综合作用导致了阴谋论的产生；而且你必须很好地控制自己的思维，确保不受其干扰。如果能提前做到这些自然是最好，因为一旦你相信了阴谋论的说法，你再想摆脱这种思维就很难了。

第 26 章
她们真的会巫术吗

所属部分：科学与伪科学

引申话题：阴谋论

“异端迫害”（witch hunt）是对个人或团体进行的针对性的、不公正的调查或起诉。在这种调查或起诉中，被指控者罪行的极端性和威胁性被用来作为中止或无视通常举证原则的理由。

女人：我不是女巫！不是！

贝尔韦代雷：呃……可你的穿着打扮就像个巫师啊。

女人：是他们给我穿成这个样子的！

所有人：胡说。我们什么也没做……没做。

女人：而且这不是我的鼻子。这是假的。

（贝尔韦代雷举起胡萝卜。）

贝尔韦代雷：嗯？

群众甲：没错，我们确实做了个鼻子。

贝尔韦代雷：鼻子？

群众甲：还有帽子。但她确实是个女巫！

（所有人：对！烧死她，烧死她！）

贝尔韦代雷：是你们给她打扮成这样的吗？

群众甲：不是的（不是，没有，没……）！是的（是，是的）！算是有一点儿吧（就一点儿，一点儿）！但是她脸上长了个疣子啊！

《巨蟒与圣杯》（*Monty Python and Holy Grail*）中的一幕

1692 年春，在马萨诸塞湾殖民地的萨勒姆小镇上，有一群女孩声称她们被恶魔所控制，并由此指控镇上的几名妇女对她们实施了巫术。这本该被人们视作小孩子般的恶作剧，不料当局却对此颇为认真。

最终有超过 200 人被指控滥用巫术，19 人被处以极刑。可是第二年舆论的风向就变了，人们纷纷开始翻案。暂未被处死的“女巫”得到了释放，法庭也宣告解散。到了 1711 年，当时主持审理此案的法官向全社会公开致歉，死难者家属也得到了赔偿。

尽管这是美国历史上悲伤的一页，但和欧洲四个多世纪以来人们对巫师的巨大恐慌相比，萨勒姆小镇事件简直就是小儿科。根据最保守的估计，在 14 世纪到 18 世纪期间的欧洲，因为女巫身份而被处极刑的人数至少达到 50 000 ~ 60 000。这个数字极有可能是偏低的，另有估计说这个数字应该达到几十万。就连时间跨度也略嫌保守，因为对女巫的迫害很可能早于 14 世纪，并一直持续到 18 世纪之后。

1487 年，《女巫之锤》（*The Hammer of Witches*）一书在德国问世。这本书随即成为迫害女巫运动的指导纲领。此书的作者是海因里希·克拉默和雅各布·施普伦格，他们俩都是多米尼克派[①]的成员，同时担任天主教会的（异教）审判员。他们打算将各种各样的巫术集结整理成册，并告知公众鉴别女巫的方法。

该书探讨了一些非常关键的问题，例如：“女巫能否通过某种神奇的幻术让男性器官看上去完全脱离身体？”从现代的眼光来看，这种对女性的排斥简直可笑，而它偏偏在迫害女巫的运动中大行其道。

---

① 多米尼克派又译“多明我会”，是天主教托钵修会主要派别之一，于 1217 年由西班牙人多明我创立。1232 年，该会受教皇委派主持异端裁判所，残酷迫害异端。除传教外，多米尼克派主要致力于高等教育。意大利的博洛尼亚大学、法国的巴黎大学、英国的牛津大学等均为该派从事教学和研究活动的场所。—— 译者注

我们在互联网上可以很容易找到该书的电子版。我建议各位能够至少读一读各章节的片段，因为它实在是太让人无语了。以下是其中一个片段：

如果被指控者本人并不承认犯有异端罪行，或者既没有证据表明她犯有此罪，也没有任何证人能合法证明此事，但是只要她表现出此种迹象（无论其程度属于轻微还是严重，或者非常明显），并且据此可怀疑其在散布异端邪说，则根据上述理由，我们必须认定被指控者极有可能属于异端。

换句话说，哪怕拿不出通常法庭愿意采纳的任何证据（本人供述、他人证词等），或者事实上的铁证，女巫还是因为其他所谓的“蛛丝马迹”会被判有罪。后者可以是任何线索。该书其实就是教唆人们用确认性偏差去坐实一项可能莫须有的罪名。

书中所列典型的“异端迫害”，以及当时欧洲人对女巫的真实迫害行为，包括以下 6 个方面。

指控即有罪。只要受到指控，就足以将其列为犯罪嫌疑人，而只要成了犯罪嫌疑人，就会受到调查。证据的采纳标准又无一定之规，可以根据情况自行调整，因此其被采纳的门槛非常之低。在这种情况下，随便怎么查都很有可能找出“巫术”的证据。因此，一旦你被指控，最后就会被判有罪。

置正常采信规定于不顾。哪怕在黑暗的中世纪，人们也多少知道什么样的证据才有资格被采纳。有时候法庭也会制定一些相关标准。但是，如果危险迫在眉睫，比如某人已被怀疑成为“恶魔的化身”，那么正常的法庭证据采信规则就不一定会得到遵守。突然发脾气，或者长时间盯着别人看，都会被人指控成为施展巫术的证据。假如镇上的一头奶牛死了，居住在周边地区的某位根本不相干的女性搞不好就会被指控为女巫，并被执行火刑。

幽灵做证。“幽灵证据”（spectral evidence）一词指的是人们的梦境和幻觉。这样的证据根本就是无形之物，也没有任何事实或第三方证人来加以佐证。它完全是证人头脑中的臆想，根本没有经过外部客观环境的证实。在萨勒姆女巫案中，法庭就专门采纳了所谓“幽灵证据”，不过这种做法随后被殖民地法废止。

和逼供同样恶劣的取证方式。《女巫之锤》直言不讳地鼓吹酷刑，并认为这是一种获得口供的有效办法。事实上，只要你被指控为女巫，等待你的无非两种命运：要么承认并被处以极刑，要么不承认并被施以酷刑——很少有人能熬过酷刑活下来。

鼓励相互揭发。被指控为女巫的人必定认识她的“同行”。人们会对其施加酷刑，以期从她嘴里得到更多的名字，或者通过承诺为嫌犯争取到更轻的判罚来换取抓到更多同党。这样做导致了一系列连锁反应，女巫开始不停地揭发别人。

靠指控别人来消除异己。一旦举证原则被放宽到如此程度，宗教裁判就有可能甚至是很随意地被当作攻击他人的武器来使用。人们会用这一招对付政敌、商业竞争对手，以及其他“异见”群体。它甚至成了排挤社会边缘群体的工具。

这种荒谬绝伦的逻辑并不仅见于历史。1996 年，哲学家道格拉斯·沃尔顿发表了一篇论文，提出了“异端迫害”型论证的 10 个典型特征：

> 如果要认定在论证中采用了类似“异端迫害”式的框架，本文列举了 10 个需要满足的条件：1. 社会力量的压力；2. 人格侮辱；3. 恐惧的气氛；4. 貌似公正的审判；5. 采纳仿造的证据；6. 仿造的专家证词；7. 所用的证据不可证伪；8. 颠倒是非；9. 固执己见；10. 诱导性提问。假如满足以上条件，那么就是不折不扣的“异端迫害”。作为负面的规范结构，人们用它来对某个特定情形下的推论过程做出评价。

上述特征大多数都不言自明，或是与《女巫之锤》如出一辙。“颠倒是非”指的是颠倒了双方的举证责任。在女巫案件中，被控告的一方承担了证明自己无辜的责任，而并非指控或公诉一方承担证明对方有罪的职责。“固执己见”指的是无法坦诚对待案件的真相。特别是法官本应在审理过程中保持开放、包容的心态，随时准备认可呈堂证据。但是在女巫案中，法官往往先入为主地认定被告有罪。

现代版的“异端迫害”

对异端的迫害，包括把女巫活活烧死，已经成为中世纪愚昧落后的一个标志。但是，如果你认为如今不会再上演类似的闹剧，那你就大错特错了。它依然存在，只不过是以一种更加巧妙和复杂的方式被人们隐匿起来了。

20 世纪 50 年代，来自威斯康星州的美国联邦参议员约瑟夫·麦卡锡发动了对共产主义者的迫害运动。这件事几乎尽人皆知。他采取的方式被人称为“麦卡锡主义”。当时人们普遍对共产主义渗透到美国政府和上流社会感到恐惧。麦卡锡正是利用了这种情绪，一次次地召开国会听证会。这些听证会完全就是现代版的迫害女巫行动。

许多人只是因为被指控为共产主义者，或者只是同情共产主义，就遭到诽谤和迫害。但与此同时，他们又得到承诺：如果能揭发你的亲朋好友和工作同事，你本人的境遇会得到改善。在这种恐怖气氛下，一旦被指控就意味着肯定有罪。

那个年代对共产主义的疯狂排斥似乎已经离我们远去。我们可能会不自觉地认为，那种宗教式的迫害行为已经成为历史。事实上，迫害一直都在。20 世纪 80 年代，全美国都笼罩在“撒旦恐慌”的阴影中。恐慌始于南加利福尼亚州一所名为麦克马丁的幼儿园，园内的工作人员被控对幼儿实施仪式虐待（ritual abuse）。随后，司法机构展开了漫长的调查和审理，可到最后居然无人因此获罪。

丹·凯勒和弗兰·凯勒夫妇就没有这么幸运了。1991 年，他们被指控对参加其举办的日托班的儿童有性侵行为。日托班儿童的证词可以证明这一点。起初，一名 3 岁的儿童声称丹·凯勒“在我头上拉屎撒尿”，并用一支钢笔企图对其实施性侵犯。按道理，任何对儿童实施性虐待的指控都必须经过事实调查。哪怕这类犯罪再耸人听闻，我们也必须坚持原来的取证和采信原则。

在此类案件中，成年人在询问受害儿童时使用了一些诱导性的提问技巧。当儿童的证词变得越来越稀奇古怪——出现了虐杀动物、谋杀以及撒旦仪式等内容——人们就应该对证词和提问方式产生怀疑。可事实上，检方却据此认定日托班是一个举行撒旦仪式的地方。

缺乏任何的实物证据（如果要虐杀动物或者谋杀人类，要想不留下一点线索似乎是不太可能的）本身也应该是一个疑点。可最终凯勒夫妇还是被判有罪，并获刑 48 年。直到 2013 年，即在被监禁了整整 21 年后，法庭才重新审理该案，并认为是由于当时某位专家证人的虚假证词才导致他们蒙受不白之冤。凯勒夫妇终于被无罪释放。

这种情况反而更糟。证人会通过所谓“辅助交流”（facilitated communication，简称 FC）在法庭上做证，从而导致许多人被判有罪。因为辅助交流并非法律承认的沟通手段，因此它和“幽灵证据”没有本质区别。但是，还是有很多人对其效果深信不疑，认为完全可以通过抓着他们的手在白板或类似的物品上移动，来与大脑深度受损的人进行沟通。科学实验早已证明，真正在“说”的并非那些病人，反而是辅助者自己。即便如此，用这种沟通手段得来的证词还是被许多法庭所采纳。

虚构作品中也有许多关于“异端迫害”的有趣实例。精彩的戏剧冲突往往少不了它。如果观众知道剧中的指控是假的，他们就会看到愤怒的公众情绪和受到破坏的取证原则会如何导致裁判不公。假如观众不知道指控是假的，他们就会和剧中的主人公一样，带着不确定的心态饱受煎熬。

这些现代生活中的例子当然是属于比较极端的，但是掌握“异端迫害”的思维逻辑却十分重要，因为人们总是在不经意间悄悄地用上这套逻辑。我们必须时刻保持警惕，无论案件多么令人震惊不安，在指控别人时仍要始终把握住公平公正的取证原则和逻辑。

对此我最喜欢举的一个例子来自电脑游戏《辐射 4》。游戏的主角称为“人造人”，他们不停地用完美的仿制替身来取代真正的人类。这意味着，任何玩家都有可能是人造人，但你根本无法准确判断，一切全凭感觉。于是为了保险起见，你可能会把他们全部干掉！

第 27 章
安慰剂效应

所属部分：科学与伪科学

引申话题：反安慰剂效应

安慰剂效应（placebo effects）指的是一种表面上的对治疗或干预的反应，但是这种反应并不是因为治疗有效而引起的生理反应。

安慰剂其实并不能治疗任何疾病，人体内并不存在安慰剂可以发挥作用的生物通路。当他们用谎言安慰你的时候，你最多是感觉上好点罢了。

—— 马克 · 克里斯利普

20 世纪早期曾一度流行把放射源作为补充治疗的手段，特别是在 20 世纪 20 年代达到高潮。当时元素的放射性还属于新发现，属于相当时髦和受欢迎的概念（直到原子弹问世，人们才知道放射元素的厉害）。人们大肆宣扬元素镭和含有辐射的水对健康的种种好处，而事实上它们正是健康的无形杀手。

这绝不是一起孤立的历史事件。同样在 20 世纪早期，医学博士阿尔伯特 · 艾布拉姆斯发明并出售一种称为“活力魔箱”的玩意儿。它外表看上去就是一个黑色的箱子 —— 博士声称它发射的无线电波能治百病。和辐射一样，无线电波在当时也是新生事物，代表着很高的科技成就。艾布拉姆斯博士发明的骗人仪器还包括后来的“振荡碎片机”，同样也是个号称用无线电波给人看病的东西。

成千上万的诊所都在租用这些机器，数以百万计的病人对它的疗效深信不疑。但是到了 1924 年，《科学美国人》杂志和美国医学会（American Medical Association）就此事公布了他们的调查结论："经过冷静的科学分析，我们可以说，艾布拉姆斯的发明称得上是'荒谬之极'。以他的名字命名的所谓'电子反应'完全是子虚乌有……至少客观上不存在。它们统统都是艾布拉姆斯基于治疗目的而想象出来的东西，说到底就是幻觉。太糟糕了，完全是个大骗局。"

美国食品药品监督管理局最终还是当众撬开了博士的黑箱子（在他去世之后不久），发现里面只有一个现成的普通电子装置，复杂程度和电门铃没什么区别，除此之外就什么都没有了。

千万不要以为这种咄咄怪事只会发生在过去那个年代。最近开始流行一种用橡胶和塑料做的手链，号称戴上后能够提升人的运动能力。这岂不是比历史上那些案例更加荒唐？

对那些明明毫无用处，甚至是有害的治疗手段，却偏偏有如此众多的人对其疗效深信不疑。这种现象该怎么解释？答案就是"安慰剂效应"（还不止一种）。

什么是安慰剂效应？

在实践中，安慰剂效应可以泛指任何在接受某种外界干预后产生的积极正面的身体反应，但是这种反应并不是对治疗有用的生理反应。（如果某种无效治疗引发的反应是情况恶化，那么则被称为"反安慰剂效应"。）在临床试验中，一组研究对象接受了某种无效疗法（比如一颗糖片）后产生的任何被研究者观测到的反应，就可以称为安慰剂效应。其实，"安慰剂效应"这个说法属于用词不当，容易让人产生误解。它指的并不是某个单独的效果，而是许多潜在因素相互作用的最终显现结果。

许多因素都能对观测到的（或者被人察觉到的）安慰剂效应造成影响，而具体是哪些因素则要看当时的情况——你观察的是哪些症状？希望得到什么样的结果？诸如疼痛、疲劳或者对健康情况的总体感觉都是主观的观察结果，它们都会受到许多心理因素的影响。例如，临床受试者希望他们的健康得到好转，希望他们所接受的试验治疗会产生积极效果，希望他们为此所付出的努力和时间有所回报，也希望实验结果能让研究人员满意。而从研究者的角度来说，他们同样希望治疗方案能起到应有的作用，希望看到患者逐渐康复。在这种情况下，往往会产生严重的“报告偏倚”（reporting bias）[①]现象。换句话说，受试者会试图说服自己病情正在好转，并将这一情况报告给医生——哪怕实际上并没有好转的迹象。另外，实验一方也往往会在观测中不自觉地有所偏倚，他们会更倾向于得到正向的结果。

在临床试验中，我们发现受试者的健康状况确实有所好转——实验结果明确无误地证明了这一点。原因在于受试者知道自己正在接受临床试验——他们会比平常更加关注自己的身体情况。实验者会前来看望他们，对他们嘘寒问暖，并经常提醒他们要注意健康，养成良好的生活习惯，于是这些受试者也学会了对自己照顾有加。他们会接受医生的定期体检，也会比平常更加配合实验要求的治疗方案。总体来说，受试者会比没有接受实验的患者更知道如何照顾自己，也容易受到临床医生的更多关注。

对于尚未参加临床试验的患者而言，一旦他们为了能够痊愈而决定接受某种全新的疗法，他们也可能会同时表现出更多促进健康的努力。

统计学上有一种“向均数回归”（regression to the mean）现象。对于任何变化中的系统，无论是运动表现也好，还是慢性病症状的起起伏伏也罢，统计方差起初通常较大，但随后会变得趋于正常。也就是说，一开始很严重的症状，到最后很可能会变轻，即所谓“向均数回归”。这也同时说明，在病情严重时人们接受了某种治疗方案，而之后假如情况有所好转，人们往往会产生错觉，即当初的治疗确实有效果。

如果因为某个病症一直没有痊愈，从而让患者不断尝试不同的治疗方法，也会出现上述现象。患者会不停地试错，直到其症状有所减轻或者消失。于是，最近那一次治疗方法就会被认定起作用了。

现在有一种普遍的看法，认为安慰剂效应主要是由意识对物质的作用导致的，这其实是一种误解。没有确凿证据能证明，强烈的意愿或信念能够促进病

① 报告偏倚指，在统计学中，研究对象有时候会因某种原因故意夸大或缩小某些信息，从而使统计结果出现偏差，因此也称为说谎偏倚。——译者注

痛痊愈。但是，心绪和信念的确在很大程度上影响患者对疼痛的主观感受。疼痛这一现象其实是无法直接度量的。事实上，对疼痛的临床研究都是基于受试者的主观汇报。在有关疼痛的实验中，对疼痛的感受及相关的报告偏倚因此存在很大的变化区间。但是得益于一些生理机制，人们的心理状态也能够对疼痛施加一定影响。比如，增加运动能够释放更多的内啡肽[①]（endorphin），从而起到抑制疼痛的作用。分散注意力是一种简单的减轻痛感的方式，甚至大声咒骂也能舒缓疼痛。基于上述原因，对疼痛来说，安慰剂效应很明显，大约有 30% 的人会有此反应。

疗效所选的统计指标越具体，与生理因素关联性越强，则安慰剂效应的影响就越小。对恶性度高的癌症来说，安慰剂效应对生存率没有起到什么作用。反倒是存在一种“临床试验效应”（如前所述）——一旦成为某项临床医学实验的参与者，你会有意识更好地照顾自己，也会对治疗更加配合——这就不存在什么安慰剂效应了。没有证据表明，仅靠乐观的情绪和积极的想法就能战胜癌症或其他类似疾病。

人们经常被一种普遍流行的观点所误导，认为人必须相信治疗会起效（其实它们无效），安慰剂效应才能发生。但正因为如此，人们进一步得出结论，认为安慰剂效应应该不适用于动物或者婴儿。但是，事实上我们发现“向均数回归”效应对他们也有效，得到关注后产生的非特异性反应也依然存在。而且，当我们想知道这匹马或者这个婴儿是否有所好转时，我们所做的评估很可能会有偏差，这也会增加测量到的安慰剂效应。

近年来，关于安慰剂效应的研究越来越多。比如，人们想搞清楚这些表面的安慰剂效应中，究竟有多少是实实在在的生理康复，有多少只是受试者的主观报告，甚至是他们头脑中的幻觉。

关于这个问题最直观的分析来自迈克尔·韦克斯勒等人于 2011 年发表在《新英格兰医学期刊》上的一篇研究报告。他们比较了使用舒喘灵[②]（albuterol）、

① 内啡肽亦称安多芬或脑内啡，是一种内成性（脑下垂体分泌）的类吗啡生物化学合成物激素。它能与吗啡受体结合，产生和吗啡、鸦片剂一样的止痛效果和愉悦感，类似于天然的镇痛剂。——译者注

② 舒喘灵是一种治疗哮喘的药物。——译者注

安慰剂治疗、虚假针灸[①]以及无干预措施四种哮喘病发作时的不同处理方式，并对患者接受处理时的主观和客观反应进行了测量。详见下图。

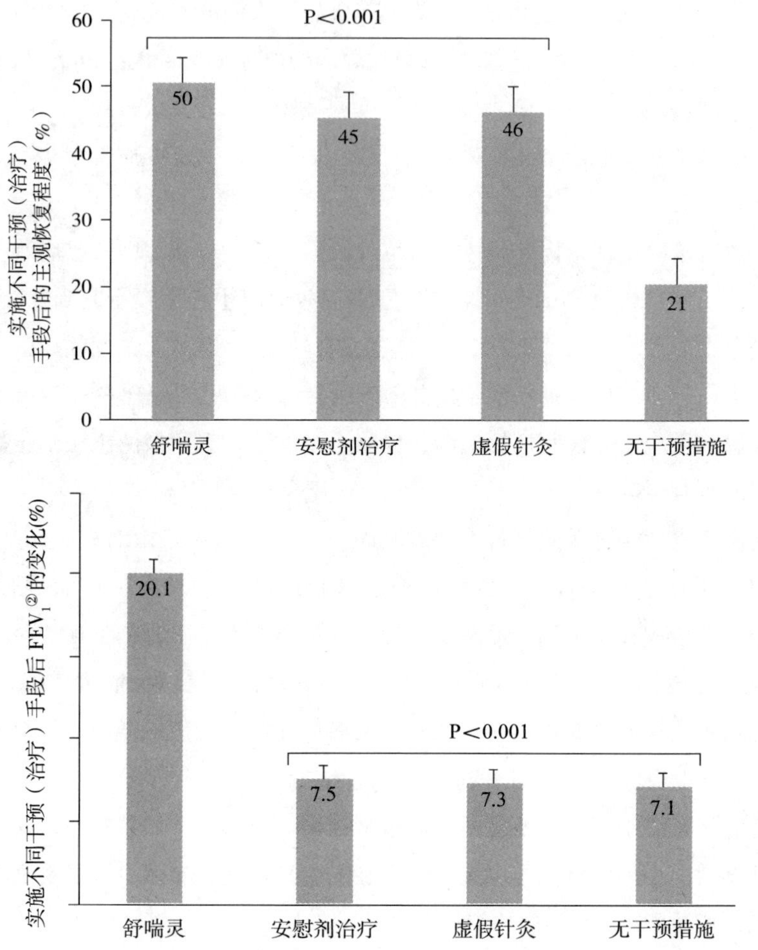

① 研究人员会用虚假针灸来测试传统针灸到底有没有疗效。通常扎针的时候浅尝辄止，或者故意扎在错误的穴位上。—— 译者注

② FEV_1 指最大深吸气后做最大呼气时第一秒呼出的气量的总容积，其数值变化是判定哮喘的重要指标。——译者注

从上图可以看出，使用安慰剂治疗（假的药丸或针灸）后，受试者普遍反映感觉哮喘有所好转，但他们的呼吸功能数值却显示并没有实质性的改善——只有真正服用对症的药物后，肺部呼吸功能才有所好转。

这里面隐藏着风险。如果得不到及时治疗，急性哮喘发作会有生命危险。患者会因为接受了安慰剂治疗而自我感觉有所恢复，从而没有及时就诊，任由肺部功能恶化。

在一众相关医学研究中，韦克斯勒的研究成果可谓相当有代表性：安慰剂效应过于主观，常常令患者出现幻觉，持续时间也不会长久。要想真正地治病救人，就绝不能这样做。

其实，使用安慰剂治疗即便会有一些实际的益处，要想达到同样效果也有更直接的方法——包括培养更健康的生活习惯、积极配合治疗，以及细心的照料。安慰剂效应并不能证明我们可以依靠意识来改变客观环境，但意识毕竟也算是某种物质（大脑），并与身体其他部分紧密相连。因此，它倒也可能让人们产生某些生理方面的反应（虽然经常被描述得非常夸张）。

综上所述，安慰剂效应并不足以说明那些貌似神奇的、反常理的或者过于玄奥的治疗方法的合理性。总之请记住，除了使用安慰剂，科学治疗也能达到同样的效果。没有必要偏信所谓的魔法。

不过，医疗领域即便存在伪科学，其拥趸也会拼命鼓吹这些疗法的神奇之处。哪怕拿不出任何证据，他们也会信誓旦旦地保证他们的治疗方案绝对有效，无论是顺势疗法（其实就是用水）、能量疗法还是用咖啡来灌肠都是如此。假如科学研究的结果表明，这些治疗手段其实和安慰剂没有什么区别（说穿了就是不起作用），这些拥护者就会改口说，因为使用安慰剂也同样能达到这种效果，所以这么说也没错。

从某种意义上说，许多所谓替代疗法其实就是安慰剂疗法——精心设计的治疗流程，加上巧舌如簧般的解释，这一切除了带给患者某种“安慰”外，起不到任何实际作用。替代疗法之所以能大行其道，也是因为人们往往错误地把安慰剂效应等同于“意识对物质产生作用”的实例，虽然事实上它们大多数只是臆想和错觉。

所以（虽然是老调重弹）——安慰剂就像是皇帝的新衣，只是虚张声势罢了。

第 28 章 所谓经验之谈

所属部分：科学与伪科学

引申话题：逸事证据

经验之谈（anecdote）往往以故事会经历的形式出现。它常常被人们当作证明某个结论的证据，但是由于缺乏一定的条件控制，因此容易受到偏倚观念和混杂因素的影响。坊间流传的经验可能是所有证据当中最没有说服力的一种。它会让人们产生新的猜想，但无法去验证它们。

逸事证据[①]只能让你获得你希望的结论，而不是真相。

—— 巴里 · 贝叶斯滕

在我自己的研究所参加一次自然疗法[②]讲座时，我专门找机会提出了下列问题：科学研究证明顺势疗法完全不可信，其临床证据总体而言也都是负面的，为什么你们还要继续向患者推荐自然疗法呢？对方的回答也毫不含糊，我们甚

---

① 逸事证据指某些证据来自人们的道听途说或者经验。由于样本比较小，没有完善的科学实验证明，所以这种证据有可能是不可靠的。总而言之，逸事证据是一种对常见现象不太有把握的解释。只有对一些特例现象，逸事证据可能会被接受。—— 译者注

② 自然疗法是利用与人类生活有直接关系的物质与方法，如食物、空气、水、阳光、睡眠以及有益于健康的精神因素，如希望、信仰等来保持和恢复健康的一种学科，起源于西方的替代疗法。—— 译者注

至可以从中看出科学和其他派别在医疗健康领域的关键区别——她说："因为我自己实践过了，它确实行之有效。"

也许吧。和其他奇奇怪怪疗法的医生一样，她也过于依赖传闻和个人经验，而我却不会这样。

科学家和科学怀疑论者用"逸事"一词来表达他们对没什么说服力的证据的一种鄙视态度——这么做不是没有理由的。笃信超自然或者反科学治疗手段的人对此极其不满，因此他们迫不及待地想要捍卫"逸事证据"的合法性。这些人经常异想天开，但是偏偏除了口口相传的故事，他们拿不出任何其他证据。他们还会试图给逸事证据披上科学的外衣。大卫·卡茨博士（就是上文提到的自然疗法讲座的主持人）认为我们应该对医学证据抱有"更加灵活的看法"。这里的"灵活"可以解释为"没那么确凿，而且只是传闻"。

根据对待经验之谈的这两种截然不同的态度，我们就有把握区分哪些人崇尚理性怀疑，哪些人则是伪科学的信徒。因此，我们必须知道为何前者（从这个角度来说，大多数科学家应该都是）对逸事证据疑虑重重——了解其背后的原因非常重要。在科学研究的漫长过程中，人们来之不易的教训之一就是千万别相信"经验之谈"。坊间流传的经验不仅毫无意义，更糟的是，它甚至还会产生误导作用。数百年来，人们可谓吃尽了传闻的苦头，才得出这样的结论。那些一开始可能奏效的治疗方法，到后来都会变得毫无用处，甚至会给患者造成损伤。我们起初往往会依赖日常经验，而随着相关证据积累得越来越多，我们总是会得出与日常经验相反的结论。历史上由于轻信经验之谈而惨遭"打脸"的教训数不胜数，导致现在人们都相当谨慎地对待科学研究。

准确地说，"经验之谈"指的是某个人（或更多人）主观经历的呈现，即该经历没有被客观记录下来；也可以指在某个非受控环境下诞生的经历或结论。在意外或超常规的事件中，像这样纯粹通过目击者的主观感受获得的证据无疑是有水分的。它完全取决于人们头脑中的主观记忆，而人的记忆已经被无数次证明很容易犯错，而且会受制于各种缺陷。在一个"混沌"般的世界中，我们无法单靠经验之谈来解释随时发生的各种变化。

此前我们曾分析过，人类在事实基础上展开对某事物的主观描述，从而获得感知和记忆。随着时间的推移，记忆的内容也并非一成不变——其细节会慢慢贴近人们的主观描述。确认性偏差也来凑热闹——人们会对记忆内容加以筛选，过滤掉那些与主观描述不符的部分。偶然的观测也同样如此——缺乏足够的测量和量化数据支持。

再缜密的观测结论也有可能只代表某一个（或某几个）案例，因此不见得有普遍意义。通过观测得出的结果也许会超过正常范围，也许是全凭运气，在统计学上也没有代表性。只有能够系统地统计、测量并记录全部结果的数据才是可靠数据。这样得来的数据就是科学证据。

科学发展到了如今这个阶段，回头再看看过去，如果还对逸事证据抱有信心就“太傻太天真”了。这类证据本来就没有什么说服力，而且漏洞百出。我们不能指望靠它来认定某个离奇的新现象就是事实，或者据此要求重新编写教科书。这无疑是愚蠢的行为。经验最多只能提示我们注意某种可能的现象（甚至很可能不会发生），因为它很可能值得我们深入研究或调查。它能够帮助我们提出猜想，但我们不应该以此为基础去证实猜想。

尽管上述观点得到了科学界的普遍认同，但是在现实生活中，我们还是会经常高度依赖经验之谈，特别是自身的经历。如果某种疗法让我觉得病情有所缓解，那么我会认为该疗法确实有效果，这似乎是天经地义的想法——实际上没这么简单。病情好转可以有很多种解释，甚至如果不接受这样的治疗，我说不定会好得更快。要想搞清楚真相，唯一的方法是对患者群体加以观察：其中一部分人接受上述疗法，另一部分人则在一定的外部条件和盲法试验规则下，接受虚假（安慰）疗法。通过综合比较两组实验结果，我们才能得出正确的结论。

我们之所以会对过往的所见所闻信任有加，究其原因有以下几点。要想对日常的普通事物做出判断，依赖自身的经历既简单又有效。在日常生活中，我们不可能碰到一点小事就去寻求科学验证。我们花不起这个时间，也没有那么多资源。如果我忘了把牛奶放到冰箱里，它就会慢慢变酸，于是我得出结论：牛奶应该放在冰箱里保存。我不会专门筹划一个实验来证实这件事，除非我对自己的结论有所怀疑。这个结论未必是对的，只是不值得投入精力去证实而已。

当某些故事引起我们的情感共鸣时，我们会尤其先入为主地把它们当成真人真事。这可能是生物进化的结果。假设你的朋友告诉你，翻过这座山脊的时候一定要小心，如果不慎跌入下面的山谷里，你就会成为狮子的美餐。我想我们的祖先应该会选择相信朋友的忠告，而不会选择冒险前往山谷一探究竟。换句话说，如果面临抉择，我们往往会倾向于先默认故事的真实性。

我们还经常听到一种言论：既然在日常生活中，经验之谈还是值得信任的，那么在更大范围内也应如此。我认为这既是一种错误的前提，也是一种错误的类比。日常生活经验是很容易让人产生误会的。无数心理学研究实验（多数都是针对记忆的）都证明，尽管每天我们会遇见各种各样的人和事，但是大脑对它们的事后回忆却往往漏洞百出。正如此前讨论过的那样，在各种心理因素的影响下，我们对事物的描绘会越发偏离事实。

另外，我们如今身处在一个高度文明的时代，复杂的技术随处可见。我们能够提出相当深奥的问题，而过往的所见所闻显然无法帮助人们回答这样的问题。一旦接受虚假的事物（比如进行毫无意义的治疗），其代价必将十分高昂。

就像我们的远古祖先一样，我们可能会倾向于接受来自所谓“可信的证人”（credible witness）的逸事报告。可是如今“可信的证人”早已像大脚怪一样成了传说。我们都是普普通通的人，我们的大脑都会犯错，都会产生偏见。哪怕你是个飞行员，你用大脑处理视觉信息的方式跟其他人也没有什么不同。某些“证人”确实相对更可靠一些，但不管怎么说，任何证人都有可能被假象所蒙蔽。即使好几个证人异口同声地认为他们看到了同一个事物，这也有可能是记忆污染。目击者们往往会（尤其是凑在一起时）在事件发生时和发生后，就他们所看到的情形展开讨论。其中任何一个人的说辞，都会轻易地对其他目击者的记忆造成影响。

要确定某个结论的可靠性，保持不妥协的“清醒头脑”是一种必要条件，但这还不够：头脑再冷静、意志再坚定的人也会对外界环境做出许多错误判断，对许多现象做出错误解读。此外，人们往往会低估心理状态受到影响（比如中等程度的睡眠缺失）后的结果。那些天真的“幽灵猎手”发现，在据说闹鬼的房间里面只要一整夜不合眼，便总会有奇怪的事情发生。

历史上无数的经验都告诉我们：无论多么可信的证人，也仍然有可能犯下严重错误——这就是我们的底线。

他们为何要说谎?

常常有人问我，既然有些人兜售的观点一看就站不住脚，那么他们到底算骗子呢，还是算被洗了脑的忠实信徒？说实话，我也经常被搞糊涂（除非他们在行骗时被逮个正着）。我个人感觉，很多人似乎两方面都沾一点边。当然后者会认为，除非你能证实某人在撒谎，或者能证明他这么说是别有用心，否则他说的就是对的，或者至少是可信的。

显然，人们是否相信他们所说的话，与他们所提供信息本身的准确程度无关——他们也不是有意要撒谎。但是，如果你信以为真了，那么显然你还没有搞明白谎言背后的动机。人们有时候会夸大其词，因为这样能够为乏味的生活平添一些乐趣。相对于无聊的日常生活，人们当然更乐意相信这世界上还发生过不同寻常的事件，比如在哪里看见鬼了，或者某人被外星人绑架了之类的。在我们看来，这样做是天经地义的。

还有的人可能会出于“善意”而编造谎言。他们并非有意要骗人，但是为了能说服那些抱着怀疑态度的人，他们会对自己的过往经历乔装粉饰一番。这有点像警方“相信”某人就是罪犯，于是为了“伸张正义”，他们就故意制造证据并栽赃给嫌疑人。到最后，人们会出于各种奇怪的理由，而做出各种奇怪的举动。我们有时会搞不懂人们为何说谎，但这绝不能反过来代表他们说的就是事实（还记得“诉诸无知”吗？）。

其实很简单——任何自然状态下的观察（即记录经验）所产生的片面记忆都很不可靠。它们可能适用于我们简单的日常生活，但不适用于任何真正重要的事情。它们还没有资格成为科学证据，也不足以成为一项全新的发现。

工具四：警世故事

当我还在医学院学习的时候，有一堂课让我印象极为深刻。课堂上教授给我们讲了一个故事——当时他本人还在以色列实习。有一天他收治了一个患者，患者的各项化验指标都很不正常，看来病得相当严重。患者体内的电解质（人体血液中的离子化物质，比如钠、氯化物和钾等元素）大大偏离了正常范围。他忙乎了整整一晚上，细心校正了静脉注射液的成分，给患者补充电解质，终于让有关数据都回落到了正常范围。

虽然教授尽了他最大的努力，但是第二天早上，病人还是去世了。他当时的督导老师为此大发雷霆，对他训斥道："电解质倒是正常了，可你却因此让一个以色列人丢了性命！"

导师的责骂固然有理，但我们从中还可以悟出一个重要的经验教训：千万不要只看表面数据，却失去了对整体情况的判断。治疗的对象是患者，而不是让化验结果看上去正常一些。

这件事也给我们上了一课——要学会从自己犯过的错误中吸取教训。如果能从别人的错误中学到点什么，那就再好不过了。教授希望我们能够以此为鉴，不再以牺牲患者的生命为代价而换来血的教训。

这个故事也侧面印证了乔治·桑塔耶拿曾经做过的一个总结："不从历史中吸取教训的人必将重蹈覆辙。"要将理性怀疑思想发扬光大，我们的任务之一就是了解科学、伪科学、故弄玄虚或者欺诈的历史，并从中吸取教训。人们在思考、产生偏见或设下骗局时总是不停地犯同样的错误，周而复始。从我们的角度来看，过去的经验教训拿到今天也同样适用。如果对过去的历史经验有充分的了解，我们就不难从他人的错误当中学到东西。

磁力手镯之类的现代玩意儿往往被夸得天花乱坠，借此来吸引公众的注意。可这和 200 年前流行的靠磁性包治百病的仪器有什么区别呢？我们今天接触到的伪科学，多多少少都有过去的影子。在过去的几十年当中，科学家和科学怀疑论者已经做了大量工作。这就好比给人们种下了科学的疫苗——面对新时代的骗局和骗术，我们就能够更快地（同时也更有效地）予以反击。

这将是介绍科学怀疑论核心概念的最后一部分章节。我们会向读者展示常见的欺骗手法，介绍重要的历史经验和教训，并对典型的伪科学案例加以剖析。这些例子将汇集我们已经讨论过的许多观点，并允许我们使用批判性思维进行思辨。我们将看到，当人们不再保持科学怀疑时，事情会变得多么恐怖。但是我保证，在这个过程中，不会再发生以色列人的悲剧了。

第 29 章
聪明的汉斯

所属部分：警世故事

引申话题：伪科学

聪明的汉斯效应（The Clever Hans effect）指的是研究人员或中间人与动物（或其他实验对象）之间发生的一种无意识的、非言语的交流。它会让我们误认为研究对象有认知能力或超自然能力。

寓言就是寓言，神话就是神话，奇迹则像是某个充满诗意的梦幻场景。没有什么比把迷信歪曲成真理更可怕的行为了。我们小时候一旦接受了它们，相信它们是真的，那么今后要想摆脱这种认知，需要忍受很多痛苦，付出很大的代价。

—— 希帕蒂娅

动物也许懂的比我们想象的要多得多。这倒是个很有趣的想法。我们经常会有这样的猜测，并把动物想象成具有人类一样的情感。我们喜欢跟宠物交谈，仿佛它们听得懂我们在说什么，我们不过是把人类的期望投射在它们身上（它们能理解的非常有限，并不足以进行人类所谓的交流）。

这一现象也从侧面解释了为何《杜立德医生》系列（我小时候的最爱）会这么受欢迎。在杜立德医生的世界里，动物们拥有人类一般的智慧，只是说的话我们听不懂。

该系列的第一本书发表于1920年。那时候的人们普遍有种看法，认为动物很可能具备不为人知的认知能力。在该书出版的时候，这种论调几乎达到了舆论顶峰。随着达尔文的进化论越来越受到认可，人们很自然会产生这种看法。如果人类与动物之间的确存在生物学上的血缘（进化）关系，那么也许动物真的拥有更多我们以前无法想象的人类情感。

就在这样的时代背景下（确切地说是1904年），威廉·冯·奥斯滕和他的一匹名为“聪明的汉斯”的马闪亮登场了。冯·奥斯滕本身是一名数学家，但他更广为人知的身份是一名业余驯马师，同时也是一名颅相学家（通过辨认头骨凸起的部分来判断人的个性）兼神秘主义者。他花了两年的时间让汉斯学会阅读——是的，你没看错，就是“阅读”。

冯·奥斯滕做了一块木板，上面写着全体字母。每个字母还分别对应一个数字。每说一个字母，他就按照该字母对应的数字，扶着汉斯的蹄子帮它在地上敲出相应的次数。到后来，他就逐渐不需要扶着马蹄，而让汉斯自己用马蹄在地面上敲打。他用这个办法让汉斯看上去懂得拼写单词，进而最终能认识完整的句子。一旦汉斯“学会”用单词交流，人们就可以对它提各种问题了。通过这种技巧，冯·奥斯滕“教会”了汉斯辨认时间，讲述日历，了解音乐理论，甚至做算术题（多学着点吧，艾德先生[①]）。

汉斯因此成了全德国瞩目的焦点，随后它的名声开始传遍世界。人们对此津津乐道的同时，科学界也注意到了这个现象。精神病学家古斯塔夫·沃尔夫对汉斯进行了深入研究，并最终认定“动物能够像人类一样思考，懂得使用人类的语言来表达人类的思想”。其他学者和研究人员也纷纷对此表示震惊。

一匹马居然拥有和人类差不多的智慧，这似乎令人难以置信。但汉斯的表现是他们亲眼所见，他们又有什么理由去否定呢？无论问什么问题，汉斯都能够用敲击地面的方式给出答案。科学家甚至对实验施加了额外的控制条件：趁冯·奥斯滕不在场时，他们对汉斯进行了测试。结果是一样的，汉斯依旧回答

---

① 艾德先生出自20世纪60年代一部著名的美国情景喜剧《艾德先生》（*Mister Ed*），剧中主演是一匹会说话的马。作者在此小小地幽默了一把，暗指汉斯比艾德懂得更多。——译者注

正确。于是，科学家相信冯·奥斯滕没有骗人，此事千真万确。

汉斯的故事当然不会到此为止。针对它表现出来的神奇能力，来自柏林大学心理学研究所的奥斯卡·方斯特展开了进一步的深入研究。他加上了一个此前没有人想到过的附加控制条件：在准备向汉斯提问时，它的周围绝不能出现任何知道该问题答案的人。

在这种情形下，汉斯开始缓慢地举蹄敲向地面，同时望着站在它面前的实验人员。它会不停地敲下去，不知道什么时候该停下来。它似乎在等待一个让它停下来的信号，但是却没有人这样做。一旦处在这个实验条件下，汉斯那些神奇的能力就彻底消失了。

方斯特由此得出结论：在接受训练时，汉斯逐渐学会一边举蹄敲击地面，一边分辨驯马师发出的不易察觉的暗号。在收到该信号之前，它会一直敲击地面。不过，没有确凿证据表明该信号是冯·奥斯滕有意识发出的。实际上，汉斯能够从任何人那里分辨出它需要的暗号，而不仅仅是驯马师一个人。

一个发人深省的故事

科学怀疑论者可以从汉斯身上总结出不少经验和教训，其中最直接的就是，在研究动物如何与外界进行沟通时，你需要格外谨慎。我们很容易过度解读它们的行为，从而强行把我们的动物朋友想象成具有人类的智能。整个 20 世纪，人们在研究动物沟通能力时，“聪明的汉斯”实验始终是一个绕不过去的坎儿——每一代的科研人员似乎都应该学会从中吸取教训。

从更大的范围来说，这个故事也证明了所谓“观察者期望效应”（Observer-expectancy effect）的存在。汉斯的故事只不过是上述效应的一个特殊案例。“观察者期望效应”指的是研究人员（或观察人员）能够对其所观察事物施加的某种影响。研究人员往往无意中把他们自己的认知偏见或预期强加给实验对象，从而干扰实验结果。这也是要安排盲实验的最主要的原因。当年汉斯的研究人员错误地认为，只有驯马师才能发出汉斯可以辨识的信号，从而让汉斯看起来具有与人类一般的智力。当所有可能的信号源都被移除时，人们才最终发现了该预期效应。

这个故事也再次说明，在对某个证据做出解读之前，很有必要先考量其可信程度。冯·奥斯滕就是这样——该实验究竟是否符合科学原理，他似乎从未予以认真考虑。作为颅相学家和神秘主义的信徒，他想当然地认为汉斯有能力学会“阅读”，于是他就这么教了。很快他又进一步认定汉斯能够解数学题，理解复杂概念，甚至掌握抽象的音乐理论。随着发现的“事实”越来越离奇，很可能我们会最终得出一个“人为假象”（糟糕的研究方法会让人们看到幻觉，而非真相）。汉斯所表现出来的那种不可思议的“能力”，其实早就应该让冯·奥斯滕产生怀疑才对。同理，那些认可这种超能力的科学家也应该对此采取格外谨慎的态度。

同样道理——搞不清这种人为假象背后的秘密，并不意味着人们所观察到的就一定是真相（详见第10章的“诉诸无知”一节）。假如遇上了科学实在无法解释的事件，最好的办法是先不忙着下定论，而是等待真正的专业调查结果，并确认他人可以独立地再现这一结论。这么做不叫闭塞保守，而是一种讲究实际的态度。历史告诉我们，太过离奇的事物往往靠不住——很可能是人们产生了幻觉，或者是出现了某种差错，也可能是研究方法有问题而导致人为假象。再怎么说，一个结论听上去越不可信越要逐一排除上述可能性。

无论是冯·奥斯滕、古斯塔夫·沃尔夫，还是其他认同汉斯实验结论的科学家，他们都显然犯了思虑不周的错误。这段历史（如果你愿意，也可以把它说成是事件的“尾声”[①]）可谓发人深省，而他们的错误结论也成为该研究领域的反面典型。

如果下次再遇见有人（不管是喜欢夸大其词的实验报告者，还是对此抱有浓厚兴趣的研究人员）对明显违背常理的东西侃侃而谈，我希望你能立刻想起“聪明的汉斯”。在讲述的同时，他们往往还不允许别人质疑：“你不相信？那你解释一下呗！”别急，时间会说明一切。

---

① 原文为 cautionary tail（尾部、尾声），与上文 cautionary tale（发人深省的历史片段）正好谐音。——译者注

第 30 章
霍桑效应

所属部分：警世故事

引申话题：观察者效应

霍桑效应（the Hawthorne effect）又称为观察者效应，指的是对某人的观察会让被观察者改变其自身的行为，而这种人为的现象会导致错误的研究结论。

我们每个人都会察言观色。但是对针对人类的研究实验来说，这种行为常常会对实验结果造成干扰。

—— 史蒂芬·德雷珀

霍桑效应（即观察者会对被观察对象的行为造成影响）是一个相当复杂的现象。我们常常说“事情比你想象的要复杂”，这已经成为科学研究过程中的一条基本原则。霍桑效应就很好地说明了这一点。这 20 年来我一直致力于传播科学理念，而如果要说其中我还有所收获，那就是知道了这一原则。人们普遍偏爱“过度简化”，但这其实（在某种程度上）是一种适应性行为[①]。宇宙是如此广袤，世界是如此复杂。搞清楚这世上每一样事物的每一个微小细节可能是一件徒劳无功的事情。我们对世间万物的理解往往是经过“净化”的信息——只

① 适应性行为是指一个人对外界环境的变化的适应能力，也包括其处理日常生活及在社会环境中求生存的能力。—— 译者注

要和实际情况差不多就行了（不管我们是否真的知道，或者我们是否愿意去了解）。

这些经过简化的信息也有其用武之地，只要你意识到它们只是对现实的近似描画，而不是对现实的完整描述。我们把专业知识划分为不同层次，而这种划分其实在某种程度上反映了人们解释事实时所用模型的复杂程度。在面对不同等级的复杂事物时，我们出于不同目的会选择复杂程度不同的模型——这也是个很有趣的现象。那么，我们需要了解到何种复杂程度的信息才足够呢？针对这个问题，我会在下文给出自己的答案——这是我深思熟虑后的结果，而且我认为它是可行的。

霍桑效应

我们可以将霍桑效应简述如下：对被观察者的行为进行观察会对该行为造成影响。这是一个内涵广泛的现象，而“聪明的汉斯”就是其中一类特例——观察者无意当中向被观察的对象传递了信息。1953 年，心理学家约翰·弗兰奇首次使用了“霍桑效应”一词。该说法源于 1924—1933 年的一个实验，实验地点设在美国西部电气公司（Western Electric）位于芝加哥郊外的霍桑工厂。经过各种改变工作环境的尝试后（比如调整灯光的亮度），研究者发现，无论什么样的改变都能让生产效率有所提高。无论是把厂房灯光调亮还是调暗，结果都是如此。最终的研究结论是，人们的工作效率之所以有所提升，是因为他们知道有人在一旁观察，与工作环境变化没有任何关系。现在我们也称之为“观察者效应”。

对大多数人来说，上面这一段话言简意赅，而且包含了足够的信息。我们对霍桑效应了解到这个程度差不多也够了。实际上霍桑效应要复杂得多。从事科学理念传播的人往往不满足于这么一小段话，而是会补充许多细节，试图将它扩展成为一篇论文，把整个来龙去脉都如实地告诉读者——原本只有科学爱好者（对本书而言应该是拥有科学思维的科学怀疑论者）才需要了解到这个程度。这还没完——只要你愿意，你完全可以根据专业程度的不同需要，再进一步深入研究下去。关键是，无论深入到哪个程度都要保证基本正确。

问题在于，对于霍桑效应，人们平常接触到的那些一段话式的概念总结未必正确。为了让表达更加准确，有时我们需要补充一些细节，并对原有的说法做一些微调。优秀的科学“传教士”必须知道如何把握好这个度，这也是他们必备的专业素养之一。

好，现在让我们回到霍桑效应上来。关于霍桑效应，我曾经听到过不少自相矛盾的解释。为此我颇下了一番功夫，为的就是能解决这样的矛盾。我希望自己的解读能够基本准确，并且在细节上力求真实无误。我最近对公开出版的有关文献（从这里开始入手比较好）做了一次总体回顾和研究，以下就是2014年的研究成果及结论：

结果

共计19个精心设计的研究项目，其中包括处于控制条件下8组随机试验，5组准实验[①]，以及6组针对受试者行为的观察评价（通过回答问题，或者直接观察并让被观察者知道其正是研究对象）。它们给出了关于霍桑效应强弱的量化数据。其中只有1组实验属于医疗健康领域，并且相互之间的研究方法、背景及成果有很大的差异。受评判对象本身的复杂性很可能导致结果出现较大偏差，但不管怎么说，多数实验结果多少还是证明了某种效应的存在。

结论

研究对受试者行为造成的影响的确存在，但无法确知其实验条件、作用机理及效应量级。该领域的实证研究亟须新的理论支持。

基于上述研究（包括其他研究）可知，20世纪的那些例证似乎能够证明一点：置于某社会背景（比如工作场所）下观察人的行为，会产生某种实验者效应。但它并非完全等同于观察者效应——观察者得知有人正受到观察后的一种反应。因此，所谓“霍桑效应”现在更多的是泛指实验者的人为影响。

① 准实验是将严谨的科学实验方法论用于解决实际问题的一种研究方法。它允许在某些方面降低控制水平，但会尽可能运用科学实验的设计原则和要求，最大限度地控制因素。因此虽然产生的结论严谨度稍差一些，但是在无法达到全变量控制的情况下，还是具有广泛的应用性。——译者注

霍桑实验当中的一些细节很有意思，同时也能帮助我们更好地了解这个实验。实验者花了整整 5 年时间，找了数千名工人作为实验对象，并观察他们对灯光亮度变化的反应。同时他们也安排了对照组，让后者始终在稳定的灯光环境下工作。总体而言，无论灯光亮度怎么调整，其结果都是工人的劳动效率有所提高。实验组和对照组的工作效率都有所改善，两者没有统计学上的差别（前提是灯光亮度不能对工作造成实质性的影响——如果灯光被调到很暗，以至于根本看不清周围的工作环境，工人们肯定不会乐意）。除了灯光，实验组还对工人们的休息时间做了调整，并对两次休息之间的时间长短也加以控制，也得到了同样的实验结果。假如缩减工人们每天的工作时间，每小时的生产效率同样会得到提升。当然了，工作时间不能太短，否则每日的生产效率还是会下降的。

通过其他实验，我们认为以上结论同样适用于别的领域。在一系列针对教学预期的实验中，教师被告知其中一组学生在能力测验中得分很高，因此很可能在课堂中表现出色。虽然一开始两组学生的表现不分伯仲，但两年后的跟踪结果表明，被赋予高期望值的这批学生课堂表现确实比另一组更加突出。此外，尽管另一组（低期望值）学生有时候也做得相当不错，甚至超过人们的预期，但教师依旧会对他们表示不满。

1900 年，心理学家约瑟夫·贾斯特罗进行了一系列用穿孔卡片做的实验。其中一组美国人口普查局的员工被告知，他们每天需要在制表机上完成 550 张穿孔卡片。这一数量完全在他们的处理能力范围之内。但是当被要求完成更多卡片时，员工们纷纷表示为难。实验人员未向第二组人员透露任何信息，结果他们每天能够完成 2 100 张卡片的工作量。

如何解释这一切？

心理因素显然在其中发挥了作用，值得深入研究。但是如果把它完全归结为观察者效应，显然是把事情想得过于简单了。如果忽略了其他重要因素的影响，我们几乎可以认定上面的结论是错误的。其中一个因素就是人们的预期。在课堂教学及穿孔卡片的例子中，我们可以清楚地看到预期的作用。尽管我们还没有搞清楚内在的原理，但可以肯定的是，教师本身会对学生课堂表现施加相当大的影响。但是，这种影响会受到预期的干扰——这也解释了为何人们会高度关注教师的个人倾向性，比如，是否存在对学生性别和种族方面的歧视。这也是为什么我们必须非常小心给学生贴标签的行为，我们还要避免根据可能带了“有色眼镜”的标准化测试来看待学生。

在穿孔卡片的实验中，实验结果似乎受到了“自我预期”偏差的影响。假如能预先设定一个用于判断的值，人们会更容易确认某件事是否合理，或者其可能性有多大。如今人们把它视为“锚定启发式思维”的一个组成部分——我们可以事先设定预期值，接着对该预期值有一个预期判断，那么这个预先设定的值和判断就成为我们的参照标准。事先规定好工作份额就是预期设定的一个非常典型的例子。

近年来，人们更多关注的是这些效应对社会群体造成的影响。在一个群体中，人们的行为会受到工作文化的影响。但是，有许多因素可以反过来影响工作文化，预期设定就是其中之一。当你置身于别人的放大镜之下，或者感觉老板似乎很关注你的工作环境（或者你对此还有点发言权），这种情况也会对你的工作造成影响。楼上的那个家伙如果总是关注你办公环境的一些细节（比如灯光亮度什么的），这也会在很大程度上影响工作文化。在同一个工作环境中，人们也会互相影响对方。他们会默契地达成某种“行为规范”，以及对工作标准和工作效率的预期也基本一致。事实上，与管理层的预期相比，员工之间的相互预期对他们自身行为的影响更大，这是事实。

如今的企业管理非常仰仗咨询顾问的作用。咨询公司会派人进驻办公室，观察这家公司的工作文化，并根据管理理论或者他们自身的管理经验提出改进意见。如此折腾一番后，员工的工作效率几乎都会得到提升。可以想象，这个让企业“自我完善”的咨询行当其实卖的就是霍桑效应，哪怕他们提出的改进建议完全是凭空想象、不知所云，或者干脆有可能使效果适得其反。

霍桑效应与安慰剂效应非常类似。这两种效应都是多重复合效应，很难严格区分开其中的每一种效应。同样，这两种效应都会给人一种错觉——人们会以为这是针对某种特殊干预手段所产生的某种特定反应，但实际上它不过是一种针对任何干预与评估的非特定性反应。

自助产业（self-help industry）主要兜售的也是这两种效应。就好比一个正在节食的人，他的具体食谱其实无关紧要（和灯光强弱调节一样，前提是不要太过分地节食，以至于对生理功能造成损害）。他开始关注自己的饮食，并试图增大活动量，这些行为本身就产生了某种效应。

无论什么情形下，外界干预看上去至少都会产生一定的主观效果。各式各样的观察因素及心理因素都能让人们产生实质性的行为改变，当然也会让观察者在评估结果时产生偏差。因此，人们会经常错误地认为，既然某一种具体干预手段（一次治疗、一次节食、一项“自我完善”的计划等）都会起到独特的作用，因此这种做法背后的核心理念一定是正确的。

广义上的霍桑效应和安慰剂效应的影响极其深远。人们总喜欢问同一个问题：我们能把它用在更为积极、正面的地方吗？简单的回答就是：要看情况。实际上，它可能比你想象的要复杂得多。我们也许会遇到许多意想不到的问题，也许会产生一系列下游效应[①]。我们必须考虑周全，绝不能轻举妄动。

简单总结一下吧。在医学领域，我不会因为某种干预仅能激发安慰剂效应就认为它有效。在其他情况下（比如改变工作环境），我不会为了达到更好的效果而去做违反常理、极端或违背人伦道德的事情。但是，为了让人们能感觉到你时刻在关注他们，关心他们，随时准备听取他们的意见，采取相对温和而适度的干预手段倒不失为一个好办法（即使起不到什么特殊的作用），也说不定能够因此让工作文化有所改善。

总之，哪怕干预手段看上去有那么一点效果，你也最好不要相信那些奇奇怪怪的理论。

如何区分什么是真正的特定效应，什么是研究过程中（或者进行干预后）产生的非特定的人为效应，这是每一个科研人员都会面临的问题。从这个意义上说，甚至专家也无法完全掌握复杂的事实真相。

---

① 下游效应是一种比喻的说法，指的是因为前一个事件的发生而导致的相应后果。—— 译者注

第 31 章

说出你的秘密

所属部分：警世故事

引申话题：唯心主义

读心术（cold reading）指的是通过使用一些唯心主义的手段，让人误以为对方通过某种超自然能力，能够掌握他的某些个人信息。这些手段包括在谈论与对方亲身经历有关的事时，故意使用含混不清的说辞，进行大概率事件的猜测，或者把谈话对象自己透露的信息当作已知信息反馈给对方。读心术固然可以作为一种魔术登台表演，但也会被心术不正的人用来展示根本不存在的各种玄学奥义。

在一定的情形下，人们会几乎完全认可读心者所说的话，并将它与自身情况联系起来。这似乎从侧面证明了人类强大的创造力。这个把戏其实很简单：读心者会根据其需要，设计一个貌似正确的内容场景，而对方只要不知不觉地配合他就行了。

—— 雷·海曼

我看见你了……没错，就是你，亲爱的读者朋友。在我写下这段文字的时候，我同时也在穿越时空和你对话——透过厚厚的书本，溜过你的指缝，最后来到你的体内。

我看到了一个人。你跟他很亲近。这是一位老年人，男性。姓名的开头字母是J，也可能是S。同时和我进行对话的不止一位读者，所以我一时难以判断。我看见他穿着某种制服，浑身散发着他特有的味道。可为什么我会看见一扇红色的大门？这对你来说有什么特别的含义吗？

数字“3”非常重要。也许是3号，也许是3月份，也许是某个包含“3”的年份。他想跟你对话，他想告诉你他们都很爱你，他们一切都很好。

以上这段文字其实就是读心术——一种很适合登台表演的设计巧妙的幻术。人们发明了许多方法来假装借助超自然力（或某种神秘力量）准确猜到某些个人信息，而读心术就是其中最重要的一种。

读心术并不只是骗人的心灵巫术这么简单（可我偏偏要再次强调）。比如，制药企业可能会在某个医学会议上当众展示神奇的“笔迹分析”。当然了，这么做只是博听众一笑。凭着潦草的s和大大的t，别人就能猜出来自己的性格。我可不介意这些——权当它是游戏罢了。站在理性怀疑的角度看，这种分析结论让人忍俊不禁：明明很无聊，偏偏又很好猜。那个在我面前卖弄读心术的家伙早就知道我是个医生，所以通过我的字迹，他认定我热爱科学，而且乐意关心别人的健康——哇，说得好准！

但还是有不少人感到很惊讶：这个人怎么可以说得这么准？我周围的许多亲朋好友都曾拜访过那些所谓能和神灵对话的人，或者找人解读塔罗牌和星象。更多人在电视上看到过特异功能的展示，比如约翰·爱德华和西尔维娅·布朗的神奇表演。“这简直难以解释！”他们会这样感叹道。在讶异之余，他们也相信这一切是都受到了某种神秘力量的操控。

真正精彩的读心表演就像魔术一样让人惊讶不已，甚至会瞠目结舌。但是其中的奥妙一旦被揭穿，再精彩的表演也会变得不值一提。

现在来看看它究竟是怎么回事吧。

施展读心术的时候，你的第一句话不能太具体，即必须适用于任何人。这也是读心术的基本要求。“你最近应该缺钱花。”“你觉得周围没有人能真正理解你。”“最近你应该会非常想念家人。”诸如此类的说法其实都很含糊，但每一位听众都会觉得上述情况说的就是自己，别无他人。你会露出惊讶的表情，点点头表示其所言不虚。于是，他接下来会扯到其他一些方面，用来观察你的反应。

他可能会说："也许是你的姐妹……或者阿姨之类的……反正是跟你很亲的一位女性……"同时，他会通过察言观色来判断该话题是否值得深入下去。就这样，用不了多久他就能"套出"你内心深处的秘密。

有时候读心术还可以这么来。先说一段大家都差不多的情形，一旦受试者做出了回应（不管是正面还是负面），他就接着再把情况说得具体一点，并装作他早就清楚这一情况。比如，他会"猜"一个人的姓名开头字母是 J，而自愿接受读心测试的人会不由自主地告诉他名字就叫 John（约翰）。于是他就顺着这句话往下说："没错，是叫约翰。你的生活中有个重要的男人，他的名字就叫约翰。"

受试者可能会主动告诉他："约翰是我父亲的名字。"

"没错。"他说道，"因为我能感觉到他是个老人，而在你很小的时候，他就和你生活在一起了。"表演结束后，受试者很可能会这么跟别人说："这家伙居然知道我父亲名叫约翰！"

还有人用提问的方式向实验对象套取事实，这么做同样也很有效。"你住在山上吗？"如果对方回答"是的"，他会接着说："我猜也是，因为我能感觉到危险，很可能山上会发生什么事。"假如对方的回答是否定的，他会换个说法："我猜你也不住在山上，因为我感觉到你的房子建在峡谷当中，或者是建在平地上。"无论对方做出什么样的回答，他都会让对方相信，他早就已经知道答案了。

读心术的另一大法宝是进行大概率事件的猜测。比如，读心者先猜测姓名的开头字母是 J 和 M，或者干脆就猜他 / 她叫 John 或 Mary（玛丽），因为这两个名字实在是太常见了。如果你仔细看过电视上那些高人的表演，你会发现他们从来不提字母 Q[①]。如果对方来自新英格兰地区，并且是一位有钱有闲的老人家，他们便声称其不久就将与棕榈树为伴[②]。例如，那些所谓的"心灵侦探"常常会"看到"有水或一扇红色的门。这听上去似乎很不寻常，但说不定你在案

① 英语国家的姓名数量极为庞大。但是统计数据表明，开头字母为 Q 的名字相对于其他字母而言少之又少，这可能是读心者从不猜测 Q 的原因。—— 译者注

② 新英格兰地区位于美国东北部，气候相对寒冷但经济发达（纽约、芝加哥等大城市均位于此）。当地人往往在退休后，希望能搬到长满棕榈树的南方热带地区居住。因此，猜测他们将来的生活环境很有可能与棕榈树为伴的概率很大。—— 译者注

发现场附近就能找到它们——其实就是些很普通的东西，哪里都有。约翰·爱德华常常这么说："我能感觉到数字3——也许是3月份……也许是3号……也可能是年份当中有个3。"他会一直这样猜下去，直到说中为止。

这种猜测其实并非针对个人情况，但是读心者会让对方不自觉地将它们与生活当中某些细节联系起来，从而误以为只适用于他一个人。"看见穿制服的人"也是一个常见套路。如果你父亲（或者与你有关的别的什么人）正好在军队服役，那么看起来读心者说得完全正确。但是穿制服的人也可能是邮差、实验室的技术员、警察或者消防员。所以，只要对方展开联想，把读心者说的话和自身联系起来，读心者就会装作他早已知道这一事实。

把别人的猜测与自身对号入座（把泛泛而谈的内容逐渐转换成为切身相关的内容）其实是一种普遍的心理现象。它由心理学家伯特伦·福勒于1949年首次提出，因此被人们称为"福勒效应"（the Forer effect）。当然，也有很多人因为那位著名的杂技大师巴纳姆而称其为"巴纳姆效应"（the Barnum effect）。

福勒先让他的学生接受了一次人格测验，并告诉他们，他将根据测验结果为每个人量身打造一份性格档案。学生对档案对其性格描述准确程度的平均打分为4.26（满分为5分）。随后学生才被告知，每个人拿到的性格档案内容其实完全一样，没有任何区别。

不仅如此，有心理学家还进行了后续实验，从而进一步证实了巴纳姆效应。同时他们也发现，相对于事无巨细的描绘，对一个人笼统的描述反而有可能更符合真实情况，这是人们的普遍看法。受试者甚至认为，相对于通过系统且翔实的调查问卷得出的具体信息，一般性的、笼统的描述反而更真实。假如受试者相信这些性格档案确实符合他们的实际情况，又假如他们相信档案内容的来源，或者档案的大多数内容都是对一个人的正面评价，那么即便这份性格档案可信度不高，人们也宁愿相信它是真的。

所有这些因素都会左右读心术的效果。读心者会让他说的话听上去不像是泛泛而谈，而是对个体精准的描述。进行读心表演时，他们会摆出一副大师的派头，并通过精心制造的氛围来保持其神秘感。读心者很清楚对方想要听什么，并往往投其所好。奇怪的是，大师们似乎从来不会说："你永远都不会找到真爱和幸福。你再怎么拼命工作，最多也就混到公司的中层，并在那儿一直干到退休或去世。你会平凡地度过一生，有时候还会发生一些糟糕的事。生命的精彩与你无缘。”

老练的读心者往往是玩弄统计数据的高手——他们知道哪些名字最普通，知道大多数人都从事哪些工作，甚至知道大多数人的眼睛是什么颜色。除了读心术，任何与“算命”有关的把戏都会用到统计数据。通过这一手，“大师”有时能说出对方非常具体的信息。比如，他们知道大多数航空公司的标志都会有红色元素。在预言坠机事故时，他们就会说：“我能感觉到飞机尾部有红光闪现。”

真正的读心高手甚至会记得对方一开始无意间透露的信息。他会装作没有听见，然后在后半程突然把它说出来——仿佛是他自己推算出来似的。

玩读心术的人都善于见风使舵、察言观色。我有一位同事不太相信读心算卦这类玄学的玩意儿，于是她让我表演一次给她看。我对她说，你最近一定很想结束单身生活。你一定觉得生活很空虚，甚至让人绝望。

听了这话，她露出非常震惊的表情，忙问我是怎么知道的。其实很简单：她都40多岁了还未婚，而且大多数人都会对自己的感情生活非常在意。我只是猜中了一个大概率的事件而已，但是又让它听起来颇为个性化。

有时候，读心者也会借助通过其他途径获得的信息。与事先毫无准备的读心术不同，它可以说是有备而来。神棍彼得·波波夫是其中最为臭名昭著的一个案例。波波夫事先让信徒在“祈祷卡片”上填写个人信息，包括他们得了什么病。在聚众表演时，他会佩戴一个微型耳机。他会一边装模作样，仿佛得到了天神的启示，一边让他的妻子把这些信息通过耳机告诉他。他的龌龊伎俩最后被魔术师詹姆斯·兰迪[①]当场戳穿。

读心者的另一个本事是颠倒黑白，把错的硬说成对的。如果某个地方他猜得不对，没关系——没准你在场的朋友当中，正好有人符合他说的情况。电视上的那些“大神”常常要面对一大群人，因此他们会把这一技巧用到极致。他们会同时对着20个人（甚至更多）做出预测，借此来增加随机命中的概率。就

① 詹姆斯·兰迪，美国人，享誉世界的职业魔术师，同时也是科学人生的倡导者和捍卫者。通过一系列的著作和实践，他不断地向世人揭露各种不可思议事件的真相，包括巫术和超自然现象。——译者注

算说错了，也不代表今后未必如此。那头走失的牲畜还没找到吗？没关系，你只要时时刻刻记着它的样子——很快你就会找到的。

然而，读心术能否成功的关键因素并非“读心”的一方，而在于“被读心”的一方。既然是寻求神灵的帮助，请大师推知算卦，去除恶疾，那无论他们说什么，人们往往都会言听计从。就算人们一开始就觉得这事儿不靠谱，他们也期待能被说中一两条。人们往往只会记住说中的那部分，而对没猜对的部分置若罔闻。哪怕读心者的话错得极为离谱，人们也对此毫不在意。正因为如此，人们在回忆读心术表演时会添油加醋，让这门技艺显得越发神奇。

表演读心术有很多种方式——可以直截了当地算卦，也可以用塔罗牌预测吉凶。可以看手相，也可以根据茶渣的位置和形状占卜，甚至还有人看臀部就能预知未来（西尔维斯特·史泰龙[①]的母亲就是这类整天看别人屁股的专家）。用什么其实都无所谓。

你甚至可以用它来做临床诊断——虹膜诊断就是一个例子。通过辨认虹膜内的色斑，我们可以判断出一个人得了什么病。虹膜诊断的话语技巧与读心术并无二致，也是先说点模棱两可的东西，比如“我感觉你的肝脏似乎有点问题”之类的。这不算具体的诊断，只不过提到了可能发生病变的器官而已。如果患者说他并没有这方面的毛病，这位庸医就会改口说，根据你现在的体质，未来你会很容易患上肝病。

在东半球国家，把脉是很常见的一种诊断方式。医生通过长时间把脉来推断病情。其中一种常见的诊断是“经脉不通”。同样，这也不能算诊断意见。医生有意把结论说得模棱两可。细细品味这句话，它又似乎和许多疾病都能扯上关系——从膀胱到心脏，一切皆有可能。

从对方那里获得信息固然对读心有帮助（特别是能帮助读心者察言观色），但是说实话，读心术未必都是在当事人在场的情况下进行的。原因很简单——读心术其实是由被读心的人自己完成的。他们会将各种暗示与自身真实的生活场景联系起来，并尽可能地找到两者的关联。由此产生的确认性偏差完

---

① 西尔维斯特·史泰龙，好莱坞动作巨星，凭借《洛奇》《第一滴血》等影片中塑造的硬汉形象奠定了其在电影界的地位。他的母亲是一名自称巫师的占卜学家，致力于推广所谓“臀相学”。——译者注

全是接受方的问题。

在经典美剧《阴阳魔界》中出现过一个长得像恶魔的小公仔玩具。你只要投入1美分硬币，它就会吐出一张纸条，上面写着你想知道的答案。年轻的威廉·夏特纳[①]在剧中固执地相信，这个公仔具有某种神奇的魔力。其实，他不过是把纸条上的笼统回答统统看成了有针对性的预言。这个过程也可以称之为“主观验证”（subjective validation），即为了证明某个观点是正确的，人们会专门为此设定一个非常宽松的检验标准。

用颅相算卦的装置曾经一度非常流行。这是一种特制的头盔，套在头上就可以计算颅骨表面凸起的间距，并能由此诊断出你患了什么病——完全就是预先有准备的医学读心术。

通过电视来展示读心术不是什么稀罕事，而其中最有意思的一幕来自《南方公园》[②]。斯坦试图让凯尔相信，所谓的命理和卦象都是骗人的把戏。他是这么说的：

斯坦：好，各位注意了，现在请睁大眼睛看清楚！不过我需要一个帮手。嗯，不如你来？

女4号：啊——我吗？

斯坦：对。我会假装让一个死人跟我说话。我们在谈论关于你的事。

女4号：好吧。

斯坦：好，凯尔，你看好了！唔……这是个老头儿，他一定跟你很亲密吧。

女4号：你是说我父亲？

斯坦：对你来说这个月，也就是11月，有什么特别意义吗？

女4号：我的生日就在11月啊！

斯坦：没错。因为我听见他说：“代我祝她生日快乐。”

---

① 威廉·夏特纳，美国演员，曾参演过众多经典美剧，包括《星际迷航》《阴阳魔界》《波士顿法律》等。——译者注

② 《南方公园》是美国喜剧中心（Comedy Central）出品的著名长篇动画。它经常通过歪曲式的模仿来讽刺和嘲弄美国文化，揭露社会问题，挑战了许多根深蒂固的传统观念和禁忌，并因其中的粗口和黑色幽默著称。后文提到的斯坦和凯尔是该剧中的两个核心角色。——译者注

女4号：天哪！

斯坦：看到没，凯尔？我一开始故意说得含含糊糊。我说他是个老头儿，是因为我看到这位女士的年纪不小了，她老爸很有可能早就去世了。就算他还活着，我也可以改口说是其他老头。

男2号：好吧，可你又是怎么知道她生日在11月呢？

斯坦：我哪里会知道。我只是问她11月对她来是不是有特别的含义。她老爸有可能就是11月去世的，也可能感恩节[①]对她来说是个很特殊的日子。我猜会不会跟她的生日有关，于是紧接着来了一句“他祝你生日快乐”。她的反应说明我没猜错，而且显得我早就知道一样。

女4号：我父亲还说了什么吗？

斯坦：接下来不过就是老调重弹。他说：“钱，别担心钱的事。”

女4号：天哪，为了他的遗产，我和妹妹正吵架呢！

女3号：哇，简直不敢相信！

斯坦：没这么神！老头子死了，大家自然会盯着他留下的遗产。至于钱，有谁不担心钱的事呢？

男3号：但听上去还是太巧合了吧。

男4号：是啊，只有一种解释——这哥们确实在跟死人聊天呢！

所以，你可别因为某位大师读出了你的心思，就相信他有特异功能。与其相信这个，你还不如相信魔术师真的把一位女士锯成了两半，或者真的用牙咬住了子弹。这全都是错觉。

不过读心术是一种强大的骗术，这倒是真的。事实上，我们大多数人都会认为，生活当中哪来这么多被人猜中的巧合——这是人们会上当受骗的关键。我们周围发生的事足足包含几百万个细节，而我们的大脑也确实非常善于联想。（还记得之前讲过的数据挖掘、模式识别和巧合吗？）

从这个角度来说，读心术与巧合错觉（coincidence illusion）有关。后者指的是，如果两件事刚好一前一后发生，我们会觉得这绝不是偶然现象，但却没

① 在美国，人们将每年11月第四个星期四定为“感恩节”，故上文有此一说。——译者注

能考虑过其实还有无数种其他可能性。

同样，当某位神人试图猜测我们生活中的点点滴滴时，我们往往会低估他猜对的可能性。实际上，任何具体的猜测都有很大概率能说对。因此，产生这种错觉的部分原因是数据量增多时，我们很难准确估算出概率。

再回到本章的开头——我说的这些话有让你感觉到了什么吗？你会联想到什么吗？如果我猜你名叫马克，你是个技术人员，你觉得我说对了吗？如果说对了，怎么解释这一切呢？

（如果真的有读者叫这个名字，而且恰好又是个电脑程序员，恐怕这时候要疯了吧。）

既然你已经知道读心术是怎么一回事了，以后再碰上有人猜这猜那，然后蒙对了那么一两个，你也应该处之泰然，见怪不怪了吧——当然也包括你，马克。

第 32 章
取之不竭的能源

所属部分：警世故事

引申话题：永动机、超守恒

“自由能”（free energy）这一概念打破了能量守恒定律的传统观点。它认为通过某种途径，人们可以使产生的能量大于被消耗的能量。如果这种方法确实存在，我们就有可能凭空获得永不枯竭的能量来源。但是，能够产生自由能的装置显然是不存在的。它违背了能量守恒这一原则，更何况至今也没人造出这样的机器。

关于科学的哲学思想、科学史以及科学的方法论，其重要性和教育下一代的价值不言而喻。在这一点上，我完全同意您的观点。我们这个时代有太多人，只看到眼前的那几千棵树，却意识不到这是一片森林。甚至许多科学工作者也是如此。

—— 阿尔伯特・爱因斯坦

说实话，观察那些号称生产自由能的装置如何工作，其实是一件挺有意思的事。它们通常像是精美的艺术品，造型颇为复杂，由数不清的相互配合的小零件组成，带着一股“蒸汽朋克”[①]式的气息。它们身上也存在着种种谜团——当它们工作的时候，哪些部分其实是被人做了手脚的？到底什么地方搞错了？有些装置就像一个黑色的箱子，外人只看到它生产出能量，却无法拆开它一窥究竟。对伪科学来说，这些东西可以算得上是非常了不起的成就了。

2006 年 12 月，一家位于都柏林的公司承诺将当众展示他们的最新设备。这家公司名叫斯特奥恩（Steorn），他们要展示的设备是一台叫作奥尔博（Orbo）的永动机。通过这台机器，人们可以生产出“永远用不完的能源”。2016 年 11 月，时间已经过了整整 10 年，在挥霍了总计 2 000 万美元的资金后，这家公司宣布关闭门店，并将其资产清盘。斯特奥恩公司的故事，就是人类历史上发明自由能装置和永动机的一个缩影。

在有限的几个不容置疑的科学定律中，物质和能量守恒算是最具代表性的一个——任何东西都不可能凭空出现。也就是说，如果有人声称他发明了永动机，或者能产生自由能的机器，或者这台机器产生的能量大于它所消耗的能量，那么他一定搞错方向了。发明它们的家伙要么是受人误导，要么根本没有一点科学上的常识。无知的妄人才会这么想。如果不是脱离现实，异想天开，那么只能认为他是个彻头彻尾的骗子。可事实上未必如此。我们很多人会上他的当，会相信他是个孤独的科学天才。其他人都失败了，而只有他完成了这个似乎不可能完成的任务。

鼓吹自由能的人有一个普遍特点，那就是极度缺乏敬畏之心。这是伪科学的一个普遍现象，但是总有一些头脑发热的人会认为，自己已然突破了物理学的基本规律。这个特点在他们身上表现得尤为明显。

“自由能”机器又被称为“超守恒”（overunity）装置，据说可以产生比自身消耗更多的能量，即它的能量转换效率超过 100%。（unity 是指能量转换效率达到 100% 的状态，因此 overunity 就是超过这一状态）。可惜，热力学定律是不会允许这种情况发生的。根据热力学第一定律，在转化和传递过程中，输出的能量不会超过输入的能量。热力学第二定律也指出，这两者实际上不可能真正相

---

① 蒸汽朋克（steam-punk）是一个合成词，由蒸汽（steam）和朋克（punk）两个词组成。蒸汽代表了以蒸汽机为动力的大型机械，象征着工业文明。朋克则是一种非主流的边缘文化，崇尚标新立异，但并非追求反社会。蒸汽朋克风格的作品，无论是文学、绘画还是其他种类，都着力表现落后与先进共存、魔法与科学共存的乌托邦式的一种奇幻景观。——译者注

等——做功本身也得损耗能量，这部分能量是无法产出的（这一现象也被称为“熵”值增加）。

你还可以在物质或能量守恒的原则下来思考上面这段话——能量不会无缘无故自己冒出来。也就是说，必定存在产生该能量的源头。

这些定律被认为是坚不可摧的——否则就不叫定律了。与理论和猜想截然不同，它们在科学殿堂的神圣地位不容置疑。我们应当承认，人类目前掌握的科学知识还十分有限，但是如果要说连热力学定律都靠不住了，那也未免过于离奇。除非能拿出板上钉钉的证据，否则科学界根本不会去考虑推翻它。

不过总有人不那么安分。比如上面这家斯特奥恩公司，曾多次承诺公开展示它的产品，但每次展示都不怎么让人信服。2007 年，它曾打算让奥尔博公开亮相，但演示最终没有成功。当时工作人员的理由是设备故障，并向公众保证只要加上几颗螺丝钉，就能很快再回来继续展示。2009 年他们再次公开展示了他们的机器——一台永动机（就是那种黑箱式的）。由于没有确凿证据能证明这台机器的确永远不会停下来，很快它就被人们当成是一次哗众取宠的炒作。

斯特奥恩公司也曾经邀请科学界代表来检验其产品。经过实地调研后，专家组于 2009 年一致得出结论：这玩意儿根本没办法“永动”。接下来，这家公司继续找各种理由为自己辩护，推迟产品的演示，并向公众承诺还有下一次演示，直到把自己搞垮。

通过下列几种常见的途径，人们真的会相信自己掌握了生产自由能的秘密（当然了，实际上根本没有）。

持续运动不同于自由能

有些新奇的装置看上去几乎可以不停地运动下去。比如，一个滚动着的球或者旋转着的飞轮，它们想尽办法戏弄重力，或者里面装了块磁铁，提供额外的动力来保持这样的运动状态。

虽然看上去炫酷十足，但这种运动实际上是不可能持续下去的。引力和磁力都无法创造永不停歇的动能。相对于顺势而为，你必须要花更多的力气（做更多的功），才能够摆脱引力或磁力的桎梏。人们会尽可能让那些机器运转时产生最小的摩擦力，以便让运行时间更长一些，但不可能从它这里获得额外能量。

别忘了做功就要消耗能量

曾经有人演示过用外接电源来驱动小马达，他们声称如果计算输入和输出的能量，后者应该大于前者。有时候他们纯粹是算错了，但在多数情况下，他们这么说是因为没有把所有参与这一过程的能量都考虑进去（或者进行测量）。他们只知道把机器往实验室或者大学校园里面一扔，并且告诉他们这东西肯定管用。他们会找一些"专家"来进行验证。这些专家往往乐意帮忙，但是想得却比较简单。他们也许对物理学或工程学有一定的了解，但如果要对"超守恒"现象加以详细验证，他们的才能显然无法胜任（就像有些专家没有经过深思熟虑，就匆忙宣布"聪明的汉斯"会做算术题）。历史上已经有无数人宣称自己解决了这个问题，可是迄今为止，没有哪一台生产所谓自由能的机器能够经得起科学检验。

不同形式间的能量转化

还有些人号称发现了能够源源不绝产生能量的秘密——其实就是将电池和马达拼凑起来，比如用一节电池让马达转动，然后靠它给下一节电池充电。我对此只能表示无语。这种做法倒也不算骗人——只是给电池充电时，你会发现第二节电池获得的电量要比第一节电池带动马达时所释放的要少。马达转动起来会有声音，可能还会迸出火花。发声、发光其实就是能量损耗的过程。我敢打赌，这样做还会让马达发热，而由此产生的余热也会让它损失一部分能量。所以说，让第二节电池维持与第一节电池同样量级的电能根本办不到。

小小一节电池就能让马达工作这么久，搞不好连发明这套装置的人也没想到。尤其是部分能量还能回收利用——比如给第二节电池充电。他们会觉得自己的发明是独一无二的，并总结说，即使安装更强劲的马达，并给予其更大的电量载荷，这个东西还是能够正常运行。如果无法运行，他们会归咎为技术和工程上的问题，而从没想过是否违背了物理学的基本定律。因此，修修补补似乎成了家常便饭。只要排除所谓的"故障"，这套装置还可以继续运行下去。可惜这完全是痴人说梦。为了能找到超越"能量守恒"的方法，人们不惜前仆后继，代代相传——这也是一种"永动"。

做大就能做强?

如果刚开始只能产生有限的能量，那么有人会大胆推测，假如对整套装置进行规模化升级，应该能取得更好的效果。可问题在于，在规模还不大的时候，人们很容易会忽略掉一些不易察觉的问题。一旦想要把装置做大做强，这些问题就会被放大，异常明显。所谓的永动装置从来不敢大规模演示，这不是没有道理的。我也常跟人说：如果你能让一所房子仅依赖所谓的“自由能”，我才会对你的想法感兴趣。

骗人的陷阱

不少所谓永恒运动装置明显是设计好的“局”——真真假假，叫人难以分辨。有人上当是因为太容易相信别人，有些则纯粹是自欺欺人。如果你敢拍胸脯说“一定能发现自由能”，你会很容易引起那些没有多少科学头脑的土豪的注意。历史经验告诉我们，如果有人敢这么说，最好不要轻易相信他的话。那些千方百计要卖给你东西的，或者经常请你对这类发明给予经济支持的，他们要么出自真心相信，要么就是有意蒙人。

妄尊自大

在宣布此类发明时，人们多少会带有一点骄傲情绪。假如有人试图谦逊一下，反倒让人觉得他们犯了个错误，毕竟如此重大的创新成果足以颠覆人类文明，而且不为科学界所知这么多年。

妄自尊大是伪科学的一个普遍现象。如果你自认为是个天才，天才到能够打破物理学的定律，能够让教科书改写，能够在无数前辈倒下的地方取得成功，那么你最好再三确认你是对的。否则，我们将不得不面对那些依靠直觉和极度自信得出的结论。这些结论明明荒唐可笑，却又偏偏说得如此冠冕堂皇。

永动机就是这种奇谈怪论的终极形态。自由能是其吸引力的一部分——想象一下，如果真的能实现，世界会是什么样子！这些自由能设备本身就是对这种奇谈怪论的形象比喻。它们都经过精心设计，匠心独具且外表迷人，并运用了非常复杂的技术。但是，它们本质上并不符合真正的科学理念和机械操作流程。它们完全脱离现实，也为科学界所不容。它们不过是妄图挑战自然规律的象征。最重要的是——它们总有一天会停下来。

第 33 章
奇妙的量子理论

所属部分：警世故事

引申话题：嗯……什么也想不起来

尽管量子理论听上去十分“玄幻”，但它成功地解释了很多现象。然而，偏偏有人别有用心。他们到处推销披着量子理论外衣的伪科学理论和“垃圾科学”（junk science）[①]，我们也称之为“量子玄学”（quantum woo）或“量子神秘主义”（quantum mysticism）。

科学理论往往形式优美，真实可靠，还能极大地改善人类的生存状态。但是科学也需要我们付出相当的代价——我们必须接受实验的客观结论，无论它是否对我们的胃口。我们需要达成一致，需要团结协作，需要在彼此尊重的基础上开展学术争论。我们不能违背自然规律，又要利用自然规律。就算心里再不情愿，我们也不得不经常承认：“可能是我错了。”

——大卫·布林

要想成功推销针对病理症状的治疗——无论是顺势疗法还是二元论，或其他什么方法——如果能被贴上“科学”（也可看成某种回音室效应）两个大

① 垃圾科学指当科学事实被歪曲、风险被夸大以及科学经政治或意识形态包装后产生的科学研究结论。就像垃圾食品，垃圾科学虽然被称为科学，但却毫无价值。——译者注

字就算大功告成了。毕竟科学带来的好处谁都看得到，因此能得到它的承认绝对是一桩好买卖。不过事实上，由于无法得到科学家的支持，因此如果能让这些歪理“看起来”很有科学道理，他们也就心满意足了。无论如何，哪怕你卖的是狗皮膏药，但只要假装给它披上一层薄薄的科学外衣，就足以蒙蔽很多人。

要想以假乱真，一个颇为有效的策略是，先看看最近有什么最新的科学发现——既要很少有人能真正理解，又要听上去非常“前沿”而时尚。你可以大胆宣布——某（伪科学）理论之所以成立，就是因为有了这一最新发现。在两三百年前，电磁学是当时最时尚的科学概念，并由此导致人们发明了无数骗人的装置和治疗方法。

其中，最著名的应该算是弗朗兹·安东·麦斯麦提出的动物磁性说（animal magnetism）。最后揭穿他真面目的不是别人，正是大名鼎鼎的本杰明·富兰克林。尽管如此，麦斯麦的那套思想直到今天还依旧不时被人们提起。麦斯麦认为，由生物自行创造出来的动物磁性可以被用来治疗任何病痛，从而缓解那些非富即贵的患者的焦虑情绪。如今这一理论已经演化为对“性吸引”[①]的解释。如果某样东西吸引了我们全部的注意力，那么我们会说被它给“迷住”（mesmerized）了。

一个世纪之后，科学界又开始流行研究辐射。于是各种放射性的保健品大行其道，并引发了对X射线和其他能够穿越人体的隐形粒子神奇功能的广泛猜测。人们大肆吹捧那些放射性的保健品的功效，而实际上，服用保健品所产生的辐射危害无异于慢性自杀。

位于新泽西州东奥兰治的贝利镭实验室（The Bailey Radium Laboratories）曾经推销过一种名为“镭钍水”（Radithor）的放射性保健品。他们向公众保证，每瓶镭钍水“至少含有1微居里[②]的镭226[③]和镭228”。他们还声称该产品对人体绝对安全，并且其放射性还能得到官方“证明”。像镭钍水这样的产品在当时可谓风靡一时，直到20世纪50年代，美国食品药品监督管理局才开始禁止此

① 性吸引指同性或异性之间一方由于对另一方的气质、外貌与人格的好感而激起的情感上相互接近的强烈的心理欲望。性吸引的强弱反映了同性或异性之间相互吸引的程度，其影响因素包括容貌体态、品格智慧、气质修养等。—— 译者注

② 微居里，放射性强度的度量单位。——译者注

③ 镭226，元素镭的同位素（同后文的镭228）。—— 译者注

类产品上市。

过去的发现由于逐渐变得广为人知，已经不再适合作为伪科学理论的护身符（虽然磁性说依旧是个流行术语）。不过没关系——这是个科学新发现层出不穷的年代，新的理论可以随时填补原先的空白。如今，被伪科学理论用来装点门面的科学术语中，最流行的莫过于“量子力学”（quantum mechanics）。

和普通的理论有所不同，量子理论是各种领域研究成果的集大成者，于是它自然就成为各种超自然理论争取人心的挡箭牌。量子理论的空前成功也是原因之一。它和相对论一样受到前所未有的肯定，并让我们对宇宙的认识有了极大改观，因此它们被认为是整个20世纪科学发展的理论基石。量子理论绝不仅仅是几个让人摸不着头脑的科学发现而已，也不是什么实验室里捣鼓出来的新鲜玩意儿。实际上，全球经济发展到现在这个阶段，有很大一部分要归功于它。没有量子理论，人类就无法拥有晶体管、计算机和激光技术，甚至也不可能发明万维网。从你早晨睁眼开始，直到你晚上熄灯入睡，你生活的方方面面都离不开它。

更重要的是，通过研究原子量级下的各种力、粒子和物质运动形式，量子理论为人们揭开了整个世界的基本运行规律。它既让我们受益匪浅，同时也颠覆了我们的世界观——虽然它听上去简直匪夷所思，完全违背了传统认知。

为了说明量子理论如何不可思议，我会经常提到三个概念：叠加（superposition）、纠缠（entanglement）和隧穿（tunneling）。

作为构成量子理论的基础概念，叠加是其中最受关注的一个。我们知道每一种粒子都会有自己独特的性质，比如自旋、质量和运动速率。其中有些性质属于完全相反的类型，比如“自旋向上”（spin-up）和“自旋向下”（spin-down）。有时粒子会呈现出一种奇特的状态，我们称之为“叠加”态，即同时既向上自旋，又向下自旋。但是这种状态非常不稳定。当粒子受到外界扰动时，它就会逐渐趋向于某种特定的自旋方式。这一过程称为“退相干”（decoherence），或者叫“波函数坍缩”（wave-function collapse）。

纠缠其实也属于叠加态，但是更加复杂一点。比如，某个量子体系本身没有产生自旋，但如果它“孵化”出了两个粒子，它们的自旋方式将完全相反（比如向上和向下）。由于孕育这两个粒子的母体系统本身没有自旋现象，因此它们不可能同时向上或向下自旋（守恒定律不允许）。它们会保持同时向上和向下的叠加状态，并能在相对真空的环境中穿越数百万光年。假如其中一个粒子刚好碰上了某个原子，或者被某个外星球的“科学家”观测到了，它会立刻“退相干”，即只呈现一种自旋状态（不是向上就是向下）。与此同时，在距离它数兆亿英里的另一端，第二个粒子会相应地呈现与第一个粒子相反的自旋方向。隔着几乎横跨整个宇宙的距离，它怎么会知道第一个粒子“选择”朝哪个方向自旋呢？这其中的原理尚不得而知。也许两个粒子之间存在某种超光速的沟通方式。

如果上述概念还不足以让你晕头转向，那么让我们来看看什么是“量子隧穿”吧。经典物理学认为势垒[①]是无法穿越的，但是偏偏就有粒子越过它来到了另一边，我们把这个现象称为“隧穿”。它可以用量子理论当中的“波粒二象性”[②]（wave-particle duality）来解释。也就是说，那个看上去像一个个小点的粒子，也可以是扩散开来的一团波。正如你猜想的那样——微粒在受到外界扰动前，一直是同时呈现粒子和波的叠加形态的。随后，在电子波的作用下，微粒的边缘会逐渐像波一样扩散开来，从而越过势垒。这样一来，其中很小一部分粒子就能够在势垒的另一边“退相干”。

如果科学界和公众连这么古怪的事实都能接受，那么用上述理论来解读读心术、生命体之间的关联性，以及那些据说与量子力学有关的超自然理论，又有何不可呢？这么做真的过分吗？

答案很简单：是的。

正因为量子理论过于违背常理，所以非常适合用来“解释”神秘现象。只有我们人类会觉得它颠覆了日常观念，因为我们生活在一个宏观世界中，而量子和相对论效应在宏观尺度下显得微乎其微，根本无法察觉。

量子力学对传统思维之颠覆，甚至连阿尔伯特·爱因斯坦这样的人也觉得

---

① 原文为 barrier，但并非真实有形的障碍，而是比附近的势能都高的一块空间区域。经典物理学认为，粒子的总能量如果小于势垒的能量就无法越过势垒，但在微观的量子世界，确实有极少一部分粒子可以实现这样的跃迁。——译者注

② 经典物理对光和电磁波等物质的本质构成向来有争议。有人认为粒子是构成光的基本元素，有人认为光就是一种波。现代物理学认为，光的本质不仅可以部分以粒子的术语来描述，也可以部分用波的术语来描述，即“波粒二象性”。这意味着经典物理的有关“粒子”与“波”的概念失去了描述量子范围内的物理行为的能力。——译者注

难以接受。且不说他取得的其他成就，正是爱因斯坦最先富有远见地意识到，相对论并非仅仅是一个花哨的数学概念——它是整个世界运行的基本法则。当你运动接近光速时，时间和空间都会发生改变。空间和时间都是可变的，而相对速度反倒是一个常量。对从未见识过移动速度能够接近光速的我们来说，爱因斯坦的结论可谓石破天惊。然而只有他意识到，这是世间万物运行的基本规律。

到了爱因斯坦晚年，科学家们都纷纷接受了量子理论当中的这一思想，一致认为叠加和纠缠是量子世界运行的常态（量子理论中讨论的是微观世界，而不是超高速运动），但是爱因斯坦本人却裹足不前了。他觉得人们并没有真正了解物理学的真相。

对今天的人们而言，没有物理学天分，也无法理解相对论和量子理论，这都不算什么大不了的事。但是，鼓吹伪科学的那些人却有可能钻这个空子。他们会说："没错，我的理论是有点稀奇古怪，但是量子理论不也这样吗？所以肯定是有点道理我才敢这么说的。"这也导致许多言论明明是对量子理论的曲解，最后却成了一门玄而又玄的学问。

在众多量子玄学的吹鼓手当中，作家兼顺势疗法"大师"迪帕克·乔普拉也许是最出名的一个。无论是在其著作还是在各类讲座中，他都时常引用"量子"这个词，并试图用它解释各种"新纪元运动"（New Age movement）[①]的主张。

乔普拉最为感兴趣的话题当属"意识对世间万物的影响"。他曾经说过下面这段话：

> 当量子物理学横空出世后，科学家们才开始重新考虑是否应该把整个世界理解为头脑中的某种意识……实际上量子理论就是在暗示意识是存在的，而我们头脑中产生的想法其实就是事实真相。如果我们不抬头看，月亮其实未必就

① "新纪元运动"又名"新时代运动"，是一种起源于20世纪70年代的西方社会与宗教运动。它吸收东方与西方的精神和宗教传统，汲取世界各大宗教的灵感，并试图将其与现代科学观念融合在一起，特别是心理学与生态学。在医学领域，新纪元运动的支持者主张使用替代疗法。拥抱"新纪元"生活方式或信念的人被称为"乐活一族"（LOHAS），主张绿色健康的生活方式。——译者注

在空中。只有真正去观测了，世间万物才会呈现出它该有的样子。

这段话代表了许多对量子理论一知半解的人的想法。这种想法也并非空穴来风，因为很多人认为，要让叠加态（波函数）“坍缩”，也就是让客观事物不得不“选择”它想呈现的那一面，就必须要有意识地、科学地进行测量或观察。从不同的角度看，这种想法从根本上就跑偏了。正如我此前所说，叠加态消失的原因并不是“观察”这一行为，而是粒子受到了外界环境的扰动——于是就“退相干”了，但是与意识无关。到了原子这个层面，就算把全部的“意识”都集中到一起也无济于事，原子间的碰撞完全是随机的。

“量子玄学”中有一个广为流传的说法，即微观量子世界的种种匪夷所思的现象，在人们日常的宏观世界里也能遇到，乔普拉关于月亮的说法就是一个例子。可这完全是一派胡言。“退相干”现象非常普遍，因此当你开始观察某个比原子大得多的物体时，量子世界中的那些奇幻现象似乎立刻消失了。正因为如此，制造量子计算机或进行其他类似的实验才那么困难。要让粒子呈现出量子行为，极其严格的隔离或极度低温是必不可少的条件，而要保持这样的实验环境极为不易。当你对着一个由数百万至数兆亿个原子组成的宏观物体进行实验操作时，原子之间不可避免会相互干扰，因此根本无法观测到任何量子行为，只能观测到牛顿经典力学提到的种种现象。我们周围的种种物质都是不断“退相干”后的产物。

这才是现代量子力学的真面目。如果有人像乔普拉那样，认为月亮这么大的物体也呈现出叠加态，因此需要我们用意识把它转化成某种“实体”，这只能说明他完全偏离了真正的量子理论，转而投向“量子玄学”的怀抱（我甚至觉得他可以称得上是量子玄学界的第一人——有人愿意捧他的臭脚）。

总而言之，量子理论并不承认意识是宇宙万物的根本，或者这个世界本身等同于意识。它也不认为我们能够用思维来控制整个客观世界。并非所有物体都会以量子纠缠的方式相互影响，因此我们也无法用它来解释“心灵感应”现象，或者占星学家所说的那种行星或恒星之间的遥相呼应。量子纠缠的确让人感到不可思议，而且至今我们也没把它完全弄懂。但可以肯定的是，纠缠是一种极为不稳定的状态，而且必须在特定的条件下才会发生。我们的大脑可是宏观世界的东西，所以才不会发生互相“纠缠”。

现在你该明白了吧，“量子玄学”其实就是人们用来掩盖无知的说辞罢了。它被人们包装成某种不为人知的秘密，让公众对种种精妙的骗术信以为真。在此我奉劝一句，如果你对量子力学不甚了解，就别用它来解释你的理论。当你面对那几十个真正理解量子力学的专家时，你的说法可能会贻笑大方。

再说一个与此有关的技术细节吧。理论上说，即使是很大的物体，也多少会保留一丝让人捉摸不透的量子属性。像月亮这样的实体（甚至包括人体）也具有波粒二象性。物体都有其量子波长，我们称之为德布罗意波长[①]（de Broglie wavelength）。它反映的正是该物体的量子效应。不过，你自身的波长比原子还要小一个数量级，这意味着它几乎为零，因此完全可以忽略不计。换句话说就是——量子世界的种种反常现象，你就别指望会出现在宏观世界中了。

① 德布罗意波长，以法国物理学家德布罗意的名字命名。他在 1923 年大胆提出，实物粒子也具有波动性。他认为实物粒子（如电子）也具有物质周期过程的频率，伴随物体的运动也有由相位来定义的相波（即德布罗意波）。波在传播路径上的各个间隔处会组合成波峰，波峰会在某一点消失，瞬间后又在另一点出现，相邻波峰间的距离就是物质波的波长，即德布罗意波长。——译者注

第 34 章
诡秘的小人

所属部分：警世故事

引申话题：伪科学

“生命小人理论”（Homunculus theory）其实是医学哲学的一个流派，认为身体的某一部位就能包含判断整个人体健康所涉及的各种因素和信息。

在开展替代疗法时，不能只针对特殊症状，而是要对患者全身都做检查……这帮人和庸医没什么区别。在他们眼里，没有人对他们提出质疑，也没有人会要求他们拿出证据。

—— 埃查德·恩斯特

在科学出现之前，人类的整个医学体系都建立在哲学的基础之上。也就是说，当时医学所根植的理念或哲学并没有什么科学根据。它们不过是用来解释或搞清楚健康与疾病原理的组织性原则。这种思想的产生相对孤立，既未经过事实验证，也与对宇宙万物的深刻理解无关。

比如，许多地区的文明都相信，我们周围存在某种能够驱动生物体的“生灵”或神秘力量。正因为它的存在，生物和非生物显得迥然不同。人们健康与否便取决于这种“生命力”的安排。假如生命力减弱，或者受到阻隔，或者失去了原先平衡的状态，人们就会患病。在西方世界，所谓人分四种气质的观念[1]曾经流行了将近两千年，尽管这一说法毫无事实根据。“交感巫术”（sympathetic magic）[2]也曾经广受认同——人们认为任何物质都有其内在精髓，后者能够通过该物质的外表反映出来——难怪当时人们认为，把犀牛角研磨成粉服下去，就能够显著地提升人的性欲。

对现代人来说，有一类当时流行的医学观念显得尤为奇特——通过观察人体的某一部位，我们就可以得知身体其余部位的健康情况。比如，人的足部就包含这种信息。通过观察足部来诊断病情的方法称为“反射疗法”，“虹膜诊断法”意味着通过观察人的虹膜来判断此人是否健康，我们把通过触摸手掌并观察其特征来判断患病与否的方法称为“手相学”。这些都是应用生命小人理论进行“诊断”的例子。

“生命小人”一词源于17世纪，当时炼金术可谓风靡一时，人人趋之若鹜。炼金术的目的就是要通过添加混合物，施以咒语，并经过一定的仪式，来试图改变物质的形态（例如把铅变为黄金）。在炼金术的众多理论当中，有一条说的是，人类的每一枚精子内都藏着一个小人——它有手有脚，发育完全，只不过只有精子般大小。在卵子尚未受精的情况下，这位以精子为家的微缩人类就能够自己“繁衍”后代。

它是怎么做到这一点的呢？著名哲学家和炼金术师帕拉塞尔苏斯[3]（1493—1541）提出过一个极为有趣的观点——“繁衍”的具体过程如下：

> 将男人的精液和高度腐化的马粪一同置于密闭的葫芦内，并搁置40天任其腐败，或者直至其最终有了动静，像有了生命一样焦躁不安地运动——用肉眼就很容易辨别。接着你需要每天精心照料它，喂它东西吃，并小心地洒上人

① 古希腊医学家希波克拉底最早提出该学说。他认为每个人身上都有血液、黏液、黄胆汁和黑胆汁四种体液，这四种体液在不同人身上的比例不一样，因此人们的行为方式也不同，即分为四种不同的人格气质。——译者注

② 交感巫术是模拟巫术和接触巫术的统称。它认为人与物之间可以通过某类神秘的渠道或物质直接沟通。——译者注

③ 帕拉塞尔苏斯，欧洲文艺复兴初期著名的炼金术师、医师、自然哲学家。他开创了当时称之为医疗化学的全新学科，将医学和炼金术结合起来。有传说正是他首创了神秘的“生命小人理论”。——译者注

血……它会由此变为一个真正的初生儿，和女性孕育出来的婴儿没什么区别，只不过个头小得多。

抛开这一古怪的巫术不谈，homunculus 一词就是“小人”的意思。也正是从这一典故开始，人们用它来指代“观其一处而知全貌”的做法。在反射疗法中，足部就是整个身体的“生命小人”。虹膜诊断法中，虹膜就是那个“小人”。在手相学家眼里，手掌也扮演了同样的角色。

“生命小人”的医疗哲学既无确凿事实证明，理论上又无可能性，因此很难说它是某种成型的知识体系。无论是站在解剖学还是生理学的角度，我们都很难解释为什么可以从虹膜、脚掌或手心知道身体其他部位的机能状况。尽管如此，上述观点却经久不衰（有些已经流行了数百年），至今依然被某些医生和患者奉为宝典 —— 毕竟一个愿打一个愿挨。

小人理论的诞生也源于人们将事物简单化的想法。也就是说，最好有一个简洁、精妙的理论体系，能把生物学的种种复杂特性统统说清楚。假如我们手上有一幅“人体地图”，知道通过观察哪个部位，就可以对病情展开详细诊断，或按摩，或针灸。它也反映了科技和数字时代之前人们的思维方式。在科技尚未如此发达的年代，人们习惯于套用固定的程式。模板可以用来裁剪衣服，而模具可以用来生产完全一样的东西 —— 这很好理解。

因此，要想知道一个小生命是如何诞生的，人们会很自然地寻找他们熟悉的对标，比如他在还是胚胎的时候，就按照既定“模板”开始发育了。

况且，我们大脑中还真有这些“小人”。比如，大脑皮层中有一块“运动区域”（motor strip），能够通过某种方式和全身联系起来。这种联系是真实存在的。这些脑细胞的轴突会通过脊髓和神经系统遍布全身。在发育过程中，我们称之为“大脑运动皮层的躯体分布”（somatotopic mapping）。在大脑逐渐发育的过程中，其运动区和感觉区的神经元会与相应的躯体部位联结，形成对应关系。视网膜也是如此 —— 其功能对应大脑的视觉皮层。我们会在梳理大脑功能时发现这些“小人”，并借此找到对应的身体部位。

但是目前尚无证据能证明虹膜、脚掌和手心也有这样的“小人”。脚底板的某一个区域似乎和你的肝脏没什么关系。

像这类虚假的“对应”情况还有不少，针灸就是一例。不同穴位据说对应着人体不同的部位，包括各个器官。甚至脊椎按摩矫正（尤其是正统的矫正法）也是基于这样的观点：脊髓和脊柱对应着不同的器官，尽管它们与那些器官并无神经联系。

这些所谓的躯体“对应”学说，包括基于小人理论的医学结论，统统都是十足的伪科学。

尽管如此，在2010年度耶路撒冷综合疗法国际论坛上，主办方依然接收了一篇研究摘要，这篇文章的灵感来自某个新的小人理论，作者是约翰·麦克拉克伦博士。会后，他将自己的这篇研究“心得”发表在《英国医学杂志》上。通过文中的案例研究和专家背书，麦克拉克伦认定所谓“臀部映射疗法”（butt reflexology）是行之有效的。说到底，他不过是把自己头脑中的“小人”移植到了臀部，并创造出一种全新的替代疗法罢了。他的这一研究“成果”在论坛上居然也颇受欢迎。

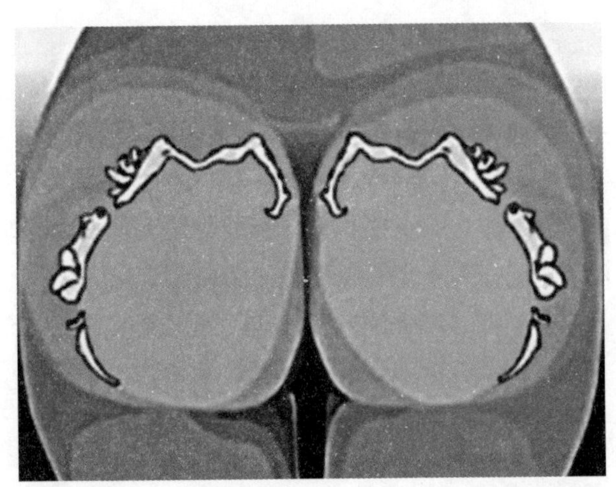

我们应该从历史上的“小人理论”当中汲取几点教训。首先要知道，许多复杂的情况往往不是用一两句话就能解释清楚的，通常这个世界会比我们想象的更复杂，而不是更简单。其次，如果你一时想不明白它所包含的道理，那么宁可保持理性怀疑，也不要轻易相信别人，虽然你是外行，但至少来自“内行”的解答应该合乎情理，并且通俗易懂。

另外，要敢于质疑科学出现以前的传统观点。它也许只是没有任何事实根据的猜想——因此，除非现代科学能够对此予以完美展现或说明，否则它很可能就像你当初认为的那样不可理喻。想想帕拉塞尔苏斯吧，顺便琢磨一下那个靠腐化精液产生小人的荒唐理论——要知道，帕拉塞尔苏斯也曾被当时的人们捧为科学天才。

第 35 章
充满智慧的“设计”

所属部分：警世故事

引申话题：神创论、原教旨主义

笃信智慧设计论的人认为，唯有具备高度智慧的力量才能创造出如此纷繁复杂的世界。换言之，它是万物的总设计师。持反对意见的人则认为，由于本质上不可证伪，因此该智慧设计并不符合科学。

大自然的所谓“设计”其实就是一连串的意外。经过残酷的自然选择，只有外表或能力出众的生物才能存活下来——但是看上去，似乎是某种人为的神奇力量在控制一切。

——迈克尔·波伦

1996 年，迈克尔·贝希出版了《达尔文的黑匣子》一书。他知道此书必将引发科学界的热烈讨论，因为在书中他毫不留情地抨击进化论，并极力鼓吹用智慧设计论取而代之。但是很可惜，他的主张在两边都站不住脚（和他一起鼓吹该理论的战友也一样），因为他并没有意识到智慧设计论的核心问题出在哪里——关键的一点是：它完全与科学背道而驰。

按照“发现研究所”（该理论的主要幕后推手）的说法，智慧设计论的核心理念可以归结如下：

智慧设计论认为，宇宙和生命的复杂形态只能是某种智慧文明操控的结果，而并非取决于诸如自然选择这类随机的过程。

智慧设计论的头条罪状便是，与其说它是真正的科学理论，倒不如说它公然企图用“科学感”十足的术语，来给特定的宗教信仰（神创论）披上合法的外衣。它甚至连“可证伪”这一判断科学属性的最低标准都达不到。当然，智慧设计论的鼓吹者肯定对此矢口否认。他们的目的本来就是想把“众神创世”这一谬论包装成科学真理。

围绕智慧设计论有许多争议，而大多数争议都聚焦在其中一点：它到底能不能够被证伪——是否有科学证据能从理论上证明它是错的？如果可以，那么其科学性至少还有望得到承认。如果无法证伪，那么它干脆永远别想迈进科学的殿堂。

智慧设计论的拥趸因此面临着一个两难境地：他们非常渴望能够得到科学界的承认（这也是它能顽强生存到现在的原因），但是又不能容忍科学界用科学数据去推翻（证伪）它。如果允许科学界这么做的话，那就意味着还是得不到科学界的认可。

为了能更清楚地说明这一点，我找了一篇来自“发现研究所”的乔纳森·韦尔斯撰写的短文。他写这篇文章是为了反驳弗朗西斯·柯林斯提出的观点。柯林斯是一名遗传学领域的专家，他是进化论的拥护者。他既是虔诚的天主教徒，同时又激烈反对智慧设计论。韦尔斯写道：

更令人惊讶的是，柯林斯在文中引用了实验数据，并以此来反驳某个他认为完全不科学的理论，因为该理论经不起实际验证。他声称从基因复制的结果看，智慧设计论是错误的。但这又反过来说明，它还是可以被科学证据加以验证的。如果智慧设计论不属于科学范畴，那么他那些所谓的科学证据就说明不了任何问题；如果能够用这样的证据来予以反驳，那说明智慧设计论是符合科学论断的。柯林斯总不能两头都占吧。

实际上，想要两头都占的是韦尔斯本人才对。他认为，如果确有证据能对此予以反驳，那就说明智慧设计论是可证伪的，同时他拒绝承认智慧设计论已被证伪（这个花招堪称巧妙）已经说明它本身是“伪”科学（确实挺绕的）。这就是他玩的把戏：先假装承认智慧设计论可以被证伪，但始终不允许真正采用科学验证的方式来做出判断。这样一来，也就没有人能证明它站不住脚了。

其实，智慧设计论本身就有好几处漏洞，足以证明它不属于科学范畴。

问题本身有误

从逻辑上说，智慧设计论所基于的二分法本身就是错误的：自然界必然经过了某种智慧力量的“设计”，而进化是一种缺乏控制的随机过程，因此不可能产生如此精妙的设计。于是人们打造了这样的逻辑前提：设计 = 智慧，进化 = 随机。接下来，他们要做的就是向他人展示自然界中的种种“设计”成果，从而证明这一理论无比正确。

可这么做有一个致命漏洞：它不承认进化也能产生美妙的“设计”，因为进化本身并非一个随机过程。自然选择是一个非随机的过程，在这个过程中，部分生物依靠它们的遗传特质得以幸存。物种变异和变种的确是随机产生的，生命进化的历史长河也说不上有什么特别规律，但是自然选择只会挑选那些符合环境要求的进化形态，这一过程绝不是随机进行的。

由此可见，智慧设计论者问错了问题——从科学一方来说，这是个致命的漏洞。真正的问题不在于自然界是否存在“设计”，而在于其“设计”的本质是什么。进化是一个自下而上的过程，也就是说，自然界的种种“设计”呈现，以及它们演进到如今的复杂程度，其实都经过了一个看似盲目但绝非随机的变化过程。与此相反，所谓“被某种高级智慧操控”的设计，则是一个自上而下的逆过程。仿佛世间万物都是造物主预先设计好的，它们的诞生体现了造物主的意志。

为了更好地说明两者的不同，可以举出许多其他类似的情形。进化中的自然界就好比一座从来不进行任何统一规划的城市。在几十年的发展过程中，居民可以完全按照其个人意愿决定做什么及怎样做。而被“智慧”所“设计”的城市则恰恰相反——由某管理委员会、某公司或某个人负责提前规划设计城市的一切。“进化”的城市并不意味着不需要“设计”——哪里是住宅区和商业区，哪里就有道路和公共设施。商店会纷纷在这些地方开业。如果生意不错，它们就会一直存在下去。但是这座城市的发展总体来说是杂乱无章的，存在很多用不到的设施，也可能由于居民纷纷离开或者商店接连倒闭，使得这一片的楼房被白白闲置。城市街道的规划也未必十分合理。但是，经提前统一规划的城市会看上去截然不同——环境更整洁，各方面更能物尽其用，功能定位也更准确。道路铺设经过了精心规划，但是不见得都基于实用的前提。

至于生命究竟是进化而来，还是自上而下被造物主“设计”出来的，这其中的差别就更加明显了。楼房和某个城市区块都可以推倒重来，因此自上而下的设计完全可以放到后面再说。生物系统受到更多的限制。由于是自下而上的进程，进化只能依据现有资源进行。它绝不能无中生有，凭空创造出整套器官或肢体，或者彻底消灭掉那些用不上的解剖构造。

我们应该这么问：自然界的生命是自下而上产生的，还是自上而下被创造出来的？任何对生物学有所了解，并且不带任何偏见的人对此都心中有数。自然界中随处可见自下而上进化的痕迹——从穴居蝾螈已经退化的眼睛，到某些病毒性 DNA 改变了我们的染色体。不过它们都无法证伪智慧设计论，因为鼓吹它的人都始终不愿意放弃这个错误的问题。

共同的起源

在讨论这类问题的时候，你必须首先明白进化论其实是由几个部分组成的：生物多样性源于漫长进化过程中的分支繁衍现象，进化的特殊机制，以及适用于生命图谱中的某一特定分支的进化轨迹。针对进化论的第一条（进化中的分支繁衍），人们发现了一个重要证据：许多不同物种有很多相似的生物特征。这不但说明它们可能来自同一个祖先，也符合进化论所预言的某物种分支繁衍的谱系。

例如，基因复制技术能够证明，在漫长的进化中，由于生物自身在遗传复制过程出现“失误”，使得某基因又重复拷贝了一份。该物种的后代会因此携带两份相同的基因（正常情况下是一份）。多余的那一份基因完全有可能在随后产生突变。同时，由于原基因仍然能维持原有的遗传功能，多出来的基因拷贝可以进行各种突变尝试。第二份基因也许会偶然带有某种新的功能，能够让原始基因更好地发挥其既定的遗传作用，或者二者协作产生截然不同的功能。

通过检测某个基因的碱基对序列，生物学家能够了解到它与另一个基因组的相互关系，并可以据此绘制出基因演变的路径。当拿着这份基因路径图对照自然界的各个物种时，我们发现了一个奇妙的现象：似乎许多分支物种都来自同一个祖先。能够各自证明分支谱系的证据还有很多。它们非但能各自独立证明，也有一定程度的重叠：来自不同谱系的证据能够一致说明某物种会在何时进化成什么样的后代。

进化论其实完全可以用上述证据来证伪。比如，我们可能会找到与"共同由来学说"①（theory of common descent）相悖的基因变异的图谱。假如带着该问题去考量智慧设计论是否可证伪，我们应该问：有可能找到一张能够将之证伪的基因变化图谱吗？答案显然是否定的。至少我本人并没有看到任何智慧设计论的支持者敢说可以用这种方式来证伪。

有时，我们也会听到别人回答说："这得看情况。"诚如我刚才所提到的，进化论是由好几个部分组成的，共同由来只是其中一个部分。部分主张智慧设计论的人（包括迈克尔·贝希）其实是认同共同由来一说的。他们承认，在漫长的岁月中，生物确实可以通过分支繁衍的方式进行演化。但是他们不同意这是自然选择作用于生物变异产生的结果。他们坚持认为，只有具备高度智慧的造物主才能自上而下地创造这一切。因此，支持"共同由来学说"的证据就无法用来推翻上述版本的智慧设计论了。

也有人根本不相信"共同由来学说"。像支持"年轻地球创造论"①（young-earth creationists）②的支持者就认为，创造世间万物根本没这么麻烦，造物主才不会花上几百万年的时间让物种慢慢演化，而是"嗖"的一下就让自然界成了现在这个样子。这么说有道理吗？"共同由来学说"倒是可以证明，上述理论是错误的。

---

① 共同由来学说是达尔文进化论的论点之一，即自然界的所有生物其实都可以最早追溯到某个共同的祖先。—— 译者注

② "年轻地球创造论"认为，地球和地表上的所有生命被创造出来的时间不会超过 1 万年。坚持这种理论的人认为，必须彻底相信《创世记》中提到的创造世界的描述，并以此计算地球存在的时间。持有这种观点的人通常都是极端保守的基督教徒或犹太教徒。—— 译者注

真的可以证明吗？理论上是的。这也成为韦尔斯等人的借口——既然智慧设计论可以被证伪，那么它就是科学！从实际操作层面来说，这似乎又是做不到的。智慧设计论和神创论都否认存在“共同祖先”。他们一致认为，我们不知道那位无比智慧的“宇宙设计师”采用的是什么标准，只知道它能够随心所欲地创造生命，并且让它们不断产生分支和繁衍后代。“造物主希望它长什么样，它就得看起来什么样。”这类说法恰恰让智慧设计论变得无法证伪。因此无论怎么说，上述理由都不可能让它成为可证伪的科学论断。

不可化约的复杂性

对坚持智慧设计论的人来说，“不可化约的复杂性”（irreducible complexity）是他们试图证明该理论可证伪的基本论点，也是贝希这本书的核心思想——自然界一切生物的“预先设计”还是有迹可循的，答案就在身体构造（只要懂得一定的解剖知识）和生物化学方面的演化路径（构建生命体所必需的化学反应）。这些经演化的生命特征极其复杂且“不可化约”。换句话说，但凡生命特征稍微被简化一点，它恐怕就不能正常工作了。

上述论点最主要的毛病在于，它的判断前提完全是错误的（这也不是什么新鲜事了）。他们之所以这么说，是为了能推导出所希望的结论。其逻辑前提是：一旦让某个物种的身体构造变得简单一些，它的许多原有功能恐怕就实现不了（即失去了复杂性）。由此可见，如此复杂的生命构造绝不是逐渐进化而来的。它不可能先经过某个构造相对简单的阶段，而后发展成为如此复杂的形态，因为按照进化论的说法，物种为了从自然选择中脱颖而出，它必须一步一步地展示出其身体构造更能适应当下环境的特征，而不是一蹴而就。①

捕鼠器就是个非常好的例子——如果拿掉弹簧，或者底座，或者撬杆，那它就根本没办法用来捉老鼠了。所以完整的捕鼠器是个“不可化约”的复杂装置。

---

① 按照“不可化约”的理论，为了实现复杂功能而具备的身体构造，必须是一次性被“创造”出来的，绝不可能一步一步来。如果组成复杂器官构造的各个生物“零件”的产生时间有先有后，那么根据进化论的原则，先产生的那部分“零件”，由于尚未能构成完整的器官，将会被自然选择所淘汰，而不是保留，于是复杂的器官结构永远也无法产生。这种说法对进化论是一种逻辑上的挑战。——译者注

这个说法粗看似乎没有毛病，但其实逻辑前提是有问题的（即便如此，智慧设计论的死忠也不肯放弃）。具体来说，这个前提忽略了一点，即现在极其复杂的生命构造也可能经过了某个相对简单的历史阶段，因为当时需要适应的环境不同。智慧设计论当中最常被提及的例子（由贝希首创）就是细菌鞭毛。鞭毛的内部构造可以说极其复杂，于是贝希声称其复杂性只要受到一点破坏，原有的那些功能就无法得到保证。因此，鞭毛绝不是进化而来的。但是实际上，鞭毛的雏形可能是一种管状的东西，它不能像鞭毛一样自由摆动，但可以用来将物质注入其他细胞体内。这种微型“针筒”虽然构造简单，但很可能是进化为鞭毛之前的最初形态——现在有不少证据可以证明该假说是成立的。

除此之外，自然选择也并非生物进化的唯一动力。遗传漂变（genetic drift）[①]也是原因之一——这是一种无须经过自然选择的随机的变异现象。正如前文所述的基因复制现象——冗余的基因随时可能会产生“漂变”，产生某种变异。该变异有时可能导致诞生某种新的原始功能。即使是再原始的构造，只要某种变异的遗传优势显现（哪怕极其轻微），自然选择就会发挥作用，并对新出现的生命构造进行微调。

所谓“不可化约的复杂性”其实说明了，它认为生物体不可能从更简单的形态演化而来，甚至理论上也不可能。我们刚才已经驳斥了这一点。于是，他们选择退而求其次，指责进化论并未对复杂生命构造的演化历史或路径予以具体说明。而这一点又犯了“诉诸无知”的逻辑错误。根据人们现有的知识发展水平，他们武断地认为“当前未知”等于“不可知”，甚至认为“不可知”就意味着“不可能”——既然进化论不存在任何可能性，就只能抬出那位无所不能的造物主了。

诉诸无知（即以尚未知晓的事实作为推论的依据）只会让人在辩论中落尽下风。任何能够证明该理论的正面事实依据都与它无关——它只会被用来驳倒那些不同的主张。自从贝希首次发表他的理论以来，新的科学发现从未间断，

---

① 遗传漂变指，由于一次偶尔的机会，某一等位基因频率的群体（尤其是小群体）中出现世代传递的波动现象。说得通俗点，就是某种群体可能会因为偶然的原因（自然的或者人为的）数量变少，从而导致原有的遗传性状在遗传过程中失去一部分，并影响到其后代特征。该理论的实际应用就是我们熟悉的人工选种、人工育苗等。——译者注

许多当时无法解释的事实如今也已得到完美的答案，例如上文提到的细菌鞭毛。

智慧设计论可否证伪到底说明了什么呢？它只能说明，那些试图声援智慧设计论的主张，全都可以被证明是错误的。我们已经驳斥了鞭毛不可能有早期雏形的说法，于是韦尔斯和他的支持者就拿它大做文章，声称智慧设计论是“可证伪”的理论。可事实上它根本不算是——无论是韦尔斯还是贝希，还是别的什么人，在“鞭毛理论”被证伪的情况下依旧死咬着智慧设计论不放。就算某种说法被彻底推翻，他们也会迅速找到别的理由。他们甚至说，要想让他们彻底放弃智慧设计论，科学家就必须把自然界全体生物的进化和演变过程都完完整整地解释清楚。这显然是不可能做到的，也毫无道理可言。

这些人不想承认，却不得不承认的是：归根结底，智慧设计论还是希望有这么一位无所不能的“神”，能够填补进化学说尚未完美的理论空白。证伪它的唯一办法，就是想办法把这些空白全都补上。

错误的二分法

关于智慧设计论的证伪其实还有一个更大的逻辑问题：其成立与否完全取决于它的对立面，即进化论。正因为进化论无法解释生命的存在，智慧设计论才有了一席之地。这当然是个伪命题。但是即便这个说法没有问题，它也不足以成为使智慧设计论正当的理由。这些人终日想入非非，妄图找到进化论的死穴，并到处宣扬物种在各演变阶段间骇人的“鸿沟”。哪怕明知没有真凭实据，他们也要故意坚持认为，这些无法解释的“鸿沟”恰恰是造物主精心设计宇宙万物的铁证。

如果智慧设计论者真有什么成型的理论，那么经造物主“设计”后的这些五彩斑斓的物种，必然会呈现出某些值得一提的特征（可以预测我们之后的发现）——这些已知特征还能帮助我们判断上述推测是否准确。可惜的是，他们至今也没有人能总结出任何特征。谈到这一点，他们只能拿所谓的“不可化约的复杂性”来搪塞。但正如我所言，这样的解释未免太苍白了。

他们也不会对拥有无上智慧的造物主发表只言片语。在宇宙万物诞生的过程中，造物主的“智慧”究竟会对世界造成何种影响，恐怕谁也不知道。如果有人继续追问下去，他们会干脆回答“这是个秘密”。能够“设计”和创造万物生灵的大智慧，岂是我等凡夫俗子所能理解的？进化论则完全不同，人们能够靠它不断地推测出演变中的物种形态——这些推测都是有根据的。对智慧设计论者来说，对其死对头进化论在物种推论方面的赫赫战功自然是嗤之以鼻。不过，前者会巧妙地辩称，造物主会按照循序渐进演化的模式来创造各个阶段的生命，谁也阻止不了，也没人能说得清是为什么。

换句话说就是：假如理论与日常观察结果全部严丝合缝，那么显然它是“不可证伪”的，而“不可证伪”的理论一定不符合科学。按照智慧设计论的说法，由于高智商的造物主（我们姑且承认吧，他们说的就是上帝）能够随心所欲地设计生命的外观，哪怕它们长得再不可思议，我们也无法否认这是造物主的功劳。

对他们而言，如今面临的挑战是：如果真存在自上而下的物种“设计”，那他们能否掌握相关的证据呢？遗憾的是，他们没有。

也许发现研究所（虽然也不怎么指望他们能够突然良心发现，变得尊重事实）应该把智慧设计论的定义改为：

智慧设计论者认为，宇宙及其万物的特征源于某种充满智慧的力量。它让整个世界看上去就像是随机的物种变异和自然选择后的结果。至于为何如此，我们根本无须知道。

第 36 章
活力论及二元论

所属部分：警世故事

引申话题：生命活力、生命精华

“活力论”（vitalism）主张世间存在一种能够驱动生命体的“生命力”，或者被称为“活力”。它赋予生命体以活性，同时又给了它们生命精华。在意识层面，该主张又被称为“二元论”：意识高于大脑，或者完全独立于大脑而存在。

科学并非旨在树立无可撼动的真理，或者宣扬名垂千古的奥义。它需要通过连续不断的近似来逐渐逼近真理。无论处于哪个阶段，我们都不应该认为已经找到了最终的准确答案。

—— 伯特兰·罗素

在最近某次科学怀疑论者云集的大会上，我发现会场酒店内的小卖部在售卖所谓的“能量环”。这些廉价的橡胶和塑料手环号称能够让你体内的能量达到平衡（或者让能量更加稳定），从而促进身体健康，甚至会让你成为运动健将。我们向店主询问其工作原理，得到的答复不外乎是“共振”或者“生命活力”之类的说辞，这已经算不得什么新鲜概念了（对他们来说，怎么说根本不重要，能养家糊口就行）。

即使在现代社会，“生命能量”之类的理念依旧大行其道，这不得不让人感慨。如果是在几千年前，在那个尚未出现任何现代科技文明的时代，当你试图理解周围的一切时，你会很自然地把它们分为生命体和非生命体。二者之间有着本质的不同。生命体会动，而且似乎总是受到某种力量的驱使。生命体需要能量来完成目标，而且寿命终有尽头。这些特质在非生命体上都是看不到的。

我们的大脑会把世间万物分为两大类——有生命的（实际上就是以受到某种力量操控的方式进行运动的物体）和无生命的。在情感上，我们的大脑会天然地偏好前者，而不是后者。

接下来的事就顺理成章了：尽管相互之间没有任何关联，但是几乎所有地方的人类文明都不约而同形成了某种观念——生命之所以成为生命，是源于一种特殊的“活力”。古罗马人称之为 spiritus，而在古希腊，它被称为 pneuma（两个词都是“呼吸”的意思）。在古代中国，人们称其为“气”，又称为“气血”[①]，因为当时的人们相信“生命活力”是通过血液输送到全身的。它在日本称为 ki，在印度人们把它叫作 prana；在波利尼西亚，当地人称它为 mana；而在阿拉伯世界它的名字是 baraka。

到了现代，人们才懂得思维、记忆、感知、追求等一切心理机能，其实都是脑细胞活动的结果。但是在现代神经科学诞生以前，即使是最高明的思想家也会认为意识大于肉体。一团黏糊糊的东西怎么可能有感受呢？完全不符合我们的直觉啊。

研究表明，虽然小孩子对大自然的理解充满稚气，但他们居然也会有“生命能量”和“生命精华”之类的概念。这一点倒是很有意思。在他们眼里，身体各部分都听从指挥，而且指哪儿打哪儿。将能量传来传去是它们的日常职责。研究发现，日本和美国的儿童普遍抱有这样的想法，因此，来自其他文化背景的孩子们恐怕也不遑多让。在学会正确认识生命之前，孩子们始终会抱有类似“活力论”的想法。

甚至到了 19 世纪，由于当时的人们普遍缺乏生物学方面的常识，因此“生命能量”和“生命精华”一说还是颇有市场的。我们从未刻意去求证所谓“生命活力”是否存在；事实上，随着科学知识的普及，原先的观点自然会失去追

---

① 原文为 blood（血、血液）。如果译之为“血”，恐和现代医学概念中的血液混同，故译为“气血”，使之符合古代中医的观念。——译者注

随者。活力论不仅是一种错误思想，甚至是个累赘。历史长河中曾经涌现的无数思想，最后纷纷被科学取而代之。另外，我们也必须清楚，什么情况下科学观点算是得到了证实，而什么情况下它不过是试图解释未知事物的一种猜测。活力论就是个再典型不过的例子。

人们对生物化学、生理学、遗传学和神经学了解得越是深刻，就会越不认同“生命活力”学说。在逐步深入的学习过程中，只有当问题得不到解决时，“生命活力”才会成为临时答案——它的存在只是为了填补当时的知识空白。当人们最终解开了全部谜题后，“生命活力”一说也就彻底失去了市场。到了 19 世纪末，已经没有哪位搞科学的人会去相信它了。

为这一学说敲响丧钟的人是弗里德里希·维勒。在许多活力论者看来，生命体和非生命体的构造截然不同，因此无机材料无法被用来合成有机化合物。但是维勒却于 1828 年使用无机材料合成了尿素，从根本上打破了这一论断。可奇怪的是，尽管维勒的发现宣告了活力论的破产，但历史却并未让它彻底消亡。活力论直到 20 世纪仍然存在，只不过始终无法得到主流科学界的承认。于是，它开始逐渐投靠伪科学和超自然主义。

活力论已经彻底沦为科学的反对者。作为生活在现代社会的明白人，我认为这一说法并不过分。它已经开始向“新纪元运动”的理念靠拢，比如鼓吹能量和共振。什么样的能量呢？不重要，只要是能量就行。

2013 年，斯图尔特·威尔逊进行了一项针对成年人的实验，试图了解他们对活力论的看法。研究结果表明，越是对超自然现象和“新纪元运动”持肯定态度的人，往往越容易相信“生命活力”的存在。

许多替代疗法的原理也和所谓“能量”或者生命活力有关。整脊疗法（至少是最正宗的那个流派，约占整个行业从业者总数的 30%，其他流派姑且不论）的理念源自所谓“先天智能”（innate intelligence）的说法，其实就是“生命活力”的另一个版本。作为这一疗法的创始人，帕尔默认为“先天智能”是上天赐予的，先从大脑开始，经脊柱扩散到全身各处。脊柱的轻微错位（我们称为半脱位）会妨碍这股“智能”的流动，因此会有损健康。假如有人脊髓受损，也就意味着全身的“智能”流动彻底停止，可他毕竟还是能够活下来。关于这一矛盾现象，我从未听到有人能给予合理的解释。

“触摸治疗”（therapeutic touch）[①] 的原理也与之类似。在实施治疗时，医师对着患者的躯体不断地上下摆动双手，旨在激活和疏导人体内的“能量场”。日语当中的“灵气疗法”（Reiki）[②] 也是如此，无非换了个词汇而已。古代的针灸其实就是把针扎在穴位当中，而穴位代表了人体内“气血”流动所经过的关键部位。通过扎针的办法，“气血”阻塞的情况得到缓解，体内的“活力”也得以重新平衡。

像生命能量这类只可意会的东西，显然没办法直接展示。“气”也好，“能量场”也罢，甚至是所谓的“先天智能”，都是虚无缥缈的存在。它们无法用仪器测量，甚至治疗师也无法向患者展示该如何操控它们。“生命活力”究竟对什么东西施加了什么影响，我们谁也无法瞧见。根据这些理论炮制出来的种种“疗法”，也未必见得就一定有效。

有人也许还不死心。他会问：“等一下，那你怎么解释基尔里安摄影术（Kirlian photography）[③] 呢？”说到底，这种摄影术本身也是伪科学，只是被用来解释另一种伪科学罢了。这就好比说：“外星人的确存在，因为我能和它们用心灵交流。”

自从特尔玛·莫斯在 1979 年出版的《人体电流》（*The Body Electric*）一书中提到基尔里安摄影术后，这种神奇的技法开始为世人所熟知。她认为她找到了掌握“生物能”秘密的关键钥匙，并由此终于可以登堂入室，让她的观点能够被主流科学界所接纳，就像针灸那样。可惜，她打错了如意算盘。照片里显示的种种“神迹”，其实不过是一些非常普通的物理现象，比如气压、湿度、电能场等，不一而足。

尽管“生命活力”说至今依然活跃在舞台上，但它毕竟是现代科学诞生之

---

① 通过研究，科学家发现触摸（或抚摩）会下意识地让脑部分泌更多的脑腓肽和内腓素，能够缓解疼痛，并通过人体传导系统输送到全身各个部位，起到一定的保健和治疗效果。触摸治疗也是一种替代疗法，近年来在西方医学界颇为流行。—— 译者注

② Reiki 是日语假名的罗马字拼写法，日语汉字写作“靈氣”。它起源于日本，指的是借由双手输送宇宙生命能量（智慧能量，即灵气）。灵气会作用在身、心、灵等各个层面，改善体质，舒缓病痛。医师只要把双手放在患者疼痛的部位，就可以把这股能量传输到他身上，从而起到一定的治疗作用。—— 译者注

③ 基尔里安摄影术是苏联工程师基尔里安无意中发现的一种基于电晕放电现象的摄影新技术。其原理是在高压电下，各种有机物和无机物都会在感光乳胶上感光，产生辉光环绕的现象。神秘学上常用这种摄影术来佐证灵魂不灭，产生的辉光被认为是“灵气”或者能量。—— 译者注

前的学说，不可避免会被现代生物学知识所取代。不过，它作为不错的反面教材，倒是可以警示我们：哪怕再合乎情理的说法，也不见得就是事实的真相。虽然有一大批拥趸在为“生命能量”之说摇旗呐喊，可是近两个世纪以来的生物科学发展告诉我们，根本就不存在什么生命能量。对此，我们也不能故意视而不见。当然了，我不会对小卖部的那位女店主解释那么多。酒店里聚集了这么多凡事都要问“为什么”的专家，光对付他们就已经够她忙一阵子了。

自古以来，人们一直相信肉体乃是无形“意识”的栖身之地。这也反映出为何人们对“活力”的存在如此深信不疑。在现代神经科学尚未诞生的年代，二元论（和活力论一样）的观点确实引起了人们的共鸣。尤达大师[①]曾说：“我们都是辉煌的生命，而不是粗糙的皮囊。”我们愿意听信其言，因为这是大师毕生的智慧。

对现代人而言，心理学家苏珊·布莱克摩尔的观点可能更接近于事实，她说道：

> 我说意识是一种“幻觉”并不是要否认它的确存在。我的意思是，意识的本质并非我们所想的那样。如果一个人在意识清醒的时候，头脑中会天马行空般地不断产生各种想法（经历），这些经历会接踵而至，仿佛一切细节都历历在目。那岂不就是一种“幻觉”？

大脑创造了意识，这已经成为不容置疑的事实。意识是思维活动的结果。从某种意义上说，我们等同于我们的大脑。

比方说，我们承认假如大脑停止思维活动，我们就失去了意识。要想让你入睡，只要想办法让你的大脑入眠就可以了。最近的研究表明，只要能让大脑皮层 40% 左右的区域保持完好并持续活跃，人就能始终维持清醒的意识。如果大脑皮层受损区域超过了上述比例，人就会陷入昏迷状态，或者干脆就成了植物人。

大脑产生的任何变化都意味着意识受到影响。某些药物会改变大脑的部

---

① 尤达大师是电影《星球大战》中的人物，是一位德高望重的原力大师。他的学生包括一些重要的绝地武士，比如天行者卢克。—— 译者注

分功能，同时也会影响到你的意识状态（关于这一点，你很可能有过亲身体验吧）。

大脑的不同状态也会让人产生不同的意识。比如当你睡着的时候，大脑其实还是在运转的，但睡眠时的运转方式与清醒时会有所不同。在你身处梦境时，你的意识会紧紧跟随着大脑功能的变化而变化。随着大脑不断发育，人的心智也在不断成长。儿童之所以和成年人不同，就是因为他们的大脑处于不同的发育阶段。

我们现在可以通过科技手段对大脑加以控制，让它的某个区域随时开始或暂停工作。这也意味着，我们能够自由切换该区域所对应的人的意识状态。这种做法由来已久，比如在脑外科手术中，我们可以对大脑的不同区域进行刺激。现在，经颅磁刺激（transcranial magnetic stimulation）[①] 技术更是提供了一种非侵入性的刺激方式。

大脑终有一刻会停止运转，这也意味着你生命的终结。目前尚无证据表明，意识能够脱离大脑思维活动（或者本人去世之后）而单独存在。说句题外话，二元论往往会拿“濒死体验”[②] 来举例，试图证明意识有可能离开过身体。但是，濒死体验实际上并不能这样解释。它不过就是在心理受到极度创伤时（或从创伤和巨大压力中恢复过来的时候），头脑中生成的主观体验罢了。

如果我们把“大脑产生意识”看成一种假说，那么你就会发现，你根据这一假说所展开的任何推测都是正确的。否定大脑和意识的关系，就等同于否定整个现代的神经科学。从这个意义上说，当代的二元论者极力否认神经科学的正确性，像极了当年神创论者否认进化论的行径。他们对当代生物神经学的模式横加排斥，只是为了制造物质世界和精神世界之间的一道鸿沟。如此一来，

① 经颅磁刺激是一种无痛、无创的绿色治疗方法，它运用磁信号无衰减地透过颅骨而刺激到大脑神经，以达到无痛、无创伤的治疗效果。这一疗法正在受到越来越多的神经系统疾病及康复领域医生的认可。—— 译者注

② 濒死体验主要是指某些遭受严重创伤或疾病但意外获得恢复的人，以及处于潜在毁灭性境遇中预感即将死亡而又侥幸脱险的人，他们所叙述的接近死亡威胁时刻的主观体验。根据叙述，大多数人濒死时都会体验到一些共同的感觉，比如感觉特别宁静安详，甚至能感觉到自己的灵魂离开身体，或能够与神进行对话等。—— 译者注

二元论——我们称为“机械幽灵”[①]——就能够在当中左右逢源了。

过分关注知识空白

为了更好地说明大多数二元论者在逻辑上犯了什么错误，请允许我先引用杰里·福多尔的一段话。在其 2001 年出版的一本书中，他写道：“当代认知科学对意识的理解，基本上就是对其作用和原理一无所知。”

看到这儿，你也许会得出结论：人类至今也不敢百分之百地说掌握了大脑的奥秘，也不十分清楚它通过何种方式“创造”出意识。是的，你想的没错，可惜方向却跑偏了——你把“A 是否导致了 B”和“A 如何导致了 B”这两个命题混淆在了一起。我们可以相当肯定地说（理由如前所述），是大脑创造了意识。但同时必须承认，我们尚未搞清楚大脑究竟是如何产生意识的。

让我们再次以神创论（即进化论的对立面）为例，来看看要想否定一种理论，我们应该怎么做。

有生物学家会质疑进化的机制问题，或历史上具体的进化模式问题。反对进化论的人就会引述他们提出的这些问题，并让人误以为后者是在对进化论提出质疑。比如，在美国自然历史博物馆展出的“马的进化”算是进化论历史上的经典之作。它从最远古的始祖马开始，一直介绍到现代马类。随着对进化模式的了解逐渐深入，我们会感觉像这样把所有马类按线性顺序渐进排列似乎过于主观了。伴随着新物种纷纷诞生，动植物的后代繁衍会呈现分叉树状排列，而非朝着某个特定方向依次演进。如果只是从“进化树”上有选择地挑一些马的种类，并且把它们排列成一条直线（最终演化成现代意义上的马），这种做法与历史上马类演化的真实路径完全背道而驰。神创论者依然乐于断章取义地对此大肆引用，仿佛人们对进化论本身颇有微词。

尽管在细节上大家尚未统一意见，但生物进化是千真万确的事实，这一点不容辩驳——正如同无论你对基因的复杂程度再怎么了解，也不得不首先认可遗传的基本特征，同时承认 DNA 是物种的遗传分子。所谓科学发展，就是人们对大自然的了解越来越透彻，对宇宙万物背后的原理思索越来越深刻。通常来

---

① “机械幽灵”最早见于英国哲学家吉尔伯特·赖尔，他在《心的概念》一书中，用“机械中的幽灵”比喻笛卡儿的身体－意识二元理论。——译者注

说，微观或细节方面的问题并不会对宏观问题造成影响。哪怕某个特殊的反常现象无法用正常进化模式去解释，人们也只会对该模式加以修正，而不会断然否定它。

再来看意识和大脑的问题——目前所有的证据都表明，意识是大脑活动的产物。在我看来，能够证明“大脑产生意识”的事实数不胜数，而证明“身心两立”的理由总显得很牵强，看上去不太靠谱——要指望用它们去驳倒上述假说（大脑产生意识），这种理由无疑有些过于苍白。

和神创论的思路一样，二元论也要求神经科学专家详细说明以下问题：大脑究竟是如何创造主观意识的？针对这个问题，我们有几个初步答案。意识是整个大脑协同运作的结果，因此无法将其归因于其中某一个功能模块。当然了，这个答案还不够完美。它只是告诉我们存在这样一种现象，却没能解释其背后的原因。

我们知道，意识其实也分许多种类型。不同种类的意识分别对应大脑的哪个区域也已经不再是秘密。我们知道哪块区域能够让我们感知到身体内部的变化，哪块区域让我们认识到自己是存在于世间的独立个体，哪块区域控制着我们的注意力，以及哪块区域用来产生记忆。很早以前，人们就知道大脑的哪些部位决定着我们能够看见物体、感知周围、计划并执行动作，以及产生心理上的情绪反应。将核磁共振技术应用于神经科学研究更是让该领域加速向前发展，并让我们能够尽快“逆向还原”[①]出大脑的本来面目。

这也导致了二元论的另一个常见思路：只盯着学科领域的某个特定发展阶段，而从不着眼于它的整个发展历程。如前所述，科学体系尚不够完美，“漏洞”似乎总也填补不完。但是，知识的空白即便存在，也无法抹杀人们“用科学原理解释一切现象”所取得的辉煌成就。要想对此做出更完善的评价，就不得不看其发展的路径。诸如顺势疗法或者“第六感”之类的伪科学是不会向前发展的——它们往往在原地打转，白费力气，还忙不到点子上。进化论则不然。作为用来解释自然现象的理论工具，进化论无疑是非常成功的。

---

① 原文为 reverse engineering，即“逆向工程”。它的原意是指一种产品设计技术的再现过程，即对目标产品进行逆向分析研究，从而推论得出该产品的组织结构、功能特性及技术规格等设计要素。逆向工程的目的往往是制造功能相近的仿制品。——译者注

同样，唯物主义者对心理和意识的解释（即大脑乃是产生意识的本源）已经取得了很大的成功——可以预见今后也将如此。成功的标志之一就是神经系统作为一门专业学科，近年来得到了长足的进步和发展。在探索大脑及心理现象奥秘的过程中，互联网技术的兴起使科学家如虎添翼。与此同时，二元论者兜售的那一套价值观却毫无建树，也无法取得人们的信任。

由此可见，二元论恐怕气数将尽，而神创论也好不到哪里去。科学是最讲究实效的。自然界生命之纷繁复杂完全可以用进化论来解释，“造物主创世”的理论则彻底失去了市场。要想知道生命体与非生命体有何不同，我们完全可以从生物学理论中找到答案，而不必再求助于虚无缥缈的“生命活力”。神经系统科学能够帮助我们真正掌握心理和意识的奥秘，于是人们再也不必用“灵魂”之类的假说来填补这一空白。我们当然不可能掌握全部的真理，未知的领域总会存在，但是只要这样的理性思考能够继续存在，并不断地赢得挑战，科学家和整个科学界就会始终对此予以认可。否定它的人只会越来越被边缘化，只能死守着他们那套不再入流的理论。面对日益完善的科学体系，他们只会暴跳如雷，哪怕是经不起考证的所谓异常现象，他们也不得不为此站台——没办法，顾不得这么多了。

笛卡儿的二元理论

二元论也分很多不同的流派，其中“笛卡儿派”得名于哲学家勒内·笛卡儿。这一派主张意识本质上与肉体没有任何关系，意识就是灵魂，它通过大脑与肉体进行沟通。因此，人是肉体与精神的“二元”结合体。

为了捍卫二元理论，除了上文谈到的“对暂时的知识空白过分关注”外，二元论者所采用的另一种思路与笛卡儿派息息相关。它反对神经系统科学，却犯了“诉诸无知”的逻辑错误。它认为意识与肉体在固有属性上完全不同，因此精神不能等同于物质。他们声称，物理可见的东西在空间中是有一定位置的，比如你肯定知道你家的地址。它们有大小、质量和形状的区别——这些都是物质的属性。二元论者借此发问道：“你能测出情感的大小吗？你知道记忆的形状吗？或者，你能掂量出梦境有多重吗？”

他们认为，正因为意识本身不带有以上物质属性，所以就不能被称为物质。

它属于另一个世界，我们姑且称之为“精神世界”。这种观点听上去很有意思，实际上却是一派胡言。他们犯了所谓的“范畴错误”。[①] 他们假设意识是一种看得见、摸得着的物质，这当然是错的。大脑也属于物质，并有着物质才有的各种属性。心理活动却并非物质，而是过程。我们不能将其等同于大脑。这么说吧，思维是大脑工作的成果——或者说，是工作中的大脑。

我们可以打个比方，尽管这个比方看上去有点奇怪——资本主义。资本主义本身并不具备任何具体的物质属性。货币、商品和消费者是构成社会经济的基础物质要素（想想看，这与大脑颇为相似），而资本主义则是这些因素共同作用的结果。如果这些因素都不起作用，人们也不再购买商品或服务，那么资本主义也就不复存在。综上所述，我们可以把资本主义看成物质社会与精神社会相互作用的结果，意识也同样如此。

光明仙子

面对来自神经科学咄咄逼人的挑战，二元论的另一个应对之策是诉诸“相关不代表因果谬误”（从逻辑上说，这是谬误）。他们会说：“没错，大脑和意识是相互联系的，就像你说的那样，但这并不能说明是大脑产生了意识。”

他们认为，大脑可能只是意识的“接收器”，而意识本身是游离于肉体之外的。切换电视频道（此处我们把大脑比作一台电视机）能够让我们看到不同的节目，但这并不意味着电视机本身就能够做到这一点（提供不同节目）。

这个比喻其实是站不住脚的。我可以切换电视频道，但我无法通过改装之类的方式改变节目内容本身。如果某个频道演的是戏剧，我无论如何也不能把它变成喜剧。

这样的推论也不符合奥卡姆剃刀原理。我完全可以如此胡诌：当你打开电灯开关的时候，某位“光明仙子”会从开关里面蹦出来略施法术，于是灯就亮了。接着你将开关关掉，“光明仙子”又回到开关里面，于是灯就灭了。“她”看不见，摸不着，而且还能以光速来回穿梭。

这样的“光明仙子”显然并不存在，可问题是你根本无法证明这一点。你

---

① 范畴错误指，把一个事物看成与它本来隶属的范畴不同的另一范畴，或用适合于表述另一类范畴的词语来形容该范畴的现象。——译者注

当然可以说电路的开关与灯光的状态有密切关联，但是这种关联不能说明两者互为因果。当电流断开后，“光明仙子”就回去歇着了。电流本身并不会让灯亮起来，它只是召唤“光明仙子”前来的工具而已。

我刚才提出的关于“光明仙子”的假设，其问题不在于它是错的，而在于它错不错都一样。这个假设完全是多余的。额外插入这样一个超自然的解释，一来没有必要，二来也说明不了任何问题。同理，像“精神创造意识”这类毫无根据的说法，奥卡姆会坚决予以剔除。

难以回答的问题

所以，我们该如何解读大脑创造意识的方式呢（或者大脑的本职工作就是产生意识）？影响大脑产生意识的关键因素有哪些，我们尚不得而知。同样，我们也不清楚这些因素是如何共同协作的。但至少我们在逐步接近真相。我们几乎可以肯定，大脑的每个部分都各自会对意识施加影响。大脑中不存在专门产生意识的“部位”。神经科学家曾经一度认为，也许大脑中存在一个类似中央控制中心的单元，他们称之为“全局工作空间”（global workspace）。不过最新的研究结果表明并非如此。

这就像一个委员会。任何个体都不能称之为委员会。只有大家走到一起，每个人才能在委员会当中发挥作用。委员会开始运作之前，我们还需要确定一个法定人数（正常运行所需的最低人数）。同理，大脑也需要保证一定数量的工作单元，以便保持清醒的意识。“大脑委员会”似乎也不那么循规蹈矩。为了吸引更多注意力，每个部位都在大声说话，在吵吵嚷嚷中试图说服对方。有时候被逼急了，它们甚至会大吵一架，但不管怎么样，到最后大家总会拿出一个集体方案。

如果把大脑比作这样的委员会，那么其中每个人的观点和主张就是你的潜意识。总的来说，这里的“潜意识”指的是尚未达到意识层面的大脑活动。你甚至可以在完全没有意识到的情况下，就做出某个决定，并且在意识到你已经做出决定之前，你接下来的行为就已经在遵循这个决定了。

像大卫·查默斯这样的现代二元论者对神经科学的研究成果表示认可，但仅仅把它们看作容易解决的“表面问题”。查默斯指出，我们已经搞清楚大脑是如何指挥胳膊运动的，也知道它如何能让我们看见周围的一切，如何让我们学会数学计算。但是，这个领域真正“难以回答”的问题在于：为什么你会感受到你的存在？对此，科学家至今也没能给出令人满意的答案。

查默斯本人并非来自笛卡儿学派，他其实是个“属性二元论者”（property dualist）。他认为意识是现实世界的一种显现。意识不过是一种现象，只是尚未得到科学的解释。“哲学僵尸”（philosophical zombies）的叫法就是查默斯最先提出来的。根据他的理论，世界上完全可能存在这么一种生物（即哲学僵尸）：它的所有行为都和人类一模一样，但就是意识不到自己的体验。[①] 这种对外部事物的主观体验，比如你对红色的切身体验，被称为“感质”（qualia）。于是查默斯反问道：“为什么会有感质？”

关于这个问题还有另一种解释，其代表人物当属丹尼尔·丹尼特。他认为，其实不存在这类难以回答的问题。它说到底也只是“表面问题”。只要你解决了所有的“表面问题”，那么只需把外延扩展一下，所谓“难题”也就迎刃而解了。

要进一步理解这个问题，其实你只需问：“接下来怎么样呢？”比如大脑“看”到了一幅画，随即该信息反馈到了联合皮层（association cortex），后者认定该对象为“物体”。接着，信息反馈给了大脑的杏仁核，后者会让我们对所视物体产生情感联系（如果它是有生命的）。那么，接下来呢？这些信息会游移至大脑的其他部位，那里储存着我们的记忆。再接下来呢？记忆会搜索到包含所见对象的前一个事件，并形成特定的认知模式。再接下来？信息会再一次回到大脑的情感处理区域，并激活与所回忆事件有关联的情感体验。

上述流程会一直循环往复，永无停止。我们所知的这些大脑功能单元会始终保持循环的工作状态。大脑会“自我交流”，它会接收新的信息，也会激活脑回路和神经网络。已有的网络还会不停地激发新的网络，直到我们的生命走到尽头。这一串永不停歇的链式反应（当你入睡时，看上去大脑暂停工作了，但其实是开启了另外的模式。后者在工作时，你是不会醒过来的）就是所谓的意识流。它们没有确定的方向，也无须向谁汇报。简而言之，这就是意识。

---

① 源于澳大利亚哲学家弗兰克·杰克逊提出的思想实验：玛丽黑白屋问题。——校译者注

这样看来，所谓“难以回答”的问题其实不是问题。任何“表面问题”都可以得到科学解释，说明我们对此已经有了深入的了解——这就是迄今为止人类对意识的全部理解。

那么查默斯的“哲学僵尸”呢？这个问题很有意思，但是我对它的关键前提持否定态度——人们不必什么情况下都依赖“感质”。这个问题很难一下子说清楚，但可以列举几种可能性。

我们知道，哪怕是构造最简单的细菌也具备与外界相斥和相吸的能力。它们会参照化学梯度主动接近食物，并对毒素敬而远之。神经系统也有类似的基本功能，即通过舒适的感觉来鼓励适应性行为，通过疼痛来表示对伤害性行为的排斥。疼痛和舒适是神经系统功能的根本。在实际过程中，疼痛必须在某种程度上让人“感觉”不舒服，而舒适必须让人“感觉”到神清气爽。生物的生理结构更加复杂，因此它们的舒适和厌恶感知系统的复杂程度也会相应增加。它们也会拥有更加微妙的情感。动机也是如此：出于恐惧，你会集中调动全身的能量往前狂奔，以求不要成为捕食者的美餐。

也有人推测，虽然大脑对体验的记忆与体验本身本质上是相同的，但是生物体需要对这究竟是一段记忆还是当下的体验进行区分，所以这二者必须在感觉上有某种差异。

此外，如何分配注意力也很有讲究。大脑做不到同时关注周围发生的一切，也不可能同时进行不同类型的信息处理。实际上，我们会把很大一部分脑力花在关注重要事件上，不重要的就只能略过。注意力显然是受到意识的驱使。

哪怕有一天，某个神奇的系统能够模拟我们所能做到的一切，从而让大脑不必刻意关注或感知外部环境，这也不意味着生物进化会放弃“感质”这一相对简单的途径。事实上，我们确实能够感受到自身的存在，“感质”对我们有益。

我承认，说了这么多概念确实挺绕的。某种程度上来说，试图揭开大脑奥秘的正是大脑本身。谁让它是宇宙中已知的最复杂的单一物质呢。正因为如此，我们必须谨言慎行，虚怀若谷。任何简单粗暴的推理或直觉都是靠不住的。

本质上，我认为二元论者是在召唤魔法来回避一个难题，这个难题就是他们很难自然而然地将意识理解为一种生理现象。事实很有可能是这样的：高度进化的人类大脑足以让我们产生一种幻觉，让我们误以为意识是一种源源不断、无缝衔接的存在，这种幻觉有其现实意义，但是会对我们理解自身意识造成障碍。如果真是这样，我们就要刺破这一幻觉。

经过数十年的不懈思索和研究，科学家已经明白了什么是意识。神经系统研究取得了长足的发展，可谓硕果累累。我们绝对应该鼓起勇气，摒弃“光明仙子”之类的说辞，继续依靠科学手段去探索宇宙中最伟大的奥秘。

第 37 章
N 射线的故事

所属部分：警世故事

引申话题：伪科学

认知偏差如何能够影响研究结果？貌似前沿的发现如何受到狂热追捧？而为何当时人们其实只要稍有怀疑，就能够揭露一切真相？最能说明这些问题的经典案例就是“N 射线”的故事。

有时我们设计的实验流程并非单纯为了证明预言和假说的正确性，也可以用来证明它们是不对的。两方面结合起来才是真正的科学方法。无论你做什么，科学推理始终会助你一臂之力。只要是人就会犯错误，科学推理能让我们面对这种可能性，甚至是糟糕的事实。

——卡罗尔·塔夫里斯

普罗斯珀－勒内·布隆德洛（1849—1930）是法国一位声名赫赫的物理学家。法兰西科学院曾三度授予他大奖，表彰其在电磁学上的非凡成就。但是布隆德洛最为人所熟知的“事迹”，却是他在现代科学史上一个经典乌龙事件中所扮演的不光彩角色。

1895 年，德国科学家威廉·伦琴发现了 X 射线。这是一种电磁辐射，波长在 0.01～10 纳米[①]。这一发现不但让伦琴声名鹊起，也为整个德国物理学界赢得了巨大的声誉。

随着 X 射线的发现，人们也不禁期待，在不久的将来能否发现更多形式的电磁辐射。包括布隆德洛在内的许多物理学家纷纷投身于该领域的研究。1903 年，布隆德洛顺理成章地宣布，他发现了来自另一种放射源的辐射现象，并随即将它命名为 N 射线（以纪念他的出生地法国南锡，以及他任职的南锡大学）。

仅 1903—1906 年的短短几年间，就有不下 300 篇关于 N 射线的论文发表在各类科研文献上。研究 N 射线的科学家和医学工作者总共恐怕不少于 100 人。其中，至少有 40 人宣称他们同样看到了 N 射线。

布隆德洛声称许多物质都可以产生 N 射线，无论是生命体还是非生命体（未干燥的木材以及某些经过处理的金属除外）。此外，伴随着辐射源的“精神活性”，射线强度还会进一步增加。他的实验道具包括一段铁管，里面穿了一根发热的金属丝，用来产生 N 射线。产生的射线经呈 60 度角的铝制棱镜折射后，可以让一根硫化钙线产生微弱的光芒。不过，由于产生的光芒非常暗淡，只有那些拥有极佳视力的人在黑暗中才能察觉。

其他研究人员也发现了 N 射线的许多性质：它可以轻易穿透金属和木材，却无法穿透水。医学专家发现肌肉和大脑也能产生 N 射线，于是他们寄希望于该射线也能和 X 射线一样，在医疗诊断中发挥应有的作用。此外，N 射线也可以用金属丝来传导。

N 射线俨然成了热门学科，可问题是根本就没有什么 N 射线！所有关于 N 射线的研究成果都是自欺欺人罢了。

人们逐渐发现 N 射线有些不对劲。首要的问题就是，英国人和德国人怎么也无法复制法国人的研究结果。物理学定律应该放之四海皆准才对。因此，相当多的人不禁开始对此提出质疑（这是理所当然的）。

可惜科学的至高荣誉和法兰西民族的自尊不允许他们这样做。法国物理学界当然希望他们自己人发现的辐射现象能够与德国人发现的 X 射线相媲美，因此他们纷纷自我安慰，反倒指责德国人和英国人的实验方法不对：他们的视力

---

① 英文为 nanometer，以前译作毫微米，长度的度量单位。1 纳米 =10^–9 米，相当于 4 倍原子大小。—— 译者注

不行，因此看不到暗室里的那道极其微弱的光芒，而这偏偏又是 N 射线存在的唯一证据。

N 射线还有其他一些古怪的特性，这越发让人们怀疑它是否真的存在（只有法国以外的物理学家会这么干）。布隆德洛宣称它是一种长波长的射线，就像红外线一样。它能穿透的那些物质，本该只允许波长短得多的射线穿过。N 射线不会在照相底片上留下痕迹，因此能否观测到它完全依赖研究人员的主观感受（虽然在某些实验中，探测装置发光能够被拍摄下来，用以显示辐射强度）。

布隆德洛发现，哪怕辐射源被移走，他还是能够探测到所谓的 N 射线。由此他得出结论：某些物质（比如部分实验中使用的石英透镜）在发射 N 射线之前，能够先将其存储起来。他甚至"发现"人眼的玻璃体液[①]（vitreous humor）也能够存储并发射 N 射线。

关于 N 射线的研究成果越多，布隆德洛和同行对他们的结论就越有信心。但与此同时，来自英国和德国科学界的质疑声也在不断增加。

眼看双方的争议有愈演愈烈的趋势。为了平息争论，来自美国约翰·霍普金斯大学的罗伯特·伍德受《自然》杂志的委托，前往法国亲自观察布隆德洛的实验情况。伍德此前重复过该实验，但未能观测到 N 射线。他希望此行能解决两边实验结果存在差异的问题。正如他后来写道："必须承认，我是带着满腔的疑惑来到这儿的。我倒希望他能用事实真相说服我，因为我们都觉得他所说的现象很不正常。"

说到对 N 射线的真伪开展调查，伍德也许的确是最合适的人选。这位仁兄喜欢给别人制造小麻烦是出了名的，同时他也致力于科普工作。他毅然接下了调查任务，并最终揭穿了那个年代伪科学的真面目。

在布隆德洛及其助手的实验中，铝制棱镜被用来显示 N 射线的波长范围。布隆德洛坚持说他能够在漆黑一团的实验室内"看"到探测体发出的微弱光亮，而伍德却什么都没看见。

伍德在布隆德洛的实验室待了很久，参与了好几项实验，试图找到 N 射

① "玻璃体液"又名"玻璃状液"。眼球里面有个最大的腔隙称为玻璃体腔，里面充满的就是玻璃体液，主要对眼球起到支撑作用，维持足够的眼压。—— 译者注

线确定存在的可靠证据。在最初的实验中，布隆德洛及其助手都声称他们看到了发着微光的探测线，而伍德却看不见。对此，前者解释说伍德的视力还不够敏锐。

于是伍德做了一个简单的测试。人们可以直接用手挡住 N 射线的传送线路，基于这个思路，当他拿手挡住 N 射线时，他要求法国同行注意观察探测线的发光情况，并随时通知他。问题是他们似乎不太靠得住——哪怕伍德的手并没有任何动作，他们还是声称“看到”这根线正逐渐变得黯淡无光（或者正在熠熠生辉）。

接下来，伍德仔细观察了布隆德洛他们如何试图通过改变实验设置，使探测器在底片上显示出不同等级的亮度。实际情况是，用来产生 N 射线的阴极会出现幅度大约为 25% 的自发波动——所谓 N 射线带来的亮度变化可能是因为光源自身的变化所致。还有一种可能性，就是实验者本身的实验技巧（底片曝光的角度和时长）也会对亮度造成影响。

最后，伍德又做了另一个最为著名的测试。在测试中，铝制棱镜被用来使 N 射线发生折射，并散射为电磁频谱。伍德在给《自然》杂志的最终报告中曾经对此有过详细描述：

> 当我前后移动棱镜时，我实在看不出磷光线有任何亮度上的变化。我随后发现，即使把棱镜拿开（实验室当时一片漆黑），经折射而偏离的射线束中，最大和最小波长的位置还是没有任何变化。
>
> 于是我提议做下列尝试：根据磷光屏的变化，我们就能够知道棱镜的折射棱是朝向右边还是左边。但是无论是实验者还是其助手，居然没有一次说对朝向（一共试了三次）。对此，他们搪塞说是因为疲劳影响了其判断。

就依靠几个简单的对照实验，伍德凭借一己之力彻底动摇了 N 射线学说的根基。

经验和教训

N 射线是一个发人深省的经典失败案例。它揭示了什么是病态科学（pathological science）[①] 和认知偏差，并且告诉我们，即使是科学素养很高的人，有时也会陷入一厢情愿的困境。很可惜，这个故事并没有像我们所想象的那样广为流传。

法国科学界本该在理性基础上，对实验本身反映出的各种问题进行质疑，可他们偏偏选择视而不见。就科学本身而言，应该对自己更加苛求一点，质疑更多一点，这样做只有好处。也就是说，你首先得千方百计地证明你的假设可能是错的，哪怕你没有证明这一点，你也只能暂且接受假设为真。

布隆德洛所做的却恰恰相反。为了解释 N 射线的种种反常特性，他提出特设性理由[②]时显得过于随意，比如只有一部分人可以看见光亮变化之类的。甚至当盲测评价失败后，他们也只是将其归咎于疲劳，而想不到另一个更加简单的解释：N 射线根本不存在。

由此可知，为什么对科研工作来说，奥卡姆剃刀原理会显得如此重要。我们总是能找出各种花哨的理由，来说明某个猜想恐怕行不通。但我们绝不能忽略另一种更为简单的可能：这个猜想本身就是错的。

历史总是会重演

如果你觉得布隆德洛的故事发生在 19 世纪的头几年，年代过于久远，并且和现代科学关系不大，那么让我们再来看看雅克·邦弗尼斯特的例子吧。他的故事距今不远。1988 年，邦弗尼斯特在《自然》杂志上发表了一篇论文，宣称水能够“记住”它曾经稀释过哪些物质——哪怕已经稀释到和纯水没什么两样。

他的研究很明显是为了给顺势疗法一个原理上的解释。有些稀奇古怪的疗法会要求用水将药剂反复稀释许多倍，直到其原来所含的物质基本消失不见

---

① 病态科学指在某些科学骗局中，当事的科学家其实是诚实的，没有任何弄虚作假，但由于研究手段过于一厢情愿，或者为了达到“一鸣惊人”的效果，对观察到的现象给予违背科学常理的解释，从而被引入歧途，以致其结论完全错误。—— 译者注

② 特设性理由或假说是一种不能独立检验真伪的方式。当科学推断与观察实验的结果不一致时，为了使该推断避免被证伪，人们可能会专门设计一套理论，仅仅在表面上可以解释理论与观察现象的不一致，而无法用独立的手段去真正检验它是否正确。—— 译者注

(仅保留本底值[①])。邦弗尼斯特认为，即使药剂中的原物质都被稀释掉了，水依然能够通过自身的“构造”保留原物质的化学特性。

邦弗尼斯特的实验室主要研究能够激活嗜碱性粒细胞，并让它们释放组织胺的抗体。人们可以通过显微镜观察到组织胺的释放过程（邦弗尼斯特本人是一位免疫学专家）。邦弗尼斯特声称，如果水里面原来有抗体，那么当抗体被稀释光后，剩下的水依然能对嗜碱性粒细胞起到激活作用。

约翰·马多克斯当时是《自然》杂志社的编辑。尽管他对实验的可靠性表示怀疑，但是鉴于该论文已经通过了同行评议，邦弗尼斯特还是同意发表这一成果。不过，为了无损于这本老牌杂志的百年声誉，马多克斯还是亲自去了一趟实验室，打算一探究竟。和他同去的有美国国立卫生研究院的沃尔特·斯图尔特，这也是一位专业“打假”的科学斗士，还有著名的科学怀疑论倡导者、魔术大师詹姆斯·兰迪也一同前往。就像他们的前辈伍德所做的那样，三人随即在《自然》杂志发表了研究报告，公开了他们此行的收获。在报告中，他们详细罗列了邦弗尼斯特实验室犯下的许多错误。

在实地调查过程中，马多克斯、斯图尔特和兰迪也像伍德那样进行了实验盲测。只要盲测条件合适，重复实验就无法得出邦弗尼斯特团队声称的那种结果。调查团成员之间唯一的分歧，在于认定该理论只是一种实验偏差，还是一场骗局。他们还注意到，邦弗尼斯特的搭档（同时也是实验小组的一名关键成员）伊丽莎白·达弗纳，是团队中唯一能够持续给出阳性测试结果的人。兰迪对此曾回忆到，他看见她通过标牌来分辨该样品属于实验组，还是对照组。随后，她会重新计数，好让试验结果符合她自己的偏好。

兰迪还回忆道，达弗纳似乎是实验室里唯一对即将发布的结果不会感到紧张的人。他的意思是说，她应该很清楚，在正确的盲法条件下，人们是根本得不出那种实验结果的。不过，代表《自然》杂志社的观察员最终得出结论：先前发表的实验结果主要是由于达弗纳不知情的偏差（不算故意骗人）引起的。

和布隆德洛一样，邦弗尼斯特轻易放过了实验数据的不少异常之处，而在正常情况下，这样的数据都应该会引起怀疑。盲法实验结果出来后，邦弗尼斯

① 本底值是指在不受人为干扰和测量的情况下，天然所含有某物质的最小值（即无论怎么稀释也去不掉）。—— 译者注

特对此表示拒绝接受。相反，他对马多克斯等人的调查大为不满，称其为“对异见者的侮辱”。

以上也许是历史上最富戏剧性的真实案例，但这样的例子绝非少数。科学研究中的自欺欺人现象非常普遍，即使是主流的、广受尊崇的科学家也不能免俗，无非没有那么引人注目罢了。

我经常听到人们给临床试验的失败找各种理由：也许是剂量用得太少，也许是治疗周期不够长，也许它只对某一类患者起作用（如果能够知道是哪些人的话），也许早就应该采用一些更加先进的测量手段。

这些理由未必都毫无道理，但也有可能（甚至更有可能）是治疗本身的确没起到作用。我们之所以不太认可这些理由，是因为它们都太具有“特设性”了。

总的来说，当面对自相矛盾的数据时，我们都非常善于找各种理由力挺自己中意的观点。智商或受教育程度更高的人，未必就更具有批判性的思维。不过，这些精英在寻找借口方面，倒的确显得更具天分，也更有创造力——即使是科学家也一样。

第 38 章
正向思维

所属部分：警世故事

引申话题：“鸡汤”般的伪科学

“正向思维运动”（The power-of-positive-thinking movement）是“自助”[①] 产业帝国存在的基石。从乔普拉到奥普拉，那些自封的精神导师从消费者那儿捞走了大量金钱，包括上电视节目、出书、办讲座和静修。其核心要义其实很简单：“坚持正向思考，就会得到正面的结果。”

现实与信仰之间的关系，应该是信仰服从于现实，而不是反过来。

—— 艾利泽·尤德科夫斯基

尽力去想象某个场景（一定要尽力去想哦！）就能让其实现，这样真的好吗？这其实是一种颇令人着迷的“奇幻思维”(magical thinking)[②]：它让我们以为自己拥有某种能力，能够操控一切，可实际上却是异想天开。

---

① “自助”又译“自我完善”，是 20 世纪后期伴随着后现代主义兴起的一种文化现象，倡导兴趣或处境类似的人们联合起来，通过自我修炼的各种方式，达到修身养性，提高精神境界和认识世界的目的。—— 译者注

② 有些人相信思维会产生力量，能够影响到世界上其他地方，或者想到什么就能做到什么，心理学上把这种唯心主义的信念称为奇幻思维。安慰剂疗法其实也是出于类似的心理作用。—— 译者注

许多鼓吹“自助”的书籍作者和专家也希望你这么想。他们会借用各种各样的名义——精神高于物质、吸引力法则[①]、灵力、磁力等，并反复灌输给你。这些理念倒是有一点相同，那就是都缺乏科学的证明。

朗达·拜恩的《秘密》也好，华莱士·沃特尔斯的《失落的致富经典》也罢，宣扬“自助”理论的作者（不管他是否真的相信这一套）都有赖于“正向思维运动”而发家致富。随便找一家网上书店，搜索“吸引力法则”，你会发现有些书总能赢得许多人的关注。它们教你如何轻松地赚钱、寻找真爱、提高记忆力，甚至战胜癌症。如果你对此觉得忧心忡忡，那就对了。

我们绝无可能靠许愿来改变世界。如果你真的这么做了，效果怕是会适得其反。心理学家（同时也是《怀疑论者的宇宙指南》的好伙伴）理查德·怀斯曼曾经指出，研究结果清楚地表明，正向思维非但毫无益处反倒有害。

怀斯曼指出，在 1999 年进行的一项研究中，利恩·范和谢利·泰勒比较了“基于过程的心理模拟”与“基于结果的心理模拟”对人们行为表现的不同影响。换句话说，实验安排了两组学生，其中一组想在即将到来的考试中取得好成绩（基于结果），另一组打算认真学习迎接考试（基于过程）。研究人员又安排了另一组学生，和以上两组学生分别进行对照。看重学习的学生，取得了比对照组更加优异的成绩，而看重分数的学生，反而比对照组考得更差。

结果很明显：仅仅靠正向思维不但毫无用处，更是对时间和精力的一种浪费，而且还让人不再那么脚踏实地。但是，为了达到目标而重视过程，并时刻牢记在心，这倒并非坏事，因为它可以驱使我们将理想付诸实践。正是因为有了行动（在上述案例中，学生的学习过程就是行动），才会取得积极的结果。

事实上，科学研究证明，抱有负面或悲观的态度其实益处多多。悲观主义似乎能带来更高的收入，更和谐的婚姻关系，以及更高效的沟通能力。它也会让你变得更加慷慨，不再那么沮丧。很显然，至少保持某种程度的“提心吊胆”对人是有利的。过分的乐观会让我们得意忘形，最终导致失败。

过度积极的心态还会让死亡变得糟心。詹姆斯·科因曾经专门研究过癌症末期患者对待死亡的态度。他指出，过分强调临终时的正向思维，反而会给处

① 吸引力法则源于古老的印度神学，它宣称人的思维具有磁性效应和频率，任何你所想的都会传送到宇宙中，而宇宙也将以相同的频率反馈你。换言之，心想，事就成。——译者注

于弥留之际的患者带来极为负面的心理影响。直面死亡并非易事。每个人面临死亡时的态度以及悲哀程度都不尽相同，但有一点是肯定的：如果你相信自己能够最终战胜绝症，重获新生，那么（死亡来临时）你一定会感到极度失望。

被正向思维冲昏头脑的人们会暂时将真正有意义的循证医学治疗手段放在一边（或者干脆就完全视而不见）。相反，他们会痴迷于所谓的“灵力”，指望靠它来摆脱疾病的困扰。大多数时候，这么做只会导致悲剧。针对“灵力”问题，科因博士还专门做了一项调查，其规模算得上迄今为止最宏大的研究项目之一。调查发现，情绪健康水平与死亡率没有任何关系[①]。正向思维根本无力阻止人们最终走向死亡，反而会让短暂的过程变得更加痛苦。

每个人离开的方式都不一样，来自外部社会的压力也会对临终时刻产生重大的影响。如果一个人在此时明明心怀怨念，或者悲伤不已，却还要在至爱亲朋（甚至是医生）面前装出一副“勇于面对”或“积极乐观”的样子，这种无形的压力反而会让他无法安心度过生命的最后一程。

被正向思维这样的伪科学所蒙蔽的可绝不止那些患者和行将就木的人。它一开始就是为了哄骗那些弱势和穷苦的人，麻醉那些需要帮助和走投无路的群体。通过洗脑，向人们传播种种虚幻的富足感，这样做只会让整个社会陷入瘫痪。人们不再去做该做的事，或者认真对待经常需要面对的残酷现实，而是在期盼、许愿和祈祷中等待收获爱情、金钱和名望——这简直就是在做白日梦。这反倒容易引发负面的反馈效应，将人们引向失意和绝望。

别误会我的意思！凡事保持（适度的）积极心态并不是一件坏事，也没必要刻意压制你阳光、开朗的个性。但是，不用什么事都往好的方向想，也别指望会一直福星高照。这世间绝不会事事如你所愿。

---

① 参见詹姆斯·科因、霍华德·坦内恩和艾达丽塔·兰切尔 2010 年发表的研究成果。

第 39 章
传销骗局

所属部分：警世故事

引申话题：多层次直销

“传销骗局”（pyramid scheme）是一种向人们承诺他们可以通过招募新会员获得收入的商业模式。通常入会的人需要掏钱购买产品或者其他有关物品，接着他们会被洗脑，一切目的就是发展新会员。你可以把它想象成一座金字塔：新会员需要发展更多的下层会员，而后者还得再往下发展更多会员。可是钱呢，都被上层会员捞了。

我们的文化对数学根本不屑一顾，这似乎是全社会的共识；但与此同时，人们又觉得大字不识是一件羞于启齿的事。科学界对此颇有微词，而我认为他们的抱怨很有道理。

—— 珍妮弗·奥雷特

你的一位朋友打来电话，语气之中洋溢着兴奋。他让你过来参加一个说明会，因为有个千载难逢的机会就摆在你面前。按照他们的说法，既然参加的人都当了老板，你一定也可以。你很快就要发财了，但首先你得来参加说明会。你难免有些惴惴不安，但你的朋友态度却异常坚决。

你完全不认识到会的那些人，除了这位朋友。他很开心你能来，并且保证接下来的事会让你大开眼界。他把你介绍给了托尼。托尼是会议的主讲人，他会告诉你一切。很快，托尼就上台发言了：

> 欢迎大家！今晚很高兴能认识一些新面孔。看看你的周围吧，你们每个人都将在今晚改变自己的命运。前不久一个朋友来找我，向我介绍了 Vita-Root 综合维生素及代餐食品。我在想："这是在讲什么？"不过我还是坚持到了会议结束。到会议结束时，我终于被说服了。我意识到这是我一直在等待的机会。今天我想让你们看看，这是一笔多么划算的买卖，而且很轻松。我想说的是，你们每周只要花上几个小时，就可以开始赚钱了。看到这张支票了吗？这是 Vita-Root 刚开给我的 5 270 美元的支票。这是我上个月举办这样的会议挣到的钱。我给自己打工，我已经不再为钱而烦恼了。

听上去很有意思，对吗？承认吧，连你自己都忍不住跃跃欲试。这是个最基本的心理学游戏。托尼知道我们都希望自己是个人物，都希望自己能把握自己的人生，能赚大钱，能活得潇洒。他会在一开始就告诉人们，这些都是唾手可得的。他的目的就是让你入会。也就是说，不管怎么样，你得先掏钱。说服别人掏钱买下所谓的维生素产品，让他们去卖给别人，让他们缴纳会费，让他们发展下一批会员，这就是托尼和你那位朋友赚钱的手段。更重要的是，托尼自己的"上级"也会从中赚到钱，他"上级"的"上级"同样如此。你发展的新会员（包括他们再接着发展的会员）是你的"下线"。你可以从好几层下线那里赚到钱，因此，这种商业模式也被称为"多层次直销"（multilevel marketing）。

雇用代理向公众兜售产品的多层次直销公司（简称 MLMs）有些是合法的，甚至是知名的企业。如果会员主要依靠从他们发展的下线（他们自己找的销售代理）那里赚钱，那么这种多层次直销模式就是所谓的"传销骗局"。举个简单的例子：你找来 4 个朋友，让他们每人给你 50 美元，这样你就净赚 200 美元。接下来，他们每人也必须另找 4 个人，让后者每个人上交 50 美元。这样的话，你的朋友实际上每人净赚 150 美元。如此一直循环下去，参与人数会呈现指数级的暴增。之所以叫"传销骗局"，是因为下层会员的数量总是比上层要多。"传销骗局"也会衍生出更复杂的模式，但是万变不离其宗。

美国联邦贸易委员会曾向公众发出警告，如果某种商业模式具备以下三个基本特征，你就要小心它是不是在搞“传销骗局”：你的主要收入来源是你的下线，而不是你销售的产品；人们要求你购买一堆产品放着，也不管你是不是真的卖得掉；可能会要求你掏钱买其他东西（比如参加培训），或者支付其他名目的费用。

被兜售的产品往往不太靠得住。它可能是某种服务，但是似乎过于完美，让人很难相信是真的（比如，它真的能让你节省一半电费吗？）；也可能是质量可疑的医疗产品，或者被夸得天花乱坠的日常用品。你最好反问自己：“如果它们真有这么好，为什么不摆在商店里卖呢？”

如果有人打算忽悠你入会，他往往会坚决否认这是一个传销骗局，并且告诉你一切都是“合法”的。任何时候，只要有人告诉你，他们公司并没有搞传销骗局，那么他们十有八九就是传销骗局。

针对数百家传销公司的研究结果表明，99.6% 的会员其实都只有往外掏钱的份。真正赚到钱的是那些金字塔顶端的少数人。除了他们，其余的“下线”都成了他们收入的最终来源。

从营销的角度来说，这种做法也容易让人心生疑窦。还是以那家代餐食品公司为例：公司本身并不会直接向消费者做出任何违反市场禁令的许诺，比如声称该产品能治疗疾病。在公司官方公布的任何信息中，你都找不到这样的承诺。

但是，在传销公司的成员招募大会上，他们会赤裸裸地对这些“功能”大肆宣扬，至少话里话外透露着这层意思。传销人员把代餐食品买回去自己享用，他们本身就是消费者。为了达到营销目的，他们会为你讲述精彩的案例，许下美好的承诺。无论说了什么，后果都会由传销人员自行承担。公司本身看上去和这些骗子没有太大关系。

另一个问题显然是：传销公司合法吗？怎么说呢，合法，也不合法。什么产品也不卖的传销行为在大多数国家都是被禁止的。但是，如果传销模式本身基于某种商品，那么它可能就是一个灰色地带。有些时候，卖产品不过是表象，是为了掩盖传销骗局的本质。

许多情况下，人们的确是在售卖产品，这便足够让人以为这家公司是在合法做生意。但是就算它是合法的，多数人还是会亏钱。因为人们被强制要求购买一堆产品放着，或者通过别的什么方式，总之让他们花钱就对了。但实际上，卖出去的产品收益并不足以支撑金字塔进一步壮大。

就算你的营销模式和产品并不违规，你也会面临数学上的问题。多层次的营销结构也隐含着弄巧成拙的风险。例如，公司一开始只找到了 6 个人加盟，之后每一级的每个人都必须发展另外 6 个人。经过 12 级后，你会发现你的下级已经超过 20 亿人！

即便你没有招满下线，很快你所在的群体也会无人可招。另外，你发展的每一个人现在都成了你的竞争对手。他们可以共享你的社交网络，你们将来很可能从同一口锅里抢饭吃。

任何依赖不断扩张的销售队伍的商业模式都是无法持久的。最好的应对策略也许是“敬而远之”，否则你将最终存在于金字塔的最下面一层——这是完全有可能的。

第二部分 冒险之旅

既然你已经有了“批判性思维”这一工具，那就别让它闲着吧。

我们在做节目的时候，常常喜欢对谈论的话题来一次“深潜”（deep dive）。这个词是我们自己发明的。当我们注意到某个有趣的新闻热点，或者有问题要问时，为了让接下来的对话不至于空洞无物，我们会预先对所有与该话题有关的说明和证据做一个细致的调查。如今有了互联网，这项工作更加变得简单易行了。

从这个意义上来说，当初创建互联网和网页的愿景基本上都兑现了——它是一个人类知识的综合宝库，并且随时向我们开放，供我们查询。到2017年4月，全球万维网的网页总数大约是475亿。当然，其中有许多是虚假信息或者模仿视频，也可能是色情网站或者引诱你点击的广告。但是，整个互联网也不乏真正有用的内容。

如今真正对你有用的技能是，知道如何去找到信息，以及如何批判性地看待它们（这一点更为重要）。如何从数字化的世界中突出重围，想办法找到我们需要的信息呢？下面是我的一点建议。

从哪儿找信息？这世上没有绝对可靠的信息来源（没错，哪怕《怀疑论者的宇宙指南》播客节目中提到的也不见得都正确），但它们彼此之间还是有高下之分的。在比较了不同网站的内容质量后，我们发现学术机构的网站信息相对更为可靠。其他种类的机构，其网页内容也还过得去。因为信息准确与否事关其学术声誉，因为它们很可能会有专人负责网站内容，比如经过专业编辑或者同行评议，而且也不会涉足一些太偏激的话题。

专家撰写的博客群组也通常是非常不错的。它们比个人博客或者网页要更可靠，因为后者的内容质量高度参差不齐，完全取决于个人的素养。商业网站一般不太靠得住，不过最糟糕的当属那种充斥极端思想的网站，因为它们只会兜售某些特定的理论。有时候，它们的目的就是通过说服你，向你推销一些东西。“自然新闻”（Natural News）就是这样一个贩卖医学阴谋论的臭名昭著的网站。

不过，正如我刚才所言，没有哪个网站是完美无缺的。**因此，博览群“站”很重要**。另外很重要的一点是，你必须知道这个网站的信息是从哪里来的——其主要来源是什么。把原来的信息改头换面重新推出，或者干脆连接到另外的信息网站，都是很常见的做法（这就是“网络”这一名称的由来）。**追根溯源，找到信息的原始出处**，这是必不可少的一步。

有时原始信息也不见得可靠，哪怕它被主流网站反复地引用。一篇公开发表的科研报告或主流的报纸杂志都有可能是信息的原始载体。在二次转载的过程中，原始信息很可能遭到扭曲和误读。也有可能某个信息来源被他人多次反复引用，从而看上去像是好多个不同的信息源。但是殊途同归，其实源头就这么一个。

有意识地**多方寻找信息来源，多听取别人的意见**，这一点非常关键。我在接受某个说法之前，总是希望知道谁持反对意见，包括为什么反对。如果可能的话，我还想知道其中一方如何回应批评，而批评的一方又会如何反击。**让话题得以充分讨论非常重要**。在充分听取双方意见以及一锤定音的人选出现之前，你不一定看得清楚谁更占上风。

另外，你需要**对双方立场有自己独立的见解，并能够判断哪一方更有说服力**。哪一方提供的证据更有力？哪一方的逻辑性更强？假如有一方不得不死抱着逻辑谬误和歪理不放，面对质疑也从不正面回应，那么他们很可能处于不利位置。

也许没有任何一方的观点完全正确或完全错误，但这并不意味着总能找到一个平衡点。有时候其中一方完全是胡说八道（比如反对疫苗接种的那些人）。有时候两种极端意见都不对，真正的答案在两者之间，有时候我们找不到答案，因此不得不暂时把问题搁在一边。在没有充分调研的前提下，无话可说再正常不过了。

另一个非常有效的方法是，**将你的意见与那些你所推崇的专业人士的意见进行比较**。只要有可能，我总会拿自己对某个知识点的理解和该领域的专家意见进行比较。如果两者很不一致，我就会想知道是哪里出了差错。通常这意味着我忽略了某些因素。

你必须尽量做到公平对待不同观点，不能故意有所取舍——**不要听风就是雨，也不要只听你喜欢听的话**。不要刻意找一个和你意见一致的专家，然后证明自己是对的。要多接触那些和你观点不一致的人，他们才是你应该倾听的对象。

还有，任何结论都不会是板上钉钉的，因此你绝不能故步自封，或者抱着它不放。**如果获得了新信息，应该乐于将其融入你的考量之中**。你应该为自己不固执己见感到自豪。这并不是说你不需要有个人主见，但是任何主见都必须基于充分的事实根据并符合逻辑，而且愿意接受他人的指正。

多年来，我们依靠科学怀疑论思维学到了许多知识，也让许多真相大白于天下。这是我们个人的冒险之旅。好了，让我们一起迈步向前，去探索未知的世界吧。也许你时常会感到沮丧，有时甚至会毛骨悚然，但不管怎么说，这趟旅程定会让你有满满的收获。

第 40 章

关于转基因生物的动机性推理

史蒂文·诺韦拉如是说

如果没有转基因生物技术，恐怕我们根本无法完成新一代的绿色革命。

—— 爱德华·威尔逊

从 20 世纪 90 年代开始，我们便成了科学怀疑论的信徒，而那时转基因生物对我们来说完全是个陌生词汇。当时人类刚刚发明了一项新的技术，能够直接改变农作物或其他对我们有用的生物体基因结构。该技术虽然尚未进入公众的视野，但已经受到诸如“绿色和平组织”[①]（Greenpeace）之类鼓吹有机食品的利益团体和组织的密切关注。后者随即号召人们一起来反对使用该技术。

当我听说“反对转基因”是个热门话题时，反对运动正在如火如荼地进行着。反对者历数转基因技术的种种危害，闻之让人不寒而栗。彼时的公众舆论也对这一食品技术持坚定的反对立场。就连我的许多同行也认为，孟山都是一家“邪恶的”公司。我们必须彻底修正转基因技术的适用规则，这是底线。

我只能迎难而上，开始深入研究转基因这门科学，包括针对转基因食品的

① 绿色和平组织是一个奉行环保主义的国际性非政府组织，1979 年成立，总部设在荷兰阿姆斯特丹。它提倡有利于环境保护的解决办法，旨在保护物种多样性，避免人类对陆地、海洋等自然资源的过度利用和消耗，反对人类使用核武器，争取实现一个更为绿色和可持续发展的未来。—— 译者注

种种反对意见。为了寻得真相，我必须尽可能地保持客观。最终结果与我没有利害关系——除了作为科学怀疑论者和科普工作者的名声。因此，我必须缜密地寻找答案。

于是我就按之前讨论的流程这么做了——先综合各方的意见，总结客观事实，判断谁说的更有道理，最后敲定结论。这项工作一开始就充满挑战，因为你会发现，无论是来自支持者还是反对者的大多数信息都存在偏见。我必须尽可能多地接触到原始的研究成果，并听取专家关于这些证据的客观评价。

我的研究结论是，“反对转基因”派的理论完全是一座空中楼阁。你研究得越透，就越觉得他们的理论完全是一派胡言。我最终得出结论：“反对转基因”其实一文不值，它只不过是一次精心组织，背后有大量资本支持的洗脑行动罢了。我尽可能采取不偏不倚的态度，尤其要客观看待那些我不敢苟同的意见。但是，即便我在解释“反对转基因”时留有情面，它还是经不起客观的批判和分析。

我也把自己的分析意见和专家的做了比较。全球最主要的几家科研机构都曾对转基因技术的有关文献做过研究，最后它们得出了一致结论：转基因技术是安全的，它并不会对人体健康或者环境造成特别的伤害。

尽管科学家已经就此达成一致，但是普通人和科学界对转基因技术的看法相去甚远。根据皮尤研究中心 2015 年的一项调查，美国仅有 37% 的成年人认可转基因食品的安全性，而在美国科学促进会会员当中，这个比例却高达 88%。两者相差 51%，这也是他们所有调查结果中的最大差值。

为何有此天壤之别？这可能要归功于像“绿色和平组织”这样的有机食品游说团体和机构，近 20 年来它们有意识地不断开展鼓吹宣传。高超的游说能有多大煽动性，由此可见一斑。此间既有满怀正义之士，也有心怀叵测之人。人们甚至还把它上升到道德高度。谁认可他们的意见，谁就占据了道德制高点。可惜，他们鼓吹的那一套并无事实根据。

面对这一局面，科学怀疑论者的反应似乎有些迟缓，这倒的确是事实。“反对转基因”论调领先我们足足 15 年，他们的宣传也从未遭遇挑战。要追上他们的声势，我们还有许多工作要做。

转基因的故事同样也给人们上了一课，由此人们学会如何确定某个观点是纯粹基于意识形态，还是基于科学道理。前者往往不甚灵活。人们会先得出结论，然后才试图证明其正确性。证明过程可以根据需要随时调整，但结论永远不会受到质疑（因为结论是一切的出发点）。

你会发现，反对转基因技术的人一辈子都在反对它。他们不会忘记找个理由——但一旦被你真正推翻，他们会换个理由继续反对。

马克·莱纳斯是一位新闻工作者，他和我的经历颇为相像。不过，他一开始是不赞成转基因技术的。直到他认真审视了摆在眼前的事实后，改变了想法。在2015年发表在《纽约时报》的一篇文章中，他写道：

我本人也曾经是（反对转基因的）活跃分子，保护环境是我的终生信念。过去我并不赞成研发转基因食品。15年前，我甚至在英国参与过破坏田间试验的行动。不过后来我改变了观点。

在完成了两本关于气候变化的著作后，我决定不能再这样下去：我不能在全球变暖的问题上拼命为科学呐喊，而在转基因的问题上对科学视而不见。

我意识到，在这两个问题上，科学界其实都已经达成了高度一致的意见，彼此不分高下。气候变化固然是事实，但转基因食品也没有什么危害。同样是业内专家的意见，我不能赞成其中一个，同时又反对另一个。

马克的同行威廉·塞尔坦也曾对此进行过深入研究，并得出了类似的结论。他写道：

过去一年的大部分时间，我都在研究有关（转基因）的科学根据。我了解到的事实是，首先，得承认这个问题没这么简单。但是当你对转基因了解得越多，你就越容易发现“反对转基因”论调的更多破绽。总之，后者包含了五花八门的错误和谬论，各种各样扭曲的观点和解释，甚至连篇累牍的谎言。

所以，让我们看看转基因生物技术究竟是什么，再来对双方意见做一个评判吧！

转基因生物简史

转基因生物技术的支持者一针见血地指出，人类自身的活动其实已经将我们几乎所有的食物来源都“改造”过了。比如，玉米其实是由类蜀黍改良而来的，但它跟玉米长得完全不一样。科学家深入研究了这两种作物的内在性状后，才发现它们原来属于同一个种类。

耕种在很大程度上就是人工选择的过程——从当年收成中挑选出最优良的植株，为下一年的育种做准备。如此重复成千上万次后，农业得到了长足发展，我们的盘中餐也逐渐长成了现在的模样。

同时，这也是一个异花授粉的过程，并由此产生杂交品种。这样，我们就有可能从彼此有密切关联的物种当中提取到它们最优良的性状特征。通过异花授粉和人工选育，人们让普通植物从此有了无数变种。比如，黑色或紫色的番茄如今大约有 50 个变种，它们富含类黄酮，因此外表呈现出这种颜色。偶然产生的基因变异导致了 β－胡萝卜素激增，这才有了如今橙色的胡萝卜。因为能提供维生素 A，胡萝卜成了人类的重要口粮。

实际上，在人类施以小小的改造之前，我们的食物几乎全都和现在长得不一样。这是进化的结果。当然也有个别例外，比如覆盆子。

田间培育和直接的基因改造固然有所不同，这一点无可否认。关键在于，基因的改变本身算不上什么大问题。如果没有大规模基因变异而最终形成的种种食物来源，我们恐怕都得饿肚子。我们改变基因的方式似乎让一些人感到忐忑不安。但我们先往下说。

再到后来，有人对纯属碰运气的基因变异失去了耐心，不愿意眼巴巴地干等，于是发明了“诱变育种”技术——让作物与辐射和化学物质亲密接触，以增加其基因突变的概率。1930—2007 年，世界上共诞生了 2 540 种基因突变后的农作物。出于某些原因，“绿色和平组织”倒是从未反对过因化学物品导致的基因突变食品。

如今人们还掌握强制杂交的技术，即在野生状态下无法杂交的植物，被人为地进行了基因混合。将任意两类物种（或变种）杂交会改变数百个基因，但很难预料最终会变成什么模样。

“基因修饰”指的就是这类根据人类需求而对生物进行改造的技术，而且还不止一种。我们能够通过各种方式，往目标生物体内植入一种或多种特定基因。它可以有选择地改变生物体内业已存在的某种基因，或者让该基因保持“静默”[①]。基因植入技术基本上可分为两大类：跨基因植入[②]（transgenic insertion）和同类基因植入（cisgenic incertion）。同类基因植入的基因来源于彼此非常接近的物种，它们与目标物种有潜在的杂交可能。跨基因植入则采用相隔很远的物种基因——有时甚至是毫不相干的两种生物。把细菌的基因植入某种植物体内就属于这类。

部分转基因植物的性状已被允许进行推广，包括除草剂耐受性、抗虫害、脂肪酸成分变化（用于生产芥花籽油）、切开后不变色（用于苹果种植）、抗真菌（用于栗子树）以及抗病毒。此外，还有许多技术目前正处于不同的研发阶段，有望日后得到广泛应用。

转基因技术的反对者常常对跨基因改造植物感到忧虑。他们打着反对转基因的旗号，却把跨基因改造和同类基因改造混为一谈。至于不需要植入新的基因，只是关闭或改变现有基因的做法，他们也搞不清楚它们与跨基因改造的区别在哪里。

反对跨基因改造技术的人经常会说一句话：“自然界是不会发生这种事的。”这句话本身逻辑就有问题（它犯了“诉诸自然”的逻辑错误，也显得对基因一窍不通），而且不符合事实。自然界存在一种特殊现象，我们称为“水平基因转移”（horizontal gene transfer），即基因可以在两个毫不相关的物种之间转换。例如，科学家于2014年发现，人工栽培的红薯内居然包含一种土壤杆菌（agrobacterium）的基因，这就是“纯天然”的基因迁移现象。

---

① 又名“基因沉寂”“基因沉默”（gene silencing），是真核生物体中一种普遍存在的现象，它可以用来调节生物体中基因时间和空间上的表达，是生物体在基因调控水平上的一种自我保护机制，在外源DNA侵入、病毒侵染，以及DNA转座、重排中具有普遍性。——译者注

② 通常我们所说的“转基因”严格来说应该翻译为“基因修饰”，而transgenic才是所谓转基因。为了不和习惯说法混淆，此处把transgenic根据其内在含义译为“跨（物种）基因”。——译者注

对基因转移持反对意见的人似乎抱定了一个观念：生物体内的基因生来就彼此各不相同。可惜，这么想就错了。基因是不分“主人”的，没有哪个基因属于一条鱼、一个西红柿或者一个人。它们都是基因。事实上，鱼和西红柿有60%左右的基因是相同的。诚然，不同的物种大类，其基因也会有不同的启动子（即用来调节基因的DNA序列）。但是这些序列很容易被识别和提取，并让它们与需要改造的目标物种相匹配。

即便如此，许多人还是会对这件事感到不安，如果把鱼的基因植入西红柿的话，会不会培育出不伦不类的“鱼红柿”。但是，植入个别基因并不会真的让西红柿呈现出鱼的特征（不过，有一个例外是向西红柿植入鱼的耐寒基因，但此项技术从未被推广开来）。

为了改造自然界的生物，使之可供人类食用，人们发明了各种各样的技术，其中也包括基因工程技术。由于技术之间没有明显界限，很难将后者与其他技术严格区分开来，因此“转基因生物”这种叫法未免有些囫囵草率。但这是转基因反对者的一种宣传方式，他们制造了一种错误的二元对立，并宣称在对立面的一切都是可疑和不安全的。比如，你完全可以大肆吐槽“诱变育种”的做法——但是，我接触过许多转基因的反对者，他们大多数人甚至根本就不知道有“诱变育种”这项技术。既然经过辐射后母体发生基因突变，其孕育出来的植株依然被看作有机生物，为什么其中某个基因被关闭（静默）的植物却会被人们视为自然界不存在的东西呢？

无论是我个人，还是整个科学界，从来都不认为只要是转基因的东西就一定安全。正如不分青红皂白地指责转基因的种种“危害”，认为转基因绝对安全也是不明智的。但是有一点很清楚：所谓“转基因生物”的说法不太严格，因此我们不能把所有号称“转基因”的栽培物种都混为一谈。它们的安全系数如何，对环境会造成哪些影响，必须得到一一评估确认。并非所有传统方法种植的作物就一定安全，也并非所有转基因的东西就一定有害。

让我们拭目以待吧——那些反对者通常会怎么说，最后的结论又是什么。

对健康的影响

转基因技术尚存在不少争议，其中最受关注的应该是转基因食品对健康可能造成的危害。反对者甚至因此发明了一个词语——“科学怪食”（Frankenfood）[①]。这并非一个确凿的概念，只是一个煽动人心的政治口号。不过有一类担心倒并非多余：如果人类食谱中又添加了新的蛋白质，可能会引发过敏反应或者不可预知的健康损害。

有鉴于此，有人专门对转基因食品的安全性进行了研究。所幸研究结果表明，目前的转基因食品对人类来说足够安全，而且还可以作为动物饲料。

美国科学促进会于 2012 年发布过一份声明，其中写道：

与公众的普遍认知正好相反，人类食谱中最久经考验的恰恰是转基因作物。有时也会有传言说，用转基因食品喂养动物会导致各种异常，包括消化疾病、不孕不育、肿瘤以及未成年人早夭。尽管这些传言颇为耸人听闻，也引来了媒体的高度关注，但没有一个经得起严格的科学检验。最近有人对过去多项精心设计的动物长期喂养实验进行了总结，并发表了该领域的研究综述。它比较了包括土豆、大豆、水稻、玉米和黑麦在内的转基因和非转基因农产品，发现两者的营养成分相差无几。

美国国家科学院也声称：

迄今为止，尚无记录能够证明，基因工程技术会对人类健康造成损害。

世界卫生组织同样认为：

目前，国际市场上交易的转基因食品已经在多个国家通过了安全评估，它们不太可能，也未被证明会对人类健康构成威胁。

① 英国作家玛丽·雪莱于 1818 年创作了小说《科学怪人》（*Frankenstein*），该小说讲述了科学狂人弗兰肯斯坦用人类的各个部位拼凑成了一个人形“怪物”，并使他获得生命的故事。因此，西方将打着科学名义进行疯狂实验的人称为“弗兰肯斯坦式”的怪人。当代基因技术进行的食品改造也被许多人视为疯狂的举动，故有此一说。—— 译者注

如上所述，世界上最主要的几家科学或医疗研究机构都通过研究证据，得出了一致的结论：生产转基因食品的技术过程是安全的，市场上的转基因食品也是可靠的。我们甚至可以说，相对于杂交和“诱变育种”产生的作物，转基因作物反倒更让人放心一些。例如，人们会专门对转基因食品进行测试，看看其是否含有容易引起过敏的蛋白质——它们有一类共同特征，即可供筛选。

那么，业已公开的证据说明了什么呢？诚如美国科学促进会所言，针对动物喂养实验的研究结果表明，转基因食品是安全的：

> 用转基因食品饲喂啮齿类动物的研究实验表明，摄入量的安全边际很高，至少是人类日常摄入量的100倍，在此范围内都未产生可见的副作用。喂养实验的饲料源于转基因植物（农艺性状得到了改良），实验对象则涵盖了各类家畜……实验结果显示，实验组和对照组的生物参数并没有任何区别。

多次系统评价[①]也得出了同样的结论：没有任何证据能表明存在安全风险。反对者认为，这是因为测试还不够充分。他们随意地提出更多测试要求，而且让自己的立场看上去非常合理（其实他们在不断“挪动门柱”）。反对注射疫苗的人也是这么考虑问题的——总是以谨慎为由，对测试结果“得寸进尺”。

2014年的一项研究尤其令人印象深刻。研究人员专门查看了转基因饲料发明之前和之后家畜健康问题的统计数据。这是一项意义重大的自然实验，因为此后转基因饲料迅速占领并几乎独霸了整个市场。研究人员还发现：

> 随着时间的推移，各行业的生产数据并未发生明显变化。现有的健康指标，乳品行业数据中的体细胞数（母牛或母羊的乳腺炎判别指标），牛屠宰后的报废率[②]，以及家禽行业宰杀后的报废率及死亡率，均随着时间推移而有所下降（即情况有所改善）。

---

① 系统评价是根据预定的系统目标，用系统分析的方法，从技术、经济、社会、生态等方面对系统设计的各种方案进行评审和选择，以确定最优、次优或满意的系统方案。——译者注

② 报废率指家畜家禽在屠宰后，其肉质被发现含有肿瘤、溃疡等病变，导致肉质不符合检疫标准的比例。——译者注

由此可见，源于不同动物的各种健康参数（15 年间的几十亿头牲畜）都显示，迅速普及中的转基因饲料并没有对整个行业产生任何不利的影响。假如有任何重大的负面影响，从数据上就能看得一清二楚。

反对者会格外钟情于某些实验结果，比如，2012 年声名狼藉的“塞拉利尼实验”[①]（由于公布结果后的一年内受到各种诘难和非议，最初发表该实验的刊物不得不撤回这篇文章。之后，该实验又被发表在一份对反对转基因更友好的期刊上）。吉勒斯 – 埃里克 · 塞拉利尼来自法国，他是转基因技术的坚决反对者。他发表的不少研究报告都带有致命的学术缺陷，因此为科学界所不齿。

总之，情况就是这样：主张转基因技术不够安全的实验数量不多，规模不大，而且往往设计上有漏洞；相反，为数众多的研究结论都表明，转基因技术是非常安全的。科学家只要对比一下数据，基本上都会支持后面一种说法。

另外还需要指出一点：转基因的安全性测试非常严格，但是通过杂交技术（可能会有几百种基因不规则地混杂在一起）或“诱变育种”技术培育出来的植株，反而不需要接受像转基因这样的安全性测试。

例如，某种转基因的黑色西红柿的其中两个基因来自金鱼草。该基因被注射到西红柿体内后，就能产生更多的类黄酮。这一西红柿新品的上市必须得到监管审核，可通过人工培育出来的黑色西红柿有多达 50 个变种（显然会产生更多难以预料的后果），它们却无须接受任何测试。

与大多数持极端立场的人一样，如果证据不符合反对转基因者的观点，他们通常会将其视为某种阴谋论的一部分而不予理会。在这种情况下，只要声称所有研究都是本行业内部人士所为，就可以轻松否定其有关安全性的结论。假如上述所言不虚，这倒是个值得关注的问题。如果让生产厂家自行开展对旗下产品的研究，其研究结果肯定会对该厂家有利。这是显而易见的。

不过有两点值得考虑。如果研究本身受到严格监管，并设有质量标准，要

---

① 2012 年 9 月，法国科学家塞拉利尼在《食品与化学毒理学》（*Food and Chemical Toxicology*）杂志发表了一篇关于农达杀虫剂及耐农达转基因玉米的长期毒性研究的文章，声称在老鼠实验中，转基因玉米 NK603 会诱发肿瘤。不久这篇研究就被杂志撤回，但还是引发了旷日持久的转基因技术安全性的论战。为了平息争论，欧盟决定耗巨资支持 3 个科研项目，用来证实塞拉利尼的结论是否正确。已公布的研究结果表明，参与实验的转基因玉米品种在动物实验中并没有引发任何负面效应，也没有发现转基因食品存在潜在风险。—— 译者注

篡改研究数据就会困难得多。更重要的是，多数支持转基因安全性的研究出自独立科学家之手，而非转基因公司。因此，上面这一说法事实上站不住脚。

对转基因技术的反对者来说，安全性和对健康的影响是他们所关心的头等大事。有充分证据表明，现有的转基因产品不会造成危害。每当我指出这一点时，总会有不少人跳出来质疑："我反对转基因可不是因为它不安全，而是其他原因。"他们始终会给自己找个理由，并为此不惜丧失原则。

那就来看看还有其他什么原因吧！

对环境的影响

对科学而言，转基因产品的总体安全性是显而易见的。但是具体到某些转基因产品对环境的整体影响时，这又成了一个极其复杂的问题。

人们培育诸如"抗农达"（Roundup Ready）之类的耐除草剂植物，是为了能够抵消除草剂草甘膦的影响。即使作物已经开始抽芽，这项技术也能让农民放心地对整片农田喷洒除草剂，以达到控制杂草生长的目的。种植耐除草剂作物的好处在于降低劳动程度，而且能够节约成本。这样做还能减少土壤的耕作次数。土壤耕作[①]会对土地造成损伤，而且会向周围排放二氧化碳。

推广此类农作物也有不利影响，即会导致除草剂的使用越来越广泛。除草剂被播撒到各个角落，反而催生了田间杂草的抗药性。不过，草甘膦总比被它所大量取代的其他除草剂要安全得多。

那么所谓的整体影响到底是什么？这完全取决于种植方法。由于杂草的抗药性也在逐渐提高，完全依赖草甘膦和抗草甘膦作物并非上上之选。当然，作为众多选择中的一种，抗草甘膦还是有它的优势的。不过，在减少土壤耕作（完全没有也不行）的前提下，农民除了使用草甘膦外，也应当施用其他不同种类的除草剂。

本质问题（一个不断"滋长"的问题，此处一语双关）在于，转基因产品与非转基因产品之争并非问题的关键，如何在农业实践中将抗草甘膦作物（以及其他作物）进行合理布局才是关键。

---

① 土壤耕作是根据植物对土壤的要求和土壤特性，采用机械或者非机械方法，改良土壤耕层结构，以达到提高土地肥力、消灭病虫杂草的目的。—— 译者注

同理，转基因作物本身还可能起到“消灭害虫”的作用——Bt农作物就是。Bt是一种微生物杀虫剂，它不会对环境造成破坏，因此在有机农业领域广受欢迎。Bt转基因作物本身植入了该微生物的基因，因此它会自行产生Bt。

Bt农作物的优势在于能抗害虫，同时也让杀虫剂的用量得以减少。不过它也有缺点，即过度依赖其抗虫性反而会让害虫对Bt有了免疫力。通过异花授粉，它们还将Bt性状传播给了野生植株，这让情况变得更糟。况且，Bt同样会杀死对人类有益的昆虫，这也是个问题（Bt已经被人们当成杀虫剂了）。

问题的关键还是在于，Bt性状仿佛让好收成更多了一份把握。但是，为了阻止虫子的抗药性进一步提升，农民应该采用将Bt作物与非Bt作物混种的策略，并使用其他种类的杀虫剂。

人们给这类实践起了一个专门名称，叫作“病虫害综合治理”（integrated pest management，简称IPM）。其目的在于想方设法控制虫害的同时，尽可能降低害虫抗药性，并减少对环境的伤害。由于所有除（害）虫剂都存在这类风险，并非转基因作物专用杀虫剂所独有，转基因作物其实可以成为IPM的有效组成部分，将其整体排除在外没有任何好处。

也有人站在环保角度提出质疑，认为转基因作物将来会影响到自然生态。我们当然要努力控制种植范围，尽量减小不必要的“污染”（现代技术完全可以做到这一点）。不过，我们也不必过于担心转基因作物会失去控制，从而为害四方。农作物其实很脆弱——因为人类对其“娇生惯养”。植物会分泌天然的杀虫剂来保护自己。事实上，我们使用的大多数杀虫剂都是植物为了自卫而自然产生的。农作物则不同，它们在分泌天然杀虫剂方面要吝啬得多，因为这些分泌物往往又苦又涩，还会导致食用者身体不适。正因为如此，我们不得不在保卫农作物不受病虫侵害方面殚精竭虑。

另外，农作物也算不上“适者生存”的榜样。它们演变至今，只是为了让某个部位可供人类食用。任何搞园艺的人多少都会认同这一点。农作物需要精心照料，而野草却说长就长，你没办法阻止它。在野外种植农作物，就好比把一条腊肠犬扔到塞伦盖蒂草原[①]，存活的可能性微乎其微。

不过，反对转基因者的声音并不仅限于健康和环保领域——他们似乎绝不放过任何一个诋毁它的机会。

印度的农民自杀现象

由于种子价格居高不下，加之转基因棉花收成欠佳，据说在印度大约有27万名农民无奈选择了自我了断。环保主义者范达娜·希瓦、半岛电视台[②]和电影《苦涩的种子》（*Bitter Seeds*）更是对此推波助澜。听上去这更像是凭空捏造的谣言。

事实上，印度首次引进转基因棉花是在2002年，而在此之前，该国农民的自杀率就已经呈上升趋势。转基因棉花被引进后，自杀率依旧居高不下，可见种植转基因棉花与农民自杀并无显著关联。实际上，种植转基因棉花反而使农户收入更高，也让印度棉花的综合产量有了大幅提高。

与自杀现象有关的因素包括商业策略过于冒进，天旱缺水导致疏于灌溉，以及政府补贴和贷款力度不足——总之和转基因棉花没什么关系。类似该纪录片的论调虽然明显有违事实，但却始终不见消亡。

种子的“终结者”

据说孟山都公司培育出了“终结者种子”，它们只能生长一季。随着该季作物的成熟，收获的种子却无法用来培育下一代。事实上，孟山都的确收购了一家公司，后者拥有该技术的专利。但孟山都却从未对此展开深入挖掘，也从未将技术出售给任何一方。孟山都公司承诺，它将永远不会放任这类种子流入市场。

每当有人发出此类奇谈怪论时，我都会感到诧异。有时候他们会将转基因作物视为危险物品，理由是它们的独特性状会打破大自然原有的生命和谐。“终

① 塞伦盖蒂草原是非洲最大的野生动物保护区之一。在塞伦盖蒂草原上发生的一年一度的动物大迁徙，是地球上最伟大的自然景观。围绕大迁徙的队伍还有无数凶猛的食肉动物在一边虎视眈眈。——译者注

② 半岛电视台是一家立足阿拉伯、面向全球的国际性媒体，其总部位于卡塔尔首都多哈。——译者注

结者种子”似乎正是解决这一问题的良方，因为下一代种子已经丧失了繁殖能力。可笑的是，这项技术却被说成是一项贪婪的发明，目的是迫使人们不得不每年购买新的种子。这个说法是完全站不住脚的。关于这一点，我们随后会予以说明。

留种的习俗

孟山都（“大农业”[①]战略的代表）最为人所诟病之处，当属强制农民每年都得重新购买种子。千百年来，农民都习惯于留下当年的种子，以待来年播种。在许多人看来，这是天经地义的事。可是如今，通过对转基因技术的垄断，这些种子公司正在强迫农民每年向他们购买新的种子。

究竟是传统的留种收成更好，还是每年播新种效果更佳，这不在本书的讨论范围之列。我只能说，这个问题绝不是仅仅针对转基因作物而言的。如果能从更加全面的角度看待它，我们会发现这其实根本就不是问题。

首先，市场上流通的许多种子都是杂交育种。根据美国农业部的数据，在转基因变种出现之前，美国95%的玉米来自杂交育种。小麦、大豆、高粱、棉花、花生以及其他许多农作物的情况也都类似。总的来说，杂交作物占了大多数。这一点极为关键，因为你不能将杂交作物的种子作为留种而继续种植。这是因为根据遗传学规律，杂交意味着它们的种子也“品种不纯”。因此，我们无法预测下一代会出现的各种显性及隐性遗传性状。

由此可见，如今绝大多数农作物都无法通过“留种后待来年播种”的方式进行种植。可我从未听说那些转基因的反对者会因为杂交作物迫使农民不得不年年采购新种，就对其破口大骂。杂交技术早在20世纪30年代就开始盛行，而且由于源自“天然”，因此不挨骂倒也可以理解。

哪怕不涉及杂交技术，也照样有许多农民宁愿每年购买新种，而不是留种。因为留种太耗费时间，而且性价比也不高。有些小农场还会保留这一传统，继

① “大农业”又名现代农业。相对于传统农业，大农业是广泛应用现代科学技术、现代工业提供的生产资料和科学管理方法进行的社会化农业。它将农业从单纯的种植学科，转向集植物学、动物学、遗产学、物理学、生物化学等多种学科于一体的现代农业管理实践。—— 译者注

续经营自己的招牌品种。显然，他们是不会向大公司购买转基因作物种子的。

至少在欧美地区，是否留种还是选择转基因已经不再是个问题。对第三世界国家的农业人口来说，情况可能会有所不同，而且披露的有关信息也彼此矛盾。如果你真觉得这是个问题（重申一遍：总体而言，这和转基因本身无关，有关系的是那些规模庞大的种子公司），那么你应该呼吁第三世界国家加强农业种植的管理，而不是对转基因作物一禁了之。

种子公司因基因污染起诉农民

其实这种事并没有发生，但实际上有机作物农户曾经起诉孟山都，目的是不让孟山都将来有机会因为基因污染起诉自己。在法庭审理时，农户连一条对方的确实罪状都举不出来，相反却证明了孟山都从未因此提出过此类诉讼，这实在是可笑之极。既然如此，又何出此言呢?

人们之所以认定孟山都会做此打算，是由于几桩诉案中，农民试图废止孟山都的某个特定转基因作物的专利（比如声称其适用于“专利权用尽原则”[①]），从而产生了错误解读。每次都是农民故意从孟山都那里“顺”走种子，或者并不打算遵守专利和协议。这些并不是所谓偶然的基因污染案例，但是反对转基因的活跃分子却对其改头换面，仿佛这便是真相。

孟山都和“橙剂”

为了证明孟山都“别有用心”，有些人还翻出了它在20世纪六七十年代为美国政府研制“橙剂”[②]的老账。此话不假，但谁会在乎它呢？和其他公司一样，孟山都当时获得了一份生产化学制品的政府订单。这件事和转基因技术根本八竿子打不着，完全是“井中投毒”式的卑劣伎俩。

① 专利权用尽（patent exhaustion）是指专利权人自己或者许可他人制造的专利产品（包括依据专利方法直接获得的产品）被合法地投放市场后，任何人对该产品进行销售或使用，不再需要得到专利权人的许可或者授权，并且不构成侵权。—— 译者注

② “橙剂”是一种在越战中被美军广为使用的高效落叶剂。为了让越共无法隐身于山林之中，美军用飞机向越南丛林中喷洒了7 600万升落叶剂，因其封装在画有橙色条纹的容器中，故名“橙剂”。越战结束后，联合国大会专门通过了《禁用改变环境技术公约》。从此，使用橙剂消灭游击队员藏身之处的方法退出了历史舞台。—— 译者注

索取专利权

既然无法证明转基因技术可能导致的任何风险或损害，部分反对者会转而主张：不得对任何生命主张专利。对生命体享有专利权是否合乎道德，运用该权利防止知识产权侵害究竟有哪些好处和风险，这些都还值得商榷。但不管怎么说，这个问题与转基因没有直接的关系，也无法构成反对转基因技术的充分理由。

首先，并非所有的转基因产品都获得了专利。有些技术是公之于众的。反对转基因的浪潮会使这些技术被市场接纳的成本非常之高，从而让发展开源的转基因技术变得更加困难。

此外，大多数获得专利权的种子并非转基因产品。杂交种子照样可以申请专利。在转基因技术出现前的数十年间，农民大多选择每年购买并种植获得专利技术的种子。待植株成熟后，其种子不得用于下一季的播种。然而，转基因技术诞生后，这突然成为一个问题，是否接受转基金技术与是否允许公司为它们的种子申请专利并不是一个问题。你不能将两者混为一谈，然后一棍子打死。

还需要注意的是，种子专利不可能永远有效——“抗农达”大豆专利就于2015年失效了。农民可以选择播种非专利种子，并且在收获时保留育种，以待来年继续种植（如果他们愿意这么做）。对农民来说，从杂交种子转向转基因种子能够让他们获得更多可以反复种植的种子，虽然他们自己恐怕还没有意识到这一点——这实在是非常讽刺。

转基因研究

这个问题其实非常值得关注，但是抗议转基因技术的人却极少提及此事。猛烈的宣传攻势往往会掩盖真正的问题——这就是一个很好的例子。

掌握话语权的种子公司能够决定由谁来对他们的种子展开独立研究，并且对有损公司声誉的研究结果格杀勿论。2009年，26名育种研究专家联合向美国国家环境保护局递交了匿名信，抗议大公司的无理行径。抗议的结果是，研究人员和种子公司共同举行了一次圆桌会议。后者担忧自己的技术会遭到剽窃，而前者则主张拥有就技术安全性和环境影响开展独立研究的权利。最后他们达成协议，同意与许多大学开展研究合作。如今情况已经有了很大的改观。

未来发展：黄金大米只是个开始

在我看来，黄金大米[①]就是一块转基因领域的“试金石”。我找不到任何可靠的理由反对它上市。黄金大米是一种植入了 β－胡萝卜素基因的特殊品种。大米是许多国家人们的主食，而当地许多儿童会因为缺乏维生素 A 而导致失明或死亡。这是一个大问题，而黄金大米简直就是儿童天然的救星。

该技术已经开始进行实地效果测试，很快就可以造福人类。我个人认为，对转基因抱有敌意的人反对推广这种大米，是因为它标志着转基因食品的一次全面胜利，并让此前评头论足的人都闭上嘴巴（他们宣扬的是，只要是转基因食品就对人类有害。今天如此，未来也如此）。例如，“转基因观察”组织（GMWatch）就宣称，针对黄金大米的科学测试远称不上充分。不过他们忽略了，早在 2012 年就有人进行了一项研究（研究报告最近还有更新，以反映当前数据），其结论是，在儿童体内，黄金大米中的胡萝卜素转化为维生素 A 的转化率与食用油中的纯胡萝卜素相同。据估计，一碗黄金大米就能提供人体日常所需维生素 A 总量的 60%（尽管被无端指责为不顾伦理，使后来研究人员被迫撤回该结论，但其方法的科学性和结论是毋庸置疑的）。

“转基因观察”组织和其他反对者都声称，他们有比这种所谓“高科技”食品更好的解决方案，包括生产强化食品[②]和维生素添加剂，种植富含维生素 A 的胡萝卜和其他蔬菜等。这种论调既含有“涅槃谬误”（Nirvana fallacy）[③]的逻辑问题，而且选择这种解决方案也难说是正确的。他们提出来的种种替代转基因的方案本身就在落实中。尽管取得了不错的成效，但距离彻底解决维生素 A 缺乏的问题还很远。许多人都希望黄金大米能够作为这些方案的有益补充（而非替代方案）。事实上，绿色和平组织加拿大分部的前主席帕特里克·摩尔也曾经批评他自己的组织，认为反对推广黄金大米种植技术是不应该的。

---

① 黄金大米是美国先正达公司（Syngenta）的科学家通过转基因技术研制出的一种色泽金黄的大米，富含维生素 A 和胡萝卜素，其营养程度超过普通大米。但是，也有质疑者认为其严重危害了生态环境和粮食安全。—— 译者注

② 根据特殊需要（比如添加某种人体缺乏的维生素和微量元素），并且按照科学的配方，把缺乏的营养素加到某类食品中，以提高其营养价值。这种加工过的食品被称为强化食品。—— 译者注

③ 宣称某个方案无法达到尽善尽美的程度，因此还不如不做。这种逻辑演绎方式称为涅槃谬误。—— 译者注

转基因技术的应用前景远不止这些。让食物内蕴藏的营养变得更丰富是其中的一项优势，而另一个显著的优势就是固氮作用[①]。部分植物会利用细菌将大气中的氮“固化”，而剩下的植物种类（包括人体卡路里的主要来源谷物类）需要从土壤中获得氮——这意味着要拼命施肥。这样做对自然环境影响很大，成本也太高。它也成为限制“大农业”发展战略的几个问题之一。试想，如果玉米和小麦都能够从大气中固氮，那将会如何？传统种植业恐怕永远也解决不了这个问题，我们只有依靠转基因技术才能解决。

转基因技术的另一个具有光明前途的应用是增强植物的光合作用。不同种类植物的光合效能是不一样的。假如我们可以令主要作物都能够最大限度地利用光能，这将显著提高作物的产量（预计增长 20%）。其他增加产量的转基因技术包括提高抗旱性、抗病原性以及耐寒性。

说到底，转基因生物技术既非万试万灵的药方，也绝非人类生存的威胁。“基因矫正”是一项很了不起的技术，但它到底能产生多大的影响，其实完全取决于其应用方式。实际上，我们也很难把转基因看成一个整体，因为每个单独的转基因物种都应该单独评估其风险和收益。

和所有高科技一样，怎么利用它才是关键问题。如何既能持续为整个星球日益增长的人口提供安全的口粮，又不会对环境造成很大的破坏，这是人类文明面临的重大挑战。如果解决方案过于简单（比如直接购买某个公司的产品），那么对于这类公司的花言巧语，我们就应该多留个心眼，不可一概全盘接受。同时，我们也不能因为恐惧或者听信谗言，就将所有技术都拒之门外。

最后我要说的是，这样的讨论无疑是有益的——我们将转基因技术应用的复杂性搞得越清楚，就越能够很好地利用它，靠它来解决问题。当然，我们必须放弃将转基因和非转基因完全对立起来的错误观点。我们必须坚决抵制人为制造对“科学怪食”的恐慌。我们也必须看清真正的问题，不能简单地将它等同为邪恶之物。

不过，我的任务还不算完成。一旦我确信已经对此足够了解，我就开始与其

① 固氮作用是指分子态氮被还原成氨和其他含氮化合物的过程。自然界氮的固定有两种方式：一种是非生物固氮，即通过闪电、高温放电等固氮，但是形成的氮化物量极少；二是生物固氮，即通过固氮微生物的作用，将分子态氮还原为氨。——译者注

他科学怀疑论者分享、探讨这一话题。我和他们讨论转基因问题时，所受到的质疑要远多于讨论其他话题的时候。毫无疑问，关于转基因我们很多人都是坐井观天。

哪怕我敢说自己精通这个话题，我也必须找个合适的沟通方式，能够让广大群众听得明白。这个话题很容易引发听众的对立情绪，进而对你的说法不屑一顾。任何人只要胆敢对反对转基因的观点提出质疑，并指出其错误所在，就会立刻被人当成是坑蒙拐骗之徒。

不过，我明显感到近年来情况在变化，至少在怀疑论者和科学爱好者当中是这样。要想真正扭转公众的想法，恐怕不是一朝一夕就能完成的。

第 41 章
丹尼斯 · 李与自由能

佩里 · 迪安杰利斯如是说

丹尼斯 · 李推翻了许多传统定律，但唯独对热力学定律无能为力。

—— 罗伯特 · 帕克

不管是谁，只要他略微知道一点热力学定律和能量守恒方面的知识，都会认为所谓“永动机”（更多人称之为“自由能装置”）是不可能实现的设想。能够凭空产生能量的机器根本就造不出来。能量必须有确定的来源，做功时也一定会消耗掉哪怕极其微小的一部分能量。

我们在关于自由能的章节讨论过这个问题。这个梦想太有诱惑力了，以至于几百年来，人们纷纷醉心于研制永动机。先后有无数的发明家经过冥思苦想，设计并建造了这类机器——看上去它们的确会提供永不间断的能源，至少理论上如此。尽管其中没有一样算得上真正成功，但还是挡不住某些发明家坚持自己的梦想。彻底解决我们面临的能源问题，从而一举改变人类的文明进程——这样的愿景好是好，但未免过于宏大了。

还有一种人，他们不在自家车库里面捣鼓小玩意儿，也不会通过 YouTube 发布自己的视频——他们笃定自由能是真实存在的，因此到处找人投资。投资人是否真的相信他们的话呢？不好说。很难证明他们是相信还是不相信。当今最著名的永动机贩卖专家名叫丹尼斯 · 李。在新英格兰科学怀疑论者协会于

2001 年打算找他公开对质前，这个人的经历可谓劣迹斑斑。

* 1974—1979 年，丹尼斯·李先后 8 次被新泽西州警方抓获，罪名是诈骗、伪造支票及与毒品相关的犯罪行为。
* 1975 年，李在新泽西州伯根县出庭时，对检方指控的罪名（先后 5 次使用伪造的支票，依靠欺诈手段骗取钱财）供认不讳。最后，他被判处 1 年有期徒刑（缓期 3 年执行）。
* 1978 年，此人从帕特·罗伯逊处骗得 15 万美元。两个月后，罗伯逊把他告上了法庭，认为他涉嫌通过“传销骗局”开展虚假宣传，并在未经授权的情况下经营证券。罗伯逊此后一直未能成功追回这笔钱。
* 1982 年，他再次因使用伪造支票在纽约被捕。
* 在 1985 年的一项民事诉讼案中，华盛顿州总检察长起诉他违犯了本州的《消费者权益保护法》。李同意缴纳 31 000 美元的罚款，但随后他就离开了华盛顿州，并未依照判决缴纳罚款。
* 1990 年，他被加利福尼亚州文图拉县检方指控并承认犯有两项欺诈消费者的重罪，以及 6 项违犯本州《卖方辅助营销法案》（Seller Assisted Marketing Plan Act）的罪名。李最终被判入狱两年。
* 1999 年，华盛顿州金融管理局发布一道禁行令，指控丹尼斯·李非法销售“非注册证券”，以骗取投资者的钱财。州政府如是形容他的所作所为：“对当下的投资人来说，他是个显而易见的危险人物。”
* 吉姆·默里是一名受雇于李的电气工程师。1999 年，李让他给自己的设备系统动一下手脚，让其表面上的运行效率达到 200%，而实际上只有 20%。默里拒绝了这一提议，并辞去了这份工作。

这还只是到 1999 年而已。直到 21 世纪，丹尼斯·李依旧玩着他那套背信弃义的把戏，并不断挑战法律的底线。

如果一个人的大半辈子都在行骗，他倒还真有可能向这个貌似不可能的任务发起挑战，搞出一台动能永续的机器。事实未必真是如此，不过的确有许多人看上去斗志满满，乐此不疲。

2001年夏，丹尼斯·李正忙着到处巡回展示他的发明。他的行程中也包括我的家乡康涅狄格州。作为温和的科学怀疑论者，我们打算到活动现场去和观众聊聊，看看能说服多少算多少。佩里·迪安杰利斯负责牵头，并从那天开始对活动做了详细记录。

2001年7月23日，我们协会将要“见证历史”。我和数百名观众一起，受邀参加了丹尼斯·李的巡回演讲——展示他那些噱头十足的玩意儿。演讲活动也算是“美好生活科技公司”（Better Home Technologies，本质是李开办的一家幌子公司）新一轮全美巡演的预热。在演讲中，他不断向人们推销那些新奇的“发明”。他告诉观众，开车不用加汽油，取暖也不必用火炉了——用水就可以。他还展示了一种会发热的“涂料”，这样人们就不必在大冷天铲雪化冻了。当然，他也不忘提醒我们，电力将取之不尽、用之不竭，所以不必再为电费烦恼。

协会打算在活动现场分发一些传单。作为新一轮全美巡演的首站，本次宣传将于晚上7点开始，地点在喜来登酒店。协会的4名成员六点半就抵达了现场，手里拿着几百份传单，试图提醒观众不要相信丹尼斯·李的鬼话。人渐渐多了起来，于是协会的几位会员有意识地聚拢在大厅里侧，离报到台不远。大厅的两侧各有两名协会会员，这样几乎每位观众（即使他们还是会上当受骗）都有机会领取到一份我们的传单。观众当中老年人占了大多数——这也是经常被各路骗子忽悠的社会群体。我旁边就有一位先生，他坐在长凳上，手上捏着我们的传单，传单上写满了各种好心的警告，以及丹尼斯·李以往劣迹斑斑的犯罪记录。他问我们：“这上面写的，你认为都是真的吗？”这话问得莫名其妙，我们花了好一会儿才解释清楚。

我们干得很卖力，15分钟内大概发掉了100份传单。这时，一名会场安保人员也过来向我们索取资料，随后便迅速离开。过了不一会儿，走过来另外一个人，手上拿着我们的传单，开始大声斥责我们。他指责我们根本没有试用过那些高深莫测的机器，只知道一味唱反调。我们向那人解释道，李的发明完全违背了已知的科学理论，有人已经检测过它们，检测结果也清楚地表明李是个骗子。我们还告诉他，李是个以搞诈骗为生的惯犯。没想到，那个人反过来指责我们协会，认为我们一定是对自己过去的罪恶有所隐瞒。

我们正打算跟这个愚蠢的家伙理论一番，之前那位安保人员又出现了。他得到了值班经理要驱赶我们的指示，让我们务必离开会场。我们问他，假如协会出钱包下一个房间，是否允许我们继续待在这里？回答是，我们可以待在会场，但不许发放传单。我们告诉他，我们不想违反这儿的规定。于是我们一边向路过的人递送传单，一边开始往外撤。李的同伙还很凶狠地从人们手里把传单抢下来扔掉。那位安保人员跟着我们一直走到停车场，并告诉我们整个酒店都不许靠近。同样，我们不想被指控擅闯他人领地，于是就坐车离开了。

我们什么也干不了，只能寄希望于已经发出去的传单能够让人们多少了解到丹尼斯·李的真面目，能让人们为他少掏一点钱。

像丹尼斯·李这样的人通常会这么做：首先召集尽可能多的人来到会议室，接着开始眼花缭乱的表演，一套套的说辞和发明演示令人应接不暇。几个小时的狂轰滥炸后，还能保持理智判断力的人逐渐散去，留在会场的都是容易被洗脑的人。此外，长时间宣传导致的精神疲惫也是诱人上钩的原因。

观看过公开演示后，观众会觉得，哪怕其中只有一台机器能够如其所言，那么只要现在抓紧投资，将来就一定能发财。这也是李竭力推销的东西——来投资这家公司吧！他并不要求你买它的产品，他也拿不出合适的产品。他兜售的是投资股权或代理权。

为了让"投资机会"变得畅销，丹尼斯·李往往会滥用人们的爱国主义情怀和宗教信仰。在一份原始调查报告中，某项发明的前"代理商"讲述了李诱使他人上钩和拼命榨取他人钱财的种种伎俩。等到受害者彻底入局时，他就想办法摆脱跟他们的关系。

很可惜，尽管我们做出了种种努力，丹尼斯·李照样在忽悠别人掏钱入股那些毫无用处的"新技术"。他对这一套玩法已经轻车熟路，而且不停地设下新的局。有关部门也只是偶尔来一次不痛不痒的处罚。

他的最新骗局是号称发明了一种设备，能够通过所谓"水力燃料电池"（Hytro-Assist Fuel Cell）提升内燃机的工作效率。自由能的一大所谓应用，就是能够让汽油在气缸内更加充分（或更有效率地）燃烧。这种"电池"也是其中之一。可是你想想看，这几十年来，广大汽车厂商一直在致力于优化气缸性能。

如果真有那么简单的办法，效果还如此显著，他们恐怕早就注意到了。

针对这些所谓的发明，美国联邦贸易委员会于2009年展开了调查，并将丹尼斯·李列为被告。这算不上亡羊补牢，因为李几十年来一直在贩卖百分之百的伪科学。偶尔他个人也会被禁止发声，或者被迫收回某段话。但总的来说，这个人在不断地欺骗世人，并始终逍遥法外。

他专挑那些容易相信阴谋论的人下手，用花言巧语诱使人们上当。舌底生花的人最喜欢讲阴谋论——当许多事实难以解释时，他们就能依靠长篇大论的阴谋论来圆谎。比如，科学家说自由能设备是不可能的，因为它们是阴谋论的一部分。如果有人试图揭穿丹尼斯·李的说法，或提醒大家他之前的欺诈罪行，都会被认为是在压制他要传达的信息。这些人很可能是大型石油公司的“托儿”。按照这个逻辑，政府越想让他闭嘴，越证明背后是个天大的阴谋。

李还喜欢利用人们对上帝的虔诚信仰，利用他们对这个国家的热爱，让他的“发明”带上更多情感色彩。即便我们直言相告，曝光这个人此前的累累罪行，恐怕也很难阻止人们相信，这个伪造支票的新泽西人，这次真的颠覆了物理学。

丹尼斯·李的故事提醒我们，动不动就鼓吹超自然神力或者伪科学的人，不见得个个都是虔诚的信徒——他也有可能是个穷凶极恶的罪犯。

第 42 章
好莱“巫”的故事

卡拉 · 圣玛丽亚如是说

假如你务求掌握事实真相，而不仅仅是为了缓解对未知的恐惧，那么你必须让自己成为一个真正的怀疑论者。

—— 安 · 德鲁扬

得克萨斯州人其实挺冤的。不可否认，部分得克萨斯州人对气候变化和进化论的态度还是很勉强的，在全美教育发展水平的排名中，得克萨斯州也常年垫底。但是，当一个得克萨斯州人搬到洛杉矶居住后，他会发现自己被当地人那种对科学不屑一顾的态度彻底洗脑了。

整体而言，南方人[①]的食谱确实糟糕，全国肥胖率的统计数据也说明了这一点。每次我来南方探亲，所见所闻都会让我想起这句话——“游泳圈身材”（Dunlap disease）随处可见。你没听过这个词吗？人们形容这种身材用的话是“肚子上的肉都遮住腰带了！”我自己也是个胖子。探亲结束飞往洛杉矶的时候，我的行李会比平常多出整整 5 磅（约等于 2.27 千克）。我的胃里塞满了炸鸡

① 此处是指包括得克萨斯（全美第二大州）在内的美国南部地区。这个地区带有非常有特色的文化和历史背景，包括了早期欧洲殖民时期留下的痕迹。南方对于州权原则的坚持，以及对奴隶制的宽容态度闻名遐迩。该地区发展出了独特的传统、文学和音乐形式。南方人以观念保守著称（在某些地区，人们甚至还会质疑公认的科学理论），传统上南方各州也是民主党的主要支持者。—— 译者注

和甜甜圈，让我的体重增加了差不多同样的重量。

我的得克萨斯州兄弟们整天大快朵颐（无非是肉加土豆），而洛杉矶人却非常注重保持身材，甚至到了偏执的地步。你能说后者就一定比前者活得健康吗？当然，身处“天使之城”[①]，想精心打理个发型、修个眉或者塑个身都不是什么难事。但是在这光鲜的外表之下，却始终涌动着一股吹捧伪科学的暗流。

我住在洛斯费利兹街区。沿着街道一直往前走，会看到果汁店在叫卖用来清洁皮肤的特调汤力水，水疗室在兜售“灵气”（Reiki）和“阿育吠陀”[②]（Ayurveda）疗法，精品时装店的橱窗里摆放着水晶球和佛音碗，野鸡诊所在推销注射维生素 B 和“大肠水疗”的种种妙处。走在街上，类似的店面到处都是。替代疗法在这儿可谓如鱼得水、大行其道，看看为数众多的 CrossFit[③] 健身房和提供喷雾晒肤的美容沙龙就知道了。

南加利福尼亚州是反对精神病学的“科学神教”[④]（Scientology）的大本营，也是各路反科学大神的所在地，包括反对注射疫苗的珍妮·麦卡锡，公然唾弃科学的格温妮丝·帕特洛，以及否认现实世界的迪帕克·乔普拉。对这座全美第二大城市的居民来说，异教领袖和社会名流拥有无上的权威。这些人不仅流毒全美，甚至在全世界范围内都有影响力。洛杉矶只不过是这一现象的缩影。也许，是因为这座城市的空气中带有某种特殊的东西——雾霾，大麻，还是绝望的情绪？我的困惑由来已久：面对天花乱坠的吹嘘，这些聪明人为何会如此轻易地上当？这才是最让我感到诧异的地方。

在拙作成书之前，我已经在洛杉矶住了快 10 年了。在此期间，我遇见过各种各样的人——有人穷困潦倒，有人富甲一方，有人年富力强，有人垂垂老矣，有人聪明伶俐，有人反应迟缓。为了避免伤及过去或者现在的人际圈（也

---

① “天使之城”是洛杉矶的别称。——译者注

② “阿育吠陀”是印度梵文“生命科学”之意，被认为是世界上最古老的医学体系。古印度人认为人体与自然达到和谐和平衡时，人就是健康的，而疾病就是平衡被打破的外在表现。要想恢复健康，就必须利用自然界的资源和产物重新恢复这种和谐的关系。——译者注

③ CrossFit 是近年来在美国十分流行的一种健身理念，通过多种训练方式提升自己的身体指标，发展包括心肺功能、耐力、灵活性、速度、协调性、爆发力等 10 个要素。——译者注

④ 科学神教的正式名称为山达基教，又称科学教，是 20 世纪以来的新兴宗教之一，由美国科幻小说作家 L. 罗恩·赫伯特创立。它打着科学的旗号，本质上是一种唯心主义的宗教。部分国家将其列为不合法的宗教派别。——译者注

不会找任何人做替罪羊），我决定把所有这些人的特点揉在一起，另外创造出一个“人”，我称呼它为奥布里。现实中，我并不认识哪个名叫奥布里的人，而且这个名字男女皆适用。这就是个虚构的人物。为了方便阅读，从现在开始，我们姑且把奥布里看成一位女士。在这个无所不用其极的、光怪陆离的花花世界，我遇到过的任何一个人（或者每个人）都可以是奥布里。

在洛杉矶，经常会出现一种我称之为“名人综合征”的现象——好莱坞的精英正变得越来越脱离现实。奥布里就是典型中的典型。在公共场所，名流总是会受到各种骚扰，因此他们总是设法避开旁人（这很像“广场恐惧症”患者，他们会认为安全可靠的地方越来越少，这样才能缓解他们的焦虑心理）。他们都有私人助理，会替他们采办衣着和日用百货。裁缝、私人教练和美容师会主动上门服务，而不是请他们到店里来。到最后，他们会和替代疗法诊疗师、瑜伽教练、人生导师以及其他诸如精品店导购专家之类的人保持异常密切的联系。他们拒绝常规的治疗手段，反倒愿意听那些“大师”凭着直觉娓娓道来，激励他们“前进的方向靠自己掌握”。

在一次和奥布里的谈话中，她告诉我“蚊子要生存就离不开沼泽。如果我们把身体看成一个烂泥塘，疾病反而会越来越多。如果我们能够从里到外都保持干净整洁，就会百病不生”。可惜她连最基本的事实都没说对（蚊子不需要沼泽地，它们只要有水就可以活下去）。这姑且不论，更重要的一点是：感染、癌症或者遗传性疾病的致病原因并不是像她说的那样。我们的免疫系统只能抵御体量微弱的入侵者，但是只要感染上足够的细菌、病毒或寄生虫，我们肯定会生病，再怎么注重保养也没用。避免接触致癌物质当然是对的，但对许多人来说，得癌症（或其他遗传性的疾病）的基因其实早已存在于他们的 DNA 当中。

为了不至于让身体变成“烂泥塘”，奥布里开始痴迷于保健。像千千万万典型的洛杉矶市民一样，她十分关注身边（或通过 Pinterest[①] 的分享）各种流行的节食方案。连续几天只吃红辣椒，只喝柠檬汁？没问题！今天不吃含麸品，明天不吃奶制品？为什么不呢！另外，她从来不碰任何转基因的食品，不食荤腥，也避免摄入果葡糖浆、龙葵、人工色素、香料或者防腐剂。基本上，只要

① Pinterest 是世界上最大的图片社交分享网站，允许用户创建和管理主题图片集合，例如事件、兴趣和爱好。——译者注

瓦妮·哈里[1]反对的东西，她统统会敬而远之。尽管多项研究结果都证明，那些风靡一时的节食方案（特别是“悠悠球”式的那种[2]）很可能对人体造成伤害，但是在奥布里看来，这都无伤大雅。就拿她注射维生素来说吧。尽管她发誓在接受维生素 B 静脉滴注后，她的确感觉活力满满，头脑异常清晰，但有关研究结论并不认可她的说法。事实上，与其说它真的有用，还不如说图个心理安慰。再说，这样做并非完全没有风险——如果不是去正规医院（大多数人其实去的都是所谓“健康水疗馆”），静脉滴注的卫生和消毒状况都是没有保证的。通过静脉注射摄取维生素只适用于一小部分人（被临床证实通过其他途径摄取困难的人群），而多数医师都会认为，其实口服维生素是更有效的办法。

这还不是全部。奥布里对大肠水疗法也深信不疑。她相信，唯有用水快速冲洗直肠，才能彻底去除经年累月进食所累积下来的那些顽固的毒素。（但她吃的明明都是羽衣甘蓝配藜麦之类的“健康食品”！）她变得极其依赖这种所谓的治疗，甚至还自备了一套家用水疗器具——靠它给自己上“水刑”。如果灌肠能和坐浴盆一样轻松，那倒也万事大吉。可是前者其实危险系数很高。奥布里的这位“医生”信奉整体治疗。他会首先对这种古怪疗法做个总体推荐，随后会详细讲解把大肠灌满水后的种种妙处。算了，这种事不提也罢。

虽然具体方法各有不同，但总的来说，灌肠法就是用一根管子插入直肠，并通过某种动力装置或者压力传导，往里面灌入几加仑的水。灌肠疗法的支持者认为，这样可以清除肠道壁上残留的不知名毒素，但实际上，没有证据表明这类毒素真的存在。水疗法除了让你通便外，似乎也起不到什么作用。然而这么做的风险却不小。如果患者的肾或心脏有问题，灌肠很容易破坏其体内的电解质平衡，进而导致器官衰竭。之前做过手术的人，或者患有痔疮、憩室炎或者血糖有问题的人如果接受灌肠，会很容易导致肠穿孔。这是一种会致死的严重并发症。此外，很少有人会跑到正规医院去接受灌肠（人们尤其喜欢自己

---

① 瓦尼·哈里，美国博客专栏作家，同时也是社会活动家。她于 2011 年开设“吃喝宝贝”（Food Babe）网上专栏，致力于倡导健康的饮食习惯和生活方式，对食品业的现状颇多微词，拥有千万级的点击量。但是，她的很多观念经不起推敲，甚至被科学界归类为伪科学的范畴。—— 译者注

② 许多人不惜以节食来减轻体重，但是一旦重新进食，体重又会上升，最后减肥者减去的重量又回来了，周而复始，体重就像悠悠球那样上下反复波动。这种减肥方式其实对身体有很大的危害。—— 译者注

弄），那么器具消毒不彻底就成了个大问题。这会导致严重感染——恰与预期的治疗效果相反。不知道各位读者怎么想，反正我可不愿意为了清除这类说不清、道不明的所谓毒素，最后死在这套“灌肠”的玩意儿上。其实，人体本身就有自我清洁的功能，顺其自然最好。

同时，奥布里的那位医生还精通“虹膜诊断”术。在我认识她之前，我都没听说过这个词，虽然确实存在这种疗法。虹膜诊断诞生于1893年，此后不久，其真相就被人曝光了。在之前关于伪科学和界限划分的章节中，我们曾经讨论过这个话题：该“诊疗”方法只是源于一个简单的观察结果，并且拿不出任何证据。它跟颅相学几乎一模一样，只不过颅相学靠的是头骨上的凸起，而它依靠虹膜上的不同斑纹来诊断病情。傻子都知道这根本不科学，可奥布里就是愿意相信它。

奥布里对健康的关注近乎偏执。有一阵子她整天泡在CrossFit健身房里，由于训练强度过大，她得了横纹肌溶解综合征[①]。这种病也称作“肌肉溶解”，发作起来会危及生命。其临床特征主要包括“酱油尿”[②]、筋膜间隙综合征[③]（一种血压升高导致血液流动不畅的危险症状）、肌肉疼痛和肌无力症状。当骨骼肌受到严重损害时，它会发生撕裂，从而让肌红蛋白和其他一些肌肉成分流入血液，这就是所谓“肌肉溶解”。人体对这种突然遍布全身的大分子会感到很不适应，它们会堵塞肾脏，导致严重脱水、肾衰竭、瘫痪甚至死亡。总之，如果你对健康过度痴迷，而行为本身已经影响到你的健康时，那么最好还是暂时缓一缓，冷静地考虑一下。

这类人当中，最糟糕的典型应该是格温妮丝·帕特洛（当然不止她一个）。奥布里的许多怪念头都来自一个名叫Goop的潮人网站，该网站的主人正是帕特洛。她鼓吹用蒸汽清洗阴道，号召女人在阴道内塞一枚玉质的卵状物（是

---

① 横纹肌溶解综合征，一种内科急症，是指人体骨骼肌（即横纹肌）产生急性损伤，导致肌肉细胞坏死，并让肌球蛋白渗入到血液和尿液当中。大运动量、高强度的训练是诱发该症状的因素。——译者注

② 原文为“颜色像可乐一样的尿”。为与我国民间说法相吻合，故译为“酱油尿”。——译者注

③ 筋膜间隙综合征指，肢体创伤后，四肢特定的筋膜间隙会产生病变，即由于间隙内容物的增加，血液压力增高，导致间隙内容物（主要是肌肉与神经干）发生缺血坏死。——译者注

的，必须让它留在体内——当然，妇科医生肯定是极力反对这一做法的）。她叫卖各种效果未经验证的营养片剂，种类五花八门，无奇不有。她还时常推荐各种“解毒”清洗剂、肠道清洗和顺势疗法。她还大放厥词（通过一帮所谓“专家”），声称穿带钢圈的胸罩会导致乳腺癌，而用化学方法研制的防晒霜（现在还有不算化学品的东西吗？）会破坏激素生长（其实不会）。蒂莫西·考尔菲尔德是《格温妮丝·帕特洛说什么都是错的吗？》（*Is Gwyneth Paltrow Wrong About Everything?*）一书的作者。正如他所说，格温妮丝的号召不但有误导之嫌，而且还相当危险，可奥布里她们却仿佛意犹未尽。

奥布里的保健秘诀可谓包罗万象——包括脊椎按摩纠正、针灸、螯合[①]疗法、拒绝疫苗注射等，不一而足。但是归根结底，它们的源头是同一个：对“主流医学”不够信任。奥布里很聪明，受过良好的教育，平时也博览群书（虽然我经常质疑她看的书都是些人云亦云的东西）。不过，她认为现行的医保制度并未充分照顾到人们的利益。她不相信对抗疗法[②]，也不认同整个西方科学体系。关于何时应该采用公认可信的方法来诊断病情，以及问诊的方式，她总是显得很挑剔，喜欢顺着自己的意思来。信不信由你，她在得严重的尿路感染时知道服用抗生素，但随后形成的酵母菌感染，她居然用将酸奶和“开菲尔”[③]涂抹在阴道处这一方法来治疗！我曾经殷切地想说服她，将来一旦得了癌症，最好采取化疗的方式，或者按照肿瘤医生的话去做。她说她不敢保证一定会听取医生的建议。我实在是无言以对，觉得荒谬极了。

奥布里完全陷入了动机性推理的怪圈。说实话，只要你人在洛杉矶，你想不这么思考都难。这座四通八达的城市从来就是巫医和通灵大师的天下，也包括那些异教领袖——他们靠欺骗世人扬名立万，同时大发不义之财。许多洛杉

---

① 螯合是一种化学反应，通过注射含有类氨基酸物质（EDTA）、有益矿物质以及维生素等多种物质的溶液，身体内部难溶性的矿物质、有害物质、有毒的重金属以及金属离子，就会像被一把无形的“镊子”夹住，并通过肾脏被排出体外，从而改善新陈代谢，改善健康问题。——译者注

② 通常我们所指的西医使用的基本思路就是对抗疗法，即对症状进行直接的对抗性治疗，比如肿瘤就要开刀切除，细菌就要用抗生素予以消灭。除了对抗疗法，西方医学还有本书提到过的顺势疗法、自然疗法等。——译者注

③ 开菲尔（kefir）起源于俄罗斯，它以牛乳、羊乳或山羊乳为原料，并添加含有乳酸菌和酵母菌的发酵剂，经发酵酿制成一种传统的酒精发酵乳饮料，类似于酸奶。——译者注

矶市民都自带严重的认知偏差，因此他们宁可听信奥兹医生[①]的话，也不愿意遵循那些有执照在手，并且取得了专业资格认证的医师的指导。人们宁可花费几百美元买一个偏方，妄想靠它延年益寿、永葆青春，也不肯付区区 25 美元的保险共付费用。也许出于同样的动机，几百万满怀希望的年轻人涌入这座城市，追寻他们的理想，可最终却沦为奸商的牺牲品。当然了，洛杉矶也不是人人都富裕，也不是个个都名声在外，也不是每个人都那么好骗。这座城市容纳的流浪汉数量也是全美最多的。这里什么人都有，人们来自不同的种族，经济地位各不相同，认知能力也很不一样。许多洛杉矶人的生活再平常不过，这些人便不是我要讨论的对象。我要批判的是这个古怪而又迷离的世界——人们有钱有势，面容姣好，却毫无是非判断力。

自恋真是害人不浅!

① 奥兹医生，全名迈哈迈特·奥兹，美国哥伦比亚大学外科教授，美国时尚健康节目《奥兹医生秀》(*The Dr. Oz Show*) 的主持人。《奥兹医生秀》会介绍各种医学基础知识，从营养学到预防医学，包括传统医学，甚至中国的食疗也有涉猎。在获得高收视率的同时，也有许多人质疑其鼓吹各种不切实际的另类疗法，包括顺势疗法和通灵术。——译者注

第 43 章
所谓奇点

鲍勃 · 诺韦拉如是说

显然，只要智慧生物不会在科技发展到一定程度后自我毁灭，外星智慧很可能会领先我们数百万年，甚至数十亿年。放眼整个宇宙，我们人类就是个愣头青。

—— 赛斯 · 肖斯塔克

我是个对科学技术相当痴迷的人。在我看来，科技是人类文化和认知演进最了不起的副产品。我对许多领域的科技发展都持乐观态度。未来科技的种种可能性不禁令人浮想联翩，也让我充满了期待。技术乐观主义是一把双刃剑，它可以让我们很容易不切实际地期待重大进展，或者忽略发明这些新工具和设备过程中的复杂性及所耗时间。今天还属于科幻的场景，是否明天就能梦想成真？我不得不总是压抑住自己的兴奋，以便对此做出冷静客观的评价。

在预测未来会出现哪些颠覆性的科技时，许多人都会犯同样的错误。究竟是什么错误呢？

人们总是对即将到来的未来充满不切实际的期待，但是对更长远的未来却缺乏想象力，这几乎是一条颠扑不破的真理。例如，20 年前我曾信心十足地认为，时至今日，人们应该能够背着喷气背包去上班，能开着空中飞车到处走。时光如果能倒退好几十年，几乎没有人能预见到互联网的发明，更别提它会改变整个世界。

预言家还喜欢低估新技术及时间所带来的翻天覆地的变化。尽管 20 世纪初的未来学家已经预言了空中飞车，但是驾驶它们的都是些老派的人，他们脚上戴着鞋罩，手中拎着拐杖，还撑着带羽毛的阳伞。如今，因为车库和停车场总是有许多闲置车辆，所以人人可以共享无人驾驶汽车也许会在不久的将来成为现实。这听上去似乎合情合理，但这一想法在未来可能会被认为和驾驶喷气背包时还戴着单片眼镜一样可笑且过时。也许一旦人们在自动驾驶汽车上享受各种自由，例如，想睡就睡，想聊天就聊天，想用 Netflix（网飞）看多少电影都可以，甚至做爱都行，到那时他们也许会赖在车上不愿下车。他们会想拥有自己的爱车，并根据自己的品位和爱好把它打扮一番。这可能会导致车造得巨大无比，远远超乎我们现在的想象。

比如，在 2002 年上映的电影《少数派报告》中（影片对未来的预测相当靠谱），未来人们都使用微型手机。从 20 世纪 90 年代以来的技术发展趋势来看，不难做出这样的预测。但他们完全没有预料到的是，如今智能手机反而越造越大，因为人们想尽可能地让手机屏幕大一些。

对预言家来说，危害最大的做法要算是“随心预报”（wishcasting）事实。这个词是气象学家发明的，因为他们注意到，气象预报员在预测天气情况时，总是说 7 月 4 日[①]会天气晴朗，而圣诞节当天会大雪纷飞，而这么高的概率几乎是不现实的。人们在做出预测时，总是自觉或不自觉地受到自身倾向性的影响。人们一直希望（和期盼）能出现像《摩登家族》[②]（*The Jetsons*）中罗茜那样高度拟人化的机器人管家，无论男女皆可。毫无疑问，这一设想让许多人痴迷不已。正因为如此，有许多人认为机器人管家必将出现，并做出大胆预测。不过，就算这个铁家伙穿上了漂亮的礼服，它也未必会帮你打扫房间。如今，真正帮我们清洁房屋的是“伦巴”（Roomba）这样长得像圆盘的机器人。将来烧菜做饭估计也无须自己动手，天花板上会垂下来一双机械手帮你搞定，连腿和身子都不

---

① 7 月 4 日是美国国庆日。—— 译者注

② 《摩登家族》是 20 世纪 60 年代起风靡全美的一部科幻主题动画片，一直延续到了 80 年代。它以 2062 年为背景，叙述了杰特森一家各种有趣的经历，也出现了一些具有前瞻性的，当时尚未发明的高科技新产品。剧中有个著名的机器人女仆，名为罗茜。—— 译者注

需要。今后连床都会自动铺好（请一定尽快实现！）。总之，我们很难提前对未来做出准确预测。

通常来说，畅想未来的科技发展并非难事。关键是怎么去实现它，更重要的是人们会如何使用它。这个问题很难有统一的答案，也很难说将来会怎么样。一旦用途不当，这会让许多对未来的构想落空。假如在 2000 年的时候，你预测说我们更喜欢打字聊天，而不是通过视频，你很可能会遭到冷嘲热讽。

请牢牢记住这些教训。接下来，让我们再看看另外一个更有争议，更具颠覆性的预言，这就是所谓技术奇点（technological singularity）。

“奇点”一词在不同领域有不同的解释。数学上它是无法定义的一个点，或者说该点具有异常的性质。引力奇点（gravitational singularity）指的是一个密度无限大，并且能够产生无穷潮汐力的点。机械奇点其实是一套未来的机制构造，并自带不可预测的属性。技术奇点也是如此——它预示着一次毁灭性的变化，其规模将十分惊人，但人们却无法对其做出准确的预言。

不同的人对技术奇点的理解也有些许差异。大多数人认为，技术奇点假设在未来某一时刻，超级人工智能（artificial superintelligence，简称 ASI）[①] 或增强的人类思维会导致智能“爆炸”，从而在短时间内迅速改变人类的文明进程，而我们之前的预测将完全失去意义。

奇点理论的雏形之一，来自著名数学家约翰·冯·诺依曼于 1958 年说的一番话。他的朋友斯塔尼斯拉夫·乌拉姆曾这般引述他的思想：

> 我们有过一次关于科技加速发展以及人类生活方式发生变革的对话：仿佛我们正在接近人类发展史上的某个“本质奇点”[②]，一旦越过该奇点，我们目前已知的人类活动将不再延续下去。

---

① 随着人工智能的发展和演化，按照实力可将几代人工智能大致划分为：弱人工智能（artificial narrow intelligence）、强人工智能（artificial general intelligence）、超级人工智能。——校译者注

② “本质奇点”，原意是指数学函数的一个概念，即如果以复变量为变量的函数在点 a 的洛朗展式中的主要部分为无限多项，则称 a 为此函数的本质奇点。在该奇点附近，函数会表现出异常的性质。在此作者用来比喻技术革新后的那个突然爆发的时刻。——译者注

另一位最早提出奇点概念的科学家是欧文·约翰·古德。他是一位来自英国的数学家和密码学家，曾与计算机科学的传奇人物艾伦·图灵共事。古德是最早提出“智能爆炸”概念的人。他指出：

> 所谓“超智能”（ultraintelligence）机器，是指该机器所展现的智能水平，已经远远超过地球上最聪明的人类。既然机器设计也是智能的体现，那么一台“超智能”机器设计出来的机器应该比人类的更好。可以想见，未来会出现“智能爆炸”现象，这一点毫无疑问。人类智慧从此会被远远甩在后面。如此说来，第一台“超智能”机器的诞生，也就意味着人类从此不再需要搞任何科技发明——前提是这台机器足够听话，会主动告诉我们怎么才能控制它。

要想达成这一目标，就不能不注意其中一个关键节点：必须实现所谓“强人工智能”。它不一定要比人类聪明，但至少也要和人类旗鼓相当。以此为出发点，我们随后只要加快它的运算能力，就能够使它的智力超越人类。原先人工智能与人类可谓半斤八两，完成一项任务可能要花上整整 10 年。但如果有了超级人工智能，同样的任务也许一个星期就能搞定。

如果上述任务是提升人工智能自己的思维能力，改变或重组其认知基础，会出现什么情况呢？很明显，和最高不过博士学位的人类相比，可供纯数字化智能选择的自我成长途径要多得多。此前我们讨论过大脑“超频”的问题，那么同样地，如果给人造的“前额叶皮层”添加数百万数字化的神经元呢？既然神经连接组[①]（connectome）表示几百万亿个神经元互相连接，从而构成人类目前的大脑，那么如果我们把连接数量再加一倍呢？无论你选择哪种方式（其实还不止上述这些），都很可能产生比最聪慧的人类大脑还要高级的智能。当我们开始跨出这一步时，实际上已经点燃了智能爆炸的导火索。

一旦我刚才说的成为现实，这种递归式的自我改善会很快创造出两倍于人类智能的“头脑”，再往后就是 10 倍。随着超级人工智能变成现实，这会导致

---

① 连接组是指神经元连接的总和，是遗传和生活经历发生相互作用的结果，是先天与后天的结合点。详细解释请参考清华大学出版社的《连接组：造就独一无二的你》，作者承现峻。——校译者注

意想不到的洞见的出现以及范式转换，于是人类的“预测视野”也会不断缩小。到了 2018 年，对于不久的将来（比如 15 年或者 20 年之内）会出现（或可能出现）什么样的技术进步，我们能够猜个八九不离十。尽管不敢打包票，但我个人相当确信，到那时路面上会有相当一部分是无人驾驶汽车。但是同样的 20 年之内，我们无论如何也做不到驾车高速飞向月球。

能够不断自我完善的智能机器越强大，我们可预测的范围就越狭窄。在很短的时间内，我们就会感到预测 1 年后的科技发展变得毫无意义，接着就剩下 6 个月，再往后……说不定只能预测几个小时之后的事……最终怎么样？不敢想。

假如哪天我们觉得对未来做任何预测都失去了意义，所谓技术奇点就算真正诞生了。

雷·库兹韦尔曾经将奇点形容为“速度飞快而又影响深远的技术更迭，代表着与过往的历史彻底决裂”。我很欣赏他这番话，因为它绝非戏言。如果让比人类大脑聪明千百倍的智能主宰一切，我们还能指望什么成就或发现？要想和过去一样预测未来，我们就得变得和人工智能一样强大才行。

你可能会问 —— 然后又会如何？我们没办法从根本上予以回答，不过用我们可怜的脑瓜所想到的各种可能性，倒是值得探讨一下。显然，超级人工智能对任何生命都会予以尊重和保护。它可以与人类携手，在许多领域改善我们的生活。它可以帮我们治疗疾病，大大延长我们的寿命，帮助我们殖民整个太阳系，甚至只要我们愿意，它可以让我们也拥有超级智能。所有这些超级智能带来的好处，在尼尔·阿舍所著的科幻小说中都成了现实（顺便向读者强烈推荐他的小说）。

与之相对的另一端则不容乐观。如果真有一台机器比人类聪明一百万倍，它“看”我们人类就好比《星际迷航：无限太空》中那架超级飞行器遇见了柯克船长和他的部下。如果运气好，它会完全不把我们这些肮脏的“碳化物”当回事 —— 当然更有可能的是让我们全军覆没。要破除对超级人工智能乌托邦式的幻想，相应的事例数不胜数，在此不一一赘述。

你对技术奇点现在是什么看法？你会不会觉得它完全是胡说八道，如同所谓“怪咖们的狂欢”[1]？之前围绕奇点产生的种种奇谈怪论，是不是越来越受到认同？或者，它根本就是一种非黑即白的极端思维？

我们可以人为（或者通过数字化等非生物方式）制造有感知能力的智能机器吗？有些人并不认同这一前提。我把它称为“令人恶心的生物学沙文主义[2]”。宇宙中可能存在无数类型的智能，而且绝不可能只能通过人脑或者电化学类的方式得以展现。不少思维理论方面的专家相信，大脑的组织及自身交互反应比材料基质更为重要，这是一种功能主义的观点。许多非生物类的基质也能够对所谓的“思维”产生积极影响。

想想看，假如把你大脑内的每个神经元都一个接一个地改成电子数控装置，并能够精确还原神经元的输入和输出功能，会发生什么情况？经过一段时间的磨合，你的大脑就彻底丧失了生物属性。假设该技术本身没有问题，那么在大脑接受改造的过程中，你的意识会不会在某一刻开始减弱，甚至完全消失？你会不会从此成为一具哲学僵尸，举手投足与一般人无异，但却体会不到喜怒哀乐（在此之前我们不仅能感受到丰富的内心世界，而且也认为别人会有同样的感受）？是否还存在某种完全不为人知（或尚未得到线索）的神经科学机制，而基于这些机制只有生物神经元能够产生某些思维认知的附带现象？

感知能力能否复制姑且不论，究竟该不该开展这一研究也是个问题。我们已经意识到，超级人工智能可能会给人类带来生存风险，因此不应该把魔鬼从瓶子里面放出来。过去 10 年的经验告诉我们，现阶段的人工智能即便应用范围狭窄，也尚未产生自我意识，但是已经能够做出许多非凡的成绩。况且，以它们的能力而言，这点成绩实在不值一提。打造“心智成熟”的机器人和机械设备完全没有必要。让机器的智力接近或超过人类，然后把它们当作奴隶看待，似乎也有违日常伦理。如果将实验室与外界网络隔开，并使用安全隔离网闸技术防止意外逃窜，我们大可放心地研发具有综合自我意识的人工智能。但是，让几千个机器人都拥有自我意识似乎也没必要——它们随时可能变得怒气冲冲，

① 《怪咖们的狂欢》（*The Rapture of the Nerds*）其实是一本科幻小说，书中作者用诙谐的语言，描述了 21 世纪末的各种科技发明，反映了作者对技术奇点的思考。—— 译者注

② 沙文主义是指对所在的国家、团体、组织或行业感到骄傲，反而看不上它的同行或对手，是一种带有强烈偏见的情绪，常常引发民族主义等狭隘的世界观。—— 译者注

然后成为彻头彻尾的“终结者”[①]。

另外，过去10年间，商界对人工智能取得的各项研发成果和进展始终抱有浓厚的兴趣。在全球范围内，人们正以前所未有的热情投资于人工智能领域，至今也没有衰退的迹象。由于能够将人类极限提升至不可思议的程度，随着时间的推移，超级人工智能必将获得更多人的认可，并会越来越受世人瞩目。在面临全球化激烈竞争的当今社会，确保该技术绝对安全（将其隔绝在无菌实验室内）恐怕只能是一厢情愿的想法，但确实是一个棘手的难题。

也许人工智能实现的可能并不大，同时也会相当困难，因为这意味着我们要超越自身的极限。这仿佛成了该领域的“第二十二条军规”[②]：为了实现人工智能，我们得首先拥有超过人类智慧的智能技术。放眼整个宇宙，可以毫不夸张地说，目前已知的结构功能最为复杂的物质当属人类大脑。更糟的是，为了仿造大脑，人们恐怕首先要对自己的大脑有充分的了解。问题是，我们能做到这一点吗？这难道不会违背基本逻辑吗？还好，这是一种“稻草人”式的逻辑。与其从零开始，凭空设计一个大脑，还不如对现有的大脑进行复制。后者才是完成目标最为合理的方案。

用尽可能无损和高分辨率的方法扫描大脑，并用计算机平台把结果模拟出来，这就是目前颇有市场的所谓“大脑仿真学”（brain emulation）。它有可能制造出类似人脑的数字大脑，而且无须我们对脑部科学有更加深刻的理解。诚然，这里面的原理极其复杂，目前我们也没有这样精密的扫描技术和计算机设备。于是问题变成了：我们能最终掌握上述必要的软硬件技术吗？答案是毋庸置疑的。以我们现有的技术水平来看，扫描和计算能力还有极大的发展空间。

例如，曾经有人提出过“计算素”（computronium）的假说。这是一种基础

---

① 《终结者》是20世纪80年代风靡全球的美国科幻电影。电影讲述了未来人工智能彻底取代了人类而统治整个世界，而具有人类意识的机器人（即“终结者”）在追杀和保护人类领袖的过程中完成了自我救赎。影片对人工智能应该发展到何种程度，以及过度发展后造成的后果进行了一定程度的反思。—— 译者注

② 《第二十二条军规》是美国作家约瑟夫·海勒创作的一部充满了黑色幽默的反战小说。小说主人公所在的美军飞行大队有规定：凡是精神不健全者可获准免于参加飞行任务，但必须本人亲自申请。但如果是本人申请，恰好说明他精神完全正常。然而事实上，美军根本就没有这第二十二条军规，主人公无法摆脱这条子虚乌有的军规的束缚，最后只能靠开小差离开部队，开始了独自逃亡。小说出版后，“第二十二条军规”就成了“不断循环的困局”“无法逾越的障碍”等情形的代名词。—— 译者注

物质，能够在物理定律允许的范围内，被用来进行最大密度和最高效率的运算。根据物理学家塞思·劳埃德的估算，这种神奇的物质每秒计算量高达 5 乘以 10 的 50 次方。相对于人类研发的拥有最高算力的超级计算机（截至 2017 年），这一数值足足高了 35 个数量级！当然，我们可以对此一笑置之。实际上，每秒 10 的 50 次方恐怕永远都实现不了。另外，有人认为单一排列形式的计算素，能够满足所有类型的计算需求（比如平行计算和串行计算），这种看法是不明智的。但是，只要能实现最大理论值的哪怕极小一部分，都比我们现有的技术要强得多，用来模拟大脑思维活动也绰绰有余。

所以你看，我骨子里是个技术乐天派。我敢说，只要利用得当，未来人工智能将大有可为。但即便如此，我还是得本着科学怀疑的态度，做好“尽职调查”①（史蒂夫总是提醒我别忘了这茬）。那么，围绕“奇点”讲了这么多，有没有可能走错方向呢？

首先，具有自我意识的通用人工智能尚未诞生。目前它还只是一个设想。50 年前，人们对此曾有预言，50 年后科技就能发展到这个程度。如今 50 年过去了，科学家依然预测还需要 50 年。之前的实践证明，它比我们想象的要困难得多，将来也必然如此。我们甚至不知道距离成功还有多远，因为毕竟才初窥门径。就像我刚才所说的，人类也许永远都不必让人工智能拥有自我意识。专注于某个领域的人工智能正遍地开花，硕果累累，这反倒是我们需要坚持下去的。

说到智能，有一点不得不提：它其实要比我们此前所理解的复杂得多。智能分为许多种类，而人工智能在某些方面会比大脑强，但在某些方面也许还不如大脑（目前的人工智能就普遍不如）。如今的人工智能倒是很像阿斯伯格综合征②，而我们对改变现状的原因或方法还一无所知。现在的人工智能普遍缺乏真正意义上的创新能力。

此外，我们不知道复杂的自我意识实体是否会受到物理规律或现实条件的限制。当我们试图让我们的人工智能更快、更好、更聪明时，它们可能会出现

---

① 尽职调查多用于商业并购或投资，其目的是通过各类调查和对话，使买方尽可能地掌握所要收购股份或资产的全部情况。—— 译者注

② 阿斯伯格综合征，一种发育性障碍，具有与孤独症同样的社会交往障碍，局限的兴趣和重复、刻板的活动方式。该人群拥有正常的智力水平，但缺乏社交技巧，难以融入社会群体。这里作者主要指目前人工智能行为刻板、重复，缺乏创造力。——校译者注

精神错乱，或者在自我沟通方面受到一些先天因素的限制。当然，机器本身也有计算能力的上限。

正因为如此，面对如此复杂的技术问题，我们其实无法对其未来做出预测，也无法认定现在看似繁荣的技术，将来还会继续无限地发扬光大。也许超级人工智能（往大了说就是“奇点”）就像我们曾设想的下个世纪的空中汽车和喷气式背包，好像离我们有 50 年的距离，却总是遥遥无期。

不过，我个人并不这么认为，因为我一向对技术发展持乐观态度。同时，作为一名科学怀疑论者，我不得不承认我们尚不知晓答案。未来很不确定，时刻会有惊喜。

有朝一日，我希望能将我的大脑上传到计算机上备份[①]，这样我就能亲自“看清”未来到底是什么样了。

---

① 据说目前已有公司提出了这一设想。比如，位于美国硅谷的 Netcome（互联网服务提供商）就致力于将人脑的信息、意识和思维储存至一台模拟人脑的计算机上。这样，即使人的肉体已经消失，但是大脑依旧以数据备份的形式“活”着，这就好比一台电脑虽然关机，但信息都还在。故本书作者有此一说。—— 译者注

第 44 章
沃伦夫妇捉鬼记

埃文·伯恩斯坦如是说

我们不能借助于另一个神秘现象，来解释当前的神秘现象。

—— 乔·尼克尔

人们普遍相信世界上存在超自然的力量，这也是人之常情。由于文化背景彼此有差异，生活地域也不尽相同，所以人们对超自然伟力的具体崇拜方式也各不一样。在新英格兰地区，人们认为鬼魂是真实的存在——至少“捉鬼”的人如假包换。可以想见，趁着我们都还年轻（那时我们都是宣扬科学怀疑论的积极分子），新英格兰科学怀疑论者协会组成了调查小组（成员包括我的两位兄弟以及好友佩里，当然还有我，后来换成了埃文），开始了人生第一次针对所谓“幽灵猎手”的真相调查。

既然接触到该地区的“捉鬼”行当，我们就不得不提艾德·沃伦和洛兰·沃伦（Lorraine Warren）夫妇。两人同为新英格兰地区德高望重的“捉鬼”达人。无论什么样的鬼怪、幽灵和恶魔，还是被恶灵控制了的人、地方或事物，都逃不出他俩的手掌心（如今艾德已经去世了）。

两人最近一次受到万众瞩目是因为电影《招魂》及其续集的上映。电影依据沃伦夫妇最著名的两次“捉鬼”经历而改编，一次是佩隆一家的“鬼宅”，另一次是恩菲尔德灵异事件。

纵观艾德 40 年来的从业经历，他和洛兰号称经手了将近 4 000 个案子。依靠出版物和影视作品的大力宣传，夫妇俩成了举世闻名的人物。可偏偏事有凑巧，他们就住在康涅狄格州的门罗市，隔着两三个小镇就是我们的住处。

我们打算对“闹鬼”现象（广义而言，泛指一切灵异现象）好好研究一番。关于“闹鬼”确有其事的说法，我们也打算看看其根据何在。沃伦夫妇自称掌握了科学证据，用来证明鬼魂一说绝非戏言——我们首次开展调查就选定了这一话题，并希望用实验加以验证。

刚开始的时候，我们不免有些心虚。沃伦夫妇名声显赫，在“捉鬼”这一行算得上个中翘楚，而我们呢，不过是几个刚刚入行的无名之辈。我们很清楚，要想同夫妇俩较量一番，我们必须谨慎行事，计划周密。

调查的结果是：沃伦夫妇的人品无可挑剔，请他们驱鬼的人也很有诚意，但是很可惜，他们根本拿不出真正有说服力的证据。说得再明白一点，所谓的“证据”车载斗量，但没有一个能经得起严格的科学检验。一个都没有。大多数“证据”甚至连粗略的检验都通过不了。

与其他伪科学一样，那些专家也大言不惭地声称，“捉鬼”是一门合情合理的科学。沃伦夫妇把他们成立的机构命名为“新英格兰地区精神研究协会”（the New England Society for Psychic Research，简称 NESPR），实际上，这是一家徒具虚名的“研究”机构，但是在网上依然可以找到它，洛兰也照样四处宣扬他们的“捉鬼故事”。协会的官网甚至不无骄傲地宣称：“让种种灵异现象接受主流科学界的严格拷问，使其不再隐匿于黑暗之中，这是我们的使命。”

但调查结果却显示，他们对怎么真正搞科学研究一无所知，或者说连最起码的“严谨”标准都做不到。协会成员根本不打算寻求真相（不管真相到底如何），只是一味企图证明他们之前一再宣称的理论——所谓灵异现象并不是幻觉。

我们首先来到了沃伦夫妇那独一无二的博物馆，并以此作为调查的开端。博物馆位于夫妇俩住宅的地下室，号称是全康涅狄格州“鬼气”最重的地方。其实，博物馆的展品本身就能够说明那些“证据”是多么不靠谱——都是表面文章，没有实质内容。在参观过程中，艾德·沃伦告诫我们不要触摸大厅内的任何物品，否则很容易受到“蛊惑”。如果真的不小心沾到了什么（在那么狭小的空间内，要避开一切是几乎不可能的），我们必须如实地告诉他，他好在我们离开之前，对四周的气场来一番“净化”。博物馆主要陈列着与夫妇俩40年来“捉鬼”相关的各种物品，它们杂乱无章地堆放在一起，包括图画、面具、雕像和许多书籍。

不过，艾德告诉我们，那个“破烂娃娃”（Raggedy Ann）[①]玩偶才是整个房间内最危险的物品，因为它至今仍被某种恶灵所控制着（2017年，它甚至成了一部电影的主角[②]）。为了安全起见，他们用玻璃罩子把它给罩住了。他们还煞有介事地说，曾经有人不顾艾德的警告，对着玩偶嘲弄了一番，结果几个小时后就死于摩托车事故。鲍勃偏不信邪，于是他也对着娃娃冷嘲热讽，甚至还用手摸了一下罩子。结果呢？他还是活得好好的，只不过20年后，他的头发开始变得花白——你看，后果也不过如此。

艾德喜欢把NESPR看成是一个搞“理论研究”的地方。据他所说，他的捉鬼经历与他本人的宗教信仰密切相关。正如此前跟其他怀疑论者打交道一样，他向我们提的第一个问题，就是我们是否信仰上帝。如果你不信这个，你就无法理解他的研究成果。

洛兰自称是一个“通灵者”，能够看穿一切。她也认为，因为我们不是虔诚的教徒，这一点很糟。最有意思的是她曾经问我们：“你们这些小伙子都是怎么回事（指我们对灵力不够虔诚）？是科学把你们变成这样的吗？”

哈，是的！确实如此！

当时我们对“10英尺垃圾堆”现象可谓耳熟能详。如果有人对某些现象坚信不疑，你可以问问他是否拿得出证据。通常他们会给你展示一大堆极其不靠谱的物证（就像堆成10英尺高的垃圾）。他们坚持认为，除非你对每个证据都了如指掌，否则就别想推翻他们的结论。

我们也有自己的格言：垃圾堆得再高，也不会变成金子。我们可不想在一堆垃圾信息中耗费心力，因此通常会请他们提供最有说服力的证据。如果它看

---

① “破烂娃娃”是美国作家约翰尼·格鲁埃尔在其绘图本中创造的一个布娃娃的形象，有着红色纱线做的头发，鼻子是三角形的。它推出后广受欢迎，成为儿童玩具的经典形象。——译者注

② 美国著名悬疑恐怖片《安娜贝尔》的续集《安娜贝尔2：诞生》中引用了“破烂娃娃”的经典形象。

上去挺有道理，我们就可以以此为突破口。我们不会仅仅因为证据看上去像模像样，就认为它一定能够还原真相。

我们反复要求夫妇俩提供所谓“闹鬼”的某些证据，但对方却闪烁其词，企图转移话题。艾德对此避而不谈，只是说希望给我们做个详细的讲解。艾德告诉我们，晚上 9 点到第二天早上 6 点是“通灵”的时刻，其中凌晨 3 点左右出现的恶灵最为凶险。为什么？因为这是对“三位一体”[①]（the Holy Trinity）的嘲弄。接着，他又解释说“鬼魂”仅仅会发光，但是没有固定的样子，而“幻灵”却有鼻子有眼，能够看出一定的形状。拍摄到球状光斑的照片数不胜数，他们称其为“幽灵斑”，而照片上被拖长的斑块被称为“光柱”。艾德声称，既然人类有灵魂，那么同时就有邪恶的所谓非人类灵魂——它们产自非生命体，或者具有邪恶本质的物体。他还向我们透露了一些秘诀：用小瓶子装满“蒙福之水”[②]，并始终佩戴在身上，就可以驱邪避害。如果你和某个恶灵附体的人对上眼了，千万别主动把视线挪开，因为这证明你软弱可欺……这一行有特定的规矩和行话，凡此种种，不一而足。

照片上的证明

我们确实接触到了一部分证据，但是……怎么说呢！感觉像是在一坨“10 英尺高的粪堆”里艰难前行。沃伦夫妇能拿得出手的证据中，绝大多数都是照片。他们有几百张关于“鬼影”的照片，不是他们本人拍的，就是他们的搭档拍的。大量照片其实都只是在胶卷上显现出一些光斑而已（在数码相机诞生之前，人们都是用胶卷来记录影像的。现在的年轻人恐怕都没见过吧）。要让胶卷呈现出这样的人为光斑有十几种方式，但主要是以下三类：闪回、衍射和相机软绳。罕见的两次或多次曝光能够创造出更有趣的光学效果，但仍然是人为所致。有一点需要特别指出：当那些照片被拍摄时，其实并没有人看到真正的“鬼魂”，这几乎无一例外。只有当胶卷冲洗完成后，鬼影、球状体和光柱才会

---

① “三位一体”是基督教的基本原则之一，主张圣父、圣子和圣灵是同一本体、属性各不相同的位格。—— 译者注

② “蒙福之水”是指，在基督教的施洗环节，神父会用洁净的水点在信徒的额头，作为天父赐福的象征。—— 译者注

显现出来。这充分说明，鬼影照片不过是人为的拍摄效果罢了。

“闪回”是指相机闪光灯发出的光线反射回镜头，从而在胶卷上留下一块过度曝光的模糊区域。那上面会有稀稀拉拉的光点，但往往看不清楚。人们很容易辨别哪些照片使用了闪光灯，因为闪光灯会造成非常明显的阴影，而且前景物体会因此显得十分明亮。沃伦夫妇的网站曾一度宣称，拍摄时使用闪光灯能够更好地捕捉到“鬼影”，而且“闪光灯越亮，鬼影就越清晰”。网站还建议人们尽量拍摄前景物体（因为它可以把闪光灯发出的光线反射回去），哪怕他们自己都承认，这种说法根本就是自相矛盾——尤其是他们宣称，能拍到这样的照片其实是“通灵”后的结果。尽管如此，网站既不肯讨论，也不愿承认照片上的光斑很可能是使用闪光灯后人为造成的效果。

所谓“幽灵斑”是指照片上出现球状光团，而不是稀疏的光斑。这很容易让人联想到光线围绕某个点产生的衍射现象。相机镜头只要稍有冷凝现象，就会大量制造出这样的效果。只要拍摄条件合适，任何离散光源都能让照片出现光球。

现在人们拿手机就能拍照。在此之前，所有的相机都会配上一根带子，或者软绳。灵异现象调查者乔·尼克尔甚至发明了一个词，叫作“相机软绳效应”。“拍立得”们的软绳（或带子）很容易垂下来挡住镜头。在拍摄时，人们往往很难注意到这个问题：镜头其实并不完整，而是被软绳分隔成狭长的缝隙。通过反射闪光灯发出的光，即使是黑色的软绳拍出来也会像是白色光斑或条纹。我们尝试着复制这一效果，结果一次就成功了——拍出来的“鬼影”照片完全可以以假乱真。

当然，要重现“软绳效应”，你甚至不必真的找一条绳子。只要随便找个什么东西遮住镜头就行，哪怕用手指也没问题。

如今是数码摄影时代，人为干涉成像的办法就更多了。有人曾经请我们鉴定一张奇特的照片，那上面有好几道诡异的彩色条纹。如果没有这些条纹，整张照片就是一幅主题清晰的静物摄影，没什么特别的。对着照片研究一番后（诸如曝光时间之类的所有技术参数都会保存在图像文件里，这是数码相机的一大优势），我们发现这是因为相机刚好调到了“微光模式”。在该模式下，相机会首先开启闪光灯，但快门关闭会略微延迟一到两秒，这样可以对昏暗的拍摄环境起到曝光作用。

在沃伦夫妇的网站或者别的“捉鬼”大师那里，你可以看到大量这样的照片，它们展示的都是人为造就的拍摄效果。面对这些照片，他们唯一的解释就是拍到了“鬼魂”，却对任何其他可能的解释一概加以否认。他们永远不会从客观条件上找原因，也不敢对此有任何质疑……连起码的学术讨论也没有。他们有的只是简单粗暴，用不容置疑的口气对外宣称，照片上的光点就是超自然现象存在的明证。

视频证据

为了证明他们的观点，沃伦夫妇还给我们看了一段视频。他们最广为流传的一段录像，是艾德在康涅狄格州伊斯顿市的联合公墓拍到的白衣女鬼。不过，我们只能在他们的家里观看视频。我们要求拿到一份视频拷贝带回去研究，但是艾德拒绝了。在真相调查的过程中，我们经常会吃到这种“闭门羹”。从录像上看，墓碑后确实有个明显的白色人影正缓缓移动。不过可以看出，摄影机与画面中的人影保持了非常“恰当”的距离，清晰度也正“合适”：刚好能看到一个模模糊糊的人形，但是要想辨认清楚那到底是个什么东西，却又缺乏足够的细节——这与拍摄 UFO、大脚怪和尼斯湖水怪的手法十分类似。艾德本人并未采取严格的科学方法，没有对录像的真伪加以分析，也不允许其他人这么做。艾德一直坚持认为他从事的是科学研究，但他却喜欢把各种所谓的证据都捏在手里，而不是让它们接受公开的严格检测。

夫妇俩的一位研究搭档倒是向我们提供了一段他们保存的视频，可以看到一个男人在镜头前离奇“挥发”了，消失不见了。这段视频是用一台预先架设好的摄影机拍摄的，拍摄地点是在某个餐厅，时间是半夜。在对灵异现象展开调查时，夫妇俩偶尔拍到了这个画面——一个年轻男子走了进来，挠了挠头，然后“嗖”的一下就不见了。这太不可思议了！紧接着，从他身后的窗户上，我们可以看到一道幽灵般的亮光一闪而过。

我们很高兴能拿到这一段录像，并旋即从专业角度对它进行了分析。分析结果如下：

录像的某一段似乎被人擦除过。有好几种录像编辑手段都可以达到擦除目的，但拍摄者选择了其中最简单的一种。也许是有意为之，也许是碰巧，总之他拍到了屋内年轻人的全身影像后，就暂时停止了拍摄。几秒钟后，那个人离开了摄像机镜头，这时机器又开动了。

我们曾经做过类似的观察实验。关于那个人“消失”后几秒钟出现的神秘光点，其实可以有不下100种解释。这和光的特性有关。但是，我个人相信之所以出现光点，是因为刚好有一辆汽车开过，车灯的光恰好映射在餐厅的窗户上。当光点逐渐消失后，仔细看屏幕的右侧，你就会发现那是疾驶而过的汽车前灯。

你看，我们手上只有这么一段“证据”，结果还没有说服力。当然它很可能只是拍摄时出了点问题。任何人只要粗略分析一下这段录像，就不难得出上述结论。但是，在他们搞神秘现象调查的小团体中，却没有一个人愿意这么做。有人连第一步都懒得迈出去，就干脆宣布录像上的诡异光点“无法解释”。此外，录像中的人们其实根本就没有注意到那天发生了什么。直到第二天这段视频被公开后，他们才恍然大悟（人为的痕迹是不是很明显？）——甚至连突然从画面中消失的那位年轻人也不例外。在未经任何验证的情况下，艾德声称看过录像的专家“只能得出一个结论：那家伙确实消失了”。这对艾德本人的声誉其实是很大的伤害。

为了眼见为实，我们不断要求沃伦夫妇提供更多他们保管的实质性证据，但他们总是以各种各样的借口来搪塞，什么“录影带已经洗掉了”“被拍摄者希望不要公开”“那时我们刚好关了摄影机”之类的。他们研究灵异现象整整40年，可真正拿得出手的证明却少之又少。

目击者的证词

夫妇二人还有许多道听途说来的“证据”。与它们的数量相比，刚才说的那些物证简直是小巫见大巫。夫妇俩都是讲鬼故事的行家，因此他们的巡回讲演也相当受欢迎。但是他们似乎没有意识到，光靠说故事是无法让表面现象变成事实真相的。

从这个角度而言，沃伦夫妇可以说代表了大多数人的心态：他们很容易被精彩的故事所打动，却不知道其实人的记忆和感知很不靠谱。感知和记忆往往会犯错，这一点我们之前已经讨论过。事实上，“完全可靠”的证人是不存在的。

还有一点，许多人目睹所谓的神秘事物（有可能是鬼魂，也可能是外星人），或者跟它有过交流，都发生在卧室里，时间基本上是在深夜、后半夜或者凌晨时分——时间和地点都和睡眠有关。或者说得再准确点，和“临睡状态”有关。杰克·斯米尔的遭遇就很有代表性。沃伦夫妇亲自参与调查了这个案件，并让受害者讲述了他的奇特经历：凌晨时分，他突然醒过来，感觉全身动弹不得，总感觉房间里有什么人，他感到极度的恐慌，最后居然被一个幽魂给“污辱”了。

所有这些现象，你都可以在第6章《临睡幻觉》中找到解释。

我们告诉艾德，这有可能是一种“临睡幻觉”。他对这一解释显得颇有兴趣，但还是对自己的结论很有信心：“受害者说他感到胸口有一股无形的压力，仿佛‘那个东西’要拼命钻到他身体里面。你对此又怎么解释呢？”我们不得不坦诚相告，所谓胸口受压，包括喘不上气等现象，都是“临睡幻觉”的典型症状。

艾德只是说了声“哦”。

许多针对闹鬼房屋的勘察都是在后半夜进行的。调查人员常常为此整宿不睡觉，因此会出现睡眠严重不足。在缺觉的状态下，我们的大脑更易产生幻觉。许多与鬼魂接触的所谓经历，其实都来自这样的幻觉。

另一个很重要的原因是想象。不同的人拥有的想象能力也各不相同。和普通人相比，有一类人群比较特殊，他们特别容易陷入胡思乱想。他们本能地愿意相信自己的想象，而且发现跟自己有相同想法的人还远不止一个。因此，喜欢做“白日梦”的人就会臆想出各种遭遇超自然神明的经历。这样的故事数不胜数。

有理由相信，像NESPR这样的组织对这类人群是很有吸引力的。正因为像这样的人到处都是，所以这种组织大可以在不知不觉中“选拔”需要的人。每年参加一次讲座的人大概有几百个或者上千个，而其中又有几十个人会尽量每周都参加。能够长期坚持听讲座的人会被邀请参与灵异现象的调查工作。在这些人当中，有少数人会被认为有“灵性”，也就是能看到别人看不见的东西。

我们并不指望人人都了解“临睡幻觉”以及缺乏睡眠的后果，也不指望他们对人类想象力的奇诡莫测深有体会。但是，对自称正在对以上现象进行重点科学研究的某人来说，我们倒真心希望他懂一点这方面的知识。尽管他指责批评自己的人思想保守，但是他自己却不假思索地拒绝为已有证据寻求别的解释，也根本不打算为了反驳其他解释而做任何调查。NESPR（以及“捉鬼”行业的全体成员）心目中的“研究”，只不过是被动地记录下那些传闻，以及汇总那些“超常”的解释。

经验教训

作为怀疑论者，我们早年对沃伦夫妇的探访可谓收获良多。我们学到的第一课是，那些号称能展示超自然神迹或证明伪科学理论的人，其实根本没什么特别。此后无数次的调查都证明了这一点。我们完全没有必要让沃伦夫妇给唬住。他们根本不像电影里演的那样，看上去像是一言九鼎的权威人士。实际上，这对老夫老妻对科学一窍不通，只是拼命靠讲鬼故事自抬身价罢了。

其次，这件事让我们明白，哪怕其细节再活灵活现，整个说法也不见得靠谱。这样的思维谬误不仅屡见不鲜，而且依然层出不穷。尽管随着电视真人秀的流行有过短暂回潮，但总的来说，幽灵属于过气的话题。你看过这类“捉鬼”节目吗？如果一个10岁小孩到朋友家过夜，偶尔遇到些说不清的现象，他又能拿出什么证据呢？这种捉鬼节目的真实性不过如此。

这个道理也同样适用于那些号称能和鬼神对话的人、寻访大脚怪的猎人、UFO的粉丝、濒死体验的追随者、到处诋毁疫苗的人，或者那位鼓吹“时间四方论”（time cube）的家伙[①]。它们犯的错误都是一样的，只是细节不同而已。

这些奇谈怪论的流行程度会因时因地发生变化，但是有些历史悠久的“经典”总是不断重出江湖。

好在我们早有准备。

---

① 此处应是指发明“时间四方论”的前电气工程师吉恩·雷。他提出了一套离奇的时空理论，认为实际上宇宙创造了四维时空，每天其实都包括4天。他的理论无疑也属于唯心主义的伪科学范畴。—— 译者注

第 45 章

《大骗局》的骗局

杰伊·诺韦拉如是说

混沌无序才是这个世界的真相。世界上不存在什么光照派，犹太人也没有靠垄断金融统治世界，外星人也不见得都是灰色皮肤。真相比我们想象的要糟糕得多——没有人能控制一切，整个世界仿佛群龙无首，乱作一团。

——阿兰·摩尔

“9·11”事件发生之日，也就是当你得知有飞机撞向世贸中心双塔的那一刻，你还记得你人在哪儿吗？如果你还记得，请你跳回去重读关于记忆的那一章吧。

我记得那是 2006 年，当时我看了一部电视纪录片——《大骗局》(*Loose Change*)，它属于整套“9·11”事件系列纪录片中的其中一集。该片宣称，所谓对世贸中心、五角大楼和美联航 93 号航班的恐怖袭击，其实都是美国政府自导自演的“伪旗行动”。它讲述了一个冗长的故事，告诉观众政府是如何步步为营，最终炮制出一个惊天大阴谋的。他们召集数千人通力协作，而在达到目的后，又让所有的人都三缄其口。

我曾经在纽约生活过，一次是上大学，一次是工作。即使后来我回到了康涅狄格州，住的地方离纽约也只有 70 英里远。我经常两地往返，走亲访友。纽约过去是我生活的地方，现在仍然是。因此，即便“9·11”之后又过了5年，只要想起当天的惨烈景象，我仍然会唏嘘不已。这部纪录片倒是提醒了我，我们必须严肃地看待这段可怕的经历，毕竟我如同亲临，感同身受。在“9·11”当天，和我关系最好的朋友失去了他的兄弟——一位消防员，当时他正冲向世贸中心的第二座塔楼。那天还有几个朋友不待消防队员赶到，就成功地逃离了世贸双塔。当美航77号航班撞向五角大楼时，那里也正好有个熟人在场。事后他告诉我，他听到飞机坠落时的巨大轰鸣声，整个大楼被撞得摇摇欲坠。好在他终于逃了出来，目睹了这一惨状。还有些朋友当时也住在纽约，他们给我讲述了“9·11”的详细情况。直到今天，一些细节仍然像噩梦一样在我脑海中浮现。后来一有机会接近世贸中心遗址，我马上就去了。我必须亲眼看一看。

一方面，我的朋友们亲身经历过“9·11”；另一方面，我自己绝不会听风就是雨，我会习惯性地去分辨哪些话是真的，哪些话是谎言。尽管如此，《大骗局》里面揭露的那些“事实”（或者说导演对这些“事实”的看法，这么说更切中要害）是否就是真相，我感觉不太好说。表面上看，影片确实历数了种种“9·11”发生前后的反常现象。我在观看的时候，有一阵子简直要对自己说：“见鬼，难道真是这样？”影片中的某些事实绝无伪造之虞，而且还有太多令我困惑的谜题有待揭开。观影过程中，我不禁义愤填膺，因为“9·11”依旧是我心底的伤疤。我感觉一定是美国政府把某件事情搞砸了，才让这场悲剧发生。与此同时，我对影片中的种种说法也产生了许多疑问（我觉得这才是重点）。

看完《大骗局》后不久，我们就录制了一期新的播客。我几乎等不及要和听众分享这部影片，并对之后的讨论满怀期待。在某种程度上，我挺愿意相信这是个阴谋。虽然有些不忍回忆这场让整个城市生灵涂炭的恐怖袭击，但如果能因此揭露被政府掩盖的大量事实，我认为还是值得的。节目最后，我戴上耳机，满怀期望地询问其他人对此事的看法。下列对话基本上还原了当时的场景：

杰伊：伙计们，你们谁看过《大骗局》？

佩里：那是什么？

杰伊：就是那部关于“9·11”的纪录片啊。

佩里：我当然知道《大骗局》了，我是怕你没看过！

史蒂夫[①]：杰伊，这部影片完全是胡说八道。

杰伊：那又怎么样。我从头到尾看了整部纪录片，我感觉里面有许多地方和人们的推测一致，还是挺有道理的。

佩里：史蒂夫，你能相信吗？这是我这辈子看过最烂的影片，我们这位朋友居然相信了，亏他还是自己人。

杰伊：伙计们，我只是说这部纪录片挺有意思的。我是说，其中某些说法听上去确实挺有道理。

史蒂夫：天哪！听着，杰伊，整部影片一开始就提出了它的结论，然后通过各种方法来试图证明这一结论。一切都是算计好的。一旦对它里面的说法较真起来，你会发现根本站不住脚。

佩里：要知道，这是个讲科学怀疑的节目哎！

史蒂夫：影片中的哪一点你认为最有说服力？

佩里：史蒂夫，他跟你可是亲兄弟。

杰伊：关于大楼钢架的那部分……

佩里：你瞧他都没有自己独立的见解……

史蒂夫：钢架无须熔化，只要变得没有之前那么坚固就会这样。

杰伊：是啊，但是大楼倒得这么快，恐怕……

佩里：完全是瞎说！杰伊，这全是编造出来的，就是为了骗骗你这种笨蛋。你们坐在那儿无所事事，就知道盯着电脑上的灯一闪一闪。史蒂夫，我看干脆把杰伊从节目当中踢出去得了，除非他哪天能明白过来。对，我说的是让他自己想明白。

还好我最终并没有被他们请出去。

但是，我却因此被佩里嘲笑了至少有一年之久。这家伙用一句话就可以让你灰头土脸。哪怕是开玩笑的话，他也会说得锋芒毕露。我活该被他嘲笑——他是对的。我参加的是一档科学怀疑论者主持的节目，自己为科学“打假”事业也已奔走多年。现在想来，我当时被个人情绪所左右，而且影片当中

① 史蒂夫即本书第一作者史蒂文·诺韦拉。——译者注

那些冠冕堂皇（实则片面）的说法也干扰了我的判断——至少是暂时的。一旦知道这部纪录片中列举的种种“事实”为何荒谬不堪，这其中的道理似乎一下子变得显而易见，让人啼笑皆非。这就好比看上去很神奇的魔术，如果揭穿了其表演手法，似乎也就不值一提了。

我怎么会上当的呢？当时我确实情绪激动，而且需要一个可供发泄的“活靶子”。于是，不管纪录片说什么，我都不加思考全盘照收，所以才会在不知不觉中犯下最基本的逻辑错误。

你们可别像我一样。如果能牢记下面几条，你们就不会受到错误信息的干扰，也不会被人为制造的场景所迷惑。有时候它们就是赤裸裸的谎言。当然，你的朋友再也不会因此嘲笑你一年了。

如果你听到的只是一家之言，还是谨慎为妙。如果没有人提出异议或者别的解释，我们很容易会片面地认同某个结论。大多数纪录片并不会全面客观地展现全部事实，这一点我们都清楚。而出于科学怀疑，我们就是要防止“偏听偏信”。这就好比在法庭上，如果只有一方拿得出证据，是不是很奇怪？他们会有意引导观众，让观众顺着他们既定的思路走，从而帮助他们得出特定的结论。这样的话，找出真相的另一面就成了我的职责。

过量的信息会让人无从核实。提供大量细节翔实的证据会显得极有说服力。但是从逻辑上来说，它就和“哪里有烟，哪里就一定在着火”一样荒唐——也许那里只是摆了一台能够产生烟雾的机器呢？如果没有可靠的信息加以对比，我们很容易会得出不正确的结论。像《大骗局》这种纪录片，往往会用肯定的语气描述一系列事实。如果你曾参加过传销或者分时度假[①]（time-share）的宣讲，你肯定会明白这一点。某人会喋喋不休地告诉你这样那样，反正你当时也无从验证。你根本来不及消化所听到的一切，到最后只能缴械投降，上了这条贼船。

对信息故意有所取舍很容易造成误判，偏偏很多人对这一点不够重视。单

① 分时度假原本是20世纪60年代在西方兴起的一种直销类的经营模式，本质上是为了能够解决度假设施的闲置问题，提高设施的使用效率。简单来说，顾客购买了酒店或度假村产业某个时段（通常为一个星期）的使用权，即可每年享受在此度假一个星期。该权利还可以被交换、转让、置换、继承，达到低成本在其他国家度假的目的。但是，由于它本质上是一种直销模式，如果操作不当，很有可能会演变成类似传销的骗局。——译者注

纯从数量上来说，《大骗局》可谓极具代表性。可以说，影片当中几乎每一例“证据”都恰好与导演想表达的思想完美契合。真相的另一面都被过滤掉了，而作为观众，我们是不会意识到这一点的。

例如，按照纪录片的说法，在杜勒斯国际机场担任空中交管的达尼埃尔·奥布赖恩曾经告诉美国广播公司，机场控制室的所有同事一致认为，77 号航班其实是一架军用飞机。这一说法显然与官方口径大相径庭，后者宣称被劫持的所有航班均为商务客机。但事实上，美国广播公司的完整说法是这样的：

> “机场雷达室里的交管人员经验都很丰富。从它当时的速度、机动性能以及转弯方式来看，我们大家都认为这是一架军用飞机。”奥布莱恩说，“波音 757 客机不可能这么飞，这太危险了。”

只因为这架波音 757 的飞行方式不像是民航客机，所以他们第一时间想到的是，这应该是一架军机。但是，飞机被恐怖分子劫持也能解释这种危险的飞行方式。

影片还宣称：“有人看见五角大楼的工作人员往外运一个大箱子，上面还罩着蓝色的防水布。为什么要搞得这么神秘？”

如果你对军方的灾害应急设备不太熟悉，这个场面的确看起来怪怪的。但实际上，蓝色防水布下面是一个大帐篷。阴谋论者对此借题发挥道：“从来没见过帐篷还能长成这样。”原因很简单，这些帐篷本来就不是住人的：它被用来搭建应急服务站，提供现场抢救之类的服务。它不是那种只能塞得下两三个人的小帐篷，而更像是可移动的小房子。由此可见，阴谋论者就喜欢利用人们的知识盲点，从而对不寻常的事件大肆渲染，这样他们就可以斥之为阴谋。

《大骗局》对“9·11”的看法完全是断章取义。影片让“9·11”前后发生的各类事件看上去相互没有关联，这完全是毫无根据的推测。从中我们可以明显看出，只需要不断发问，阴谋论者就能制造出一种似乎不可告人的氛围。他们不需要证明什么，只要让它看起来不太对劲就可以了。

为什么世贸大厦会以这样的方式倒塌呢？问题是，在这种情况下一座大楼该怎么倒塌，你又怎么能够知道呢？当飞机撞向五角大楼后，为何会留下那样的现场？（如果真是飞机撞的）现场应该是什么样子？为表面看来不同寻常的事件先随便找一个未经验证的解释，然后指出它们“本该”这样，却偏偏呈现出那样——谁都可以这么干。

自身的偏见也会影响你对客观事物的判断。确认性偏差无时无刻不在发生，任何需要大脑感知判断的情况，都会产生确认性偏差的问题。为了证实你自己的结论而刻意去寻找相关证据，最后的结果多半不会令你失望。所以，请各位记住，尽量多从否定的角度看待你自己的推测，优秀的科学家都是这么做的。

如果你大脑中积累了大量的思维偏差和偏见，你一定会觉得背后有“鬼”。对我来说，这是一个好不容易得来的教训：这个“鬼”包括确认性偏差、轻率的思维方式，以及泛滥成灾的阴谋论调。

第三部分
科学怀疑论与大众传媒

我们常说人类正处于一个“信息时代”。不过，人们很快就发现，与其说是“信息时代”，倒不如称之为“错误信息的时代”。

负能量信息，具有误导性的信息，带有偏差的信息，又或者是歪曲了真相的信息，它们一直都是人类文化的组成部分，这一点不可否认。现代科技让信息交互变得异常便捷，人们接触到的信息可谓五花八门，良莠不齐——有正面的，有负面的，也有中性的。

科学要想广为传播尤为困难，因为它需要传播者掌握相当多的专业背景知识，并花大量的时间去伪存真。在我们大力宣扬科学观念和批判性思维的这几年，人们对舆论的态度可谓爱恨交织。依靠媒体获得公众注意力是条捷径，但是媒体人似乎天生喜欢跟我们作对。我们不得不尽力抵制那些耸人听闻的报道，驳斥不加细辨的新闻，纠正戴着有色眼镜炮制的不实信息，甚至还要揭露彻头彻尾的骗人把戏。

为了理性、批判地看待各路消息，你需要评估其来源的质量和可靠程度，因为这是你获取信息的渠道。你需要熟悉新闻运作的通常模式，避开可能的陷阱，还要知道哪些迹象说明公布的信息未必可信。

在这一部分，我们将讨论在互联网、网络和社交媒体时代，如何看待在新闻媒体中面临的一些常见问题。同时，我们也会用几个有代表性的实例来说明，媒体是如何在宣传科学的道路上越走越偏的。

第 46 章
远离真相的信息

既然你问我报刊应该采取何种态度进行报道，为了给你一个最理想的答案，我就应该说：“只需要忠于事实真相，坚持正确的原则即可。”但是，我又担心如果真有这样的报纸，它恐怕卖不了几份。对新闻界采取压制态度固然能让整个国家变得一无是处，但如果对流言蜚语加以放任，其后果恐怕不比前者好多少——这不能不说是个令人扼腕的事实。

——托马斯·杰斐逊

我们会经常在《怀疑论者的宇宙指南》播客节目中谈及伪科学，并以此驳斥人们的种种无知举动。实际上，炮制“虚假新闻”（pseudojournalism）也应该被列为重要的批判对象。虚假新闻的形式多种多样，它可以是冒充事实的舆论，也可以是凭空想象的引述，连同报刊上的“软文”和赤裸裸的剽窃内容也包括在内。总而言之，任何公然背弃媒体道德，企图冒充事实真相的书面文字都可以称之为虚假新闻。

我们不难辨认哪类“假消息”危害会更大一些。它们往往话题沉重，来源可疑，或者打算推销点什么东西给读者。它们也许还会提醒你投谁的票。不过，许多误导性信息的形式相当隐蔽，不留神的话很难分辨。这已经成了一个普遍现象。

我们正生活在“后真相”[1]时代，这一观点自2016年开始流行。“后真相”也由此被牛津字典选为2016年的年度词汇。排名紧随其后的词汇就是“假消息”，它也是年度短语[2]的有力竞争者。“假消息”的存在是显而易见的。出于各种目的，有不少网站专门炮制虚构的信息和报道。

互联网就像是一个思想交锋的战场，这既是它的缺陷，也是它的特色。对一个开放的社会而言，这样做的好处是显而易见的——大家可以畅所欲言，彼此自由交换信息。在民主的前提下，人人可以自由发表意见，提出解决方案（如果有方案的话），就各种问题达成一致。

互联网的缺点在于，它也是欺诈、谎言、误导信息和操纵舆论的集散地。并非人人都能遵守规则，而且他们会给别人树立不讲规矩的坏榜样。这里所谓的对错是非也绝不是“非黑即白”那么简单。相反，人们的行为往往处于两极之间的某个位置，对于不同的议题，大多数人的位置也会出现摇摆。当然也有极端的情况：有些网站恪守新闻道德，用严谨的治学态度来筛选内容，而有些网站则正好相反，通篇都是谎言，要不就是别有用心的宣传，或者干脆就是为了博眼球或骗取点击量。

一直以来，我们都在共同致力于寻找应对之策，以解决这一混乱局面。在我看来，部分问题在于我们正在使用互联网来解决互联网的问题。因此，行为不端者可以劫持或“山寨”质量控制体系，并最终颠覆它们。比如，“假消息”这一概念本来是用于甄别消息来源是否可靠的。但是，它随即就被用于某些不可告人的目的，逐渐偏离了人们原来的设想。一个本身就造假的网站可以堂而皇之地说：“看，某某网站上的消息没一条是真的。”任何一方的拥趸都可以列举出一长串“造假”网站，而这些网站无非理念和他们有所不同罢了。这一概念成了攻击别人的武器，而不再是去伪存真的工具。

类似的情况屡见不鲜。“科学怀疑论”一词，甚至包括其批判性分析和揭露

① “后真相”是一种不正常的舆论状态。此前被西方媒体奉为最高原则的“客观”和“真相”已经没落，人们为了自身利益，无视客观事实（或者重新包装事实），盲目迎合受众的情绪与心理，使用非客观的表达方式强化某种特定观点，甚至攻击和抹黑对手，以换取更高的曝光率。——译者注

② “后真相”是一个单词，而“假新闻”是两个词汇组成的短语，故作者说它竞争的是年度短语。——译者注

真相的模式，都会被那些反科学的人所操控。他们打着科学怀疑论的旗号，其实是给我们脸上抹黑，也很容易让不知情者感到疑惑。

各种消息来源的特征

对于混乱的现实，我们总有一种想要简单归类的愿望，但是往往事与愿违。我们试图分类的任何东西都有会有一些特征处于某个连续体中（即该特征属于连续变量而非二分变量），并且可能这些特征同时处于多个不同的连续体中。这就产生了三类思维陷阱——非黑即白、连续体谬误和划界问题（读者可以在本书关于逻辑谬误的第 10 章及讨论伪科学的第 22 章找到相关内容）。

那么究竟该如何区分“真”消息和“假”消息呢？因为二者之间并非总是泾渭分明，我们不得不经常借助模糊的界限和有局限性的定义。比如，假消息本身有不少特征，包括对资讯来源缺少审核，未对事实做进一步确认等。这类特征越明显，消息的虚假性就越高。如果超过了某一个模糊的界限（划界问题又出现了），我们就有理由将其斥为“虚假消息”。

某些显著的单一特征也有助于我们看清事实。以科研刊物为例：刊物质量固然有高低之分，但有些刊物居然连同行评议也没有，或者对来稿不加筛选，一概照收。某些刊物的确配得上“虚假”二字，或者称得上“蹩脚”。它们的主要目的就是捞钱，而不是为了弘扬科学。换句话说，有时候消息来源存在非黑即白的质量差异，这对我们判定真假很有帮助。

明白了这些，我们下一步来讨论那些存在争议的假消息。显然，简单的二分法（消息非真即伪）是无法对应所有场景的。首先，你需要了解消息来源有哪几种类型。

老派媒体。这些机构自诩为真正的新闻媒体，它们似乎对某种新闻工作标准非常坚持。《纽约时报》和《芝加哥论坛报》就是如此。它们的目标就是报道新闻，因此至少会遵循古老的工作传统。这类媒体的口碑跨度也很大——有些堪称伟大，有些糟糕透顶。评价它们的标准主要是新闻质量。

有倾向性（或受到意识形态左右）的媒体。它们保留了传统老派媒体的形式，但字里行间却透露着明显的歧视，或有明显的意识形态倾向。作为一种评价维度，这种倾向性与新闻质量共同构成了一个直角坐标系（即所有新闻都可以根据这两个评价维度找到自己的位置）。其实，我们倒不妨认为所有的新闻报道都多少带有某种程度的偏见：新闻机构都是靠人去完成报道的，而只要是人，就无法做到百分之百的客观公正。

有些新闻机构实属异类，它们真心实意想做到观点中立，或至少能够找到平衡点。它们可能会倾向于某个政治理念，但至少会努力审视自己的偏见。

也有些新闻机构从不避讳自己的政治偏向，但它们会尽力保证其新闻的高质量，不做太出格的报道。无论属于自由派还是保守派，首先他们都是新闻工作者。

上面这一类媒体人士再往极端发展就是那些将政治倾向凌驾于新闻质量之上的媒体。他们毫不讳言自己的报道经过事先筛选，而报道本身也会站在他们指定的政治立场。有时候他们似乎不再是真正的新闻工作者。他们不是在客观报道新闻，而是在兜售他们称之为新闻的“观念”。

观点发源地。也有些网站、期刊和通信简报根本不是新闻（也用不着装扮成新闻媒体）。它们只是提供一个供人们各抒己见的空间，但是这个空间对于意识形态、政治、宗教、哲学或社会学方面的话题有明显的倾向性。它们并不避讳自己的倾向性，因为他们的目的就是宣传这种倾向性。

讽刺性媒体。《洋葱新闻》是讽刺新闻媒体的典型代表。它们报道的内容根本不是新闻，而是纯粹的娱乐段子。它们从不向读者隐瞒自己的戏谑态度，字里行间满是各种嘲讽和幽默。尽管如此，有时候作者的幽默讽刺非常隐晦，于是《洋葱新闻》的段子居然成了竞相传阅的新闻，仿佛它们确有其事。各国首脑和政府都曾把它上面的段子当作严肃的新闻来讲，这种搞笑场景屡见不鲜。

讽刺新闻也有质量好坏之分。有些网站的内容平淡无奇。假如去掉其中的幽默元素，它们很容易混同于真正的新闻媒体（或者假扮成新闻媒体的机构）。换句话说，人们很难界定何谓质量低劣的讽刺新闻，何谓虚假新闻。

虚假信息。假消息都是发布者编造出来的，他们从不遵循媒体发布新闻应有的惯例，也从不对其消息质量进行把控。他们用严肃新闻的口气发布臆想出来的各种信息，就如同创作小说一般。为了提高点击率，他们还会对内容粉饰一番。不为别的，只为了文章能引起读者的情感共鸣，这样才能引来更多的人。有时他们会左右读者的政治“情绪”。为了洗白自己，他们会给自己的文章贴上

“讽刺新闻”的标签，但这些文章明摆着不是靠幽默文笔来揭露社会或人性的另一面的。

社交媒体

通过社交媒体的推波助澜，文章往往会被转载多次，不仅其来源不可考，它也脱离了原有的语境，在传播过程中独立成篇。无论属于上述哪一类消息，也不管完成质量、作者诚意和观点偏见有多大差异，所有的信息都被倾倒在一处，混在一起。假如哪篇文章引起了你的兴趣，你得自己去找到它的出处，并自行评估其真假和质量。大多数人都只读一个标题，最多加上后附的简介，根本没有时间和意愿去深入调查。

有些网站会为你汇集新闻，但是这等于又为判别新闻质量增加了一重难度。不过有个简单的办法，你只要好好研究一下这些到处搜罗信息的网站，其中总有一个相对可靠——至少能够过滤掉虚假的、明显有倾向性的或者质量低劣的消息。

最后，你感兴趣的任何消息都必须确认其来源，并且需要在多个不同的消息来源中进行比对，以尽可能消除其立场偏差。任何未经核实的消息都不要转发或扩散，这也是社交媒体的良好素养之一。如果没时间去调查核实，那就放着吧。有一点是不言而喻的：如果对其来源不清楚，无法判定事实真相，就别当它是可靠消息而到处转发。

当然，媒体之间有多大差异，个人之间的差异也就有多大。人们自己也会写博客，也拥有自己的脸书主页。因此，在消息流转的过程中，人们在不同时段会扮演不同的角色——时而筛选，时而转发，时而撰写。人人都同时身兼数职，可以采访撰稿，可以搜集整理，可以监督管理，当然也可以传阅分享。

解决这些问题可没那么简单。即便这些问题有时存在有利的一面，但是总体仍然造成了更多的混乱。对个人而言，最佳的解决之道当属在阅读这些信息时保持清醒的头脑，并批判地看待一切。

回音室效应

谈到虚假信息，就不能不提到“回音室效应”。道理很简单：我们总是乐于听到与自身世界观和理念相一致的意见。它比一般的确认性偏差走得更远——除了用事实来证明自己的观点，来自四面八方的信息也应该（甚至必须）助我们一臂之力。

也许人们对此已经习以为常，但是互联网和社交媒体无疑起到了推波助澜的作用，甚至让其成为信息传播的“标配”。我们此前提到过一些网站，它们只是搜集信息，或者筛选后呈现信息。尽管这样做方便了读者，但也等于大权旁落他人。一方面信息量不可胜数，另一方面人们对它们的解读却不尽相同。如果你接触到的所有信息和观点都经过精心挑选，全部符合某个特定的思想理念，那么你对真相的看法会在很大程度上受其左右。

尽管未必是有意为之，但出于满足用户需求的愿望，部分社交媒体就是这样做的。假如你点开了一条新闻，媒体就会主动奉上与该新闻相关的文章和视频。也许你自己都没有意识到，你看世界的视角会是如此单一乏味。

也有些网站只围绕一个主题，比如讨论某个特定的阴谋论或者反疫苗的主张。这些“洗脑”网站让观点相近的人能够聚在一起畅所欲言，不必担心受到异见者的嘲弄或攻击。这看起来没什么大不了，但实际上，它等于扼杀了人们接触到不同事实和观点的机会。假如有人胆敢发表不同意见，反对用户一致认同的基本观点，他会被认为是故意挑事，很可能因此遭到封杀。正因为有这样的机制，整个用户群的思想就能够相对容易地保持纯洁。

伪草根运动

在 2015 年的一次 TEDx[①] 演讲活动中，谢里尔·阿特基森谈及了“伪草根运动”（astroturfing）的问题。可她不曾想到的是，她的此番言论居然也会被视作帮助伪草根运动站台的行为。

伪草根运动的实质是弄虚作假以扰乱民意。相关公司和特殊利益集团打着非营利的旗号，在脸书主页发布信息，在社交媒体制造代言人，给编辑部发信

---

① TED（technology、entertainment、design 的缩写，即技术、娱乐、设计）是美国的一家私有非营利机构，以它组织的 TED 演讲大会著称，其宗旨是“传播一切值得传播的创意”。TEDx 是 TED 的衍生项目，旨在让本地人能够就某个话题开展类似 TED 的演讲和分享。x 表示独立组织的活动。—— 译者注

函，利用社交和传统媒体给人们造成错觉，即草根民众似乎都一边倒地支持某个意见。伪草根运动成功的关键，在于不能让人知道谁是民意背后的主谋。

阿特基森是 CBS（美国哥伦比亚广播公司）新闻部的记者。在演讲中，她举了几个例子，用来说明制药公司如何悄无声息地推广产品，同时拼命压制反对的声音。她正确指出了这种舆论运动是如何发挥作用的，那就是不断发酵的质疑和困惑最终会导致巨大的争议，以至于公众对该项科学研究失去了信心（事实上是对科学本身失去了信心），于是把婴儿连同洗澡水一起泼了出去，干脆放弃寻求真相。

但是，有些地方阿特基森完全说错了，她自己也在不知不觉中沦为伪草根运动的帮凶。她举过一个例子，说某医药公司试图隐瞒疫苗与自闭症之间确有关联的证据，因此炮制了假的研究报告，并且伪造舆论。她认为这家公司在搞伪草根运动。作为知名媒体 CBS 的记者，她这么说的确让人惊讶。不过，考虑到阿特基森许多年来一直反对疫苗注射，这一切便显得顺理成章了。她隐瞒了自己的真实意图，像一个真正的新闻记者那样开展报道，但是实际上却是在“说教”。

这表明，一旦你质疑有些信息受到偏见、伪草根运动、否定主义或伪科学的影响，那么你更容易通过自己的偏好来看待现实。同一个事件，有人认为是伪草根运动，有人却认为是理性质疑。这有点像电影《盗梦空间》——一旦你不再相信眼见为实，就很难搞清楚自己在梦境里陷得有多深。

这就是为什么那些试图向公众传播有争议的科学的科学家和怀疑论者经常被打上“托儿”的标签（人们下意识地指责他们为某个行业站台，以此来驳斥他们的科学观点）。现在，在脸书、博客和其他社交媒体上，如果去数一数某个争议话题帖子下面的评论数，你就会发现人们在指责别人是“托儿”之前，其实没有几条评论。

假如你自己反对疫苗，你的看法可能是：任何科学家或“公知”如果发表言论赞成注射疫苗，或者对反疫苗运动所鼓吹的错误信息予以坚决反对，那么他们自己肯定是“托儿”，实际上这就是在搞伪草根运动。而如果真有针对该争议问题的伪草根运动，那么上述指控就越发显得理直气壮。同理，不上台面的小阴谋诡计，一旦到了阴谋论者手里，就会被发挥成异乎寻常的惊天大阴谋。

在演讲的结尾部分，阿特基森就如何辨认伪草根运动提出了她自己的建议。

她进一步解释说，像“江湖医生”“怪咖”“伪科学家”“阴谋论”等词汇都是伪草根运动的警报信号，因为这些词语往往是在质疑那些敢于挑战权威的人。她的这番鉴别措施未免太过粗略，简直是要对科学怀疑论全盘加以否定。也许她是有意这么说的。她的反疫苗观点遭到过批评，但现在她有了貌似合适的借口，能够漠视所有针对她的指责——她正是所谓伪草根运动的受害者。

对一位新闻工作者来说，走到这一步实在令人失望。调查记者应该知道，故事往往不是表面上看起来的那样，正反两方面的可能性都有。

作为个人来说，要完全不受伪草根运动的影响绝不是一件容易的事。要做到这一点，你就得深入挖掘事实。不过，首先你必须明白，阿特基森对这个问题的态度是“非黑即白”：要么舆论是真的，要么是通过手段伪造的。这样说不准确。实际上可能性有三种：真正的科学、伪草根运动和伪科学。只有加上第三种可能性，你才能对问题的争议有足够深入的了解，知道哪一方的证据和观点更加充实。

虽然我们不能想当然地认为每个伪草根运动都像表面上看起来的那样，但是你也不应该随意指责别人是伪草根运动的参与者或者“托儿”。早在 20 世纪 60 年代，社会上就曾经掀起过一股提倡科学怀疑论的浪潮，到如今许多组织已经成立好几年，甚至是几十年。其领导者的背景都非常公开透明。比如，只要稍做调查就会发现我是一个身份真实而且有学术职称的人。几十年来，我一直致力于宣扬科学和批判性的思维方式。对别人来说，搞清楚这些再简单不过。此外，也没有哪怕一丁点证据能证明，我会给别人当“托儿”。指责我当“托儿”的人都是信口开河，完全是一种条件反射式的行为，因为这样说对他们有利（也可能是蓄意而为，因为他们不在乎真相是什么，只在乎立场是否站得稳）。

对每个人而言，对任何话题都保持高度敏感的批判性思维和科学怀疑态度，才是这个问题的最佳答案。要做到这一点尽管不太容易，但很有必要。当然，阿特基森和其他人也许会辩称，本书作者才是打算用伪草根运动的手段来欲盖弥彰，并对那些试图曝光伪草根运动的人大加鞭挞。你可以随时找到借口——“看，梦境又深了一层”。

第 47 章
岂能如此平衡

在科学意义上，“事实”只能表示那些“已经确凿到人们至少会暂且予以认可”的发现。我认为苹果明天可能不再落地，而是会向上飞去，但是这种可能性不值得在物理课上花同样的时间进行探讨。

——史蒂芬·杰伊·古尔德

我曾在无数纪录片里面接受采访，并积极为科学怀疑论发表演讲。在一期讨论“恶魔附身”的节目中，我注意到制片人给了某些人大量的镜头，而这些人在我看来都是让人害怕的疯子。他们声称产生精神问题的常见原因就是被恶魔给“附体”了，因此必须用驱魔手段才能治好。我告诉观众这是一派胡言，只会造成负面的影响，并耐心地加以解释，奉劝他们多关注科学。制片人的意思是，双方的观点都必须得以展现，最终由观众自行选择接受哪一方。他们还认为，如果真有人相信恶魔附体这一说，那么就是他没有分辨是非的能力，上当受骗也在所难免。这是所谓虚假平衡（false balance）的鲜活案例（之一）。

虚假平衡的出发点可以说毫无恶意——实际上，这么做也是出于实用性和道德标准的考量。在“公正、平衡”的口号沦为传媒界的笑柄之前，搞中立并非毫无意义。新闻报道必须对内容负责，使之符合相当的道德标准，这一点和科学并无二致。只不过对新闻媒体来说，它们应该负责的对象是读者，而不是新闻的提供方。新闻自由的目标就是向公众提供资讯，报道他们身边的最新消息，告知人们政府的动态，以及发挥诸如此类的作用。为了尽可能减少主观论调（让报道反映记者本人的主观意见和态度），人们往往要求媒体必须客观公正，一碗水端平。

如果有两个人在光天化日之下打架，而负责报道的记者只引用其中一个人单方面的说辞，那一定会被认为有失偏颇。如果报道尽是些小道消息或者未经证实的说法，那么它不要说公平，连公正也算不上。我们通常都认为，一篇好的新闻报道要包含各方的说法和意见，并且报道提及的事实必须经过验证。政治类新闻尤其要注意这一点，因为围绕一个话题通常会有两种以上的不同意见。政治本身就是各方意见和价值判断的集合。

科学则不然，和科学有关的事实都需要验证。科学家可能会围绕某个主题发表各种各样的意见，但它们的重要性却大不一样。对于大多数科学话题来说，有关证据和共识并不是平均分布，它们往往倾向于一种学派而不是其他学派。

关于气候变化的报道就是一个例子。打个比方，某份经同行评议的期刊发表了一项新的研究成果，称去年是有记载以来最热的年份。某电视台新闻节目打算报道此事，但是编辑却犯了难：是否只邀请研究发布者本人参加节目录制，并向观众讲解为何气候变化是个大问题，以及如何缓解其可能导致的严重后果？这当然是一种合理的做法，因为它将为节目的观众提供公正的、基于证据的信息。另一种做法是制片人应该邀请研究人员到场，但同时又让一位怀疑气候变化论真伪的人士（其实还不如说他“否认”气候变化）坐在他对面，让双方来一个关于全球变暖到底是否存在的直播辩论。这样做倒是双方都照顾到了，可是结果并不一定“公正”，也不见得能得出准确的科学结论。

很可惜，那些专业搞新闻采访的机构就是喜欢这么做，而且乐此不疲。他们掉进了“虚假平衡”的陷阱，对同一件事的正反两面都予以同样力度的报道，却忘了其中有一方的说法根本不足为信。珍妮·麦卡锡曾经在节目中与来自疾控中心的专家正面交锋[①]，而肯·汉姆在节目中与比尔·奈激烈争论进化论的对

---

① 好莱坞模特珍妮·麦卡锡似乎反对疫苗接种。她的儿子患有自闭症，而她认为正是儿子小时候接种了疫苗才导致他患病。她曾经在节目中与健康专家有过激烈的争执。——译者注

错[①]。当时电视台有意给了双方同样多的时间。

如果一位重要的公众人物发表了有违事实的观点，确实应该刊登出来，因为这是新闻报道的职责。但是这种报道也要有语境。在报道的同时，也要有事实核查和提出相反的证据，来说明这个观点的失实之处。这么做也是为了对人负责，确保公正公平。但是如果迪帕克·乔普拉与肖恩·卡罗尔或布赖恩·格林（Brain Greene）坐在一起时，意味着这档节目已经被“虚假平衡”到不像话了。

如前所述，因人类活动造成的气候变化是板上钉钉的事实。调查结果显示，绝大多数科学家都同意这一说法，并认为气候变化造成的后果多半不堪设想。因此，在每周播出的搞笑综艺节目《上周今夜秀》中，主持人约翰·奥利弗一口气邀请了 97 位气象专家上台，“围攻”某个持不同意见的人。果不其然，辩论过程笑料（状况）百出，效果十足。

今后还会有更多进展。2014 年，英国广播公司专门就科技报道行业发布了一份进展报告，要求记者们不要在怪咖或者反对科学的人身上浪费时间，以免在报道中体现不必要的“平衡”。会不会有更多新闻机构采取这样的做法，让我们拭目以待。

---

① 比尔·奈是著名的科学节目主持人，而肯·汉姆则是知名的神创论者。这场著名的辩论就在后者的博物馆里举行，主题是“神创论是否可以作为当代科学研究的万物起源理论”。—— 译者注

第 48 章 科学无戏言

无知者自然容易相信一些无中生有的东西。为了改变这一现象，光向他们展示事实是不够的。对于弄虚作假，我们就是要坚决曝光，并且毫不留情地批判。

—— 亨利・路易斯・门肯

完美地报道科学新闻可不是件容易的事。从某种程度上说，科学和媒体本身就很难调和。科学一直以来都反对急躁和冒进，对观点的态度相对保守，绝不轻易认可任何新的发现（至少理应如此）。与之相反的是新闻媒体，他们总是希望能采访到爆炸性的新闻，故事越新鲜越好，也不用很复杂。差劲的科学报道，听上去就不像是在讲科学道理，而更像是在采访自我激励大师："如果你能做到……你就会得到幸福"。我知道，记者们通常没有机会自己拟定头条标题，所以在科学怀疑论者建造的"地狱"里，专门有一处是留给标题党的，这些人要经受一对孪生魔鬼的折磨，它们分别是肆意炒作和耸人听闻。

平心而论，我们都并非不食人间烟火。收视率和点击率对搞宣传的人来说就是生存底线，这一点我再清楚不过。我自己很早就在脸书上开设主页宣传科学（名字就叫"怀疑论者的宇宙指南"），每天更新 6～8 篇科技报道或与科学怀疑论有关的新闻，我经常调整写作手法，而且能直接观察每篇文章有多少阅读量。

有一点非常清楚：文章的点击和点赞量有多少，与某些发文因素有直接关系。比如文章主题能引起多大争议，或者能引发多少人的情感共鸣；公布的新闻有多么振奋人心；文章的标题有多大的“诱惑性”；传递的信息是否简单直接，以及是否有任何形式的模仿之嫌。

最受欢迎的是带梗的图片（meme）[①]——一张趣图配上一个直指人心的观点。信息图表（infographic）也很受欢迎，列表清单也是。这些都是为了让信息化整为零，从而更容易消化，以适应这个生活节奏越来越快的世界。媒体若想博取更多眼球，同样也得如此。

别担心，我是不会向黑暗势力屈服的——我的激光剑还泛着仿佛来自极地的蓝光[②]。我在脸书上开设主页并非为了获取名气，而是为了宣传科学，鼓励人们批判性地思考。我还发现，通向成功也有另一条道路，但它需要付出大量严谨认真的努力。

把科技新闻讲得生动有趣，有理有据，读后令人不舍，同时又无损于科学或科学怀疑论本身的严肃性，这并非完全不可能，但是很不容易。科学本身就精彩绝伦，这一点无可否认。在保持科学视角的同时，你依然可以让读者感到兴致盎然。

举个例子吧。2016 年，有报道说科学家可能发现了第九大行星。太阳系家族终于又添了新丁，并且质量是地球的 10 倍——还有什么消息比这更让人振奋呢？不过，这一消息尚未得到证实。这只是人们根据柯伊伯带已知天体的引力效应，用计算机模拟出的一个模型。虽然这则新闻有复杂的背景，但是宣布“可能存在太阳系第九大行星”不失为一个既精彩又准确的标题，而且很快就在社交媒体上风靡一时。对于那些想要吸引点击的新闻机构来说，真正的挑战来自那些没有重大新闻的日子，或者只有那些晦涩难懂又不靠谱的消息的日子。

每天科学领域都会有人取得令人振奋的突破，可是为什么当代科技类新闻

---

① meme 一词的创造者将其定义为“在诸如语言、观念、信仰、行为方式等的传递过程中与基因在生物进化过程中所起的作用相类似的那个东西”。现在多用于指代互联网上快速病毒式传播爆发的文化现象。meme 的载体和体裁形式多样，可以是一句话、一张图片、一段旋律、一个行为甚至一个词。英语中 meme 也做名词使用，通常指具有某种梗的图片。——校译者注

② 在《星球大战》等科幻电影中，天行者卢克等正面人物手持蓝色的激光剑，即代表其是正义一方，“西斯武士”等手持红色激光剑，暗示其为反派。作者用此比喻，象征着他不会屈服于黑暗。—— 译者注

报道的水准却普遍偏低呢？我认为部分原因在于，按照定义来说，大多数新闻报道都是平庸的，只要报道消息就够了。尽管如此，一个专业仍然可以保持高水平的质量，而且我们也乐见科学报道有更高的标准。

问题在于，记者们往往习惯于这么发问："它的重要性在哪儿？为什么我们要重视它？"因此他们在报道科学进展时，也常常落入俗套。比如，他们会写道细胞研究的每一步基本进展似乎都有助于将来有一天攻克癌症，关于病毒的每一点新知都可能会治愈感冒，关于特异材料[①]（metamaterial）的任何进展仿佛都足以让隐身斗篷成为现实。如果听上去让人疑惑，那就干脆用经典科幻片中的科技，或者在必要时用超级英雄的超能力来打比方。于是在读者们看来，物理学家似乎整天都忙于牵引光束[②]、传送门和曲速引擎之类的研究。

有时候，某项科学发现之所以让人感兴趣只是因为它是新发现，并非因为它有可能直接引发更多的技术进步。

近年来，社交媒体的涌现对传统媒体造成了剧烈冲击，这也给新闻业的基本规则带来重大挑战。如今很少有媒体会雇用具有专业背景的专家型人才，比如那些训练有素的科技新闻工作者。它们更愿意找普通记者来负责科技领域的报道，而后台的编辑们也需要什么都懂一点。其实这样做的结果会很糟糕，因为他们自身的知识结构不足以解释清楚某些复杂的科技问题。

不过，科技报道真的如此不堪吗，还是确认性偏差在作祟？2008 年，来自明尼苏达大学新闻与大众传播学院的加里·施维策公布了一份分析报告。报告总结分析了过去两年内报道的 500 条医疗健康类新闻，并得出结论如下：

> 我们对过去 22 个月所报道的 500 条医疗健康类新闻做了一番评估。其中，62% 至 77% 的新闻在报道医疗保健产品及疗法时，未能充分说明其成本、副作

---

① 特异材料指自然界不存在的具有某些超常物理性质的人工合成材料。进入 21 世纪以来，人们通过对材料物理性质的深入理解和精密设计，可以在不违背物理规律的前提下，改变物质在微观层面的几何结构和大小，从而获得这类具有广泛应用前景的材料。气凝胶、仿生塑料等都属于这类材料。——译者注

② 《星际迷航》首次引入了牵引光束这一概念，即通过技术手段远距离移动物体。下文的"传送门"（联结时空通道，让人们自由进行时空旅行的装置）和"曲速引擎"（让飞船得以超光速飞行，同时避免时空膨胀等问题）也都是类似科幻作品中经常提到的科学概念。——译者注

用和益处，也没有充分展示其证据效力如何，以及是否还存在其他选项。如此多的报道内容欠翔实，那么美国消费者从新闻媒体上得知的健康信息究竟有多少可信度，实在值得怀疑。

由此可见，大约三分之二的健康类新闻（这些都来自最顶尖的媒体）其实大有问题。我认为，全美医药健康类新闻报道的水准低下是个系统问题，绝非一朝一夕之功。其他国家的情况也类似。我有理由相信，整个科技新闻报道行业都普遍存在水准不高的情况，并不单单医疗健康领域如此。

我们习惯于把粗劣的科技新闻报道归咎于记者，但是科学信息被过分炒作，成了哗众取宠的新闻，记者绝非唯一的始作俑者。一项于 2012 年公布的医疗类新闻报道研究结果显示，科学家自己撰写文章摘要时，约有 41% 会带有某些暗示性的口吻。带有倾向性口吻的文章会让相关新闻稿也带有一定的引导性，并让新闻有炒作之嫌。因此，在大多数情况下，科学家自己或者原始的新闻稿才是不实消息的罪魁祸首。

我对其中的每一个步骤都很熟悉，也亲历过这一切。为了提高科技报道的质量，每一道环节上的人们都应该参与进来，并且做好沟通工作。例如，在与媒体记者和公众打交道时，科学家也需要接受更多专业训练。

最糟糕的情况是，记者或电视节目制片人已经提前把“剧本”都写好了。故事该如何讲述完全由他们决定（总之必须叫座），剩下的只是对专家的采访。他们会把专家的话断章取义，拼接到早已准备好的内容当中去。有时我不得不费点心思，试图搞清楚原来的“剧本”是什么，并且看看能否对此提出质疑，必要时能对它做一点改变。这可不是一件容易的事。如果不这样做，我自己的话也会被断章取义，让报道听上去愈加耸人听闻。

在某些情况下，记者会问一些引导性非常强的问题，越俎代庖地替专家们说话。科学家必须注意这一点，千万别上当。哪怕谈话内容本身挺正常，记者们也会试图走煽情路线。遇到这种情况时，你得纠正说：“不，这么说不够确切。让我换个说法吧……”接着，你就可以简短叙述你的想法，供对方参考引用。如果你对着记者长篇大论，他们反而会忽略你要表达的要点。

怎样才算合格的科技报道

在阅读科技新闻报道时，除了抱有正常的理性批判思维外，还有几点需要牢牢记住。

这篇报道是谁写的，又是在哪家媒体发布的？作者是一贯致力于报道科技新闻的行家，还是上个礼拜刚刚报道过一场“名犬大赛”的娱记？这家媒体究竟是依靠出色的文字功底，还是靠哗宠取宠的标题？它只是发布给媒体的新闻稿吗？现如今，把科技快讯汇总起来，七拼八凑搞成一篇新闻报道实在太容易了，而且往往既无正规的编辑流程，也不会对内容进行核实。

眼下这篇报道是否仅仅抓住某个微不足道的研究推论不放，而且通篇都在讨论它呢？科学家做研究，往往会在结束时对今后的研究方向点评一番，或者预测一下该研究的重要意义。记者往往会把这番评论当作研究结论直接公布出来。因此，你最好多问一句：“这些研究数据究竟说明了什么？”如果你发现自己对这个问题的答案仍然感到疑惑，那说明报道中可能遗漏了一些内容。

记者是否将科技新闻与其背景联系在一起？这是主流的意见，还是小众的观点？该项研究的效力如何？是否存在其他类似的研究，却得出了不同的结论？研究结论是否改变了人们对该领域的认知？别人是怎么评论研究结果的？他们是否向那些未参与此项研究的专家了解过整个科学界对此的看法，还是干脆让研究人员自卖自夸？科学领域中的每件事或每项研究都不是孤立存在的，它们都是一个不断展开的复杂过程的一部分。媒体应当报道整个过程，而不仅仅是其中某个研究实验，否则会让人误以为光靠一项实验就能得出整个结论。

报道是否有意夸大了人们此前的知识空白，或者该项研究的意义（比如“我们原本对此一无所知，好在这一长期困扰人类的谜题如今终于被解开了”）？或者，它是否用夸张的笔法，描述某项科学发现是如何前无古人，如何神奇莫测？——“连科学家都大惑不解！”另外，按照之前所说的，报道是否有“虚假平衡”之嫌，或者能否公正地反映科学家的一致看法？

要想准确判断科技报道是否合格，恐怕还是要花点时间和精力。如果你有可信的消息来源固然是件好事儿。但是如果你真的关注科学，你也可以回溯到最原始的信息源头，亲自发掘真相。至少，绝不能新闻上说什么，我们就信什么。

优秀的科技报道固然不是没有，但总体来说，我们对报道质量的把控还是不够，报道背后的动机也未必单纯。整个新闻系统都在鼓励煽情的报道和惊悚的标题（至少短期来看是这样的）。唯有真正重视报道质量，才能规避这些短线操作，达到更为长远的目标。

目前恐怕也很难有真正解决这类顽疾的办法。不过，读者越挑剔质量，报道就越不容易向投机妥协。对高品质报道的要求其实也取决于媒体自身的操守。至于通过社交媒体来传播高质量科技新闻报道的专栏博主们，我衷心希望他们能够带动全社会的科技报道水平更上一层楼。

第 49 章
矩阵背后的真相

对媒体而言，能够让读者对科学产生误解的途径有很多：可以有倾向性地筛选证据，或者干脆篡改统计数据；也可以无视权威发布的客观数据，代之以狂热和煽情。

——本·戈尔达克

这是某期《星期日镜报》（*Sunday Mirror*）的大标题："科学家发明矩阵式技术，可将信息直接输入大脑！"这是我所见过的最糟糕的科技报道之一。《探索新闻》（*Discovery News*）也不甘示弱，以"'下载'飞行员的脑电波，菜鸟也能开飞机！"为标题。其他媒体也纷纷跟进，报道说科学家已经弄清楚将信息"上传"至大脑的原理，从而能够让人类在几秒钟之内学会任何东西。

读到这些标题的时候，我唯一能确信的是——这些都是胡扯。尽管脑－机交互技术（brain-machine interface）的发展势头非常迅猛，但要做到能从大脑"下载"或"上传"信息，似乎还遥遥无期。可是根据媒体的报道，飞行员的脑部电波活动被记录下来后，随即被激活至受试者的大脑内。报道还说，这样做能够提升 33% 的学习效率。

真相到底是什么

该研究项目名为"经颅直流电刺激对飞行训练中大脑神经元活动及学习能

力的调节作用”。

项目共召集了31名志愿者，分为四组。让第一组人大脑的背外侧前额叶（dorsolateral prefrontal cortex）接受经颅直流电的刺激，而第二组则在相同区域接受虚拟电击。虚拟电击会让人感觉仿佛受到外界刺激，但这种刺激不会传导到大脑。第三组则接受经颅直流电刺激其初级运动皮层（primary motor cortex），第四组则在同样的区域接受虚拟电击。

在此前的实验中，人们发现刺激背外侧前额叶能够增强大脑的工作记忆。该发现至今仍有争议，但实验本身还是很有意义的。刺激初级运动皮质意味着能够让运动技能得到增强，尽管此前的实验并未很好地证实这一点。31名受试者被安排在飞行模拟器上接受训练，研究人员则在一旁跟踪记录他们的学习表现。研究人员想搞明白，以上两种刺激手段是否都能对学习如何驾驶飞机有所帮助，毕竟此前他们从未接触过这一行，驾驶飞机本身也属于非常复杂的任务。

刺激背外侧前额叶后的对照实验结果如下：

> 对背外侧前额叶实施真正的刺激和虚拟电击，两组人员的受训表现从头到尾均无显著不同……两组人员达到2-/3-back（受试者所学任务完成精度的衡量指标）的平均试飞时间也无明显差异。另外从统计数据上来说，达到该熟练程度前的练习次数与在该标准下熟练驾驶的时间在两组间也相差无几。无论就线上、线下还是两者总的学习效率而言，两组人员也并未表现出明显差距。

两组人员真正的差异在于，接受真实刺激的一组人员，其学习效率的变化幅度较之接受虚拟刺激的那一组要低33%。这就是说，尽管总体而言，两组的平均成绩没什么差别，但前者的表现更为稳定一些。针对初级运动皮质的对照实验也得到了类似的结果——从数据上看，两组总体上的学习能力并无显著差异，甚至这次连稳定性也相差不多。研究人员还对学习期间的大脑活动做了多维度的测量，试图找出两组人员的差异。差异不是没有，但是和受试者的表现没有直接关系。

媒体误区 1：颠倒黑白

总体而言，这个研究的结果是阴性的。刺激任何一个上述大脑区域，都不会让受试者的学习表现有明显改善。唯一的影响是，对背外侧前额叶的刺激能够增强受试者学习过程的稳定性，但刺激初级运动皮质起不到这个作用。考虑到实验规模不大，观察的变量又很多，所以只有个别结论有统计学意义也不让人意外。这些结论带有偶然性，除非有人能大规模复制该实验，否则其结果很难说可靠。

比实验结果更让人无语的，是主流媒体对此事极端错误的报道——根本就没有从飞行员脑子里“下载”或抄录信息的说法。整个实验没有飞行员参与其中，这才是事实。另外，对大脑实施电击依照的是标准程序，并没有根据飞行员脑部活动的规律而有意调整过。这项研究的结果基本都是阴性的：与接受虚拟刺激的人员相比，接受真实刺激的学员并未表现出学习效率提升的迹象。媒体口中的 33% 的“提升”其实并非指学习效率，只是增加了稳定性而已。

媒体误区 2：照搬新闻稿

据我所知，这也许是科技报道最糟糕的案例之一。但就本案来说，美国休斯研究实验室（Hughes Research Laboratories，简称 HRL）[①] 提供的新闻原稿绝对难辞其咎（但这并不是说报道该新闻的记者就可以置身事外）。新闻稿是这么说的：

> 来自 HRL 信息与系统科学实验室的马修·菲利普斯博士及其研究团队，使用经颅直流电刺激的手段来帮助人们提升学习能力，更牢固地掌握技能。他介绍道：“我们监测了 6 位民航或军用飞机驾驶员的脑部活动模式，并将该模式传输给受试者（这些人对开飞机完全是外行）。受试人员当时正在通过真正的飞行模拟器学习驾驶飞机。”

我在研究报告上没找到他说的这句话，因此这段引用很可能是断章取义的

---

① HRL 位于美国加州，是休斯飞机公司（Hughes Aircraft）旗下的实验室，长期致力于对电子学、光学和系统工程方面的研究。——译者注

说法。但是他这么说的背景究竟是什么，我们也很难猜得到，因为它和研究本身似乎没有太大关系。

稿件还写道：

> 该实验结果发表于 2016 年 2 月的《人类神经科学前沿》(*Frontiers in Human Neuroscience*) 期刊上。结果表明，受试者戴上布满电极的头罩接受脑部电击后，其飞行驾驶能力的确得到了提升。

这个说法没错——但是实验对照组的情况同样如此。在稿件的其他地方，作者认为电击对学习过程只是起到“调节”作用，而不是“改善”作用。它所谓的调节只是使稳定性得到加强。不过，作者随后又直言不讳地写道：

> 尽管此前研究人员已经发现，经颅直流电刺激法不但可以帮助患者更快地从中风中恢复过来，也能够让一个正常人更具创造力，不过休斯研究实验室已率先证明，这种方法对于提升实用技能的学习速度也非常有效。

事实上，学习速度并没有得到提升。

于是我们的结论是：新闻稿只是新闻稿，不能代表实验结果。

依靠经颅直流电击法对脑部功能加以改变，应该说是一个很新颖的研究方向。这种方法说不定真的可以帮助治愈中风或其他因脑部损伤引起的症状，不过现在要断言还为时过早。

本文提到的实验规模很小，一共只有 31 个人参与，还被分为四个小组，其中研究者观察的变量也不少。很显然，这只是一个初步实验［有人也会将这种实验称为“探索性研究”(pilot study)①，但并不是新闻报道所说的飞行员研究］。它用来指导下一步实验还可以，但是其权威性和专业性还不足以让人们得出确定无疑的结论。

---

① pilot，有飞行员的意思，还有一个意思是“试验性的”，比如美剧的试播集被称为 pilot，而 pilot study 指的是探索性研究、预备试验或初步研究。作者这里的意思是媒体误会了 pilot study 在科研中的意思，望文生义。——校译者注

媒体对此的报道方式，其实也反映了科技新闻类报道存在的一个主要问题。新闻稿以及由此产生的报道与实验结果本身几乎八竿子都打不着。记者们仿佛受到伟大的《黑客帝国》[1]的启示，纷纷写出相关的各种细节。对他们来说，为了写好一篇科幻题材的"作品"，对诸多细节加以改动（必要时干脆凭空编造）再正常不过，完全不必大惊小怪。

① 《黑客帝国》，美国华纳电影公司出品的经典科幻片，讲述了看似平凡的网络生活其实都是被"矩阵"控制的虚拟世界，以及人类如何奋起反抗，试图脱离机器掌控的世界的故事。—— 译者注

第 50 章
包治百病的细菌

我们体内的微生物组至少包含 400 万个基因。它们对人类十分有益：它们会制造维生素，并且会在我们的五脏六腑中来回巡视，以防我们受到感染；它们对促成及增强我们的免疫系统也有贡献，还有助于我们消化食物。

—— 迈克尔・斯派克特

“益生菌能治哮喘！”“粪便移植能治精神分裂症！”“改善你的肠道菌群，就可以预防老年痴呆症[①]！”在谷歌上搜索“微生物组”(microbiome)这个词汇，你会得到一大堆文章链接。其中固然有经同行严格评议的研究成果，但除此之外，剩下的链接恐怕都是媒体对这些研究成果的报道。而且，许多报道明显有宣传过头之嫌。

严格来说，微生物组是指在一个特定系统内所有微生物遗传物质的总和。对我们而言，值得讨论的是人类微生物组——在任何时候存在于人体表层或内部的微小生物的 DNA 总和。与人体共生一处的微生物细胞数量少则十万亿，多则百万亿，其中绝大多数都是人类消化道内的细菌。有人曾估算过，人体有多少细胞，就有多少细菌潜伏其中。相对于传统学术进展的缓慢过程，针对微生物组的研究可谓发展神速，并产生了大量的相关论文。

---

① 老年痴呆症学名为阿尔茨海默病，下文同。学术论文一般使用正式学名，新闻报道则往往使用通俗一些的名称。—— 译者注

我本人几乎每天都会看到有博客（或杂志）发表文章，大肆宣扬这些肉眼不可见的小东西的种种好处。其中有一部分确实言之有理（要想彻底搞明白，不妨看看我强烈推荐的埃德·扬写的一本科普书《我包罗万象》）。但是，对追求身心健康的人来说，许多科学领域的探索有着别样的吸引力。微生物组研究也是如此——成为各种伪科学、错误应用和不负责任报道的滋生之地。

在名为“生命之树”（The Tree of Life）的博客中，进化微生物学家乔纳森·艾森近 10 年来始终在监视着那些最恶劣的惯犯。他甚至为最为恶名昭著的那些人颁发了被他称为“微生物狂热综合征”（microbiomania）的头衔。他说道：“无非两种极端观点。一种是所有微生物都该死的荒谬看法，我们称之为恐菌症；另一种是所谓微生物狂热综合征，即微生物有益无害，无所不能。”当然了，实际上没有那么极端。给细菌贴上非好即坏的标签，这种想法未免过于简单。

这种炒作往往始于研究机构（或者为该机构服务的公关公司）。大学和商业机构发布的新闻也对此推波助澜，哪怕它们看上去像是传统的新闻报道。这明显是人为的——如果一位记者需要完成堆积如山的报道任务，那么他可能不得不翻出以前的新闻素材重新拼凑，以争取完成任务。你可能无法想象该做法有多么普遍，而我个人则非常不齿这种行为。

来看一个案例吧。2016 年，《科学报告》（*Scientific Reports*）杂志发表了一篇题为“抗生素致肠内菌群多样性紊乱会**影响**阿尔茨海默病小鼠模型中的神经炎症及淀粉样变性”的论文（粗体表示值得怀疑）。艾森博士指出，该实验并未能展示任何与之相关的结果。唯一的成果来自用小白鼠做实验时，发现肠道菌群与神经炎症（或淀粉样变）有一定的关联性。使用抗生素可能对上述两种症状都会造成影响，但也可能是某种介质在起作用——皮肤、鼻子或耳朵里的微生物群，抑或是血液当中的某些成分。也许，其中还存在某种尚不为人知的变量因子。随后，媒体便仓促做了下列报道：“抗生素能够影响肠道内的菌群，并延缓阿尔茨海默病的发展。”这条极具误导性的新闻来自芝加哥大学医学中心——正是负责该实验的研究机构。

原始论文和有关新闻稿均试图对作者的某些观点加以提醒，不过你必须“深挖”才能看到。在被记者们“创作”的过程中，这些警告声明都被舍弃了。到最后，我们能读到的新闻标题可能会变成“抗生素改变肠道菌群，老年痴呆不再是一种病”“抗生素也许能够治愈老年痴呆症”“抗生素能成为治疗老年痴呆症的法宝吗？”之类。

这样看来，肠道菌群及炎症之间的关联倒有可能帮助人们预防或治疗阿尔茨海默病。但接下来人们就会质疑：为何这些所谓的突破性成果从未成为现实呢？

糟糕的新闻质量当然是答案之一，但更为恶劣的是，某些人出于一己私欲，把夸夸其谈的不实之词当作新闻来报道。我们将如此行径称为“新闻造假”，这与专业媒体人所一贯秉持的基本操守显然是背道而驰的。诸如此类的假消息在互联网上随处可见，微生物群的神奇作用也成了网上那些臭名昭著的惯犯最喜欢谈论的话题之一。

在保健行业屡有惊人言论的约瑟夫·麦克拉博士就是新闻造假的一把好手。无论是什么方面的病痛，他都喜欢和微生物扯上关系，大谈它对人体的神奇作用。如果眼光足够毒辣，你会发现他那番不着边际的吹嘘，其实都是为了推销他自己的产品。

他在网上发表了不少文章。按照他的说法，肠道细菌和过度肥胖、糖尿病、抑郁症、自闭症、焦虑、精神分裂、癌症、哮喘、关节炎以及其他种种病痛都有密不可分的关系。那怎么办呢？好办，买他的书吧！——他在每一篇关于人体微生物群的文章结尾，都不忘顺带宣传他的新书《脂肪革命》：书里有医生不愿意让患者知道的秘密。尽量多摄入绿叶蔬菜、腌菜和益生菌，就包你百病不生！本书只卖 16.99 美元，还附送 6 样精美礼品！

麦克拉博士甚至还强烈建议，为了保证体表微生物的健康，你最好别去洗澡——这确实是其主张的观点！按照他的说法，过度的“洁身自好”只会让你皮肤上的菌群失去活力。他还认为，会产生体汗甚至体臭的唯一原因，就是我们洗澡洗得太勤。只要停止这一愚蠢行为，不洗澡或不洗头（或者不碰除臭剂），体味自然就会烟消云散——我敢肯定，至少我的同事们都对此持有异议。如果这还不够，他会变本加厉地推荐你使用“细菌喷雾剂”和“益生菌香皂”（某喷雾剂号称添加了“氨氧化菌群”，其发明人近 10 年来居然真的从未进过浴室）。

很多医学报道中假新闻的特征在这里都有体现。这些警示特征包括异想天开的不实宣传。他们指望用简单的方案就能解决复杂的问题，或者妄想一下子解决多个问题。他们总喜欢把事实说成是阴谋论的结果，完全不信任主流医学界和专家。他们承诺告诉别人所谓秘密（或刻意隐瞒的消息）。也许最强烈的警报信号就是，无论前面说得多么天花乱坠，最后总是要推销产品。

麦克拉的观念已经够疯狂了，但是迪帕克·乔普拉也不遑多让。他对人体微生物的看法简直到了可笑的程度。考温·希纳帕辛是一位提倡科学怀疑论的记者，他评价道："在微生物组研究领域，未知的要远远多于已知。可是在乔普拉面前，一切都不再神秘。"2016 年 1 月，这位仁兄发表了一番惊世骇俗的言论——他公然提出，我们头脑中怎么想，身体内的微生物群就会怎么去做。

在一个名为"脂肪峰会"（The Fat Summit）的在线会议（其实就是一帮江湖郎中的聚会）上，主持人马克·海曼采访了乔普拉。海曼说："我喜欢瑜伽，也爱做瑜伽。每次做完瑜伽，我都有一种脱胎换骨的感觉。人体内的基因会服从你的意志，不但如此，体内的微生物组和那些菌群，都会服从你的意志。这太奇妙了！"乔普拉表示认同他的观点："没错，菌群内的基因会听从大脑的指挥。"

我就说这么多了，请各位自己判断吧。

第 51 章
表观遗传

随着我们对基因组的研究——正如我们对包括人类在内的进化树的研究一样——我们发现一个越来越清晰的遗传学事实，遗传物质确实在很大程度上左右着我们，即便我们不愿意承认这个事实。

——克雷格·文特尔

表观遗传学[①]是最近才走红的科学词汇。不过，任何关于该领域的科普新闻报道，你最好都不要盲目认同。越是新鲜出炉的科学概念，就越容易被媒体夸大其词。如果不结合一定的背景看问题，也不反复确认自己理解是否有误，哪怕再有敬业精神的新闻记者也会掉入圈套之中。

布拉德·克劳奇曾经在澳大利亚报刊《广告人》(*Advertiser*)上撰文。他的文章准确无误地告诉我们，科技报道可能会糟糕成什么样子。克劳奇在文后署名时，自称为“医学记者”。既然如此，他应该比常人懂得更多才对。

2014 年，克劳奇针对不久前发表在《科学》杂志上的一篇关于表观遗传学的文献综述进行了报道。他在撰写新闻稿时，究竟在多大程度上参考了这篇文

① 表观遗传学是指在核苷酸序列不发生改变的情况下，研究基因表达的可遗传变化的一门遗传学分支学科。简单来说，它表达的是基因的多种变化，但不涉及 DNA 本身的改变，即意味着即使环境因素会导致生物基因的表象不一样，但基因本身是稳定的，不会发生任何改变。——译者注

章，恐怕已无人知晓。新闻的开头是这样说的：

最近阿德莱德[①]的科研人员宣布，他们发现精子和卵子在受孕前就已经携带了各自的记忆遗传[②]。科学界认为，这一里程碑式的研究成果让人不得不重新审视达尔文进化论的正确性。

倘若新的科学发现即将彻底推翻原有的理论，媒体总是会对此津津乐道，尤其在能够牵扯到某些名人（比如达尔文）时更是如此。克劳奇更是借题发挥，认为该研究成果证实了拉马克[③]的进化观才是对的，而达尔文的自然选择则不是事实。不过，首先我们要知道，这篇文章并非真正的论文，更不是什么“里程碑式的研究成果”。它不过是一篇科研文献综述。文章内容甚至算不上非常系统，也不能称之为综合分析[④]（meta-analysis）——这篇文章仅仅是针对表观遗传学进行了一番探讨而已，可是记者可能会不明就里地称其为“研究”。这便是媒体的头号错误：混淆了报道所引用文章的类别——你提到的究竟是最新的科研论文，还是文献综述，或者是个人观点？

特别值得注意的是，像“进化论”“达尔文”“拉马克”之类的词汇，在综述中根本就没有出现过，虽然它们都是克劳奇那篇报道中的重点词汇。该文献综述是这样说的：

跨代表观遗传效应（transgenerational epigenetic effect）与受孕时的其他因素相互作用，它们决定了胚胎和胎儿的发育轨迹，最终影响儿童的终生健康。这

---

① 阿德莱德是澳大利亚第五大城市，南澳大利亚州首府。—— 译者注

② 古典进化论学派的代表学说之一，即生物的情感、记忆和想法能够通过 DNA 遗传至下一代。该学说在 21 世纪仍有市场，但已经被主流科学界所摈弃。—— 译者注

③ 拉马克，19 世纪的法国生物学家，他继承了前人的思想，第一个大胆地提出了生物是由低级到高级演化的思想，系统提出了唯物主义的生物进化论。他的理论与达尔文有部分相似之处，但是在遗传领域却有所不同。拉马克最著名的思想就是“获得性遗传”，即上一代为了适应环境而产生的性状变化，能够通过遗传传给下一代。这一观点与达尔文的自然选择理论显然是不一样的。—— 译者注

④ 综合分析指用统计的概念与方法，去搜集、整理与分析之前所做的众多实证研究，目的是找出该问题或所关切的变量之间的明确关系模式。这一方法可以弥补传统的文献综述的不足。—— 译者注

些认识迫使我们对现在普遍持有的观念进行修改，即生物学意义上的养育早在出生之前，甚至早在受孕之前就开始了。

实际上，表观遗传只是基因表达[①]在应对环境影响时的另一种改头换面的说法罢了。打个比方，假如某个母体生活的环境有充足的食物供应，表观遗传因子会使它的后代也“习惯”于这种养尊处优的状态。假如它生活在一个青黄不接的时代，那么它的后代忍饥挨饿的能力会更强。

作为 DNA 的基本单位，碱基对甲基化（methylation of base pairs）被科学家认为是表观遗传的生化机制之一。它不会打乱基因序列，但是足以影响基因的表达。

尽管表观遗传学是一门崭新的学科，还有许多具体细节有待研究，但目前所做的实验表明，为了迅速适应周围环境，它能够让生物体在“短期”（一代或几代）内做出适当改变，这种改变不会对达尔文的进化论造成任何实质影响。可以肯定的是，它并不能说明后天性状的遗传方式足以取代进化论。尽管前者实际上并非由拉马克本人所提出，也并非只得到拉马克一人认可，但人们还是习惯称之为“拉马克学说”。事实上，它也只是拉马克进化思想微不足道的一小部分罢了。

该报道同时提到了一个更有局限性的结论，即健康的生活方式能够被遗传给下一代。我对此不敢苟同。这种提法给人的感觉，就像是对有限的研究妄加揣测。该结论貌似不无道理，而且也恰好符合人们的研究结果——怀孕期间超重或过度饮食可能会产生某种“丰衣足食”的表观遗传信号，从而让下一代更容易出现肥胖。人们尚未搞清楚的地方在于：对人类而言，这是否具有临床意义？况且我也不会把它简单概括为“健康的生活方式”。

在文章的后半段，克劳奇不但将表观遗传理论抛诸脑后，甚至完全唱起了反调：

---

① 基因表达是指在基因引导下的蛋白质合成过程。因为生命活动过程并不是所有的基因都同时表达，例如代谢过程中所需要的各种酶和蛋白质的基因，以及构成细胞化学成分的各种编码基因，正常情况下就经常能够合成蛋白质（即“表达”）。其他一些基因则需要在特定形式下才可以表达。—— 译者注

它为重新审视法国生物学家让－巴蒂斯特·拉马克的研究奠定了基础。拉马克认为，生物体能够将其存活期间形成的特性遗传给下一代。可惜达尔文在19世纪中叶发表《物种起源》后，拉马克的理论便基本上无人问津了。在达尔文眼里，进化是一个世代间充满随机性、偶然性的基因突变过程。

他说错了——这根本不是拉马克的理论。更糟糕的是，表观遗传学其实压根就和生物演化机制没有任何关系。克劳奇随后又把目光瞄准了文章的真正主题，即父母的生活习惯对下一代的影响。克劳奇引用了作者之一萨拉·罗伯逊的说法：

她（萨拉·罗伯逊）说道："以前人们总是认为这无所谓，因为小孩子意味着全新的开始。"

"可事实并非如此。我们现在可以相当肯定地说，小孩子并非生下来就是一张白纸。他们已经从父母的生活经历中继承了某些特质。在胎儿时期和出生后，这些特质会影响发育。"

"有生物学上的证据可以证明，成年人的生命经历是可以通过孕育下一代生命的精子和卵子进行传承的。"

"假如这确实是进化的结果，那么它可以增加下一代的生存优势。它将彻底改变人们旧有的观念，即上一辈的经历真的可以遗传给年青一代。"

你可能也注意到了，罗伯逊其实并不认为表观遗传学意味着对达尔文进化论的质疑，也并未夸张地说成年人的生活方式能够如此传给下一代。她的发言不过是对表观遗传学保守的解释。

从中我们可以总结出媒体的第二类错误：依赖"常识"去分析非常复杂的科学话题。在克劳奇的案例中，他对拉马克的理论并不十分清楚，却把它作为探讨该文献综述的基础。他并未对自己的前提假设详加验证。

媒体的第三类错误是，作为司空见惯的报道手法，喜欢用夸张的语气讲述新观点或新发现如何向旧理论体系发起挑战。记者们总是喜欢问"爱因斯坦错了吗"或者"我们是不是该重新考虑一下达尔文的理论"。

第四类错误是，对报道涉及的科学概念不甚了解。这就要求科技新闻工作者学会去采访有关专家。注意，采访的目的不是单纯引述他们说过的话而已，而是要确认他们对该话题的个人立场。另外，采访对象不能局限于撰写该论文的那几位科学家，这样我们才能判断，作者到底是个特立独行的疯子，还是真正属于主流科学界的人物。

克劳奇的夸张讲述还没完。他继续写道：

罗伯逊教授强调，基因仍然是新生儿的生命模板。不过她也认为，人们需要重新审视达尔文和拉马克的思想。

“基因是生命模板，基因不会改变。”罗伯逊教授说道，“但从另一个层面说，这（表观遗传）就像是基因的装饰品，如果你喜欢的话也可以比喻成蛋糕上的糖霜，这是给后代的礼物，丰富了他们的生存信息库。”

和那份文献综述一样，她也一个字都没有提到达尔文和拉马克。克劳奇引用她的这番话，原本是打算证明他对表观遗传学的看法，实际上却起到相反的效果。表观遗传学是另一个层次的信息传递，但基本事实是不会变的：基因决定未来。

顺便说一句，我本人并不赞同将基因比喻为我们的“生命模板”。这么说有点误导的意思。基因不等于模板，基因并不能代表生命的最终形态。相反，基因更像是一种配方，一组指令，如果遵循这些配方或指令，会形成最终的生命体。也许有人会觉得我吹毛求疵，但是在宣传科学时，任何比喻都要求能够尽量表达准确的概念。

表观遗传学的概念算不上太新鲜，任何人读了克劳奇的文章后都能明白这一点。不过，从整个科学发展的层面上说，它的历史相对来说不算长，也很少有人注意到它。这篇文献综述的报道本来有机会让读者明白什么是表观遗传学，并学会站在历史和科学的角度看待它，但是作者错失了良机。

如果你对进化论和表观遗传学不甚了解，读了克劳奇的报道后，恐怕也提不出自己的意见，反而会被彻底误导。在判断科技报道质量方面，它倒可以说是一个综合标杆——普通读者在读完报道后，究竟是对有关话题更加清楚了呢，还是反而更加糊涂，被误导了呢？除了详细报道的职责外，真正的新闻工作者甚至能够举出存在哪些错误主张、词不达意或者理解有误的地方，并将其一一纠正。

克劳奇对他的新闻冠之以下标题：“《科学》杂志发表研究成果：阿德莱德大学基因记忆研究小组对进化论提出质疑”。

但是按道理，标题应该这么起才对：“澳洲当地科学家发表文献综述，阐释了什么是刚刚诞生数十年的表观遗传学”。看上去平淡无奇对吧？至于差距在哪儿，你懂的。

第四部分
血淋淋的伪科学

在众多的节目听众来信中，最让人头疼的当属那些“求助”的电子邮件。经常有人给我们写信，诉苦说某个他们所爱的人身患疾症，却偏偏遇上个三脚猫医生，简直令人无法忍受。我们也接到过听众来信，说他们的配偶拒绝给孩子注射疫苗，问我们该怎么办。还有听众来信说，他们的家人沉迷于伪科学，荒废了大量时间和金钱，只是为了追逐一个不切实际的梦想。

我们常听人说起毫无科学根据的信仰所导致的种种害处。因此，当我们被一再问及“信奉神灵究竟有什么害处”时，我们的态度一直非常慎重。这么问的潜台词（有时听众干脆就直言不讳）就是：如果有人就是相信鬼魂或者外星人，你能拿他怎么样？如果此举令他们乐在其中，或者心情舒畅，那就让他们去相信好了。你们就喜欢到处给人泼冷水。你会跟你的孩子们说，圣诞老人其实根本就不存在吗？

呃，不会。

各位读者，《如何独立思考》这本书是为了让你们能拥有独立思考的能力，避免谣言干扰，杜绝轻率言论，防止偏听偏信。但是假如你坚持相信神迹和传说，那也由得你。我个人认为，异想天开和现实生活理应区别对待，这并无不妥。

作为科学怀疑论者，我们不太干涉人们的信仰。说真的，你所相信的东西是发生在你大脑里的一件私事。只有当人们发表观点，不懂装懂，或者把某件事作为事实陈述，或者把它当作逻辑推理或科学论证的结论时，科学怀疑论者才会发声。如果你做出这样的声明，你就进入了科学的领域，所以你必须遵守该领域的明确规定，不要抱怨。（好吧，也许这些规则对某些人并不那么明显，但它们就在那里，我们会很高兴地为你指出。）

当有人打算把自己的观点强加给别人，或者要求整个社会应当按照他们的意愿来运行时，我们就会及时出手。假如你坚信自己的观点也适用于他人，那么我们也同样可以质疑你这么认为的基础何在。除此之外，保护消费者也是我们的使命。我们周围处处是陷阱，随时可能会产生受害者，因此如果你想免受其害，我们会提供对那些理论的批判性分析以及避免上当受骗的一些建议。

建议之一就是，不切实际的幻想有可能害人害己，这一点请务必牢记。身处这样一个纷繁复杂的世界，我们每时每刻都在做各种复杂的决策——小到作为家庭或小组成员，大到作为整个社会的一分子。如果所有的决策都能够以事实为依据，情况就会好很多。

“究竟有什么害处？”这种问题本身就有害处，因为它实际上让人们不自觉地看轻他们所需要面对的复杂问题，这会影响一些重要的决策。另外，面对江湖骗子的诸多恶劣行径，这么问也有替他们掩饰或开脱之嫌。

把臆想当作现实会产生各种危害，有些甚至是血淋淋的教训，这方面的例子可谓数不胜数。正因为如此，本书将第四部分定名为“血淋淋的伪科学”，用来曝光其中的几个代表案例。如果只是头脑中迷信神灵倒还不要紧，但是一旦你付诸行动了，那就另当别论。随着我们不断敲响“警钟”，或许受害者的求助信会越来越少。

第 52 章 自然疗法的深刻教训

自然疗法不过是一种非科学治疗的大杂烩，这些治疗方法主要是基于活力论和科学出现之前对疾病的理解。

——大卫·戈尔斯基

你应该很少听说 30 岁的女性会得心脏病，更不用说她最初的主诉是湿疹（皮肤上发出许多小块，感觉很痒，但并不致命）。2017 年 3 月，一位名叫杰德·埃里克的妇女去世后，圣迭戈当地的验尸官前往验尸。随后，官方宣布死因是“缺氧性脑病，因姜黄注射液不良反应引起的心脏骤停所致”。

是的，你没看错。正是静脉注射姜黄导致了一位年轻而健康的女士心脏病发作。心脏骤停使她的大脑严重缺氧，并导致其死亡。如果你对印度料理的风味不太熟悉，那么我告诉你，姜黄是一种制作咖喱时经常用到的调料。中东和远东地区人们的餐桌上少不了它。它外表呈现橙色（但是偏黄），尝起来有一股美妙的鲜香，略带一丝苦味。它经常被作为昂贵的藏红花的替代品，或者与其他香料混用。

但是说到底，姜黄只不过是一种食品，并不是药物。

它取自当地的一种植物。尽管传统的“阿育吠陀”疗法（一种在印度广为流行的医疗理念）使用姜黄已有数千年的历史，但现代医学却不太认可它的效用。最近在《药物化学期刊》（*Journal of Medicinal Chemistry*）上刊登的一篇文献综述整理了超过 120 例针对姜黄素（姜黄的主要化学成分）的临床试验。作者最后得出结论："关于姜黄素的任何双盲及安慰剂对照实验都未成功……姜黄素是一种化合物，不够稳定，化学性质比较活泼，也谈不上任何生物有效性[①]。它也不太可能是理想的先导化合物（lead）[②]。"

姜黄素是一种实验用剂——其实 FDA 并未许可其用于疾病预防或治疗。在 FDA 的网站上，姜黄素被列为"187 种消费者应该避免使用的虚假癌症特效药"之一。

我们对草药治疗理应抱有一种批判性的态度——姜黄素就是一个很好的例子。姜黄素的生物有效性几乎为零，这意味着即使注射，也没有任何有效的成分能够进入血液循环并发挥作用。另外，它还有一个特性：在许多分析实验中都容易引起化学反应。因此如果把姜黄素放入培养皿中进行试验，几乎可以得到你想要的任何结果，但是如果用于动物或人体试验，效果就变成零。

自然疗法本身不受什么约束，也不遵循科学规律。在自然疗法的拥趸看来，姜黄几乎与能够起死回生的仙丹无异。最广为人知的说法便是，它是一种非常有效的消炎药物。其自带的神奇药性不但能够止疼，还可以治疗胃、皮肤、肝以及胆囊等器官的病痛，还能让关节炎、疲劳综合征、癌症、结肠炎、糖尿病甚至老年痴呆症的患者得以康复。姜黄也绝不是唯一号称能够包治百病的药物——自然疗法虽然历史悠久，在世界范围内广为流传，但宣扬的都是一些"土郎中"式的治疗手段，毫无科学根据。

根据美国自然疗法医师协会（The American Association of Naturopathic Physicians）的解释，自然疗法是"医疗健康领域独特而重要的一个专业类别。它强调预防、施治及最佳健康态三者并重，采用各种能够激发个体自愈能力的治疗手段及药物"。与此相反，打假网站"庸医观察"（Quackwatch）将自然疗

① 生物有效性又称生物利用率，在药理学上是指所服用药物的剂量有多少能到达体循环，是一种药物的效力指标。按照定义，如果药物以静脉注射（直接经血液进入体循环）时，它的生物有效性是 100%。那么以其他方式服用，其生物有效性则会因为吸收不完全而下降。—— 译者注

② 这里的 lead 是指先导化合物（lead compound），简称先导物，是通过各种途径和手段得到的具有某种生物活性和化学结构的化合物，用于进一步的结构改造和修饰，是现代新药研究的出发点。在新药研究过程中，通过化合物活性筛选而获得具有生物活性的先导化合物是创新药物研究的基础。——校译者注

法归结为“以伪科学为主的一种医疗体系……充斥着数不清的江湖骗术”。

自然疗法于20世纪初进入美国。截至本书成稿之时，仅有18个州允许持证上岗的自然疗法从业者合法行医。大多数州不承认依据自然疗法开出的处方及实施外科手术的合法性，并要求这些人不得自称“执业医师”。尽管如此，倒是没有人禁止他们自称“医生”——许多病人根本分不清两者的区别。在科罗拉多州，政府允许采用自然疗法缝合伤口；而在俄勒冈、蒙大拿、犹他和华盛顿等州，他们可以使用局部麻醉；在佛蒙特州，政府允许产妇“自然分娩”时使用会阴切开及缝合手术；而在加利福尼亚州，“自然疗法师会采用不同的给药路径，包括口腔、鼻腔、耳道、眼睛、直肠、阴道、表皮、皮内、皮下、静脉和肌肉注射”。

了解了以上情况，让我们再回到杰德·埃里克的案子上来。一位30岁的女性在注射了姜黄后就这么死了。来自圣迭戈的验尸官指出，这是因为她生前接受了基姆·凯利（Kim Kelly）实施的自然疗法。凯利曾在其网站上不无夸耀地说了这么一段话：

> 我感觉很兴奋。我要告诉你们，我已经开始尝试静脉注射姜黄素了……人们用它来治疗疼痛、发炎、免疫系统疾病、关节炎、肝部病痛和癌症。人们还发现，静脉注射姜黄素时，如果同时注射维生素C和谷胱甘肽（我称它为“一切抗氧化剂之母”），对诸如丙型肝炎和肝纤维化之类的慢性疾病治疗都会大有帮助。关节炎也好，自身免疫系统疾病（例如硬皮病、狼疮或者类风湿性关节炎）也罢，甚至包括阿尔茨海默病和痴呆症，总之对任何部位的炎症性顽疾而言，静脉注射姜黄素都是值得一试的治疗方式……临床试验已经证实，大剂量注射姜黄素是安全的，其耐受性强且无毒副作用。根据对不同促炎性疾病患者的临床观察，该治疗方法很有前途。

可惜的是，他这段话根本没有事实根据。美国国立卫生研究院下属的国家补充与整合医疗中心一直以来对自然疗法理论及其实践表示支持。即便如此，该中心的官网也明确指出：“并无可靠的研究能够证明，从姜黄中提取的类姜黄素化合物可以起到消炎作用。”

布里特·玛丽·赫尔墨斯原先是自然疗法的忠实拥趸，后来转变成为科学怀疑论者。同时她也是一位新闻工作者。针对埃里克的死亡案例和自然疗法的种种危害，她曾经撰写过一篇详细报道。其中她写道：

> 自然疗法的医生们建议的治疗方案，往往安全性和有效性都得不到保障。许多自然疗法已经被严格的临床检验所否定。这可能是因为在自然疗法的培训当中，他们有意模糊了严谨的循证治疗和靠“天然”药物牟利之间的界限。

包括顺势疗法、排毒疗法、生物引流疗法、脊椎按摩矫正、补充剂及营养剂疗法、大肠水疗、虹膜诊断、螯合疗法以及罗尔夫按摩治疗法（此外还有很多），皆为打着自然疗法的名义行伪科学之实。赫尔墨斯指出，“氧化疗法”是其中最为惊悚的方法，同样也属于静脉治疗的一种。这种疗法用的是臭氧或过氧化氢，但无论使用哪一种，都会有致命的危险。事实上，这种疗法已经有过致人死亡的例子。这种疗法没有科学支持，FDA 也未批准使用（或者说不合法）。

氧化疗法充分说明，所谓自然疗法所遵循的那套理念，其实是无法自圆其说的。根据 FDA 的定义，臭氧是“一种有毒气体，在特殊治疗、辅助治疗和预防性治疗方面均没有任何已知的医疗作用”。简单来说，臭氧写成分子式就是 O_3（三个氧原子聚在一起）。这种化学性质相当活泼的氧分子可能会起到两类作用：为组织提供更多氧气，以及利用氧化反应杀死细菌、病毒和癌细胞。利用过氧化氢（H_2O_2）治病也是同样的道理。

听上去有些荒谬——它与当下宣扬抗氧化剂的热潮截然相反，并直指后者的重大缺陷。氧气和氧自由基是一柄双刃剑——人体组织需要氧气，并需要让氧自由基在免疫系统内担任重要角色，以便消灭入侵者。但是，这些自由基同时也会破坏其所在的人体组织。两者之间需要达到微妙的平衡才行。通过添加抗氧化剂、臭氧或者过氧化氢来打破这一平衡，这么做免不了会有副作用，甚至有可能弊大于利。

不过，臭氧和过氧化氢可以用于表面和外用消毒领域（主要用于局部组织、牙齿或血液制品）。在实验室中，臭氧已经被证明可以灭活 HIV 病毒，但是很多无法应用于治疗的化学物质也可以起到同样的作用。对癌症、HIV感染、多发性硬化和其他种种号称自然疗法可治愈的疾病而言，以上所谓的“治疗”手段统统无效。至于说它能够为人体解毒，那就更是伪科学了。不管是借助于氧化还是别的什么作用，所谓人体解毒就是个养生骗局。

虽然受害者总数难以准确统计，但是口服或静脉注射氧化产品而导致死亡的案例的确有好几例。尽管自然疗法使用氧化氢或者臭氧作为治疗药物不合法，但是这样的治疗仍然在继续。就在2015年12月，美国自然疗法医师协会还宣布，它将组织名为“医学臭氧治疗临床应用”的网上研讨会，参加者还可获得继续教育的学分。

如同导致埃里克女士死亡的静脉注射姜黄一样，臭氧治疗也缺乏理论和事实依据。从这些做法中可以看出，自然疗法其实缺乏一套科学的标准。他们回避科学和证据而选择他们所谓的哲学、“诉诸自然”的谬误，以及他们积累的逸事证据和“智慧”。所有这些都得打着科学的旗号——只有这样才更有市场。正因为如此，他们才会接受使用姜黄素这样的治疗，这些治疗的很多基础研究有误导性，而且也没有取得临床试验的认可。

当然，不可否认的是，即使正规的治疗手段也难免偶尔造成危害。也正因为如此，正规药品的研发都十分谨慎：不仅要有客观的理论事实依据，而且要计算其风险和获益。不过，除非你已经掌握了正反两方面的数据，否则计算风险和获益就根本无从谈起。要想取得准确的数据，就必须在科学规范的指导下，进行严格的临床试验研究。

按部就班地寻求科学证明并非易事，因为对我们来说，跟着感觉走反而要简单得多。总的来说，我们可以把自然疗法等同于信口开河，甚至有时候等同于谋财害命。

第 53 章
驱魔术：中世纪的阴魂

生活中没有什么可畏惧的东西，只有需要去了解的东西。现在是多一些了解、少一些畏惧的时候了。

—— 玛丽 · 居里

本书介绍了科学怀疑论和批判性思维以及诸多科学原则，它们共同组成了一架长梯，供人类从迷信、偏见、自大和信仰鬼神的苦海中挣脱出来。当我们回头再看看那些中世纪的理论时，肯定会庆幸自己晚生了这么多年。但是，并非所有人（甚至并非所有机构）都能追随伟大的先哲们走出那段黑暗时光。要想脱离困境，我们还是得依靠自己攀爬。

令人不可思议的是，哪怕到了 21 世纪，还有人愿意相信那些在洪荒年代荼毒过人类心灵的荒唐理论。在一些地方，人们依旧相信魔鬼的存在，害怕会被鬼魂附体。有人因此而沦为无知的牺牲品，其中有许多是无辜的儿童。

驱魔术（exorcism）是一种宗教礼仪，或者是与宗教有关的仪式和“作法”，旨在驱赶魔鬼或者其他被认为附体的恶灵，不让其附着在某人、某地或者某件物品之上——假如上述对象确有被恶灵缠住不放的迹象，即所谓的“附体”。得益于小说《驱魔人》和同名电影大卖，深受西方文化影响的大多数人都会将驱魔术与基督教联系起来。不过，驱魔术实际上并非基督教庇护众生所独有的法宝。在伊斯兰教、印度教、犹太教和道教等各大教派的仪式中，都能看到类似驱魔的环节。

罗马天主教相信人们会被“邪魔附体”，因此神父们至今仍会举行所谓的“神圣驱魔”仪式。关于该仪式的说明长达27页，有驱魔辟邪之奇效。整个仪式包括洒圣水、念咒语、各种祈祷、焚香、祭拜圣徒遗物等，还包括诸如十字架之类的基督教信物。

近年来，人们对驱魔仪式的兴趣有增无减。全世界范围内大约有500~600名驱魔法师。仅在美国一地，驱魔师的总人数就从2006年的12名增长至2016年的50名。举行驱魔仪式的场次没有确切的统计，但是据加利·托马斯神父所言，他自己在这10年间共举行了50~60场的驱魔仪式。托马斯神父是北加州圣何塞天主教教区“官方认证”的驱魔师。

尽管驱魔仪式有它自己的一套规范流程，官方认可的驱魔师们也一直恪守着这些规则，但只要是座教堂，就有可能从中冒出来一些非专业人士，在没有获得承认的情况下擅自开展驱魔行动。他们当中有许多人是教区的居民，或者干脆只是来教堂做个礼拜而已。这群人对“邪魔附体”最为狂热，喜欢自作主张地判定某个人是否被恶魔附了体，并且相信自己（作为最虔诚的信徒）能够帮助他把附身的恶灵赶出体外。为什么不呢？毕竟“附体”和“驱魔”的教义来自罗马天主教的最高统治者——教皇。

1999年，梵蒂冈对颁布于1614年的驱魔仪式总纲进行了修订（才过了385年就想到要“升级换代”了？），要求驱魔师不要把精神疾病误解为恶魔附体。修订归修订，这么做究竟有没有达到预期效果还很难说。在2001年2月发表于《科学怀疑论研究》（*Skeptical Inquirer*）杂志的一篇文章中，超自然现象调查者乔·尼克尔对驱魔术自有一番评价：

> 任何时候，任何地方，只要人们尚未解开心智之谜，就自然而然会催生出对恶魔附体的无边恐惧。通过援引《圣经》中的故事，中世纪的教堂宣称魔鬼能够控制人的行为。到了16世纪，哪些行为会被认为是魔鬼附体已经有了相对固定的范围，主要包括痉挛和抽搐，突然间力大无穷，对疼痛视而不见，暂时的视力受损或听力失聪，能够预见未来，以及其他一些反常特征。部分早期的“附体”症状，其实很可能是由于患了癫痫、偏头痛或妥瑞氏综合征。它们都属

于脑部疾病（拜尔斯坦，1988）。精神病学史专家很早就认为，所谓“恶魔附体”的种种发作迹象应该源于某种不正常的精神状态——例如精神分裂或者癔症。他们也注意到，17世纪后，随着以上疾病逐渐被人们所熟知，对恶魔附体的迷信也随之减少了。

虽然教会声称在宣布某人确实受到恶魔折磨之前，会排除精神或神经疾病的可能性，但这实际上是不可能的。因为最终，他们的证据是这个人的行为，而对行为的判断可能基于他们对附体的主观标准。某些情况下，是否被恶魔“附体”并非依据被附体者本人的描述，而完全是别人的评判。这些无辜的人成了驱魔仪式的牺牲品。他们受到了非人的虐待和折磨，甚至因此丢了性命。

让我们回顾几个与此有关的恐怖案件吧。

居住在马里兰州日耳曼敦的扎基亚·埃弗里是四个孩子的母亲，她的孩子们当时分别是8岁、5岁、2岁和1岁。2014年，她当着两个大一些的孩子的面，用刀捅向另外两个较小的孩子，并掐死了他们。随后，她又用刀刺向剩下的两个孩子。面对调查人员的询问，她声称她当时感到恶灵在孩子们的身体之间来回移动，于是在一位成年同居室友的帮助下，她试图用这种方式驱赶恶灵。

2012年，四位来自南非的妇女——丰迪斯瓦·法库、林德拉·贾鲁巴尼、诺库邦加·贾鲁巴尼和诺赫兰拉·麦德勒舍——试图将恶魔从一位15岁的少女斯内萨姆巴·德拉米尼的体内驱逐出去。德拉米尼是法库的堂妹。经过一番疯狂而徒劳的挣扎后，少女最终被死神带走了——她们把手伸进了她的阴道，直接把她的肠子拽了出来！

1976年，在德国也发生了驱魔致死事件。这也许是众多案件中最著名的一个，受害者是安娜丽丝·米歇尔。安娜丽丝的遭遇曾数次被改编为电影，包括2005年的《驱魔》（*The Exorcism of Emily Rose*），2006年的《安魂曲》（*Requiem*）以及2011年的《安娜丽丝：驱魔录像带》（*Anneliese: The Exorcist Tapes*）。

安娜丽丝的父母相信，他们的女儿被恶魔附体了。她是个癫痫病患者，可之前却被当作抑郁症来治疗。尽管如此，她的父母还是叫来了两位神父举行驱魔仪式。几个月后，安娜丽丝去世了，死因是脱水和营养不良。在神父们的诱导下，她的父母禁止她进食，也不允许她喝水。这种恐怖而又漫长的煎熬最终夺去了她的生命。案件发生后，法庭判决其父母和两位神父犯下了过失杀人罪。

就算驱魔没有生命危险，也可能会造成很大的危害。比如，你对一个有妄想症的精神病患者所能做的最糟糕的事情，就是确认他的妄想属实。假如告诉他，他确实被恶魔附体了，反而会让他的病情进一步恶化，因为这样等于斩断了他和现实仅存的一丝联系。这就好比告诉一个被害妄想狂："通过你嘴里的补牙材料，美国中央情报局就能够知道你在想什么哦。"

正是被指"附体"的所谓证据让人们遭受了非人的折磨，可这些证据却统统都没有说服力。我通过录像见过各式各样的驱魔仪式，而被驱魔的患者要么表现挺正常，要么仿佛是为了拍《驱魔人》续集而在镜头前装疯卖傻。我看不出存在任何异乎寻常的地方，哪怕是细枝末节。"恶魔附体"案件自从有记载以来从来就没有被证实过。尽管如此，现如今还是有多达数百万（也有可能是数十亿）人对此表示认同，并认为驱魔的确管用。

科学怀疑论的原则固然可以起到指引和警示的作用，但这就是我们这个世界的现状。无论恶灵和魔鬼是否真实存在，人们用荒谬的借口害人害己，这却是铁一般的事实。

第 54 章
拒绝科学的下场

所谓科学就是教给人们如何获得知识，还有哪些未知，人们对事物了解的程度（没有什么是绝对的已知），如何处理疑惑和不确定，证据应该如何符合哪些原则，如何思考才能做出判断，如何区分真相、欺诈以及虚张声势。

—— 理查德 · 费曼

不见得非得是伪科学才会带来危害，无视确凿的科学事实同样也会带来苦果。对后者来说，HIV 否定论是其中最为让人痛心疾首的一个案例。

1981 年 6 月 5 日，美国疾病控制与预防中心发表了一份报告，公布了 5 位年轻男性患者所患上的罕见肺炎（PCP 肺炎[①]）。到了第二年，人们终于确认他们（包括其他患者）实际上是某种免疫缺陷综合征和机会性感染的受害者。1983 年，人们发现了一种逆转录病毒（retrovirus），并认为它很可能是这种新型综合征（即通常所说的艾滋病——获得性免疫缺陷综合征）的罪魁祸首。该病毒一开始被称为“淋巴结病相关病毒”，但随后被重新定名为“人类免疫缺陷病毒”。首例 HIV 血检于 1985 年获得批准。1987 年，美国食品药品监督管理局批准首个治疗及预防 HIV 的药物齐多夫定（AZT）上市。

---

① PCP 肺炎，全称卡氏肺孢子虫肺炎（Pneumocystis Carinii Pneumonia），又称卡肺囊虫肺炎，是由卡氏肺孢子虫引起的间质性浆细胞性肺炎，约 50% 的艾滋病患者会感染 PCP 肺炎。——译者注

此后 20 年，科学家们研究出一种被称为“高活性抗逆转录病毒治疗法”（Highly Active Antiretroviral Therapy，简称 HAART）的诊疗方案。它将不同的药物混合在一起，试图在 HIV 病毒感染和复制的不同阶段对其进行阻断。由于药品也在不断升级换代，因此 HIV 患者的存活年限也呈现上升趋势。2013 年的数据表明，如果能在感染早期就接受 HAART 治疗，HIV 患者的寿命基本上和正常人没多大区别。仅仅 30 年间，人们将艾滋病从一种可致人死亡的绝症，变为了可以管控的慢性疾病。

只有极少数 HIV 患者能被“治愈”。也就是说，在接受了一定的治疗后，患者体内的 HIV 病毒就此消失了。办法之一是接受骨髓移植手术；另外，给生下来就感染 HIV 的婴儿使用大剂量 HAART 也能够清除其体内的病毒。多数 HIV 患者显然都不适用于这些方法。

HIV 疫苗的研制工作从未间断过。这种病毒特别难治愈——它在感染过程中会发生变异，会绕过人体免疫系统，甚至会暂时休眠。目前，关于 HIV 疫苗的三期试验已取得成功，预防初次感染的成功率可达 31%。这一结果不见得令人满意，但至少证明研究是有成效的。

总而言之，抗 HIV 的研究可谓是现代医学史上振奋人心的成功范例之一。在科学的指导下，人们迅速掌握了艾滋病的特性和致病原理，对艾滋病毒的了解也逐渐深入。如今我们已经让艾滋成为一种可控病症，有关疫苗的研制也取得了长足进步。甚至在将来，人们有望彻底治愈这种疾病。

显而易见，关于艾滋病的研究是成功的，可是这并不能让所有妄图否定科学的人都闭上嘴巴。

20 世纪 80 年代有一种观点：HIV 病毒并非导致艾滋病的真正元凶——我们称之为“HIV 否定论”（HIV denial）。这种观点显然是妄加推论的伪科学。但是持此观点的人却信誓旦旦地指出，他们的理由很充分，因为当时的治疗手段疗效并不显著。而要检验某个科学理论是否正确，最终还是要看其到底有多大用处——它能否根据该理论做出可靠的推测？放到医学领域来说，那就是它能否催生有效的治疗方法或其他干预手段。

实际上，人们正在进行的是探索性实验。假如 HIV 确实是艾滋病的元凶，那么基于这一前提所进行的各种研究都极有可能会产生成果。我们期待在此过程中能掌握更多关于艾滋病的知识，并希望建立更多更加有效的治疗手段。可“否定论”却声称，HIV 理论研究恐怕会走进死胡同。人们不停地给艾滋病患者灌下各种毫无用处的有毒药物，却只会让病情持续恶化下去。

最近 30 年的医学实践已经证明，HIV 感染理论不但有根有据，而且已经取得了很大的成功。针对 HIV 病毒感染机制的药物已经展现出非常显著的临床疗效。

实话说，由于对 HIV 理论持否定看法的最早一拨人已经作古，因此从 20 世纪 90 年代到 21 世纪初，这方面的反对声音似乎有所式微。标准化的治疗方案已见成效，因此要招募更多 HIV 否定论的生力军恐怕也很难。2009 年，克里斯蒂娜·马焦雷死于肺炎——HIV 可能引起的并发症之一。她自己就是 HIV 否定论组织“康乐艾滋”（Alive & Well AIDS Alternatives）的创始人。马焦雷生前不遗余力地反对 HIV 理论，这也导致了悲剧性的后果。尽管母乳喂养会增加感染病毒的风险，她还是决定亲自哺育她的两个孩子。其中一个女儿伊丽莎在 3 岁时就死于肺炎，显然是由于艾滋病后期导致的机会性感染。马焦雷从未让她的孩子接受 HIV 检测或治疗。可笑的是，她给女儿们找的医生杰伊·戈登也是个反对疫苗接种的人。他对 HIV 导致艾滋病的结论公开表示认同，但是他的个人网站却包含一些针对 HIV 的奇谈怪论，似乎又有帮 HIV 否定论说话的意味。

伊丽莎的尸检报告结论很明确，几乎无可辩驳地证明她生前感染了 HIV 病毒，是艾滋病晚期，包括艾滋病脑炎（脑部感染）。她的直接死因就是因感染艾滋导致的 PCP 肺炎。这是一种艾滋病患者普遍可能患上的机会性感染，其发生在免疫机能健全个体上的概率极小。尸检结果很肯定地说明，伊丽莎死于与艾滋相关的并发症。

马焦雷却根本不承认她的女儿死于 HIV 或艾滋。其他反对 HIV 理论的人也纷纷对她表示支持，声称其死亡原因是对阿莫西林过敏。这种掩耳盗铃式的做法会产生相当大的危害。

不仅个人会罔顾事实。假如政府也这么做，其危害将放大成千上万倍。

艾滋病在非洲肆虐。有人估计，非洲大陆的病毒感染者能够占到总人口的 10%。但是，当地的种种社会顽疾也阻碍了“抗艾”事业的发展，其中最主要的问题在于缺乏足够的现代医疗资源。由于历史上人们一直对此讳莫如深，这一问题便显得愈加恶化。南非的情况尤为严重：据估计，全国 HIV 携带者总人数占总成年人口的 18.8%。

塔博·姆贝基于 1999 年当选南非总统，2008 年卸任。在担任总统期间，他始终对 HIV 是否为艾滋的致病元凶抱有疑虑，并因此对南非境内针对 HIV 的控制和治疗行动百般阻挠。问题始于姆贝基总统于 2000 年公开宣布，他对艾滋病的真正病因持怀疑态度。他随即组织了一个专家委员会对此进行调研。委员会成员也包括支持 HIV 否定论的专家，最著名的无疑是彼得·迪斯贝格。迪斯贝格这位德裔美国分子生物学家对 HIV 导致艾滋病的理论表示无法苟同。总统的看法毫无疑问得到了委员会“同行”们的大力支持。

基于对病因的怀疑，姆贝基政府拒绝采用 HAART 法对 HIV 病毒携带者进行治疗。姆贝基还下令暂缓推进关于艾滋病的检测、医疗及其他施治手段的研发，并削减了相关经费。他还任命与其看法一致的曼托·查巴拉拉－姆西曼为卫生部长。

为了掩人耳目，粉饰其伪科学的观点，姆西曼不惜打出政治的名号。例如，她曾警告说：“我们不能照搬西方的模式进行研发。”这番话表面上利用了人们对民族文化的自豪感，实际上则是反对科学。她抛开那些实践证明有效的“西方”疗法，转而支持用土法治疗 HIV（比如萃取大蒜和甜菜根的汁液之类的）。由于根本上缺乏科学道理，这些治疗手段最终被证明一无是处。

有人据此诘问她支持甜菜根疗法（或其他土法）究竟有何根据，她重复了其对“西方”医学的批评观点，认为后者讲究的临床试验过于“拖泥带水”。按照她的说法，研发环节只会拖累病人获得有效治疗的进度。可惜的是，上述观点居然还有不少人赞同，仿佛我们只依靠验方和传统知识就能够知道哪些药会起作用。在他们看来，任何科学实验都是在浪费时间。

2004 年，姆贝基总统将艾滋病说成“种族主义导致的疾病”，从而让有关艾滋病的话题越发政治化。在《纽约时报》的一篇专栏中，罗杰·科恩把姆贝基总统的观点总结如下：“HIV 及艾滋病是白人强加在非洲人民头上的谎言，其目的是让我们不再关注种族主义和贫困等真正值得关注的社会问题，而因种族隔离带有奴隶心态的黑人会被这个谎言洗脑。”

南非卫生部副部长诺奇兹韦·马德拉拉－劳特利奇试图找到对 HIV 携带者

真正有效的治疗方法，从而减少上述政策带来的破坏性影响。作为惩罚，姆贝基总统立刻将其革职。

普赖德·奇格韦德和同事于 2008 年做过一项研究。结果表明，姆贝基总统在 2000 —2005 年颁布的各项有关政策导致了 33 万名南非儿童过早夭折，共计损失了 220 万“人年”（早逝者原本应当存活的总年数）。此外，共有 35 000 名婴儿出生时就携带上了 HIV 病毒，而倘若采取常规治疗，他们本该是完全健康的新生儿。

可见，伪科学真是害人无数。

这个故事的结局还算不错。虽然由于姆贝基总统的无知无畏，整个国家蒙受了无可挽回的巨大损失，生灵涂炭，但是所幸，2008 年他终于下台了。继任总统任命芭芭拉·霍根为新一届卫生部长。她上任后立即着手纠正姆贝基时期关于 HIV 和艾滋病的错误政策，并开始为患者提供科学治疗。

伪科学也好，否定论也罢，其危害都是无可否认的。这绝不仅仅是 HIV 和艾滋病的问题——至今还有人否认细菌的致病原理，否认疫苗的安全性和疗效，否认化疗是治疗某些癌症的有效手段。烟草行业为了斩断吸烟和肺癌之间的关联性，可以说无所不用其极。同样，对精神疾病的否认，也让很多易感个体无法得到治疗。

尤为糟糕的是，我们明明掌握了科学——我们开展过相关研究，并为此付出了辛勤劳动，还为有需要的人提供了解决方案，但是总有些人或冥顽不化，或受限于意识形态，最后他们非但无助于解决问题，反而会成为拦路虎。

第 55 章
孩子做错了什么

这还不够吗？整个世界还不够你瞧的吗？如此多姿多彩、纷繁复杂而又高深莫测的大自然还不够你看的吗？究竟是什么原因让我们对它如此轻慢，却喜欢凭空编造那些廉价的神话和怪物？

——蒂姆·明钦

什么样的动机才能让父母舍得伤害他们的孩子？——生病了也不让看医生。哪怕明明医院就在附近，却任由孩子忍受病痛的折磨，直到停止呼吸。同样身为人父的我对此感到无法理解，但事实上，这样的案例却经常发生。你也许猜到了，之所以会发生这样令人震惊的悲剧，只是因为人们深陷种种花言巧语和传闻的困扰，同时又缺乏明辨是非的批判性思维。

其中最令人心碎之处，还在于这些人伤害孩子的手段可谓五花八门，而且始终以冥顽不灵的态度拒绝履行守护下一代的职责。毫无疑问，父母往往是糟糕决策的核心。出于虔诚的宗教信仰（有时候是为了追随“新纪元”思潮，或者对主流思想充满怀疑），他们是失职的父母，连孩子最起码的基本医疗也无法保证。

这里面通常少不了“业内人士”的身影——有人会奉劝父母们不要丧失信仰，也有人因为略通医术的皮毛就敢拍胸脯打包票。同样，监管者没能最大限度地保障孩子们的权益，却允许父母们对下一代的安危视而不见。

遗憾的是，我们可以举出许多这样的案例。但限于篇幅，在此我只举一个例子，以便让读者们明白人们是如何被信念“洗脑”，从而对孩子的情况不闻不问，甚至伤害他们的。

坎达丝·纽梅克当时只有 10 岁，她被一条法兰绒床单紧紧裹住，动弹不得。她身边站着三个大人，其中一位是她的养母珍妮。坎达丝拼命想挣脱床单的束缚，而三个大人则在一旁一边冷嘲热讽，一边看着她徒劳挣扎。除了珍妮，在场的另外两位是自称反应性依恋障碍（reactive attachment disorder，简称 RAD）治疗专家的康奈尔·沃特金斯和朱莉·庞德。她们俩认为坎达丝正是患了这种障碍。接下来的 40 分钟内，坎达丝不断哀求她们放了她，说她已经无法呼吸了，甚至开始呕吐和窒息。这一切都被拍了下来。三个大人却对此置若罔闻，只是不停地羞辱她。40 分钟后，坎达丝变得一动不动，而大人们就这么站着，又继续聊了半个小时。最后她们决定看看这孩子怎么样了。她们松开床单，发现坎达丝浑身发青，已经没有了呼吸。她们试了下她的脉搏，自然也毫无动静。坎达丝最终死于窒息，并随即被宣布脑死亡。

在这个案件中，三位成年人表现得像是虐待狂，但是她们的本意似乎是为了她好。这就是伪科学所产生的邪恶力量。

坎达丝从小有些行为不太正常。她的母亲是一名儿科护士，曾经参加了一次旨在推广“依恋疗法”（attachment therapy）的会议。这种疗法的核心理念是，如果儿童在很小的时候遭受漠视甚至虐待，就很难与他的养父母建立起一种情感纽带，于是其行为也会出现异常。依恋疗法就是要试图建立这样一种情感上的紧密关系。

可惜，坎达丝并非这种令人生疑的疗法的唯一牺牲品。

南希·托马斯的网站“设计养育和家庭”（Parenting and Family by Design）有这么一段话：

> 患有反应性依恋障碍的儿童应对其症状进行治疗。患儿的行为和行动方式往往容易极端，而没有针对极端行为经过特殊训练的医师，则可能成事不足败事有余。

根据其临床反应和症状，现在人们都认可反应性依恋障碍是一种精神性疾病。这和《心理障碍诊断和统计手册》[①]（*Diagnostic and Statistical Manual of Mental Disorders*）中的其他障碍没什么两样，主要是针对临床症状来诊断。但是，这些症状不见得只出现在RAD当中，对大一些的儿童而言尤其如此。由此形成的医学诊断更容易引发争议。

梅奥医学中心对此评论道：

> 经过治疗，患有反应性依恋障碍的儿童与看护人（也包括其他人）之间会发展出更为稳定、健康的人际关系。该疾病的治疗手段包括心理咨询，父母或看护人咨询教育，照管者学习与患儿积极互动的技巧，以及创造稳定的养育环境。

你可能注意到了，标准疗法根本就没有提到用床单把患儿裹起来，让其不能呼吸之类的手段。至于那些自封的依恋疗法专家，他们凭借根本站不住脚的理论，推导出毫无现行科学依据的RAD疗法。无论如何，他们认为自己才是治疗这一病症的最佳人选。

此外，他们往往认同关于RAD的一个看法，那就是这些孩子很喜欢操纵周围的人。就算这也许是事实，也很难判断某人是否真的在操纵别人。真正的内行人对此应该会特别谨慎，从不轻易下结论。问题在于，如果你认为某人"喜欢操控他人"，这可能变成自我实现的预言，即你可以把对方的任何行为都解释为企图操纵别人。照这么说的话，这简直与阴谋论无异——无论是有反证还是没有证据，都可以被视为证明你观点的证据，即任何情况下你都可以证明对方有操控欲。

这就是可怜的坎达丝所遭遇的一切。她的母亲相信她得了RAD，只有采取依恋疗法才能得救。于是，她带着坎达丝前往科罗拉多州的埃弗格林，在那里让女儿接受了为期两周的集中治疗。在治疗期间，如果坎达丝舔了珍妮的脸，后者会骑在年幼的女儿身上，让她不要动弹。坎达丝被人按住头部，任由"治

① 《心理障碍诊断和统计手册》最早由美国精神病学会于1952年修订，目前已有数个不同阶段的版本，是所有心理精神障碍和疾病的标准参考手册，对于全世界的精神病领域研究具有指导意义。——译者注

疗师”对着她尖声吼叫。当所有这些干预手段都用尽后，最终他们启用了所谓“重生”疗法。坎达丝被裹在床单里（相当于孕妇的“产道”），这样她就能够获得重生。

在本案例中，最具代表性的一点就是许多所谓“大师”表现出的狂妄和傲慢。这些偏激的家伙认为自己拥有特殊的天赋、才能和洞见。他们不需要科学证据，因为依靠自己的直觉就够了。他们是来治病救人的，才不需要理会什么安全操作标准，对知情同意权和循证式治疗的规范也可以置若罔闻，甚至连最基本的伦理底线都可以不管不顾。

任何职业都有操作规范，而且其中必有原因。这也是某些群体之所以能成为专业人士的首要因素。在坎达丝一案中，治疗师由于对自己的诊疗判断和治疗手段过于自信，以至于置最基本的人身安全于不顾。坎达丝的哀求反而被她们视为她想要操纵别人。同理，她不断地说自己无法呼吸，包括后来变得安静下来，也都是操纵的把戏。

千万不能自以为是——这是我在几十年的行医生涯中学到的深刻教训之一。把大家的智慧集中到一起也不见得尽善尽美，更遑论我个人的意见。我们只能尽力而为，要再三确认自己的主张是否正确，谨慎看待一切治疗手段，并始终把患者的利益放在第一位。由于其自身毫无根据的傲慢，那些信誓旦旦能治好坎达丝的人们，恰恰成了杀害她的主犯。

2001 年 4 月 21 日，康奈尔·沃特金斯和朱莉·庞德因粗暴虐待儿童的罪名被判入狱 16 年。

第五部分
改变自己，改变世界

至此，通过窥视人性的复杂多变，通过面临由此形成的各种来势汹汹的挑战，我希望这趟冒险之旅能让读者们感觉精彩纷呈。我们讨论的这些话题固然非常有趣，但最终的目的还是希望您能在生活中运用自如。也许这么说会让我们这本书听上去像是普通的励志读本，但我还是要说个明白：这绝不是什么心灵鸡汤文学！

我们最好把批判性思维当成类似于医学的一门应用科学。我一直痴迷于解开人体之谜，尤其是大脑的奥秘，但我对如何将这些知识应用于实践更感兴趣。只有这样，知识才有用武之地，而不仅仅是抽象或假设的概念。既然如此，我们该怎么做呢？我们该如何拥有理性批判的思维方式？这些也是我们节目的听众们最想知道答案的问题。他们想知道，在生活中遇到问题时，该如何运用理性的怀疑思维去看待它。

在接下来的章节中，我们将站在个人应用的角度介绍这种思维方式，无论是普通民众，还是为人父母，或者是社会的一分子，都能从中汲取教益。这也许是全书最具挑战的一部分，因为批判性思维将不再是抽象的概念，也不会有这么多具体的案例剖析。我们打算直白地告诉读者们，保持科学怀疑究竟该怎么做。

不过请放心，这部分也会同样有趣。

第 56 章
怀疑一切

你也许会把科学视为（至少在谈及时）人类的某种让人望而却步的发明，某种和现实生活毫不相干的事物，而且必须要有人在一旁严密守护，以将其和日常的一切隔绝开来。但实际上，科学和日常生活是密不可分的，也不应该相互排斥。

—— 罗莎琳德·富兰克林

科学怀疑论的第一条原则并不是对其奉若神明，三缄其口，而是要尽量多地讨论它。因为第一条规则是要首先把这些批判性思维的原则应用到你自己身上。要知道，所有的认知性偏差、记忆和感知的缺陷、启发式思维、动机性推理和邓宁－克鲁格效应等不光会出现在别人身上，也会出现在你自己身上。牢牢记住这一点吧。这些理念不是用来攻击别人、抬高自己的，而是用来帮助你尽可能地减少那些堵塞头脑的偏见、错误和荒谬的看法的。

你必须认识到，与偏差和误判彻底绝缘是根本做不到的。你要做的只能是保持审慎的态度，努力将上述干扰减少到最小程度。当你专注于自省时，你必须明白：我们每个人内心都存在“神圣奶牛”，这些想法是你身份认同的一部分，如果改变它们你会感到痛苦不适。不过，与其与人性为敌，不如接受并顺势而为。

在我看来，我们应该为不再固执己见而感到骄傲。我们都必须本着科学怀疑论和批判的态度，去学会对待不同意见，学会以事实为最高准绳，学会实事求是、公正透明。这不是什么特别的观点或结论，而是已经成为我个人意志的一部分。正因为如此，每当我犯错的时候，我就当它是一次改变想法的机会，也向世人证明我知错必改。当然，这不像说得这么简单。承认错误难免会伤及自尊。只有当你认识到拒绝认错会受到更多伤害时，你才会这么做。

至于如何与别人保持良好的沟通，我倒不想直言“指教”。我只能告诉你我是怎么做的（就是本书提到的这些方法），以及这么做能达到什么效果。我会时刻提醒自己，我们都不是十全十美的人，我们都在努力适应着这个复杂多变而又常常让人心惊胆战的世界。我们都会受到环境的左右。

例如，大多数人最终会接受他们生于其中的信仰体系。因此，把他们生命中唯一一件无法控制的事情——他们出生的环境——归咎于他们本人似乎不太公平。除了与生俱来的神经系统构造外，遇到的各种机遇、各类人生的导师，以及各色身边的同伴，会共同把我们塑造成现在的模样。

这也让我不喜欢动辄对他人评头论足。相比之下，我更喜欢春风化雨般的“教化”方式。我对现在所处的人生阶段感到心满意足，并对每一位曾经点化和教育过我的人都满怀感谢之情。我无以为报，只有将学到的知识和见解传递给更多人。

但这并不是说，人们就不需要为自己的行为负责了。一提起那些骗子我就咬牙切齿，因为他们都该受到惩罚。在节目中，我们针对的是各种观点和主张，并尽量避免变成对观点持有者的人身攻击。和我们一样，他们也只是不完美的人类。同时，我们会对散布虚假信息、谎言和伪科学的荒唐布道者加以毫不留情的斥责。他们向普通民众大肆推销那些可笑的观点，理应成为审查、批判分析和驳斥的对象。当然，我们也会尽量站在公正的立场上讲话。

有些人在推动科学理性思维方面会选择更犀利的方式，这也没什么大不了的。其实无论哪种方式，只要符合自己的个性和才能就是合适的方式。我无法证明哪种方式更有效一些。不过，假如你试图改变他人的想法，或者推销你自己的世界观，我倒非常希望你至少能够考虑一下有效的策略并随时关注实际效果。你的直觉也许会对你有帮助，也许没有。因此，当你向别人介绍批判性思维的时候，也别忘了对你的传播方式进行批判性思考。

如果说我的第一个建议是要虚怀若谷，第二个建议是要以理服人，那么第三个建议就是要勇于挑战。质疑别人的想法或者想办法挣脱伪科学的束缚总归是一件不容易的事，而且还可能会给你添堵。当你去看医生，而医生向你推荐了像顺势疗法之类的荒谬治疗手段时，你该怎么做？这是大家都关心的问题之一。比较省心的做法是说声“谢谢”，然后拍屁股走人，今后再也不会光顾。但是，你原本可以利用这次机会向医生提供一些有价值的反馈，但这样一来便失去机会了。你需要让他们知道你对该治疗方案的态度，使其明白你更信任科学的医疗手段，而这才是你期望从医生那里听到的建议。你也许依旧不会重返此地，但如果你当时这么做了，你就像是为这个世界播撒了批判性思维的种子（尽管数量不多），将来必然会积少成多，聚沙成塔。

包括你的老师、你孩子的学校和工作单位这样的场合，甚至包括整个社交圈子，其实都适用于这个原则。如果你不喜欢对抗，你可以保持礼貌，但我永远不会害怕站出来坚持合理的观点。当然，这需要判断合适的时机及场合，而且要懂得把握进退。有时候这么做是英勇，有时候可能是会让你成为别人的眼中钉。假如你发现你所在的公司跟某位“江湖郎中”签了合同，你是会继续埋头默默做事，还是会向老板大胆揭发？左右你决定的因素有许多，但是我觉得至少可以问一个问题：“如果出了问题，公司会承担什么责任？”

在我看来，每个人的社交圈都应该有这样一个能“大胆怀疑”的人。他能够就任何话题提出自己批判性的意见。用不了多久，人们就会来找你请教种种问题，想听听一个科学怀疑论者的看法。他们知道自己会从中得到什么，也不会因为批判性思维的对话而不悦。

一旦你决定参与其中，那么就要深入到底。你不能只发表自己的意见，而是必须听取当事人的想法，并搞清楚其理由是什么。针对他们对问题的叙述和理解，你要想办法回应。如果你一时想不好该怎么回答，那就直接承认自己无能为力，并邀请对方一起寻找问题的答案。仅给予批判性的回答并非上策，关键是要示范给他们看，如何才能够运用批判性思维挖掘到问题的本质。我们在节目中也是如此：与其授人以鱼，不如授人以渔。

你要向他们展示思维的过程，不管其如何混乱不堪。科学本身就像是一团乱麻。独立思考从来就是一份苦差事，容易遭人白眼。但只要遵循恰当的逻辑，尊重事实，精益求精，最终你至少能找到一个哪怕只是暂时被人接受的合理答案。

科学怀疑论的思维方法非但不枯燥，而且还能让人变得强大起来。听众给我们最常见的反馈就是，他们终于有了自己的一套看问题的方法，而且真正变得自由开放，并不拘泥于某一派别；他们终于可以不再纠结于某种看法，可以广开言路，并采纳其中最为可信的观点。

我也乐于告诉别人“科学怀疑论”于我是一件多么有趣的事。当然，和那些荼毒生灵的无耻谎言打交道难免令人心情低落，但是能够通过不断探索，最终了解到问题的真相，并且和持不同意见的人交换看法，由此更加深了对你自己和宇宙万物的理解，这一过程又是乐趣多多。“怀疑一切”并非消极地一概否认，它也需要积极的心态。

卡尔·萨根能在科学怀疑论者和科普工作者当中享有如此广泛而崇高的威望，我想原因就在于此。他反对伪科学，同时用科学的眼光审视这个世界的梦幻与神奇，这一点无人能及。科学同样可以给你一个令人震惊的视角，而且从这里看到的世界比任何幻想中的世界都要壮丽奇诡得多。

与亲朋好友聊天的正确方式

曾经有段时间，我们诺韦拉一家周日晚上的聚餐总是以妹妹哭喊着从餐厅跑了出去作为结束。对诸如现实的本质以及是否有来生这类小问题的分歧最终总会变成人际冲突。我曾一度被拒绝和埃文一家共赴逾越节晚餐，只因为我在某篇文章中提到了他的妹妹相信鬼魂。卡拉甚至因为他的男友不赞成疫苗，反而对替代疗法青睐有加而断然与之分手。

每个人应该都有体会吧。没有人能像亲人或密友那样让你怒不可遏。为了这些能一辈子维持的关系，你已经付出了更多——你也的确希望能维持一辈子。所以，和这些人进行基于批判性思维的对话风险更高。

我们并非在讨论尼斯湖水怪是否存在，我们经常需要面对生死攸关的决定。在众多提问的听众中，有人的另一半得了癌症，因此来请教我们是否应该放弃医生推荐的疗程，而是改成多吃维生素，或者接受咖啡灌肠；还有父母为了让孩子恢复健康，打算采用顺势疗法；也有人的兄弟姐妹深陷传销而无法自拔，破财无数，故希望我们能指点一二。

和亲朋好友们讨论这些话题挫败感会油然而生。如果两个人意见不同，你很难指望得到对方像样的回应。别指望他会说“你知道吗？我从来就没这么想过”，或者“我确实没办法反驳你”。通常的情况是，他会为自己辩护，会试图将你的思维判断引入歧途，甚至对你进行人身攻击。几个月后，当旧话重提时，你们会发现谁都没有改变自己的想法，仿佛此前的争论从来就没发生过。

到目前为止，这一切都不令人意外。我们此前讨论过种种心理状态，它们无一例外都是绞尽脑汁也要稳住现在的立场（或者对我们有利的意见）。我们会尽一切可能抗拒改变自己的核心理念，或者是自己深以为然的观点。在跟亲近的人打交道时，谨记上述建议显得尤为重要：要谦虚谨慎，保持耐心，重在以理示人，而非为了赢得争论。记住，有时候事实上你可能是错的。总是要提醒自己先考虑这种可能性。

放长线才能钓大鱼

每当有人问我们该如何与亲人或朋友有效沟通的具体建议时，我们的回答都是“这得看情况”。首先，这得看你的目的。这一点似乎不言自明，但是它很重要，要搞清楚你想从交谈中得到什么结果。你的话究竟是说给谁听的？你这么说是在试图让他人改变主意，还是改变行动？其次，要搞清楚为达成以上目的，你愿意投入多少时间和精力。

如果你在社交媒体上和某人聊天，你可能永远不会与他见面，也不会发展出真实的人际关系，因此可以只言简意赅地表明观点，然后忙你自己的事情去。但如果聊天的对象是你的妻子或丈夫，那就完全不同了。你会愿意花上好多年的时间慢慢“改造”他/她的观点。也就是说，你得非常有耐心才行，别指望对方能突然间豁然开朗。

所以该怎么做呢？

1. 就像我们在节目中常说的那样——先播种再说。抛给对方一个问题或观点，请他自行思考或者仔细研究。别急着问答案，也别指望对方当时就告诉你他的想法。让他先在头脑里自行消化，挑战自己原来的观念，这样会比较没有压力。

2. 不要把交流弄成较劲和对抗。讨论越是对人不对事，人们就越不愿意松口。最好是双方共同来探索研究。别一上来就对着干，而是应该先抛出问题，并告诉对方哪些地方你不太懂，然后再和他一起努力寻找问题的答案。这样做才有助益。

3. 寻求双方的共同点。我们在关于“逻辑谬误”和如何辩论的章节中提到过这一点：只要是观点，就一定有前提和逻辑。假如你和对方意见相左，你们头脑中预设的前提一定是不一样的。否则，你们当中至少有一个人的逻辑推论有问题。第一步先找到双方的共同点，第二步再搞清楚什么地方意见不一致，看看能否共同努力以弥合这些分歧。你的结论可能是双方的主观意见或价值判断存在差异，至少你会知道你们存在差异的地方。

不要为事实争吵，要找到解决之道。双方需要提前就一点达成一致，那就是你们只需要查找出任何有争议的细节，然后试着找到双方都信任的信息来源。

4. 不要迎头痛击，而应该通过循循善诱的方式，培养对方的批判思维。不要急于扭转某个你最关切的信念，这样反而会事倍功半。相反，你得找一个你本身就赞同的话题。我经常会与我的一位好友发生争执。有一次，他看了一部关于罗斯威尔事件的纪录片，才明白为何人们把坠毁的东西想象成飞碟纯属无稽之谈。我们俩在这个话题上达成了一致意见，这才非常顺利地让他接受并学会了批判性思维。我们没有围绕该话题互相指责，而是一起探讨什么证据才能被采信，那些谣言是怎么流传的，人们又是如何自欺欺人并对那些谎话深信不疑的。我们每个人都或多或少会对某些事情有点怀疑精神，找到这个种子。

与其劝诫他们不要轻信某个说法，或者令其接受大家普遍认可的科学解释，还不如花点时间传授他们一些批判性思维的技巧。如此一来，他们最终可能会对自己原来的观点产生怀疑。

5. 注意你的说话方式。令人惊讶的是，在科学怀疑论者的群体中，“待人友善”这个简单的建议竟引发了如此多的争议。自称“糟糕的天文学家”的菲尔·普莱曾在一次“惊奇大会”[①]（The Amazing Meeting）上发表了题为“别当讨

---

① 惊奇大会，为美国怀疑论者在拉斯维加斯自发召开的年会，主旨是讨论理性生活和伪科学。——译者注

厌鬼”的讲话[1]。结果出乎意料，他的讲话引来了人们的口诛笔伐——他们认为普莱才是当之无愧的讨厌鬼。

产生这一争议是有原因的。在社交媒体上有一种被称为“喷子”的人——他们来这里不是正儿八经解决问题的，而是故意揪住别人不放，不停地吹毛求疵。这样他们就能把人气走，不再参与正常的讨论，或者索性闭口不言。仅仅是因为坦率指出了某个事实错误，或者认为某个观点犯了逻辑上的谬误，人们就经常指责我刻薄。如果不注意说话方式，就会让讨论偏离原来真正的议题，或者只因为不赞同某个观点，就大声喝止别人发言。

尽管如此，还是有人竭力为自己辩护，他们认为任何说话方式都不应该被禁止，这是他们的权利。他们有权直截了当地炮轰别人，也有权尽情嘲弄别人。他们认为，讨论某些话题时就应该听上去铿锵有力。在和江湖骗子打交道（或者谈到他们）时，我就会遇到这种情况。他们（或者他们的拥趸）要求得到尊重，并有意识地“喷”那些持反对立场的人。不过，他们（或者他们的主张）能否就此赢得尊敬，恐怕始终是个问题。

6. 搞清楚对方的“认知故事”。我们不只对事实有特定的认知，我们还建立起基于认知的故事，它包括世界如何运转，如何理解那些难以理解和令人困惑的信息，他人的动机是什么以及过去都发生过什么。如果你希望对方改变看法，简单粗暴地指出对方的错误，并不能让他们放弃自己的认知故事。这样做只会让对方感到受伤，让他没有安全感。你应该换一种更有解释效力、更具科学性和逻辑性的认知故事来替代他们之前的故事。

换句话说，你需要用批判性思维来帮助他们理解那些事实与观点究竟在讲一个怎样的故事。在上面那个罗斯威尔事件的案例中，我朋友头脑中的故事是，当时的确坠落了一架外星飞碟，但是美国政府却掩盖了相关的物证。我的目标是让他用科学怀疑论者讲故事的方式来代替阴谋论的故事框架，他需要去质疑那些传说、自我欺骗、不负责任的媒体报道以及阴谋论故事兜售者的自我吹嘘。

讲了这么多，我想你会希望与家人和朋友保持一种亲密和谐的关系。你完

---

① 在这个演讲中，菲尔·普莱提到当怀疑论者没有咄咄逼人和言语刻薄的时候，他们可能更容易达成目标。——校译者注

全可以做到在不冒犯他们的情况下，把你要说的都说出来。有时候不用消极的表达方式唱反调很难——因为这本质上就等于在说某人是错的。但这并非不可能，只要你能多为别人考虑。

无论你决定采用什么样的方式，上面这招对我们来说屡试不爽。比方说，我们经常会收到部分听众带有冒犯或侮辱性质的电子邮件，只因为他们不同意我们说的某句话。也有人是因为单纯嫌弃埃文的嗓音，或者觉得杰伊的某个笑话很无聊。对此，我们会尽量用一种专业而礼貌的方式回复他们（在回邮件的时候）。这么做的效果之好令人惊讶：听众们的不满很快就消失了。当初气势汹汹的人也不再和我们较劲了，甚至会为之前过分的语气向我们致歉。你甚至不必骂对方幼稚——只要让自己的言行像个成年人，其差距便不言自明。

最后，如果我觉得某人"孺子可教"，循循善诱应该是唯一有望成功的方式。不过这也要看具体情况。有时候言辞犀利些也是必要的，这要看你的目的是什么。

虽然要改变一个人没有固定的方式，也绝非一时之功，但是好在"禀性难移"并非绝对"不能移"。心理学家可以给我们一颗定心丸——只要你肯花时间对观点和事实进行深入解析，人们还是能够改变想法的，而且对当前问题的理解也会更深一层。坚持对你身边的人灌输理性批判思维，从长远来看必将取得成效。

育儿也要保持科学怀疑论

金雳[①]——矮人族武士，是托尔金打造的"魔戒远征队"的成员之一，正在向我的嫂子大谈母乳喂养，而我则在一旁静静聆听。这是我在做梦吗？不，你错了。生活中总会遇到一些奇怪的场景。

让我从头讲起。我们很少会错过 Dragon Con 漫展[②]（关于科幻、奇幻和怪咖的大型集会），我们在展览的会议中讲解科学怀疑论和科学（当然也不会错过那

---

① 金雳，小说及电影《指环王》当中的人物，是魔戒远征队的一员。—— 译者注

② Dragon Con 漫展自 1987 年创立，每年都会在佐治亚州的亚特兰大市举办，是世界上最有影响的 cosplay（利用服装、饰品、道具以及化妆来扮演动漫作品、游戏中的角色以及古代人物）盛典之一。—— 译者注

些精彩的服装秀）。有一年我们带上了杰伊的妻子科特妮，当时她正怀着她的第一个孩子。

我们排队等着让约翰·里斯-戴维斯在照片上亲笔签名——他在《指环王》三部曲中扮演金雳。他注意到科特妮身怀六甲，于是就跟她搭话，问她是否准备母乳喂养。当时她也拿不定主意，而里斯-戴维斯显然在婴儿养育方面颇有心得。他是个非常和蔼可亲的人，这一点毫无疑问。我们非常开心地和他聊了一会儿。不过看得出来，他是"母乳喂养好"的坚定捍卫者。

在这场颇有意味的对话中，我想到了好几个问题。首先，我想这位可怜的先生一定不清楚他在和谁说话。我真想插话道："金雳，所有已发表的科学刊物上都没有提到，有证据表明大家传统上认为'母乳喂养好'的说法是正确的。一味向妈妈们施压令其采用母乳喂养，恐怕效果会适得其反。"有些动漫粉丝站在我们身后，显得有些愤怒。我猜他们可能对母乳和婴儿配方奶粉喂养优劣的争论没什么兴趣，其中某位"蜘蛛侠"尤其显得坐立不安。

这也充分证明了我此前观察到的现象——每个人都会认为自己在某些话题上颇有发言权（比如在怀孕和养育子女方面），全然不顾它们会涉及非常复杂的科学道理。人们认为自己的意见就好比经过专家严格检测的数据一样可靠，同时也相信他们有义务将道理原原本本地讲给别人听——哪怕是在一个漫展现场，身上还套着奇装异服。

心理学家把该现象称为"解释深度的错觉"（the illusion of explanatory depth）。我们总觉得自己是内行，哪怕有时候我们根本不是。究其原因，部分是因为我们习惯于依赖他人的经验和知识，却往往把它们错当成是自己的能力。我们都会开车，会用电脑，但其中大多数人都不见得知道车和电脑的工作原理。我们明明对此只是略知一二，却偏偏喜欢高估自己，同时低估该领域真正专家的能力。同样的道理，我们都不是医学专家，可我们偏偏认为自己在母乳喂养方面有两把刷子。

这本来只是个医学问题，或者仅和个人喜好有关，却偏偏和道德评价扯上了关系——假如你拒绝母乳喂养，或者在分娩时服用了止痛药，又或者你没有给孩子喂食无麸质低致敏源有机甘蓝，你就是没有尽到做父母的责任。

这意味着什么？只要你昭告天下（或者已经世人皆知）你即将为人父母，

你就会面临各种各样主动送上门来的建议。

鼓励批判性思维

作为父母，具有批判思维能力不但意味着知道如何正确对待备孕及抚养下一代等科学问题，也意味着知道该如何让孩子们长大后学会理性思考。我倒是希望自己有能达到这种效果的“秘方”，但事实上，每个孩子都是不同的个体，他们成长的环境也各不相同。无论在什么情况下，你都无法真正控制孩子们的思想，你只能去影响他们。坦率地说，心理学家通常会建议，家长们应该和孩子建立一种充满爱心的友善关系，这是最重要的。

在保持良好关系的同时，你可以慢慢试着鼓励孩子们多提问，培养他们对科学的兴趣，并用批判性思维来思考。

良机莫失

当你遇到一些练习批判性思维的机会时，请抓住这个机会，记得保持这个良好的习惯。示范给你的孩子，告诉他不要轻易相信眼前的一切。这将是他学会鉴别谎言的第一课。总之，要示范给孩子好的思维方法。如果孩子们提出任何问题，无论它有多简单，也不要只给他们一个所谓“权威”的答案。我会表扬他们勇于发问，称赞他们有一颗好奇心。接下来，我会思考这个问题的有趣之处，并反馈给他们。

比如，我的女儿曾经问过我：“恐龙是什么颜色？”这应该算是一个挺有深度的问题，因为它推翻了人们对恐龙的通常印象。我反问道：“我们又怎么知道恐龙是什么颜色的呢？”这个问题比刚才那个更有意思，于是我们就这样一直讨论下去。

有时候，我们得承认自己的无知，甚至承认连科学家也不知道答案。这并不是什么坏事。实际上，大多数问题都没有完整的答案。你可以尽你所能回答已知的那部分，也必须承认尚存在科学家还没搞懂的问题。这样做可以让孩子知道：世界上不存在绝对的真理，任何事物都可以怀疑；知识不是绝对的，不断会有新的发现；没有绝对的权威，任何观点假如能够成立，只不过是目前刚好有证据支持罢了。

通过这样的教育方式，孩子们自然而然就学会了用科学怀疑论的眼光看待事物。如果能在某些细节上证明我错了，他们会显得尤为兴奋。这样是一个以身作则的机会，让他们知道如果被人指出错误，应该怎么应对。

还有一条原则也很有意义：目标应该略高于你直觉中的预期。换句话说，我们往往会小看孩子们的理解能力。实际上，他们懂的可能比你想象的要多。不要在孩子们面前摆出一副居高临下的姿态，也不要小看他们。这个态度的拿捏就好比把一个诱饵放在他们面前，距离不太远也不太近，他们需要努力一下，伸手才能够得到。至少，他们以后会感谢你在探讨问题的时候能够平等以待。

培养对科学的热爱

我热爱科学。在节目中我们都是科学的信徒，而且我们从小就热爱它。我们还有一个共同点，那就是家里至少有一位大人热爱科学，并从小就如此教导我们。对为人父的我来说，和孩子热切地分享我对科学的热爱是一件再自然不过的事情。

人们普遍认为，最棒的教育就是和孩子们一起共度欢乐而有质量的时光。教育专家也认可这一说法：经常定期为孩子们读书，并让他们尽可能多地接触到书，无疑对其成长很有帮助。你的任务就是保证其中一部分书（以及和孩子们共处的一部分时间）要和科学有关，比如我会带女儿到我们家后院的树林里“探险”。如果你没有这个条件，应该可以想到许多其他的办法。

有时我也会和我的女儿一起畅想，想象我们此刻正在穿越太阳系。这种游戏只需要一个盒子，甚至小房间也可以——再加上你的想象力。我不会直接告诉孩子什么是太阳系，而是和她坐在假想的飞船内，等飞船“发射升空”后，我们就会依次穿越太阳系的各个行星。我会告诉她人们得花多久才能到达那里，让她知道从轨道上看行星长什么样，以及在行星表面活动会是怎样一种体验，包括重力问题等。

通过玩耍，你也会知道孩子的兴趣点在哪里，并鼓励他们继续探索。不要强行与孩子讨论他不喜欢的内容：不妨多聊几个方面的话题，观察他对哪一个更感兴趣，然后不断在这个话题上深入下去。比如我发现大女儿对鸟类很感兴趣，小女儿却喜欢工程。聊哪个话题其实都无关紧要：可以是植物、昆虫，也可以是恐龙或者行星。总之，聊什么都可以。一旦发现她们对哪个东西特别好奇，你就可以教她们怎样观察，怎样合理地分类，科学家是怎样研究它们的，怎样才能把靠谱观点和胡乱猜测区分开来，以及怎样通过阅读来深入了解这部分内容。你甚至可以想办法把孩子最感兴趣的那部分话题和其他知识领域联系起来。

就算你自己还没有升任父母，你的好友和亲属也肯定有人做了父母。你有大把的机会让这些孩子学会一点批判性思维的技巧，或者能够让他们爱上科学——无论他们现在几岁。

归根结底，一位有科学怀疑论思维的家长，其实就是一位有理性批判精神同时又热爱教育和培养下一代的人。我们的一生既有为人师表之时，也有虚心求教之日。学无止境，无论你的知识储备是多是少，总有一些是别人不知道的。传授知识其实也是吸收知识的最佳途径——“教”和“学”都是人们知识代谢的组成部分，可谓殊途同归。

那些经历更多，或者知识储备更丰富的人能够教会你许多东西，但是那些资历或知识水平不如你的，同样有可能做你的师傅——他们有热情和新鲜的视角，这就足够了。没有先入为主的框框，反而能提出更富有洞见的疑问。有时孩子们能提出非常棒的问题，就是因为他们没那么多预设，思维也完全不受束缚。面对这些脑洞大开的话题，我们反倒应该趁机反省一下：头脑中明明预设了条条框框，自己却还浑然不觉。

这种教学相长的模式也正是我们在节目中所极力推行的。教中有学，学中有教，这是一个合二为一的过程。希望我此生都在“教”与“学”的路上，直到最后一息。

后　记

有幸成为科学怀疑论者大家庭中的一员是我这辈子最为自豪的成就。它既是一段个人的心智之旅，也是与亲朋好友共同踏上的征途。有了志同道合者的帮助，尤其得益于理性批判思维节目在网上的传播，选择加入我们阵营的人较之原来已成倍增加。

这一路走来既有欢声笑语，又有发人深省的故事；既有令人沮丧的经历，又有催人奋进的时刻。我很清楚，这是一条永无止境的征途。

最令热心听众感同身受的一点，莫过于他们在收听节目时，会觉得自己就像是录制现场的第六位主持人[①]，只不过不说话而已。对听众来说，这不光是个教育类的节目，也不仅是乏味劳动时的陪伴消遣。许多听众发现，他们能够通过节目找到不少知音，我们乐于听到这样的消息，因为这正是我们前进的目标。许多人还把它视为“挣脱现实，追求真相”的乐趣。我们经常会觉得这个世界过于疯狂——得知还有其他人也看重科学、逻辑和推理，那可真是太棒了。

如果你通过本书才第一次接触到我们的节目，知道了什么是科学怀疑论，希望你不会认为它毫无价值而又枯燥乏味。某些章节如果令你感到不快，这也很正常，这意味着我们成功动摇了你原来的某些想法，而且说不定比你想象的更多。

在结束本书前，最后再给你一个建议：不要觉得我们就一定正确。这个要求听上去有些奇怪，但是关键在于，没有任何人的经验和感觉能百分之百靠得住。要学会独立思考，学会尽力去核实你认为重要的信息。我们的确需要仰仗各路专家或他人来获得资讯，但与此同时，我们也要搞明白这些结论是怎么得出来的。为什么专家要这么说？还有没有别的可能性？

---

① 本书引言中曾提到过，该节目的主持人共有 5 位，包括史蒂文 · 诺韦拉本人。—— 译者注

每个人都会犯错，我们也不例外。我只是希望本书的内容没有什么大纰漏。我们已经尽力了，但是错误终归是难免的。我们唯一能做的，就是一旦发现有错误，就毫不犹豫地去改正它。

这么多年来，我们从节目听众那里学到的东西，恐怕一点也不比他们从节目中学到的少。我们几乎每周都会收到热心观众的来信——他们往往是节目中所讨论的某些细分话题的顶尖专家。这些听众来信使我们受益匪浅：它给了我们看问题的全新视角，填补了节目中没有涉及的空白，或者干脆直接对我们的说法和结论提出质疑。对我而言，新媒体最棒的意义就在于此——它让主持人和听众产生了互动。我们并不只是对着听众喋喋不休——当听众有话想说时，我们会非常乐意和他们展开对话。

我写本书的初衷之一，就是想让它同样成为我们与听众对话的一部分。你可以把它看成节目的收听指南。听众们总是在问，我们是否有打算出版一套资料，以便他们更好地理解节目中反复提到的那些理念——阅读本书就对了！在科学怀疑论的无尽旅途中，我衷心希望本书能助你一臂之力。

下次再见之前，请牢牢记住：万物存疑。

新篇附赠：气候变暖是真的吗

正如同全球面临着气候变暖的挑战，整个国家面临着债台高筑的窘境，我们的医疗问题同样说起来就让人心烦。所有这些恶果都是由一系列不恰当的政策带来的，但偏偏请神容易送神难。面对诸多困境，选择迎难而上的人，才最适合领导这个国家。

—— 阿图 · 葛文德

菲尔 · 普莱是一位致力于宣扬科学及批判性思维的学者，自称“糟糕的天文学家”。他曾经针对全球变暖问题的研究成果打过一个绝妙的比方，让我们来看看他是怎么说的：假设天文学家发现了一颗体量巨大的小行星，并测算出它很可能最多再过 50 年就会和地球相撞。毫无疑问，这将是一次超大规模的灭顶之灾。无论它最终撞向哪儿，撞击点及其周边广大地区的人类文明都将毁于一旦。无数生灵将惨遭涂炭，更多的人将无家可归，经济损失恐怕要数以万亿美元计。

一开始，天文学家说这颗小行星有 40% 的可能性会落在与地球毗邻的其他行星轨道上。然而，一旦事与愿违，很可能地球就是它的最终归宿。我们该怎么做呢？我们越早有所行动，就越有把握让小行星别朝着地球撞过来。但总有一些天文学家对此不以为然，他们认为这颗小行星的破坏力远没有人们说的那么夸张。

好吧，那就再等等——这一等就是 20 年。20 年后，天文学家已经可以对小行星的运行轨迹做出更加精准的预测：撞击地球的可能性增加到 90%，而留给人们的时间只剩下 30 年。这次反对者寥寥无几。

尽管如此，天文学界对小行星撞击地球造成的后果却众说纷纭，难以达成一致。有人认为这将导致类似于“核冬天”[①]的生态灭绝，但也有人直言这是危言耸听。政客们兀自对此争执不休——他们只是对撞击地球的具体后果各抒己见，却始终没有采取任何措施。

又一个 10 年过去了，撞击地球的可能性已经提升到 95%。与此同时，悲观的论调也甚嚣尘上，成为多数人的共识。问题在于，只剩下 20 年了。这么点时间究竟能否拯救得了地球，谁也没有把握。有人干脆认为，与其妄想干涉小行星的飞行轨道，倒不如做好防备措施。随着越来越多的科学家承认这一回地球难逃厄运，政治精英们反倒变得越发麻木不仁，无动于衷。

问题的关键在于面对预言中的灾难，我们到底需要有多大的把握，到底需要多少人达成一致意见，才能真正让我们有所行动？如果等全体科学家一致认为灾难 100% 会发生之前，我们必须保持按兵不动，那等于我们什么都不做。这种情况太绝对了，几乎不可能出现。任何时候都会存在反对意见，主流意见永远别想得到所有人的认同。即使抛开反对意见不谈，有时我们也应该当机立断，不必追求绝对的把握。小行星的例子便是如此，我们耗不起那个时间。

医生们也经常会遇到这种情形。如果怀疑某个病人感染了莱姆症[②]，医生不能等到百分之百确诊后再采取行动，不然很可能就回天乏术了。通过分析风险和收益，你必须迅速做出某个决定，好比医生一旦有所怀疑，就应该立即决定使用抗生素，哪怕事后证明没有必要这么做也在所不惜（有可能会出现这种情况，但不会很多）。

在气候变暖这个问题上，我们同样面临这一选择。目前，全球约 97% 的科学家都承认气候正在变暖，而人类活动正是其主要元凶。这些人都是来自相关科研领域的专家，他们有 95% 的把握能证明上述说法是正确的。我们也非常清

① 核冬天是关于全球气候变化的假说，它预测当人类进行了一场大规模的核战争后，地球生态可能会产生气候灾难。由于城市存在各类易燃目标，使用核武器会让大量的烟和煤烟进入地球的大气层，导致高层大气升温，地表温度下降，产生了与温室效应相反的作用，使地表呈现出如严寒的冬天般的景观，称为核冬天。不过最近几年的进一步研究表明，核冬天的时间也许没有人们想象的那么持久。——译者注

② 莱姆症（Lyme disease）是一种北美地区流行的由特定细菌通过野外蜱虫叮咬传染的疾病。——译者注

楚，为应对气候问题而采取的各种措施，恐怕会对地球产生持续数十年的影响。因此，即使没有十足的把握，我们也需要对今后的走势做出尽可能恰当的推论，并由此做出决策。从本质上来说，对环境"无动于衷"同样是一种经过利弊分析后的对策，就像医生对疑似患有莱姆症的患者无所作为。

科学家还好说，真正的麻烦来自政治家。出于政治或意识形态等原因，他们经常对科学界达成的共识不屑一顾，从而迟迟不愿付诸行动。与此同时，小行星正在悄然向地球逼近，被莱姆菌感染的人群也逐渐出现越来越多的并发症状。

现实中总有不少反对科学观点的声音。它们在很大程度上代表了伪科学和否定主义的价值观，我们在前面章节中对此都有论述。

让我们先回顾一下科学家眼中的全球变暖是怎么回事。二氧化碳是一种温室气体，这一破天荒的理论是瑞典科学家斯万特·阿列纽斯（1859—1927）首先提出来的。假如大气层内没有二氧化碳，地球表面的平均温度恐怕要下降 59 华氏度（相当于 15 摄氏度）。阿列纽斯早在 1896 年就指出，工业排放的二氧化碳会让地表温度进一步上升。

二氧化碳的存在就像给地球盖了一层厚厚的毛毯。太阳光的照射会让地球表面温度升高，而地表也会因此将一部分热量以红外辐射的形式反射回去。其中部分红外辐射被大气中的二氧化碳吸收后，会继续产生和释放热能，并且不断地被外太空吸收。这一"增温"效应会在某个时刻达到平衡，即地球接收到的热量正好与其释放回太空的热量相当。

大气中的二氧化碳浓度越高，达到上述"平衡点"的温度值也越高，这就是问题关键。更多的二氧化碳会让热能在更高的温度上达到"平衡"，这意味着地球会变得更"暖和"。这一理论得到了人们的普遍认同，观测结果也的确如此。

在尚未工业化的时代，大气中二氧化碳浓度值一直保持在 200~280ppm[①] 间徘徊。到了 2019 年，有记录在案的二氧化碳浓度最高值已经达到 414.7ppm。二氧化碳的增加主要缘于人们对矿物燃料的大量使用，而后者其实就是地底下埋

① ppm 全称为 part per million，是一种用溶质质量占全部溶液质量的百万分比来表示浓度的单位，也称百万分比浓度。—— 译者注

藏了数百万年的碳化物。

当然，刚才讨论的只是气候变化的一种极简模式。引发气候变化的原因多种多样，包括同样被认为是温室气体的水蒸气和甲烷。地球及其生物圈也绝不会坐以待毙，比如海洋就帮忙吸收了比以往更多的二氧化碳。太阳辐射变化等其他因素也会对地表平均温度形成制约。当地表温度变化时，云层、冰层和洋流的温度也会随之改变，这些都会对气候造成持续影响。

由于模拟各类气候因素的相互纠缠和影响异常复杂，由此推导出的结论也会多种多样。为了对此加以总结，方法之一是采用被称为“气候敏感性”（the climate sensitivity）的单一指标。该数值反映的是工业化以来，大气二氧化碳浓度加倍所导致的全球平均气温的上升情况。根据估算，目前全球气候敏感性数值大概在 35~40 华氏度（即 1.5~4.5 摄氏度），实际数值很有可能是这个范围的中间值，比如说 37.4 华氏度（即 3 摄氏度）。

上述模型很快赢得了科学界的一致认可，但还有人拒不接受。这些人到底想表达什么意见，又是如何来捍卫其主张的呢？他们给出的理由千千万万，但没有一条能站得住脚。“城寨谬误”（the motte and bailey fallacy）便是他们常犯的一类逻辑错误。

该谬误的名字来自中世纪的一种城堡造型：中间是木质或石质的主楼（即 motte，意为“内部的高塔”），周围是庭院，而庭院四周都是围墙（即 bailey，意为“外墙”）。城堡守卫通常驻扎在外墙。一旦遇到寡不敌众的情形，守卫们会纷纷向更加坚固的主楼收缩靠拢，等待时机重新攻占外墙。

同样，反对派通常会把气候变化归咎于人类活动的科学结论批评得体无完肤。但是一旦遭到强烈质疑，或者对方握有难以批驳的证据时，他们便暂时当起了缩头乌龟，等过一阵子再重新露头。

为了更好地理解这一逻辑概念，我们可以从不同角度来审视科学界对气候变化的看法。首先，二氧化碳是一种会造成温室效应的气体，这是最基本的科学概念。接着我们需要知道气候敏感性的精确数值，即二氧化碳浓度的增加会导致地表温度升高多少？我们还得考虑这几十年来，地球表面的温度已经升高了多少度。另外，是否有证据能认定人类是气候变暖的始作俑者呢？

除了承认这一现象，我们还得追问其背后的原因何在。我们有多大把握认定这是人类活动造成的恶果？或者进一步说，不同程度的气温升高对地球究竟意味着什么？就算二氧化碳是罪魁祸首，全球变暖是板上钉钉的事实，而正是人类自己种下了这枚苦果，那么我们又该如何应对？与其指望做好防范，倒不如选择积极应对。

正如中世纪的城堡守军会时而冲出反击，时而又龟缩回主楼那样，气候问题的反对派会根据需要灵活调整他们的立场。面对全球变暖的最新证据，他们会指责对方虚张声势，拿“稻草人”[①]来吓唬人。他们嘴上承认气候变暖，却不认同其原因的科学解释；或者对原因也表示认可，却拒绝承认因此导致的糟糕后果。一旦什么时候风向对他们有利，他们甚至会立刻翻脸，干脆连气候变暖的事实本身都来个拒不认账。

这种前后矛盾的做法背后是有原因的。在之前论述否定主义的章节中，我们提到过一种对方案措施表示“厌恶”的心理倾向。有些人反对科学并非对科学本身不满，而是对科学家提出的解决方案不满。经过一系列的研究实验，美国科学家坎贝尔和凯于 2014 年首次提出了这一概念，并用它来解释为什么总有人会否认气候变暖这一事实。不过，他们随后发现该现象并非只适用于讨论气候问题。无论一个人的理念偏向自由还是保守，他都会对某方案表现出“厌恶”倾向。

归根到底，对全球变暖说“不”的人只关心“对方”会做出什么反应，他们自己无论持什么态度都无所谓。反正到最后他们什么也不会做，只知道袖手旁观。他们生怕一旦做得不到位，反而会对全球经济造成大规模伤害，甚至会让政治上的竞争对手捡个便宜。

关于不同党派对全球变暖问题所持的态度，耶鲁大学气候变化项目团队于 2019 年做过一项调查，其结果完全符合我的上述看法。调查显示：

> 大多数注册选民（70%）认为全球变暖确实存在，其中包括 95% 的自由派民主党人，87% 的中间或保守派民主党人，63% 的自由或中间派共和党人，而仅有 38% 的保守派共和党人认可这一事实。

① “稻草人”即本书第 10 章所论述的逻辑谬误之一。—— 译者注

多数选民（55%）认为人类自身是导致全球变暖的主要推手，其中包括 86% 的自由派民主党人，71% 的中间或保守派民主党人，但是只包含了 46% 的自由或中间派共和党人（一半不到），而同意上述观点的保守派共和党人更是只占到了 21%。

大约六成的选民（61%）对全球正在变暖感到忧虑，其中包括 93% 的自由派民主党人（较 2018 年 3 月的调查结果上升了 5 个百分点），81% 的中间或保守派民主党人，54% 的自由或中间派共和党人。对此抱有同样态度的保守派共和党人仅占两成（21%），较 2018 年的调查结果反而下降了 9 个百分点。

全球变暖始终是一个造成两党泾渭分明的科学话题，其造成的隔阂之深和持续时间之久都是史无前例的。要想为不同的气候问题一一找到出路，我们恐怕得写上一整本书。不过，我下面要分享的是反对派常挂在嘴边的一些观点。让我们看看它们有哪些逻辑漏洞，在哪些方面不符合实际情况。

首先，他们始终不认可全球变暖这一科学共识，甚至否认共识本身的科学性。

他们声称这是一种对学术权威的盲从态度，即众口一词未必就是真理。他们认为科学问题永无“解决”之日。人们达成共识不为别的，就是为了压制正常的学术争论。这种观点无疑是错的，至少会对我们的思路造成干扰。

很显然，任何科学结论都基于适当的逻辑推演和事实论据，但其并非像反对派说的那样会“不证自明”。相反，我们需要对论据加以阐释和评估，并放在一定的学术背景下来考量。科学问题往往很复杂，因此只有求教于专业人士才靠谱。解决过程不会一蹴而就，甚至还会受到其他科学家的质疑。既然如此，我们又是怎么知道那些论据究竟有何用途呢？最好先看它是否代表了某种科学界的共识，包括其可信程度。这样做也非常合理：除非你自己就是该领域的专业人士，否则对外行来说，这能帮助你对论据可靠性有个大致的判断。

全球变暖无疑已是科学界的共识，甚至在数据上也很接近那个小行星的故事。2016 年，一项针对 6 份独立研究报告的结论分析显示，报告作者对形成共识比例的预测范围在 90%~100%，基本上集中在 97% 左右。绝大多数科学家都承认地球正在变暖，并且人类自身的活动是主要诱因。

科研机构也会组织专家小组对已公布的论据进行审查。经充分讨论后，它们还会对基于这些论据给出的结论达成一致意见。NASA 在其关于气候变暖信息的页面中公布了 18 个这样的机构，它们都明确表示地球变暖是人类的自作自受，无一例外。

其中最引人注目的机构是联合国政府间气候变化专门委员会。该委员会来自 40 个国家的首席和丛书作者对共计 30 000 份科研论文进行了评估，并且给出了超过 42 000 条意见。

反对派并非盲目地否认上述共识，而是采取了两种不同的策略。一是他们声称高达 97% 的共识率完全是基于约翰·库克 2013 年发表的一篇研究论文（如前所述，怎么可能只基于一篇）。具体来说，库克先整理了与此有关的公开论文，又统计了对共识表示赞成的论文数量，从而得出了这一百分比。

不了解内情的人很难看出里面的门道，反而会借此质疑库克的做法。反对派正是抓住这一点不放，指责 97% 的共识率纯属无稽之谈。这也是他们的惯用伎俩——先假定对方把所有鸡蛋都放在一个篮子里，接下来对篮子一顿猛轰就是了。但是你要知道，库克的统计并不能代表整个科学界的共识，它反映的只是这一共识在已公开发表论文当中所占的比例。抛开库克的研究不谈，另外一些独立研究或调查的结果（以及各类机构发表的观点）都可以证明，人们已在全球变暖问题上达成了高度一致（即 97% 左右）。

反对派的另一个策略是只承认表象，但不承认其背后的深层含义，这便又回到所谓“城寨谬误”的老路上。他们认为人类只是对全球变暖这一“现象”达成共识，也承认这里面有人为的某些因素，但拒绝进一步承认人类活动是造成气候变暖的真正元凶，否认气候变化可能带来的恶果，也反对采取任何应对措施。

现在我们完全可以大胆地说，这就是事实真相。全球变暖已是板上钉钉的人类共识，而人类活动是其幕后元凶的说法也赢得了超高支持率——大概有 95% 的人同意这一观点。不过，如果要追问更多的细节问题，我们恐怕就没有这么大的把握能一一准确回答了。像“某个时期的气候变暖值是多少”这样的问题，就可能会有非常多的候选答案。当然，我们基本上有 95% 的把握可以说，二氧化碳浓度一旦加倍，气温将升高 35~40 华氏度。其他细节问题还包括：冰川过多少年后就会全部融化？随着气温上升，海平面会上涨多少，这一过程又有多快？是否存在某个让全球加剧升温的临界时刻？延缓或阻止气候变化的最佳策略又是什么？

这就好比我们想知道小行星到底会撞击到地球的哪个部位？会给地球造成多大的破坏？其冲击力是否足以撞破地壳，导致火山喷发？要想改变小行星的飞行轨迹，该怎样做才最有效？

尽管细节问题仍有待商榷，但我们的基本结论是毋庸置疑的：正是人类自己导致了全球变暖现象，而且会对我们的未来影响深远。要想进一步回答这个问题，各方最好能首先对没有争议的部分予以认可，再对具体细节开诚布公地进行学术探讨。我们最应该讨论的是采取什么措施来缓解气候问题，而不是无休止地辩论其是否存在。

我还经常听到一种观点，类似于："气候在变化是没错啊，而且从来没有停止过。这本来就是自然界循环的一部分嘛！"支持这一观点的人只承认近年来全球气温有所上升，却对该现象背后人类活动的推波助澜视而不见。他们往往会对导致升温的热量来源寻找另外的解释，比如太阳照射（即太阳是元凶）之类。

有人声称火星表面也一直存在同样的升温现象（实际上并非如此），并借此当作太阳能导致地球变暖的证据。火星表面可没有什么汽车在跑，所以不是太阳还能是谁？但火星升温的真相究竟如何，目前仍然是个谜。

关于整个 20 世纪全球平均气温上升的原因，人们的确还提出过其他一些解释。气候学家对此一一做了检验，并最终排除了其他所有选项，认定我们排放到大气中的超浓度二氧化碳才是元凶。顺便提一句，科学怀疑论的一条经验法则便是：一个外行对某科学问题所能想到的解释，恐怕那些精通该科学理论且整天做相关研究的专家早就想到了。

基于目前的数据分析，人类活动恐怕是唯一合理的解释——正是我们自己造成了这一现象，怪不得别人。

不过反对派又会说："就算如此，那又如何？"更早的时候，地球表面比现在要热得多；我们也很难给地球定义一个"完美的"平均温度；气候本身不可能保持恒定，它也一直在变化。

这些说法固然没错，但却具有相当的误导性：这里面也有"稻草人"式的逻辑硬伤。解决全球变暖问题并不是要找到一个适合地球的“理想”气温。这是个一分为二的问题：首先，人类文明的发展会基于当前的气候条件，因此许多城市都建立在沿海地区。地球本身也许并不介意穿得再“暖和”一点儿，但我们人类却非常介意。因为这会造成海平面上升，使数百万人失去家园；潮水也会比以往更加凶猛，一旦风暴来临便会使整个海岸变成一片汪洋。

同时，全球最佳的产粮区域也在北移。为了养活全球超过70亿的人口，我们只能大力开发现有的适宜耕地。这是人类赖以生存的基础，绝不能轻易动摇。

也有人会争辩说，二氧化碳浓度升高对植物来说反倒是件好事。植物依靠二氧化碳才能生存。既然后者增加了供应，自然会让前者有更高的产量。这话没错，但是随着气温不断升高，农业受到的总体影响是负面的。即便二氧化碳能让农作物增产，也会被更多干旱和高温天气所抵消。

其次，气候变暖速度加快也值得关注。地球正处于200万年来升温最迅速的阶段，整个生态圈却来不及适应这一切，于是物种会以更快的速度走向灭绝。

由此可见，借口气候一直在不停变化而对全球变暖问题无动于衷，这完全是一种自欺欺人的态度。

反对派们还会退一步声称，既然人类自身活动导致了气候变暖，既然这会对地球造成伤害，那么干脆什么也不要做，等到人类适应这一变化就好。静观其变的成本要小得多，操作起来也简单得多。反正地球已经这样了，再怎么补救也是枉然。无论反对派之间的立场有何差异，有一点是他们一致认同的：面对气候变化，人类其实什么都不用做，当一个看客就好。

比起他们，我们至少还在为寻求解决方案争论不休。这时候经济学家就派上用场了。美国国家环境保护局在2017年公布的《气候变化影响及风险分析报告》中显示，从现在直到2090年，气候变暖仅给美国一地带来的经济损失就高达每年数十亿美元。

根据公开的研究报告，仅在美国一地，因为环境污染而直接导致的额外医疗开支就高达每年约400亿美元，而与之相关的社会总体开支则高达每年1 750亿美元——这还没有算上全球气候变暖的影响。该数字仅仅是经济上的成本，实际上还有许多人因此而失去生命。另一项研究显示，仅在英国每年就有约40 000人因此而丧生。

如果把全球变暖的因素考虑进去，经济损失和死亡人数还会增加。许多城市会因此遭受洪涝灾害，某些地方也会因为高温而变得不再宜居。安置这些“气候难民”也是一笔不菲的开销。

这样看来，努力减少气候变化的负面影响的利将远大于弊。我们采取许多预防性措施便是为此。

而说到底，争论的最终目的是找到减轻气候变化负面影响的最佳方案。虽然目前只有几条大致的原则，但显然它应该考虑公众是否容易接受，成本不宜过于昂贵，或者要求人类做出过大的牺牲。它也应该让反对派彻底闭嘴，不要整天说什么“应对全球变暖意味着要对经济来个彻底的大手术”，虽然这是他们最后的底线。

在我看来，这种伪科学的论断（或者逻辑漏洞）背后多多少少有意识形态的原因，而且也是各方政治势力相互角力的战场。总有人打着应对气候变化的旗号，建议我们对当前经济来一番刮骨疗毒式的改革。他们有自己的理由：一是时间不等人，二是后果很严重，三是此病非猛药不能根治。

实际上呢？双方都只抓住对方极端的言论不放，始终无法抱着宽容、公正的心态正视对方，对那些相对温和的应对措施也仿佛都视而不见。要知道，“温和”并不意味着软弱或者不见成效。

追求共赢自然是我们的首选目标——我们所做的一切就是要让每个人都能受益，同时减少人们的碳足迹[①]。遗憾的是，总是有人爱钻牛角尖，而相对温和的解决方案反而没有市场。

比方说，我们其实现在就已经掌握能让产能设施变得更加环保的技术，完全没有必要再建造更多的燃煤发电厂。虽然各能源之间的最佳组合还有待确定，但至少目前已有许多方案可供选择。

就成本而言，风能和太阳能是当前人类最经济的选择。在许多地方，人们都用这两种能源来弥补电力的不足。更经济的能源能节省更多电力，减少污染能让人们在更加绿色的环境中活得更健康，同时也能节约更多的社会成本。我们有什么理由拒绝这样的好事呢？

---

① 碳足迹的英文为 carbon footprint，是指组织或个人在生产、生活过程中引发的各类“碳元素”消耗总量，也即温室气体排放总量（二氧化碳当量）。—— 译者注

不过，随着这类间歇性可再生能源[①]变得越来越受欢迎，局面似乎变得有些复杂。就目前而言，我们尚无法做到全部使用可再生能源来发电。其中间歇性能源所占的比例越高，我们就越需要通过消耗额外产能来使其效益最大化。换句话说，一旦这个比例超过 40%，再利用太阳能或风能发电就会显得不那么经济。

解决上述问题可以有几个思路。首先，为了满足能源需求，我们应该建立更多的核电站，并让第四代核能系统（第三代系统有些过时，但也不是不可以）取代燃煤发电和天然气发电。其次，我们应该尽可能开发地热和水力等其他能源。最后，我们可以把能源存储起来。只要有足够的能源储备，我们就有望完全采用间歇性可再生能源来发电。不过，目前技术上还无法完全做到这一点。

任何经济变革都需要有人付出代价，像煤矿工这样的岗位肯定会被取代。与其花钱保住工人们的饭碗，还不如投钱让他们接受职业培训，给他们一条新的活路。后者无疑要明智得多。总而言之，死抱着过去那一套是没有希望的，只有顺应科技进步才能让我们过得更好。

那么钱投到哪儿才最划算呢？我个人认为，之前提到的那些措施都值得去做。我们应该按实际需要建造各式各样的发电站，使之既符合最高的环保要求，又要有超高的性价比。太阳能、风能的利用和电池技术每年都在进步，我们应该在这些领域投入资金，使其进一步完善。另外，要知道许多国家的非能源产业也会排放二氧化碳，比方说混凝土。

我们正在和时间赛跑。只要稍微能抢先一点时间，结果就可能大不一样。为此，人们还研究出了所谓“碳捕捉”技术[②]（carbon capture technology）。它一方面可以减少二氧化碳的排放，另一方面可以把存在于大气中的二氧化碳分离出来。

顾名思义，全球变暖是一个“全球性”的问题。我们必须减少能源和交通设施的碳排放——只要能在全球范围内普及相关技术，问题就不难解决。许多

---

① 可再生能源是来自自然界的可以循环再生、取之不竭的能源（相对于石油等不可再生能源），包括太阳能、风能、地热能、潮汐能等。其中，相对于其他能源而言“供应”不那么恒定，导致其发电量也不够稳定，可持续性较差的能源（例如风能、太阳能等）被称为间歇性可再生能源。—— 译者注

② “碳捕捉”技术，即利用各种技术分离大气中的二氧化碳并将之储存或深埋于地下，以减少二氧化碳造成的温室效应。但是目前，该技术还处于初步应用阶段，尚未普及。—— 译者注

人纷纷以个人名义参与环保，想方设法减少自己的碳足迹。虽然这么做很有意义，但从全局来看，其贡献可谓微不足道，有时候甚至会帮倒忙。原本致力于解决主要问题的政治对话，反而会因此转而关注一些次要且更具争议的问题。

尽管有人不愿承认这一科学共识，但大多数人还是希望能用上更经济的能源，希望能拥有一个更干净的居住环境。他们希望城市不要那么喧嚣，希望在医疗上能少花冤枉钱，希望能减少从那些政局不稳的地区进口石油。简言之，减轻全球变暖带来的负面影响，便是在造福全人类。

人类总是会面临一些生死攸关的问题，有关气候变暖的争议就是其中之一。当然，这并非一个死局。正如开头所言，小行星正朝着地球呼啸而来，而我们也有能力发射火箭使之偏离目标。我们缺的不是技术，而是政治上的切实意愿。正因为对科学结论疑虑重重，人们才会犹豫再三，争论不休。一旦这个问题得到解决，气候变暖对人类的威胁便不足为虑了。

致　谢

几十年来，有许多导师和科普工作者都曾给予我们指导性或启发性的意见，对此我们深表感谢。我们能取得今天的成绩，都是因为站在了巨人们的肩膀上，他们包括卡尔·萨根、艾萨克·阿西莫夫、史蒂芬·杰伊·古尔德、尤金妮亚·斯科特、乔·尼克尔、保罗·库尔茨、詹姆斯·兰迪、马丁·加德纳、玛丽·罗奇、比尔·奈、尼尔·德格拉塞·泰森、奥利弗·萨克斯等，不胜枚举（是的，甚至还包括伦纳德·尼莫伊[①]）。除此之外，我们还有幸和其他志同道合的人共同组成了一个气氛活跃、相互支持的大家庭。无论是工作还是生活，他们的一言一行都带给我们很大的鼓舞，也给这个世界带来了一丝理性的光芒。

当然，我们最应该感谢的还是节目的听众朋友们。这么多年来，我们从他们那里受到的教益，丝毫不会比我们传授给他们的少。借此机会，我们要感谢每一位节目的热心听众，感谢你们曾经给我们发邮件，提出问题，提供反馈，也感谢你们曾一板一眼地纠正我们的错误，给节目提供好的建议，或者专门向我们讲述该节目如何改变了他的生活。我们还要特别感谢节目的会员和赞助人，感谢你们对我们工作的大力支持。

本书也献给佩里·迪安杰利斯，他是新英格兰科学怀疑论者协会的发起人之一，也是《怀疑论者的宇宙指南》播客节目的主创人员。毫无疑问，我们取得的成绩有他很大一部分功劳。佩里于 2007 年 8 月不幸去世，但是他始终不曾真的离我们远去。迈克·拉塞勒起初自认为是我们节目的“大粉丝”，随后他成了我们的挚友，并且勤勤恳恳地帮我们做了许多幕后工作。很可惜，他同样英

① 作者应该是在作为一个例外提出，因为伦纳德·尼莫伊是一位演员，与前面所列的人身份迥异。——校译者注

年早逝了。

9 年前，在这档节目还默默无闻时，丽贝卡·沃森加入了我们的团队。凭借独特的主持风格和无与伦比的头脑，她成功地让节目奠定了如今的基调，并使其广受欢迎。乔治·赫拉布是一名播客达人和音乐家，同时也是一位科学怀疑论者。他经常做客我们的节目，并在许多方面都和我们保持密切的联系。很多项目都有他的参与，包括和我们一起打造舞台特效，亲自负责拍摄视频，帮我们制作现场直播等。更重要的是，他是我们最要好的朋友，是一个可以为了我们共同的目标无私奉献的人。

我们也和来自其他国家的机构和个人开展紧密合作，并由此结下了深厚的友谊，特别是结交了理查德·桑德斯、埃兰·赛格夫、瑞琪·邓洛普、乔·贝尼亚穆，以及新西兰怀疑论者协会的各位达人。

我们同样非常荣幸能与其他人合作，有些人还分文不取。他们是莉兹·加斯顿、菲尔·赫德森、道格拉斯·索邦、大卫·扬、杰克·威尔逊、伊恩·卡拉南、乔尔·贝卢奇、里德·高尔和克南·科尔曼。此外，还包括我们在组织“东北部科学与科学怀疑论峰会”（The Northeast Conference of Science and Skepticism）中结识的好友，包括对我们拍摄项目伸出援手的每一个人，包括曾把杰伊逗到哈哈大笑的那些伙伴，还有闹出“笑话”的那位伙计（你知道我说的是谁）。

本书便是各位鼎力相助的最新成果。我们要感谢理查德·怀斯曼，感谢他在成书初始阶段贡献的建议和案例。感谢基拉·威廉对各章小标题提出的建议。感谢我们的经纪人罗伯·柯克帕特里克让本书最终得以出版。感谢马迪·考德威尔为本书所做的大量编辑工作。同时，也对大中央出版社的各位同人对本书问世所做的努力一并表示感谢。

我们尤其应该感谢我们的家人和挚友，感谢他们多年来无私的支持和帮助，感谢他们对我们的宽容和理解。感谢乔斯琳·诺韦拉、科特妮·诺韦拉、珍妮弗·伯恩斯坦和加布里埃尔·刘易斯，没有她们对我们的爱护和支持，这本书就不会有机会面世。最应该感谢的人是我们的父亲乔·诺韦拉，我们兄弟几个能够终生热爱科学，喜爱科幻作品，乐于坚持批判性思维，这都要归功于他的教诲。他总是能在享用意大利美食的同时还不忘参与讨论，激发我们的求知欲望。这便是《如何独立思考》这本书的由来。

最后，如果你是通过本书才刚刚迈入科学怀疑论的殿堂的，我们衷心希望它能让你鼓起勇气，迈出或大或小的一步去改变这个世界。

参考文献

第一部分：核心理念

第1章　科学怀疑论

Richard Feynman, "The Problem of Teaching Physics in Latin America," *Engineering and Science* vol. 7, no. 2, November 1963, pp. 21–30.

John Cook, Stephan Lewandowsky, and Ullrich K. H. Ecker, "Neutralizing Misinformation Through Inoculation: Exposing Misleading Argumentation Techniques Reduces Their Influence." *PLOS One*, May 5, 2017, https://doi.org/10.1371/journal.pone.0175799.

工具一：神经心理局限性及认知欺骗

Robert E. Bartholomew, "Two Mass Delusions in New England," NESS, April 1998, http://www.theness.com/index.php/two-mass-delusions-in-new-england/.

第2章　记忆偏差与虚妄记忆综合征

Steven Novella, "Did Hillary Lie?" NESS, March 30, 2008.

Elizabeth F Loftus and Jacqueline E Pickrell, "The Formation of False Memories," *Psychiatric Annals* vol. 25, 1995, pp. 720–25.

Isabel Lindner et al., "Observation Inflation: Your Actions Become Mine," *Psychological Science* vol. 21, no. 9, August 5, 2010, https://doi.org/10.1177/0956797610379860.

Julia Shaw and Stephen Potter, "Constructing Rich False Memories of Committing Crime," *Psychological Science* vol. 26, no. 3, 2015.

Travis J. Tritten, "NBC's Brian Williams Recants Iraq Story After Soldiers Protest," *Stars and Stripes*, February 4, 2015.

Ian Skurnik et al., "How Warnings about False Claims Become Recommendations," *Journal of Consumer Research*, vol. 31, no. 4, 2005, pp. 713–24.

Ulric Neisser and Nicole Harsch, "Phantom Flashbulbs: False Recollections of Hearing the News about Challenger," in *Emory Symposia in Cognition, 4. Affect and Accuracy in Recall: Studies of "Flashbulb" Memories*, ed. Eugene Winograd and Ulric Neisser (New York: Cambridge University Press, 1992), pp. 9–31.

Takashi Kitamura et al., "Engrams and circuits crucial for systems consolidation of a memory," *Science* vol. 356, no. 6333, pp. 73–78, doi: 10.1126/science.aam6808.

Ellen Bass and Laura Davis, *The Courage to Heal: A Guide for Women Survivors of Child Sexual Abuse*, 20th anniversary edition (New York: HarperCollins, 2008).

J. S. La Fontaine, *Speak of the Devil: Tales of Satanic Abuse in Contemporary England*, (Cambridge, UK: Cambridge University Press, 1998), https://books.google.com/books?id=JBxfvDeQdmoC&printsec=frontcover&hl=en#v=onepage&q&f=false.

R. J. McNally, "Searching for Repressed Memory," Nebraska Symposium on Motivation, vol. 58, 2012, pp. 121–47.

Cara Laney and Elizabeth F. Loftus, "Traumatic Memories Are Not Necessarily Accurate Memories," *Canadian Journal of Psychiatry* vol. 50, no. 13, November 2005, pp. 823–28, https://doi.org/10.1177/070674370505001303.

Kenneth Lanning, "Investigator's Guide to Allegations of Ritual Child Abuse," January 1992, http://www.sacred-texts.com/pag/lanning.htm.

Ed Cara, "The Most Dangerous Idea in Mental Health," *Pacific Standard*, November 3, 2014, https://psmag.com/social-justice/dangerous-idea-mental-health-93325.

Elizabeth F. Loftus, "The Reality of Repressed Memories," *American Psychologist* vol. 48, 1993, pp. 518–37.

第3章　不靠谱的知觉

Christopher Chabris and Daniel Simons, "The Invisible Gorilla," 1999, http://www.theinvisiblegorilla.com/videos.html.

"Missing the Gorilla: Why We Don't See What's Right in Front of Our Eyes," *Medical Xpress*, April 18, 2011, https://medicalxpress.com/news/2011-04-gorilla-dont-front-eyes.html.

Richard Wiseman, "Colour Changing Card Trick," https://www.youtube.com/watch?v=v3iPrBrGSJM.

Trafton Drew, Melissa L. H. Vo, and Jeremy M. Wolfe, "The Invisible Gorilla Strikes Again: Sustained Inattentional Blindness in Expert Observers," *Psychological Science* vol. 24, no. 9, September 2013, pp. 1848–53, doi: 10.1177/0956797613479386.

Alan D. Castel, Michael Vendetti, and Keith J. Holyoak, "Fire Drill: Inattentional Blindness and Amnesia for the Location of Fire Extinguishers," *Attention, Perception, & Psychophysics* vol. 74, no. 7, October 2012, pp. 1391–96.

Daniel Simons and Daniel Levin, "Failure to Detect Changes to People During a Real-World Interaction," *Psychonomic Bulletin & Review* vol. 5, no. 4, 1998, pp. 644–49, http://psych.unl.edu/mdodd/Psy498/simonslevin.pdf.

Janelle K. Seegmiller, Jason M. Watson, and David L. Strayer, "Individual Differences in Susceptibility to Inattentional Blindness," *Journal of Experimental Psychology: Learning Memory and Cognition*, May 2011, pp. 785–91.

第4章　空想性错视

Elizabeth Svoboda, "Facial Recognition—Brain—Faces, Faces Everywhere," *New York Times*, February 13, 2007.

Nancy Kanwisher and Galit Yovel, "The Fusiform Face Area: A Cortical Region Specialized for the Perception of Faces," *Philosophical Transactions of the Royal*

Society of London, B Biological Sciences vol. 361, no. 1476, December 2006, pp. 2109–28, doi: 10.1098/rstb.2006.1934.

Bettina Sorger et al., "Understanding the Functional Neuroanatomy of Acquired Prosopagnosia," *Neuroimage* vol. 35, no. 1, April 2007, pp. 836–52.

Leonardo Da Vinci and Edward McCurdy, *Leonardo da Vinci's Note-Books* (London: Duckworth, 1906), p. 173.

第5章 不可名状的外力

Justin L. Barrett, *Why Would Anyone Believe in God?* (Lanham, MD: AltaMira Press, 2004).

Bruce M. Hood, *SuperSense: Why We Believe in the Unbelievable* (New York: HarperCollins, 2009).

第6章 临睡幻觉

Brian A. Sharpless and Jacques P. Barber, "Lifetime Prevalence Rates of Sleep Paralysis: A Systematic Review," *Sleep Medicine Reviews* vol. 15, 2011, pp. 311–15. Accessed May 25, 2017. doi: 10.1016/j.smrv.2011.01.007.

American Academy of Sleep Medicine, "Sleep Paralysis—Overview & Facts." Accessed May 25, 2017. http://www.sleepeducation.org/sleep-disorders-by-category/parasomnias/sleep-paralysis/overview-facts.

"Ghost Attacked Me, Says Spooked Alba," *Sydney Morning Herald*, February 6, 2008. Accessed May 27, 2017. http://www.smh.com.au/news/people/ghost-attacked-me-says-jessica-alba/2008/02/06/1202233907134.html.

Keith Hillman, "What Is Hypnagogia?" Accessed May 25, 2017. http://www.psychology24.org/what-is-hypnagogia/.

Whitley Strieber, *Communion: A True Story* (Sag Harbor, NY: Beech Tree, 1987).

第7章 意动效应

British Dowsers, https://www.britishdowsers.org/learn/.

Ray Hyman, "How People Are Fooled by Ideomotor Action," Quackwatch, http://www.quackwatch.org/01QuackeryRelatedTopics/ideomotor.html.

William Benjamin Carpenter, "On the Influence of Suggestion in Modifying and directing Muscular Movement, independently of Volition," proceedings, Royal College of Surgeons of England, Royal Institution of Great Britain, London, March 12, 1852, pp. 147–53.

"Using a Pendulum…to Communicate with Spirit and Your Higher Self," Healing Crystals For You, http://www.healing-crystals-for-you.com/using-a-pendulum.html.

American Psychological Association, "Facilitated Communication: Sifting the Psychological Wheat from the Chaff," November 2003, https://www.apa.org/research/action/facilitated.aspx.

John Jackson, "What Is the Ideomotor Effect? A Natural Explanation for Many Paranormal Experiences," UK-Skeptics, 2005. Accessed May 25, 2017. https://www.scribd.com/document/56837545/Ideomotor-Effect.

Mark Tutton, "Trapped 'Coma' Man: How Was He Misdiagnosed?" CNN, November 24, 2009, http://www.cnn.com/2009/HEALTH/11/24/coma.man.belgium/index.html?eref=igoogle_cnn.

工具二：元认知

第8章 邓宁-克鲁格效应

Justin Kruger and David Dunning, "Unskilled and Unaware of It: How Difficulties in Recognizing One's Own Incompetence Lead to Inflated Self-Assessments," *Journal of Personality and Social Psychology* vol. 77, no. 6, December 1999, pp. 1121–34, http://dx.doi.org/10.1037/0022-3514.77.6.1121.

David Dunning, "We Are All Confident Idiots," *Pacific Standard*, October 27, 2014.

第9章 动机性推理

Julia Galef, "Why You Think You're Right—Even If You're Wrong," presented at TED Talks, University Park, Pennsylvania, February 2016, https://www.ted.com/talks/julia_galef_why_you_think_you_re_right_even_if_you_re_wrong.

Troy H. Campbell and Aaron C. Kay, "Solution Aversion: On the Relation Between Ideology and Motivated Disbelief," *Journal of Personality and Social Psychology* vol. 107, no. 5, November 2014, pp. 809–24, http://dx.doi.org/10.1037/a0037963.

Leon Festinger, *A Theory of Cognitive Dissonance* (Evanston, IL: Row, Peterson, 1957).

Toby Bolsen, James N. Druckman, and Fay Lomax Cook, "The Influence of Partisan Motivated Reasoning on Public Opinion Political Behavior," *Political Behavior* vol. 36, no. 2, June 2014, pp. 235–62, doi 10.1007/s11109-013-9238-0.

Brendan Nyhan and Jason Reifler, "When Corrections Fail: The Persistence of Political Misperceptions," *Political Behavior* vol. 32, no. 2, June 2010, pp. 303–30.

Thomas Wood and Ethan Porter, "The Elusive Backfire Effect: Mass Attitudes' Steadfast Factual Adherence," forthcoming *Political Behavior*, written December 2017, https://papers.ssrn.com/sol3/papers.cfm?abstract_id=2819073.

Drew Westen et al., "An fMRI Study of Motivated Reasoning: Partisan Political Reasoning in the U.S. Presidential Election," working paper, https://www.uky.edu/AS/PoliSci/Peffley/pdf/Westen%20The%20neural%20basis%20of%20motivated%20reasoning.pdf.

Jonas T. Kaplan, Sarah I. Gimbel, and Sam Harris, "Neural Correlates of Maintaining One's Political Beliefs in the Face of Counterevidence," *Scientific Reports* vol. 6, article no. 39589, 2016, doi:10.1038/srep39589.

Arms Control Association, "Nuclear Weapons: Who Has What at a Glance," https://www.armscontrol.org/factsheets/Nuclearweaponswhohaswhat.

第10章 论证及逻辑谬误

Madhucchanda Sen, "Evaluating Arguments: Inferences and Fallacies," in *An Introduction to Critical Thinking*, edited by Madhucchanda Sen et al. (Pearson Education India, 2011), p. 46.

第11章　认知偏差与启发式思维

Daniel Casasanto and Evangelina G. Chrysikou, "When Left Is 'Right': Motor Fluency Shapes Abstract Concepts," *Psychological Science* vol. 22, no. 4, April 2011, pp. 419–22, doi: 10.1177/0956797611401755.

Rugg, cited in Scott Plous, *The Psychology of Judgment and Decision* (New York: McGraw-Hill, 1993).

Daniel Kahneman and Amos Tversky, "Subjective Probability: A Judgment of Representativeness," *Cognitive Psychology* vol. 3, no. 3, July 1972, pp. 430–54.

Andrew B. Geier and Paul Rozin, "Univariate and Default Standard Unit Biases in Estimation of Body Weight and Caloric Content," *Journal of Experimental Psychology: Applied* vol. 15, no. 2, June 2009, pp. 153-62, doi: 10.1037/a0015955.

第12章　确认性偏差

Jon Ronson, *So You've Been Publicly Shamed* (New York: Riverhead Books, 2015).

Chris Lee, "Confirmation Bias in Science: How to Avoid It," *Ars Technica*, July 13, 2010, https://arstechnica.com/science/2010/07/confirmation-bias-how-to-avoid-it/.

Daniel Klein, "I Was Wrong, and So Are You," *The Atlantic*, December 2011.

Jonah Lehrer, "The Reason We Reason," *Wired*, May 4, 2011, https://www.wired.com/2011/05/the-sad-reason-we-reason/.

"CDC Study: Flu Vaccine Saved 40,000 Lives During 9 Year Period," Centers for Disease Control and Prevention, March 30, 2015, https://www.cdc.gov/flu/news/flu-vaccine-saved-lives.htm.

Thomas Gilovich, *How We Know What Isn't So: The Fallibility of Human Reason in Everyday Life*, reprint edition (New York: Free Press, 1993).

Ben Tappin, Leslie Van Der Leer, and Ryan McKay, "The Heart Trumps the Head: Desirability Bias in Political Belief Revision," *Journal of Experimental Psychology: General* vol. 146, no. 8, August 2017, https://www.ncbi.nlm.nih.gov/pubmed/28557511.

P. C. Wason, "Reasoning about a Rule," *Quarterly Journal of Experimental Psychology* vol. 20, no. 3, 1968, pp. 273–81.

第13章　诉诸传统

Team Register, "Indian Courts 'Rule Astrology Is a Science,'" *The Register*, February 7, 2011. Accessed May 25, 2017. http://www.theregister.co.uk/2011/02/07/telegraph_astrology_bunkum/.

Thomas Paine, *The Age of Reason; Being an Investigation of True and Fabulous Theology* (Paris: Barrois, 1794).

Steven Novella, "Acupuncture Doesn't Work," *Science-Based Medicine*, June 19, 2013. Accessed May 25, 2017. https://sciencebasedmedicine.org/acupuncture-doesnt-work/.

第14章　诉诸自然

Food and Agriculture Organization of the United Nations. "Why Is Organic Food More Expensive Than Conventional Food?" Accessed May 25, 2017. http://www.fao.org/organicag/oa-faq/oa-faq5/en/.

James Randi, from his lecture presented at Yale University, October 1999.

David Hume, *A Treatise of Human Nature* (London: White-Hart, 1739), section 3.1.1.

G. E. Moore, *Principia Ethica*, revised edition (Cambridge, UK: Cambridge University Press, 1903).

Orac, "'Natural' doesn't necessarily mean better," *Respectful Insolence*, May 12, 2015. Accessed May 25, 2017. http://scienceblogs.com/insolence/2015/05/12/the-naturalistic-fallacy-on-parade/.

U.S. Food and Drug Administration, "What Is the Meaning of 'Natural' on the Label of Food"? Accessed May 25, 2017. http://www.fda.gov/AboutFDA/Transparency/Basics/ucm214868.htm.

第15章　基本归因错误

Robert Todd Carroll, *The Skeptic's Dictionary: A Collection of Strange Beliefs, Amusing Deceptions, and Dangerous Delusions* (Hoboken, NJ: John Wiley, 2003).

第16章　异常现象的狩猎者

Brian L. Keeley, "Of Conspiracy Theories," *Journal of Philosophy* vol. 96, no. 3, March 1999, pp. 109–26.

Karl Tate, "Space Radiation Threat to Astronauts Explained (Infographic)," Space.com, May 30, 2013, http://www.space.com/21353-space-radiation-mars-mission-threat.html.

Bill Kaysing and Randy Reid, *We Never Went to the Moon: America's Thirty Billion Dollar Swindle* (Pomeroy, WA: Health Research Books, 1997).

第17章　数据挖掘

"You a Gemini? Drive Carefully and Get Insurance," Reuters, February 11, 2002.

Naomi Kim, "Had a Car Crash? It's All in the Stars, Study Says," Reuters, December 14, 2006, https://uk.reuters.com/article/oukoe-uk-astrology-driving/had-a-car-crash-its-all-in-the-stars-study-says-idUKNCD15739420061214.

第18章　无巧不成书

Gina Kolata, "1-in-a-Trillion Coincidence, You Say? Not Really, Experts Find," *New York Times*, February 27, 1990.

J. A. Paulos, "Coincidences," *Skeptical Inquirer* vol. 15, no. 4, summer 1991, pp. 382–85.

Thomas L. Griffiths and Joshua B. Tenenbaum, "Randomness and Coincidences: Reconciling Intuition and Probability Theory," *Proceedings of the Annual Meeting of the Cognitive Science Society*, vol. 23, http://web.mit.edu/cocosci/Papers/random.pdf.

Donald Saucier and Scott Fluke, "Research Project Offers Insight into Superstitious Behavior," Kansas State University, September 2, 2010, http://www.k-state.edu/media/newsreleases/sept10/superstition90210.html.

The Monty Hall Problem: Ruma Falk, "A Closer Look at the Probabilities of the Notorious Three Prisoners," *Cognition* vol. 43, no. 3, pp. 197–223, doi: 10.1016/0010-0277(92)90012-7.

Steve Selvin, "A Problem in Probability (letter to the editor)," *American Statistician* vol. 29, no. 1, February 1975, https://www.jstor.org/stable/2683689?seq=1#page_scan_tab_contents.

W. T. Herbranson and J. Schroeder, "Are Birds Smarter Than Mathematicians? Pigeons (Columba livia) Perform Optimally on a Version of the Monty Hall Dilemma," *Journal of Comparative Psychology* vol. 124, no. 1, pp. 1–13, doi: 10.1037/a0017703.

工具三：科学与伪科学

Daryl J. Bem, "Feeling the Future: Experimental Evidence for Anomalous Retroactive Influences on Cognition and Affect," *Journal of Personality and Social Psychology* vol. 100, no. 3, 2011, pp. 407–425.

第19章　方法论自然主义

"The Wedge Strategy: Center for the Renewal of Science & Culture," The Discovery Institute, 1998.

第20章　后现代主义

Dave Holmes et al., "Deconstructing the Evidence-Based Discourse in Health Sciences: Truth, Power and Fascism," *International Journal of Evidence-Based Healthcare* vol. 4, 2006, pp. 180–86.

Thomas Kuhn, *The Structure of Scientific Revolutions* (Chicago: University of Chicago Press, 1962).

E. O. Wilson, *Consilience: The Unity of Knowledge* (New York: Knopf, 1998).

第21章　奥卡姆剃刀原理

Isaac Newton, "Newton's Principia: Rules of Reasoning in Natural Philosophy," Trans. A. Motte, 1729.

第22章　如何界定伪科学

Larry Arnold, *Ablaze: The Mysterious Fires of Spontaneous Human Combustion* (New York: M. Evans, 1995).

Pew Research Center, "Public Praises Science; Scientists Fault Public, Media," 2009, http://www.people-press.org/2009/07/09/public-praises-science-scientists-fault-public-media.

Hannah Osborne, "Head Transplants: Sergio Canavero Says First Patient Will Be Chinese National, Not Valery Spiridonov," *Newsweek*, April 28, 2017, http://www.newsweek.com/head-transplant-sergio-canavero-valery-spiridonov-china-2017-591772.

Harriet Hall, "Cranial Manipulation and Tooth Fairy Science," *Science-Based Medicine*, August 27, 2013, https://sciencebasedmedicine.org/cranial-manipulation-and-tooth-fairy-science/.

Richard P. Feynman, "Cargo Cult Science," Caltech commencement address 1974, http://calteches.library.caltech.edu/51/2/CargoCult.htm.

Sergio Canavero, *Immortal: Why CONSCIOUSNESS is NOT in the BRAIN* (Create Space, 2014).

第23章 否定主义

Stephen J. Gould, "Evolution as Fact and Theory" in *Hen's Teeth and Horse's Toes: Further Reflections in Natural History* (New York: W. W. Norton, 1994).

John Cook et al., "Quantifying the Consensus on Anthropogenic Global Warming in the Scientific Literature," *Environmental Research Letters* vol. 8, no. 2, 2013.

第24章 P值操纵等研究缺陷

Kenneth L. Cavanaugh and Michael C. Dillbeck, "Field Effects of Consciousness and Reduction in U.S. Urban Murder Rates: Evaluation of a Prospective Quasi-Experiment," *Journal of Health and Environmental Research* vol. 3, no. 3-1, May 2017, pp. 32–43.

Regina Nuzzo, "Scientific Method: Statistical Errors: P Values, the 'Gold Standard' of Statistical Validity, Are Not As Reliable As Many Scientists Assume," *Nature* vol. 506, February 12, 2014, pp. 15–52.

John P. A. Ioannidis, "Why Most Published Research Findings Are False," *PLOS Medicine* vol. 2, no. 8, August 2005, doi: 10.1371/journal.pmed.0020124.

Joseph P. Simmons, Leif D. Nelson, and Uri Simonsohn, "False-Positive Psychology: Undisclosed Flexibility in Data Collection and Analysis Allows Presenting Anything as Significant," *Psychological Science* vol. 22, no. 11, pp. 1359–66.

Monya Baker, "1,500 Scientists Lift the Lid on Reproducibility: Survey Sheds Light on the 'Crisis' Rocking Research," *Nature* vol. 533, no. 7604, May 25, 2016, corrected July 28, 2016, https://www.nature.com/news/1-500-scientists-lift-the-lid-on-reproducibility-1.19970.

Daniel Engber, "Daryl Bem Proved ESP Is Real: Which Means Science Is Broken," *Slate*, May 17, 2017, https://slate.com/health-and-science/2017/06/daryl-bem-proved-esp-is-real-showed-science-is-broken.html.

Eric Loken and Andrew Gelman, "Measurement Error and the Replication Crisis," *Science* vol. 355, no. 6325, February 2017, pp. 584–85, doi: 10.1126/science.aal3618.

Open Science Collaboration, "Estimating the Reproducibility of Psychological Science," *Science* vol. 349, no. 6251, August 28, 2015, doi: 10.1126/science.aac4716.

第25章 阴谋论

Michael J. Wood, Karen M. Douglas, and Robbie M. Sutton, "Dead and Alive: Beliefs in Contradictory Conspiracy Theories," *Social Psychological and Personal-*

ity Science vol. 3, no. 6, January 25, 2012, http://journals.sagepub.com/doi/abs/10.1177/1948550611434786.

David Robert Grimes, "On the Viability of Conspiratorial Beliefs," *PLOS One*, January 26, 2016, http://dx.doi.org/10.1371/journal.pone.0147905.

Dean Koontz, *Fear Nothing* (New York: Bantam, 1998).

Kathy Frankovic, "Belief in Conspiracies Largely Depends on Political Identity," YouGov, December 27, 2016.

Conspiracy Theory Poll Results, Public Policy Polling, April 02, 2013, http://www.publicpolicypolling.com/main/2013/04/conspiracy-theory-poll-results-.html.

Gina Kolata, "1-in-a-Trillion Coincidence, You Say? Not Really, Experts Find," *New York Times*, February 27, 1990, http://www.nytimes.com/1990/02/27/science/1-in-a-trillion-coincidence-you-say-not-really-experts-find.html.

Viren Swami and Rebecca Coles, "The Truth Is Out There," *The Psychologist* vol. 23, July 2010, pp. 560–63, http://thepsychologist.bps.org.uk/volume-23/edition-7/truth-out-there.

Richard Hofstadter, "The Paranoid Style in American Politics," in *The Paranoid Style in American Politics and Other Essays* edited by Richard Hofstadter (New York: Knopf, 1966) pp. 3–40.

Damaris Graeupner and Alin Comin, "The Dark Side of Meaning-Making: How Social Exclusion Leads to Superstitious Thinking," *Journal of Experimental Social Psychology* vol. 69, pp. 218–222, http://psycnet.apa.org/record/2016-50282-001.

"Alex Jones Gives 'Final' Unhinged Rant Defending His Sandy Hook Conspiracy Theories," Media Matters for America, November 18, 2016.

第26章 她们真的会巫术吗

History.com staff, "Salem Witch Trials," History.com, 2011, http://www.history.com/topics/salem-witch-trials.

Jess Blumberg, "A Brief History of the Salem Witch Trials," Smithonian.com, October 2007.

Heinrich Kramer and Jacob Sprenger, *Malleus Maleficarum*, http://www.malleusmaleficarum.org/.

Douglas Walton, "The Witch Hunt as a Structure of Argumentation," *Argumentation* vol. 10, no. 3, August 1996, pp. 389–407.

Paul Achter, "McCarthyism," Britannica.com, https://www.britannica.com/topic/McCarthyism.

Tom Dart, "Texas Pair Released after Serving 21 Years for 'Satanic Abuse'," *Guardian*, December 5, 2013.

第27章 安慰剂效应

"Radium Cures," Museum of Quackery, http://www.museumofquackery.com/devices/radium.htm.

Richard Van Vleck, "The Electronic Reactions of Albert Abrams," *American Artifacts* no. 39, http://www.americanartifacts.com/smma/abrams/abrams.htm.

Scientific American staff, "Our Abrams investigation (Staff) series I-XI, and Our Abrams verdict," *Scientific American* Oct 1923–Sept 1924.

Michael E. Wechsler et al., "Active Albuterol or Placebo, Sham Acupuncture, or No Intervention in Asthma," *New England Journal of Medicine* 365, pp.119–26, July 14, 2011, doi: 10.1056/NEJMoa110331.

第28章 所谓经验之谈

"Interview: Andrew Weil, M.D.," *Frontline*, Public Broadcasting Service, November 2003, http://www.pbs.org/wgbh/pages/frontline/shows/altmed/interviews/weil.html.

Barry L. Beyerstein, "Why Bogus Therapies Seem to Work," *Skeptical Inquirer* vol. 21.5, September/October 1997, https://www.csicop.org/si/show/why_bogus_therapies_seem_to_work.

工具四：警世故事

第29章 聪明的汉斯

For an outline of the Clever Hans story, see http://www.intropsych.com/ch08_animals/clever_hans.html.

第30章 霍桑效应

J. R. P. French, "Experiments in Field Settings," in L. Festinger and D. Katz, *Research Methods in the Behavioral Sciences* (New York: Holt, Rinehart & Winston, 1953), ch. 3, pp. 98–135.

Jim McCambridge, John Witton, and Diana R. Elbourne, "Systematic Review of the Hawthorne Effect: New Concepts Are Needed to Study Research Participation Effects," *Journal of Clinical Epidemiology* vol. 67, no. 3, March 2014, pp. 267–277, doi: 10.1016/j.jclinepi.2013.08.015.

Robert Rosenthal and Lenore Jacobson, "Teachers' Expectancies: Determinants of Pupils' IQ Gains," *Psychological Reports* vol. 19, no. 1, 1966, pp. 115–18.

第31章 说出你的秘密

Ray Hyman, "Cold Reading: How to Convince Strangers That You Know All About Them." *Skeptical Inquirer* vol. 1, no. 2, 1977, pp. 18–37.

Bertram R. Forer, "The Fallacy of Personal Validation: A Classroom Demonstration of Gullibility," *Journal of Abnormal and Social Psychology* (American Psychological Association) vol. 44, no. 1, 1949, pp. 118–23.

第32章 取之不竭的能源

Liema Davidovich et al., "Mesoscopic Quantum Coherences in Cavity QED: Preparation and Decoherence Monitoring Schemes," *Physical Review A* vol. 53, no. 1295, 1995.

Michel Raimond, M. Brune, and S. Haroche, "Manipulating Quantum Entanglement with Atoms and Photons in a Cavity," *Review of Modern Physics* vol. 73, no. 585, 2001.

Deepak Chopra, "The Illusion of Past, Present, Future," *Huffpost*, March 18, 2010, updated December 6, 2017, www.huffingtonpost.com/deepak-chopra/the-illusion-of-past-pres_b_326250.html.

Oakridge Associated Universities, "Radithor," 1999, https://www.orau.org/ptp/collection/quackcures/radith.htm.

https://chem.libretexts.org/Core/Physical_and_Theoretical_Chemistry/Quantum_Mechanics/02._Fundamental_Concepts_of_Quantum_Mechanics/De_Broglie_Wavelength.

第34章　诡秘的小人

Paracelsus, "Concerning the Nature of Things" in *Hermetic Chemistry* (London, James Elliott & Co., 1894).

John C. McLachlan, "Integrative Medicine and the Point of Credulity," *BMJ*, December 8, 2010, doi: https://doi.org/10.1136/bmj.c6979.

第35章　充满智慧的"设计"

"Definition of Intelligent Design," intelligentdesign.org, http://www.intelligentdesign.org/whatisid.php.

Michael Behe, *Darwin's Black Box: The Biochemical Challenge to Evolution* (New York: Free Press, 1996).

Jonathan Wells, "Darwin of the Gaps—Review of *The Language of God: A Scientist Presents Evidence for Belief* by Francis S. Collins," Discovery Institute, March 26, 2008, www.discovery.org/a/4529.

Kenneth R. Miller, "The Flagellum Unspun: The Collapse of 'Irreducible Complexity,'" in *Debating Design: From Darwin to DNA*, edited by William A. Dembski and Michael Ruse (Cambridge, UK: Cambridge University Press, 2004), http://www.millerandlevine.com/km/evol/design2/article.html.

第36章　活力论及二元论

S. C. Morris, J. E. Taplin, and S. A. Gelman, "Vitalism in Naive Biological Thinking," *Development Psychology* vol. 36, no. 5, September 2000, pp. 582–95.

S. Wilson, "Vitalistic Thinking in Adults," *British Journal of Psychology* vol. 104, no. 4, November 2013, pp. 512–24, doi: 10.1111/bjop.12004. Epub 2012 Oct 16.

Linda Rosa et al., "A Close Look at Therapeutic Touch," *JAMA* vol. 279, no. 13, April 1998, pp. 1005–10, doi:10.1001/jama.279.13.1005.

Thelma Moss, *The Body Electric: A Personal Journey into the Mysteries of Parapsychological Research, Bioenergy, and Kirlian Photography* (Los Angeles: J. P. Tarcher, 1979).

Chun Siong Soon et al., "Unconscious Determinants of Free Decisions in the Human Brain," *Nature Neuroscience* vol. 11, 2008, pp. 543–45, doi:10.1038/nn.2112.

Susan Blackmore, *Journal of Consciousness Studies* vol. 9, no. 5–6, pp. 17–28.

Jerry Fodor, *The Mind Doesn't Work That Way* (Cambridge, MA: MIT Press, 2001).

David J. Chalmers, *The Conscious Mind: In Search of a Fundamental Theory* (New York: Oxford University Press, 1996).

Daniel C. Dennett, *Consciousness Explained* (Boston: Little, Brown, 1991).

第37章 N射线的故事

Mary Jo Nye, *Science in the Provinces: Scientific Communities and Provincial Leadership in France, 1860–1930* (Oakland: University of California Press, 1986).

Robert W. Wood, "The n-Rays," *Nature* vol. 70, September 29, 1904, pp. 530–31.

Ernie Tretkoff, "This Month in Physics History, September 1904: Robert Wood Debunks N-rays," *APS News* vol. 17, no. 8, August/September 2007, https://www.aps.org/publications/apsnews/200708/history.cfm.

Elisabeth Davenas et al., "Human Basophil Degranulation Triggered by Very Dilute Antiserum Against IgE," *Nature* vol. 333, June 30, 1988, 816–18.

John Maddox, James Randi, and Walter W. Stewart, "'High-Dilution' Experiments a Delusion," *Nature* vol. 334, July 28, 1988, pp. 287–90, doi: 10.1038/334287a0.

第38章 正向思维

James Coyne and Howard Tennen, "Positive Psychology in Cancer Care: Bad Science, Exaggerated Claims, and Unproven Medicine," *Annals of Behavioral Medicine* vol. 39, no. 1, February 2010, 16–26.

Lien B. Pham and Shelley E. Taylor, "From Thought to Action: Effects of Process-Versus Outcome-Based Mental Simulations on Performance," *Personality and Social Psychology Bulletin* vol. 25, no. 2, February 1999, pp. 250–60, https://doi.org/10.1177/0146167299025002010.

James Coyne, Howard Tennen, and Adelita Ranchor, "Positive Psychology in Cancer Care: A Story Line Resistant to Evidence," *Annals of Behavioral Medicine* vol. 39, no. 1, February 2010, 35–42.

第39章 传销骗局

Aditi Jhaveri, "The Telltale Signs of a Pyramid Scheme," FTC.gov, May 13, 2014.

Jon Taylor, "MLMs Evaluated with 4 Red Flags of a Product-Based Pyramid Scheme," MLM-thetruth.com, 2016.

Jon Taylor, "Multilevel Marketing Primer," MLM-thetruth.com, 2016.

第二部分：冒险之旅

Maurice de Kunder, "The Size of the World Wide Web (The Internet)," 2017, http://www.worldwidewebsize.com/.

第40章 关于转基因生物的动机性推理

Pew Research Center, "Major Gaps Between the Public, Scientists on Key Issues," July 2015, http://www.pewinternet.org/interactives/public-scientists-opinion-gap/.

Mark Lynas, "How I Got Converted to G.M.O. Food," *New York Times*, April 24, 2015.

William Saletan, "Unhealthy Fixation: The War Against Genetically Modified Organisms Is Full of Fearmongering, Errors, and Fraud. Labeling Them Will Not Make You Safer," *Slate*, July 15, 2015, http://www.slate.com/articles/health_and_science/science/2015/07/are_gmos_safe_yes_the_case_against_them_is_full_of_fraud_lies_and_errors.html.

Chitra Chandrasekaran and Esther Betrán, "Origins of New Genes and Pseudogenes," *Nature Education* vol. 1, no. 1, p. 181, https://www.nature.com/scitable/topicpage/origins-of-new-genes-and-pseudogenes-835.

Tina Kyndta et al., "The Genome of Cultivated Sweet Potato Contains *Agrobacterium* T-DNAs with Expressed Genes: An Example of a Naturally Transgenic Food Crop," *PNAS* vol. 112, no. 18, pp. 5844–49, https://doi.org/10.1073/pnas.1419685112.

Theresa Phillips, "Genetically Modified Organisms (GMOs): Transgenic Crops and Recombinant DNA Technology," *Nature Education* vol. 1, no. 1, p. 213, https://www.nature.com/scitable/topicpage/genetically-modified-organisms-gmos-transgenic-crops-and-732.

American Association for the Advancement of Science, "Statement by the AAAS Board of Directors on Labeling of Genetically Modified Foods," October 20, 2012, https://www.aaas.org/sites/default/files/AAAS_GM_statement.pdf.

"Modern Food Biotechnology, Human Health and Development: An Evidence-Based Study," Food Safety Department, World Health Organization, Geneva, 2005, http://www.who.int/foodsafety/publications/biotech/biotech_en.pdf.

EFSA GMO Panel Working Group on Animal Feeding Trials, "Safety and Nutritional Assessment of GM Plants and Derived Food and Feed: The Role of Animal Feeding Trials," *Food and Chemical Toxicology*, Supplement 1, March 2008, pp. S2–70, doi: 10.1016/j.fct.2008.02.008.

A. L. Van Eenennaam and A. E. Young, "Prevalence and Impacts of Genetically Engineered Feedstuffs on Livestock Populations," *Journal of Animal Science* vol. 92, no. 10, October 2014, pp. 4255–78, https://doi.org/10.2527/jas.2014-8124.

"Elsevier Announces Article Retraction from Journal Food and Chemical Toxicology," Elsevier press release, November 28, 2013, https://www.elsevier.com/about/press-releases/research-and-journals/elsevier-announces-article-retraction-from-journal-food-and-chemical-toxicology.

David Shukman, "Genetically-Modified Purple Tomatoes Heading for Shops," BBC News, January 24, 2014, http://www.bbc.com/news/science-environment-25885756.

Keith Kloor, "The GMO-Suicide Myth," *Issues in Science and Technology* vol. 30, no. 2, winter 2014, http://issues.org/30-2/keith/.

Glenn Davis Stone, "Field *versus* Farm in Warangal: Bt Cotton, Higher Yields, and Larger Questions," *World Development* vol. 39, no. 3, March 2011, pp. 387–98, https://doi.org/10.1016/j.worlddev.2010.09.008.

Gayathri Vaidyanathan, "Genetically Modified Cotton Gets High Marks in India: Engineered Plants Increased Yields and Profits Relative to Conventional Varieties,"

Nature, July 3, 2012, https://www.nature.com/news/genetically-modified-cotton-gets-high-marks-in-india-1.10927.

Dan Charles, "Top Five Myths of Genetically Modified Seeds, Busted," *The Salt*, NPR, October 18, 2012, https://www.npr.org/sections/thesalt/2012/10/18/163034053/top-five-myths-of-genetically-modified-seeds-busted.

Claudia Reinhardt and Bill Ganzel, "The Science of Hybrids," Living History Farm, 2003, http://www.livinghistoryfarm.org/farminginthe30s/crops_03.html.

"OSGATA et al. v. Monsanto," Organic Seed Growers and Trade Association, http://www.osgata.org/osgata-et-al-v-monsanto/.

"Monsanto Canada Inc. v. Schmeiser," Judgments of the Supreme Court of Canada, https://scc-csc.lexum.com/scc-csc/scc-csc/en/item/2147/index.do.

USDA, "Background: The Science of Seed," https://www.ers.usda.gov/webdocs/publications/42517/13593_aib786c_1_.pdf?v=41055.

Steven MacMillan, "Monsanto's GMO Food and its Dark Connections to the 'Military Industrial Complex,'" *Global Research*, July 03, 2014, https://www.globalresearch.ca/monsantos-gmo-food-and-its-dark-connections-to-the-military-industrial-complex/5389708.

GMWatch, "Golden Rice: Scientific Realities," 2014.

Guangwen Tang et al., "β-Carotene in Golden Rice Is as Good as β-Carotene in Oil at Providing Vitamin A to Children," (Retracted) *American Journal of Clinical Nutrition*, vol. 96, no. 3, September 2012, pp. 658–64, doi: 10.3945/ajcn.111.030775.

Antonio Regalado, "As Patents Expire, Farmers Plant Generic GMOs: Monsanto No Longer Controls One of the Biggest Innovations in the History of Agriculture," *MIT Technology Review*, July 30, 2015, https://www.technologyreview.com/s/539746/as-patents-expire-farmers-plant-generic-gmos/.

"Do Seed Companies Control GM Crop Research?" *Scientific American*, August 1, 2009, https://www.scientificamerican.com/article/do-seed-companies-control-gm-crop-research/.

Andrew Pollack, "Crop Scientists Say Biotechnology Seed Companies Are Thwarting Research," *New York Times*, February 19, 2009, https://www.nytimes.com/2009/02/20/business/20crop.html.

Nathanael Johnson, "Genetically Modified Seed Research: What's Locked and What Isn't," *Grist*, August 5, 2013, https://grist.org/food/genetically-modified-seed-research-whats-locked-and-what-isnt/.

Brian Hutchinson, "Ex-Greenpeace president says group's opposition to genetically-modified Golden Rice costing thousands of lives," *National Post*, October 11, 2013, last updated January 25, 2015, http://nationalpost.com/news/canada/ex-greenpeace-president-says-groups-opposition-to-genetically-modified-golden-rice-costing-thousands-of-lives.

Myriam Charpentier and Giles Oldroyd, "How Close Are We to Nitrogen-Fixing Cereals?" *Current Opinion in Plant Biology* vol. 13, no. 5, October 2010, pp. 556–64, doi: 10.1016/j.pbi.2010.08.003.

Anindya Bandyopadhyay et al., "Enhanced Photosynthesis Rate in Genetically Engineered Indica Rice Expressing Pepc Gene Cloned from Maize," *Plant Science* vol. 172, no. 6, June 2007, pp. 1204–09, https://doi.org/10.1016/j.plantsci.2007.02.016.

第41章 丹尼斯·李与自由能

Dennis Lee, "NO EXHAUST Engine—Dennis Lee Shows Running Geet Engine with NO EXHAUST Closed Loop," May 2002, https://www.youtube.com/watch?v=dW0moXn9y9U.

"FTC Sues Promoters of Bogus Fuel Efficiency Device: Ads Appeared in Major Magazines Promising to Turn Any Car Into a Hybrid," Federal Trade Commission press release, February 2, 2009, https://www.ftc.gov/news-events/press-releases/2009/02/ftc-sues-promoters-bogus-fuel-efficiency-device.

第42章 好莱"巫"的故事

Michael Hiltzik, "Reporting on Quacks and Pseudoscience: The Problem for Journalists," *Los Angeles Times*, April 13, 2015.

Kristen Brown, "The Next Pseudoscience Health Craze Is All About Genetics," Gizmodo, February 2017.

Sarah Waldorf, "Physiognomy, The Beautiful Pseudoscience," *The Iris*, October 2012.

Tyler Szelinski, "Pseudoscience in Hollywood: How I Avoided Being Victimized by Pseudoscience on Hollywood Boulevard," Odyssey Online, September 2016.

Allegra Ringo, "I Took My Dog to Pet Reiki," Vice.com, November 2014.

Mack Rawden, "Gwyneth Paltrow Says You Need to Steam Your Vagina Because Pseudoscience," Cinemablend.com, 2015.

Fox News Editors, "Gwyneth Paltrow Doesn't Care If You Think Her Health Advice Is Weird," Fox News Health, March 2017.

Julie Kelly, "Hollywood Celebrities Embrace Pseudoscience, Promote Anti-GMO Movie 'Consumed,'" Genetic Literacy Project, June 2015.

Rachael Rettner, "Celeb Trend of 'IV Vitamins' Not a Good Idea," Live Science, June 2012.

Steven Novella, "Iridology," *Science Based Medicine*, December 2011.

Jessica Goldstein, "Is Gwyneth Paltrow Wrong About Everything? This Researcher Thinks So," thinkprogress.org, April 2016.

Timothy Caulfield, *Is Gwyneth Paltrow Wrong About Everything?* (New York: Viking, 2015).

第43章 所谓奇点

Stanislaw Ulam, "Tribute to John von Neumann, 1903–1957," *Bulletin of the American Mathematical Society* vol. 64, no. 3, May 1958.

Irving John Good, "Speculations Concerning the First Ultraintelligent Machine," *Advances in Computers* vol. 6 (New York: Academic Press, 1965), pp. 31–88, https://doi.org/10.1016/S0065-2458(08)60418-0.

Raymond Kurzweil, "The Law of Accelerating Returns," Kurzweilai.net, Kurzweil.net/the-law-of-accelerating-returns.

Fortune Magazine, March 1, 2017.

第44章 沃伦夫妇捉鬼记

Frank Moran, "The True Story of the Perron Family, The Harrisville Haunting," *Horror Galore*. Accessed May 25, 2017. http://www.horrorgalore.com/true-story/true-story-perron-family-harrisville-haunting.

Joe Nickell, "Enfield Poltergeist: Investigative Files," *Skeptical Inquirer* vol. 36, no. 4, July/August 2012. Accessed May 25, 2017. http://www.csicop.org/si/show/enfield_poltergeist.

David Thomas, "Artificial Intelligence Investing Gets Ready for Prime Time," *Forbes*, October 25, 2017.

第45章 《大骗局》的骗局

James B., "It Was A Military Plane," *Screw Loose Change Exposing the Lies, Distortions and Myths of the 9-11 "Truthers,"* May 2006, http://screwloosechange.blogspot.com/2006/05/it-was-military-plane.html.

ABC News, "Air Traffic Controllers Recall Sept. 11," 911Review.com, October 2001, http://911review.com/cache/errors/pentagon/abcnews102401b.html.

James B., "It's Just a Mistake," *Screw Loose Change Exposing the Lies, Distortions and Myths of the 9-11 "Truthers,"* May 2006, http://screwloosechange.blogspot.com/2006/05/its-just-mistake.html.

Griffin, "Danielle Obrien," 911Myths.com, July 2012, http://www.911myths.com/index.php?title=Danielle_Obrien.

第三部分：科学怀疑论与大众传媒

第46章 远离真相的信息

John Carroll, "Pseudo-Journalists Betray the Public Trust," *Los Angeles Times*, May 16, 2004.

Oxford Dictionaries, "Word of the Year 2016 is…" https://en.oxforddictionaries.com/word-of-the-year/word-of-the-year-2016.

CNN Wire Staff, "Onion: We Just Fooled the Chinese Government," November 2012.

Sharyl Attkisson, "Astroturf and Manipulation of Media Messages," TEDx Talk, University of Nevada, February 2015, https://www.youtube.com/watch?v=-bYAQ-ZZtEU.

David Gorski, "Anti-Vaccine Propaganda from Sharyl Attkisson of CBS News," *Science-Based Medicine*, April 4, 2011, http://sciencebasedmedicine.org/anti-vaccine-propaganda-from-sharyl-attkisson-of-cbs-news-2/.

第48章 科学无戏言

Roy Caldwell et al., "Beware of False Balance: Are the Views of the Scientific Community Accurately Portrayed?" University of California Museum of Paleontology, http://undsci.berkeley.edu/article/sciencetoolkit_04.

David Shiffman, "World's Leading Experts Say There's a Problem with False Balance in Conservation Journalism; Steve Disagrees," Southern Fried Science, July 2013.

Joe Romm, "False Balance Lives At The New York Times," Thinkprogress.org, March 2012.

Joe Romm, "The Washington Post Doubles Down on False Balance," Thinkprogress.org, March 2012.

Gary Schwitzer, "How Do US Journalists Cover Treatments, Tests, Products, and Procedures? An Evaluation of 500 Stories," *PLoS Med* vol. 5, no. 5, e95, 2008, https://doi.org/10.1371/journal.pmed.0050095.

Amélie, Yavchitz et al., "Misrepresentation of Randomized Controlled Trials in Press Releases and News Coverage: A Cohort Study," *PLoS Med* vol. 9, no. 9, e1001308, 2012, doi: 10.1371/journal.pmed.1001308.t004.

第49章　矩阵背后的真相

Jaehoon Choe at al., "Transcranial Direct Current Stimulation Modulates Neuronal Activity and Learning in Pilot Training," *Frontiers in Human Neuroscience*, February 2016.

HRL Laboratories, "HRL Demonstrates the Potential to Enhance the Human Intellect's Existing Capacity to Learn New Skills," 2016, http://www.hrl.com/news/2016/02/10/hrl-demonstrates-the-potential-to-enhance-the-human-intellects-existing-capacity-to-learn-new-skills.

第50章　包治百病的细菌

Luke Ursell et al., "Defining the Human Microbiome," *Nutrition Reviews* vol. 70, no. Suppl 1, August 2012, pp. S38–44, doi: 10.1111/j.1753-4887.2012.00493.x.

Ron Sender, Shai Fuchs, and Ron Milo, "Are We Really Vastly Outnumbered? Revisiting the Ratio of Bacterial to Host Cells in Humans," *Cell* vol. 164, no. 3, January 28, 2016, pp. 337–40.

Ed Yong, *I Contain Multitudes: The Microbes Within Us and a Grander View of Life* (London: Bodley Head, 2016).

Emma Bryce, "Do Probiotics Cure Asthma? Don't Believe the Hype," *Wired*, January 2016, http://www.wired.co.uk/article/microbiome-gut-defender.

Jonathan A. Eisen, "Microbiomania and 'Overselling the Microbiome,'" *The Tree of Life*, 2015, https://phylogenomics.blogspot.com/p/blog-page.html.

Jonathan A. Eisen, "Today's Misleading Overselling the #microbiome—U. Chicago on Alzheimer's and Gut Microbes," *The Tree of Life*, July 2016.

Myles Minter et al., "Antibiotic-Induced Perturbations in Gut Microbial Diversity Influences Neuro-Inflammation and Amyloidosis in a Murine Model of Alzheimer's Disease," *Scientific Reports* vol. 6, no. 30028, 2016, doi: 10.1038/srep30028.

Press Release, "Antibiotics Weaken Alzheimer's Disease Progression through Changes in the Gut Microbiome," University of Chicago Medical Center, July 2016.

Olivia Lerche, "Antibiotics Could Be Used to PREVENT Alzheimer's Disease by Changing GUT Bacteria," *Daily Express*, July 21, 2016.

Laura Sanders, "Antibiotics Might Fight Alzheimer's Plaques," *Science News*, July 21, 2016, https://www.sciencenews.org/article/antibiotics-might-fight-alzheimer%E2%80%99s-plaques.

Taoufiq Harach et al., "Reduction of Abeta Amyloid Pathology in APPPS1 Transgenic Mice in the Absence of Gut Microbiota," *Scientific Reports* vol. 7, no. 41802, 2017, doi: 10.1038/srep41802.

Joseph Mercola, "How Your Gut Microbiome Influences Your Mental and Physical Health," Mercola.com, January 2016.

Joseph Mercola, "What Happens If You Stop Showering? Dr. Mercola Shares the Surprising Truth," Consciouslifenews.com.

Joseph Mercola, *Fat for Fuel* (Carlsbad, CA: Hay House, 2017).

Marilyn Malara, "Man Skips Shower for 12 Years, Uses Bacterial Spray to Keep Clean," upi.com, September 12, 2015.

Kavin Senapathy, "Deepak Chopra Says Bacteria Listen to Our Thoughts," *Forbes*, January 2016.

第51章　表观遗传

Brad Crouch, "Darwin's Theory of Evolution Challenged by University of Adelaide Genetic Memory Research, Published in Journal Science," *Advertiser*, August 2014.

Michelle Lane, Rebecca L. Robker, and Sarah A. Robertson, "Parenting from Before Conception," *Science* vol. 345, no. 6198, August 15, 2014, pp. 756–60, doi: 10.1126/science.1254400.

第四部分：血淋淋的伪科学

第52章　自然疗法的深刻教训

Britt Marie Hermes, "Naturopathic Doctors Look Bad after California Woman Dies from Turmeric Injection," *Forbes*, March 2017.

Britt Marie Hermes, "Confirmed: Licensed Naturopathic Doctor Gave Lethal 'Turmeric' Injection," *Forbes*, April 2017.

Kim Kelly, http://myemail.constantcontact.com/IV-Curcumin-and-Talk-At-Bella-Sareena-Spa-in-Solana-Beach.html?soid=1105463481806&aid=_FmLhr6qCmw.

Kathryn M. Nelson et al, "The Essential Medicinal Chemistry of Curcumin," *Journal of Medical Chemistry* vol. 60, 2017, pp. 1620–37.

Stephen Barrett, "A Close Look at Naturopathy," Quackwatch, November 2013.

David Gorski, "An As Yet Unidentified 'Holistic' Practitioner Negligently Kills a Young Woman with IV Turmeric (Yes, Intravenous)," *Respectful Insolence*, March 2017.

Klara Rombauts, Liene Dhooghe, and CAM-Cancer Consortium, "Curcumin [online document]," May 7, 2014, http://www.cam-cancer.org/The-Summaries/

Herbal-products/Curcumin.https://nccih.nih.gov/health/turmeric/ataglance.htm.

Julianna LeMieux, "A Naturopath's Human Experiment Ends in Death," American Council on Science and Health, March 23, 2017.

Elaine Hannah, "What Are the Natural Treatments That Could Be Dangerous to Health?" *Science World Report*, March 2017.

FDA, "Enforcement Activities by the FDA," March 2017, https://www.fda.gov/drugs/guidancecomplianceregulatoryinformation/enforcementactivitiesbyfda/ucm171057.htm.

House of Delegates Position Paper, "Definition of Naturopathic Medicine," Naturopathic.org, 2011.

AMA, "State Law Chart: Naturopath Licensure and Scope of Practice," 2017, https://www.ama-assn.org/sites/default/files/media-browser/specialty%20group/arc/ama-chart-naturopath-scope-practice-2017.pdf.

Pharmacy Webinar 28 Clinical Applications of Medical Ozone, Naturopathic.org, 2015, http://www.naturopathic.org/ev_calendar_day.asp?date=12/1/2015&eventid=14.

NCCIH, "Turmeric," https://nccih.nih.gov/health/turmeric/ataglance.htm.

第53章 驱魔术：中世纪的阴魂

"Mother Who Killed Two Children in 'Exorcism' Will Go to Mental Hospital," Associated Press, September 15, 2016. Accessed May 25, 2017. http://www.cbsnews.com/news/mother-who-killed-two-children-in-exorcism-will-go-to-mental-hospital/.

Anelisa Kubheka, "Exorcism Victim's Last Moments," *IOL*, March 23, 2012. Accessed May 25, 2017. http://www.iol.co.za/news/crime-courts/exorcism-victims-last-moments-1262802.

"'Satan's Schoolgirl': Tortured to Death with Exorcism," *Bizarrepedia*, created November 14, 2016. Accessed May 25, 2017. https://www.bizarrepedia.com/anneliese-michel/.

Rachel Ray, "Leading US Exorcists Explain Huge Increase in Demand for the Rite—and Priests to Carry Them Out," *The Telegraph*, September 26, 2016, https://www.telegraph.co.uk/news/2016/09/26/leading-us-exorcists-explain-huge-increase-in-demand-for-the-rit/.

Joe Nickell, "Exorcism! Driving Out the Nonsense," *Skeptical Inquirer* vol. 25.1, January/February 2001.

第54章 拒绝科学的下场

"A Timeline of HIV and AIDS," HIV.gov, https://www.aids.gov/hiv-aids-basics/hiv-aids-101/aids-timeline/.

Ricardo A. Franco and Michael S. Saag, "When to Start Antiretroviral Therapy: As Soon as Possible," *BMC Medicine* vol. 11, no. 147, June 2013, doi: 10.1186/1741-7015-11-147.

Roger Cohen, "Mbeki's Shame," *New York Times*, July 3, 2008, https://www.nytimes.com/2008/07/03/opinion/03cohen.html.

P. Chigwedere et al., "Estimating the lost benefits of antiretroviral drug use in South Africa," *Journal of Acquired Immune Deficiency Syndromes* vol. 49, no. 4, December 2008, pp. 410–15.

第55章 孩子做错了什么

Patrick Begley, "'Slapping Therapy' Death Case Referred to Prosecutor," *Sydney Morning Herald*, December 11, 2015, http://www.smh.com.au/nsw/slapping-therapy-death-case-referred-to-prosecutor-20151208-gli59j.html.

Jean Mercer, Larry Sarner, and Linda Rosa, "Attachment Therapies: A Deadly Cure without a Disease? Review of *Attachment Therapy on Trial: The Torture and Death of Candace Newmaker*," *Scientific Review of Mental Health Practice* vol. 3, no. 1, Spring/Summer 2004, https://www.srmhp.org/0301/review-01.html.

Attachment.org.

Mayo Clinic, "Reactive Attachment Disorder," July 2017, http://www.mayoclinic.org/diseases-conditions/reactive-attachment-disorder/basics/definition/con-20032126.

Quackerywatch, http://www.quackerywatch.com/Attachment-therapy/index.html.

第五部分：改变自己，改变世界

第56章 怀疑一切

Lisa-Christine Girard, Orla Doyle, and Richard E. Tremblay, "Breastfeeding, Cognitive and Noncognitive Development in Early Childhood: A Population Study." *Pediatrics*, March 2017, doi: 10.1542/peds.2016-1848.